주민교육과 공동체 활성화를 위한 지역 공간거점의 계획과 설계

주민복합지원시설 디자인

일본 주민시설공간의 진화

본 과제는 국토해양부가 주관하고 한국건설교통기술평가원이 시행하는 07 첨단도시개발사업(과제번호: 07 도시-B02)에 의해 수행되었음.

주민교육과 공동체 활성화를 위한 지역 공간거점의 계획과 설계

주민복합지원시설 디자인

일본 주민시설공간의 진화

일본공민관협회 편저/연세대학교 이연숙교수연구실 옮김

연세대학교 출판문화원

공민관의 노래

자유의 아침

야마구치 싱이치(山口晉一) 작사

시모후사 칸이치(下総皖一) 작곡

1. 평화의 봄에 새롭게 향토를 일으키는 기쁨도 공민관의 모임에서 서로 녹는 마음 부드럽게 자유의 아침을 기리자
2. 마음의 꽃이 향긋하게 향토를 여는 그윽함도 공민관의 모임에서 희망찬 가슴에 아름다운 문화의 샘 퍼 올리자
3. 일꾼들이 편안하게 향토에 사는 즐거움도 공민관의 모임에서 화기애애하게 둘러앉아 내일에의 힘 기르자

번역서를 내면서

우리는 어디로 가고 있는가? 20세기에서 21세기로 진전하고 있음은 무엇을 의미하는가?

20세기가 낳아온 문제들을 치유하는 메커니즘으로, 21세기의 더욱 풍요로운 삶을 만들어 낼 수 있는 기제로써 "커뮤니티의 부활"은 시대적 절명의 과제로 여겨진다. 그것은 보다 성숙한 민주주의로 가는 여정에서 이를 발전시키는 새로운 사회 · 물리적 공간인 커뮤니티 센터가 앞으로의 도시 공간에 핵이 되리라는 것을 암시하고 있다.

우리나라의 경우 상자 같은 아파트 단위를 쌓고 조립하는 대량생산형의 주택시장 경제에서 차츰 벗어나, 근래 들어 주민들을 배려하는 커뮤니티 공간을 매우 강조하여 만들고 있는 것도 이 같은 흐름이라 볼 수 있으나, 여전히 영리를 목적으로 하는 소비자 마케팅의 전략으로서 건설업체의 하향식 건설 공급 방식에 불과하다. 한편, 지방 분권화에 따른 일부 지자체들에서는 마치 그들이 지향하는 민주사회의 성숙도를 보여주는 표상인 양 과하게 시민 · 주민을 위한 커뮤니티 시설을 지어대고 있는데, 비록 주민이 그 혜택을 받거나 사용하고 있다고 하더라도 이 역시 주민이 주체적으로 참여하는 진정한 상향식 공급이 아니다.

커뮤니티 시설이란 지역 사회 여건에서 지역 주민들의 눈과 마음과 뇌와 손으로부터 기획되고 창조될 때 우리 사회의 문제를 해결하며 동시에 번영을 가져오는 에너지를 지닌 진정한 지역의 거점 공간으로서의 의미를 가질 수 있다.

이제 한국은 이 커뮤니티 센터가 시대적 요청에 의해 생겨날 수밖에 없다는 것을 겉으로나마 알게 되어가는 시작 단계에 있다. 이것은 우리의 사회 변화와 빠른 건설 주기, 그리고 시민 의식의 변화 속도가 가히 세계적이라는 것을 감안하면, 초읽기로 다가오는 변화를 그려보는 것도 가능하게 한다. 그렇다면 우리는 이로 인해 겪을 수많은 시행착오를 경감시키고 건전한 모형을 효율적으로 발전시킬 수 있는 무장을 어떻게 해야 할 것인가에 대해 고민을 하지 않을 수 없다. 일본은 2009년 현재 16,566개가 넘는 커뮤니티 시설을 가지고 있고 지난 60여 년간 이 발전을 지켜보아 왔다. 그러나 그 발전 과정과 시행착오는 지역과 사람의 다양성만큼이나 다르게 경험됨으로써 쉽게 정리될 수 없었다. 이런 이유로 이제야 이를 종합적으로 정리하여, "커뮤니티 공간학"의 탄생을 기대하는 수많은 전문가들이 힘을 합해 이들에 대한 분석 내용과 관점들을 모으기 시작하였다. 그 결실의 하나가 일본 원본으로 "공민관 디자인"이란 바로 이 책이다.

일본과 한국의 상황은 상당히 다르다. 우리보다 훨씬 먼저 고령화 속도와 그로 인한 사회 변화를 경험하고 있고, 우리와 달리 대량 생산형 아파트가 초고속으로 국토 전역을 덮고 있지도 않다. 일본은 우리처럼 빨리빨리 새로운 급류에 편승하지 않아 왔다. 또 우리와 달리 공중예의 도덕이 지나치게 개인의 생활에 우월하게 작용하며 발전해 왔다. 그러나 한국은 곧 일본의 고령화 속도를 추월하리라 예측되고 있다. 또한 민주사회의 발전에 따라 공공예의규범이 더욱 성숙하게 발전해야 한다는 도전에도 직면해 있다.

국가별로 도시를 구성하는 제반 건물의 양상은 달라도, 사람 사는 모습의 변화에는 세계적 흐름을 유사하게 반영하고 있다. 지역의 문제를 중앙에서 해결하는 구조에서 지역 자체가 해결해야 하는 구조로 변화하고 있다는 것이다. 이러한 이유로 우리만의 정체성 있는 커뮤니티 공간 전략을 위해서는 우리보다 앞서 이를 겪은 일본의 경험과 반성 그리고 그들이 발견한 지혜를 간과해서는 안 된다. 시간은 누구에게나 중요하고 시행착오는 사람과 자원을 희생시키기에 일본의 이 같은 경험은 우리에게 참으로 고마운 일이기도 한 것이다.

현재, 우리 정부에서도 '커뮤니티의 중요성'을 필연적으로 인식하고 있다. 단순히 물리적 정비가 아닌 지역 사회의 역량과 사회적 자본에 연계한 물리 환경의 개선에 주목하고 있는 것이다.

도시계획과 주거계획은 삶의 터전을 만들어 나가는 응용학문분야로서, 이 시대에 어떤 새로운 공간을 만들어야 할 것인가에 과감히 도전하고 선도해야 한다. 이 책은 그 주인인 주민을 위해 21세기 도시공간을 어떻게 발전시켜야 할 것인가를 안내하고 있다.

본서는 우선, 커뮤니티 거점 시설을 디자인한다는 것에 대한 개념을 논의하는 프롤로그와 그 미래를 전망하는 에필로그를 제공하여 이에 대한 바른 이해와 비전을 갖게 하고 있다. 본론은 총 4장으로 나누어 사회물리적인 공간으로서의 공민관을 총체적으로 다루고 있다.

제1장은 '공민관에서의 배움과 시설 만들기'로서 지역 사회에 전 시민의 배움터전이 어떻게 형성되어 왔는가를 다루고, 제2장은 '다양한 지역 활동을 육성하는 공민관 시설의 공간'으로서, 공민관의 다양한 기능과 디자인 특성, 제3장은 '공민관 만들기의 지표'로서 공민관을 제대로 만

들기 위한 지표 설정에 대하여 서술하고 있다. 제4장은 '지역 재생을 지향하는 공민관의 새로운 디자인'으로써, 이 시대 공민관에 기대되는 역할과 이를 잘 수행하게 하는 공간 창조의 이론을 다루고 있다. 이로써 독자들은 단 한 권의 책으로 그간 일본이 겪어 온 60여 년간 커뮤니티 시설의 진화를 배우게 될 것이다.

이 같은 방대한 정보를 체계적으로 집대성할 수 있게 된 것은 일본 공민관학회의 의지와 많은 전문가들의 협력에 기인하며, 이 점을 번역자로서 대단히 감사하게 생각하고 존경을 표한다. 이러한 이유로 본서의 번역은 최대한 정확성을 기하도록 노력하였으며 특히, 일본권에서의 용어들이 번역하는 데 어려운 점이 많음에도 불구하고 최선을 다하였다. 비록 난해한 부분들이 여전히 있기는 하나 일본의 커뮤니티 공간이 어떻게 발전해 왔는지, 이를 통해 얻는 지혜가 무엇인가에 대해 충분히 전달을 해줄 수 있을 것으로 여겨진다.

모든 국민 개개인의 삶이 공공의 이익과 함께 중요시 되는 다원화 민주주의 사회, 그리고 중앙 · 지방 정부의 역할에만 의존하지 않고, 안정된 삶의 터전을 국민 스스로 주체가 되어 만들어 나아가게 하는 새로운 도시공간의 창조 패러다임이 서서히 안개처럼 다가오고 있다.

21세기형 신응용 학문인 '커뮤니티 공간학'을 소개하고자, 이 학문이 진화되는 과정을 현실 속에서 체험한 일본의 신지식을 집대성한 최근 서적을 번역한 것이다. 원서 '공민관 디자인'을 한국인이 보다 쉽게 이해하도록 '커뮤니티 활성화를 위한 주민복합지원시설'이란 이름의 번역서로 내게 되었다.

이제 르네상스 시대에 생성되기 시작한 도시국가가 고령사회와 복지사회로 진전되면서 주민이 주체가 되어 주민밀착형 복지와 번영을 가져다 줄 '커뮤니티'가 집합된 국가로 서서히 변모하기 시작하였다. 이러한 변화는 곧 지역사회 내 모든 주민들이 일상적으로 서로 교류하며 지역을 발전시키고 공동체문화를 재생시킨다는 것을 의미하며, 또한 이러한 일상적 삶의 터전은 점차 그 비중이 늘어가는 시니어들의 적극적인 역할 거점이 될 것임을 의미한다.

이러한 의미에서 본서는 국가R&D사업 연구과정에서 주요 부분들을 번역하게 되었으며, 그 나머지를 (주)스마트시니어와 함께 공동으로 작업하였다. '서울형 사회적기업' (주)스마트시니어(SMART Senior: Smart Mentors in Art, Research & Technology for Senior Industry

Tomorrow)는 다양한 사회 경험을 한 전문적 시니어들이 새로운 이 시대의 역할을 모색하고, 도시공간을 진정한 삶의 터전으로 만들어 가기 위한 리더십을 실현하고자 2010년에 설립된 회사이다. 그 첫 성과로 바로 이 번역서를 내어놓게 되었다. 본 번역서는 일본어와 일본문화에 능통한 전문가들이 본 연구실 연구원들과 함께 토론해가며 내용상의 전문성과 외국어 번역상의 전문성을 결합시켜 만들어 낸 성과인 것이다. 리더로서 그간 번역과 감수를 수차례 반복하며 성의를 다해준 스마트시니어 양현민 팀장을 비롯하여 전 직원에게 감사드린다. 또한 이 책의 내용을 읽고 난해한 부분과 개선점을 지적해준 연세대학교 '사용자과학기반 공간시스템과 디자인'연구실의 모든 연구원들에게 감사하며, 이 책을 교재로 먼저 읽고 피드백을 준 대학원 '커뮤니티 공간학'의 수강생들에게도 감사함을 전한다. 한편, 언제나 새로운 학문을 여는 서적에 대해 아낌없이 격려하고 출판을 가능하게 해준 연세대학교 출판문화원에 심심한 감사를 표한다. 부디 이 책이 우리나라의 국토 공간을 진정한 주인에게 돌려주는 속도를 촉진하는 안내서로서 널리 읽혀지기를 기대한다.

2012년 3월

이연숙

연세대학교 교수

국토해양부 R&D 「도시재생사업단」핵심2 「사회통합적 주거공동체 재생기술」책임자

「지역공동체 자력수복형도시재생」 전주 TB적용연구 책임자

공민관학(公民館學)의 정립을 향하여

우리나라의 공공 시설을 볼 때마다 항상 느끼는 것은 왜 개성이 없고, 매력이 결여되어 있는가 하는 점이다. 공민관(公民館)도 예외는 아니다. 언뜻 보기에 공민관은 즐거움이나 따뜻함, 온화함이나 안락함 등과는 거리가 먼 모양새이다. 말하자면 삭막하고 투박하고 차갑다. 이제껏 '마을의 사랑방'을 표방해 오던 공민관이지만 안타깝게도 많은 지역에서 그것이 그림의 떡처럼 느껴지는 원인의 하나는 몰개성적인 상황에 기인하고 있는 것이 아닐까? 저자 3년 전 이 책의 편집을 마음먹게 된 계기는 대략 이런 것이었다.

그러나 나는 곧 사정이 생각처럼 용이하지 않다는 것을 깨닫게 되었다. 공민관의 외관이 볼품 없는 것은 여러 요인들이 얽혀서 초래된 결과였다. 게다가 근본적인 원인은 뿌리 깊은 곳에 있다는 것도 알게 되었다. 그런 의미에서는 공공시설의 건축을 둘러싼 문제점을 연구한 야마모토 리켄(山本理顕)의 에세이는 나에게 많은 자극을 주었다.

야마모토는 우선 건물을 짓는 자가 누구인지를 묻고 있다. 공공시설의 경우 반드시 이용자가 클라이언트가 되는 것은 아니다. 실제 이용자는 주민일지라도 주민의 세금으로 공사를 발주하는 사람은 자치단체의 장이다. 그리하여 완성된 건축물의 관리자는 자치단체인 것을 감안하면 클라이언트의 개념은 더욱 걷잡을 수 없게 된다. 한편, 클라이언트와는 별도로 건물을 만들 때 중요한 역할을 담당하는 에이전트로 또 한 사람인 설계자가 있다. 문자 그대로 건물을 만드는 관계자들의 중심에 있는 사람이 설계자이다. 왜냐하면 우리는 한 건물을 대할 때면 그것을 설계한 건축가의 긍지를 느낄 수 있기 때문이다.

그러나 그는 혼란한 건축업계의 현황을 개탄하여 다음과 같이 잇고 있다.

'설계자의 고유한 건축 철학에 공감하기 때문에 그 설계자에게 일을 의뢰하는 방법이 있다. 그 반대로 어떤 건축으로 할 것인가를 발주자 측에서 미리 정해 두고 그 생각에 따라서 설계하는 것이다. 그리고 발주자가 의뢰한 대로 충실하게 완수할 것을 기대하는 의뢰 방법이 있다. 여기서는 설계자의 철학은 전혀 기대하지 않는다. 많은 경우 설계자에 대한 기대는 후자이다. 단순하게 말하자면 상자 제조 기술자로서의 설계자인 것이다.'(야마모토 리켄, '야마모토입니다. 건축에 철학은 있는가?', January13,2010. www-gsa.jp/studio/yamamoto/2010/01/post_44.html)

대체로 공공시설의 건설은 행정 주도로 추진되는 것이 일반적인 모양이다. 건물의 기본은 행정 당국이 먼저 정하고 있으므로 설계자에게는 발주자의 의향을 헤아리면서 예산의 범위 내에서 도면을 그리는 것만이 요구된다. 따라서 설계자가 본래의 전문성을 발휘할 여지는 극히 적다. 그러한 방식 자체에 이의를 제기하는 것도 물론 필요하지만, 여기서 간과할 수 없는 것은 그러한 방식을 상투화시키고 만연시켜 온 배경이다. 말할 나위도 없이 공민관은 단순한 상자가 아니다. 그런데도 불구하고 발주자들이 공민관을 물리적 공간으로만 보아 온 것에 근본적인 원인이 있다. 요컨대 자치단체 관련자에게 '건물은 철학이다'라는 인식이 부족한 것이 문제이다.

또 하나의 문제는 지역 주민이 공공시설을 설계하는 일련의 과정에서 제외되어 울타리 밖에 놓여 왔다는 사실이다. 행정지역 주민을 아무 망설임 없이 일방적으로 '수익자'라고 정해버리는 것은 그들을 서비스의 '수혜자'로 간주하는 것이 습성이 되어 버린 이유 때문은 아닌가. 거기서부터 지역 주민은 '주는 대로 받기만 하면'된다고 생각해 버리는 교만이 행정 관계자 측에 있었던 것은 아닐까?

프랑스의 사회학자 앙리루페벨은 일상생활 비판을 평생의 테마로 한 사상가로 알려져 있다. 그에 의하면 아무리 비참하고 억압에 눌려 있었어도 일찍이 사람들의 생활에는 어떤 〈양식(樣式)〉이 존재하여 하나하나의 행위나 사물에는 상징적인 의미가 내포되어 있었다. 그러한 일상생활은 19세기에 들어서면서 근대 산업의 발전과 함께 기계적인 반복의 리듬에 의해 관리되게 되었다고 한다. 더욱이 제2차 세계대전 후 특히 1960년대 이후 자본 및 국가의 전략에 의해 일상생활은 또다시 전환을 맞이할 수밖에 없었다. 그 후 자본에 의한 일생생활의 세분화와 상품화는 공간의 세분화와 상품화로 귀결되고, 또한 관료주의에 의한 일상생활에의 개입과 지배는 반복적이고 단조로운 일상생활을 초래하여 공간을 지배한다. 이리하여 루페벨의 일상생활 비판은 도시론에서 공간론에 다다른다. 루페벨의 저서 "공간의 생산"을 번역한 사이토오 히데하루(齊藤日出治)는 자본과 국가에 의해 지배되는 근대 도시의 역사 인식을 사회 공간의 생산이라는 한층 광범위한 문제로 인식한 루페벨의 문제 구조를 다음과 같이 지적하고 있다. (사이토오 히데하루, '해설 〈공간의 생산〉의 문제 영역', 앙리 · 루페벨 저, 사이토오 히데하루 역, "공간의 생산", 아오키(青木)서점, 2000년)

"공간의 생산"에서는 도시론에서 제기된 근대 도시의 역사적 경향성의 테마가 공간의 변증법을 통해 다시 엮여진다. 요컨대 공업화가 유발하는 〈도시 영역〉과 〈도시의 권리〉라고 하는 문제 영역은 사회 공간에 있어서 중심화와 주변화의 변증법이 창조하는 공간의 모순 사이에서 다시 파악된다. 〈도시 영역〉과 〈도시의 권리〉는 한편으로는 국가 관료의 도시계획이나 과학자의 과학에 의한 공간의 〈지배〉와 다른 한편으로 도시 주민의 살아가는 경험에 근거한 공간의 〈영유(領有)〉와의 대항 관계를 통해서 탄생하는 것으로 파악하게 된다.

루페벨이 말하는 '공간의 표상'과 '표상의 공간'과의 대항 관계가 그것이다. 위에서 제기한 문제로 되돌아가서 말하자면 공민관 연구에 현재 필요한 것은 공간론이 제기하는 이러한 관점이 아니겠는가. 공민관을 '공간의 표상', 즉 지방자치단체나 전문가가 다루는 공간과 지역 주민이 영위하는 '표상의 공간'과의 충돌로 파악하는 것에 의해 자명한 이치를 되물을 수 있을 뿐만 아니라 공간론을 도입하는 것으로 지금까지 깨닫지 못하고 있던 문제 영역의 윤곽도 보이는 느낌이 든다. 적어도 나 자신은 이러한 기대를 가지고 편집 작업을 지켜봐 왔다. 그러므로 이 책이 우리 학회가 지향하는 '공민관학'의 정립을 향한 첫걸음이 되기를 바라마지 않는다.

"공민관의 디자인"의 간행을 기안하고부터 지금까지를 되돌아보면 그 추구하는 바는 대략 이렇게 정리되지 않을까.

새삼스럽게 되돌아볼 것도 없이 이 책의 제목인 "공민관의 디자인"이 의미하는 것은 단순히 물리적 공간만을 가리키지는 않는다. 그보다는 공민관의 이념을 21세기라는 시대에 구현하기 위한 방책을 모색하는 것이었다. 그 때문에 이 책에서는 공민관에 기대되는 제 기능과 시설 만들기를 일체적으로 파악한 뒤에, 지역 주민을 위한 학습 공간을 실현하기 위한 실천적인 원리와 기술을 구체적인 사례나 도판을 곁들여 알기 쉽게 제시하기 위해 노력하였다. 이미 나와 있는 같은 종류의 간행물보다 뛰어난 특징이 있다면 바로 이 점에 있다고 할 수 있다.

이 책이 공민관은 물론이고 각종 커뮤니티 시설 관계자, 사회교육 및 평생학습의 정책 입안이나 행정에 종사하는 분들의 이용에 도움이 되기를 바란다.

2010년 11월

일본공민관학회 회장 코이케 겐고(小池源吾)

제 III 장 공민관 만들기의 지표

제IV장 지역 재생을 지향하는 공민관의 뉴 디자인

공민관을 디자인한다는 것

1 공민관에 관심을 갖는 모든 이에게

이 책에는 공민관에 관심을 갖는 모든 이들이 읽어주기를 바라는 소망이 담겨 있다.

왜, 관심을 갖는 모든 이들인가? 그 이유 중의 첫째는 공민관을 많은 사람이 이용하고 있다는 사실이다. 이것은 공민관의 양적인 면에 기인한다. 2009년의 문부과학성의 사회교육 조사에 의하면 공민관은 전국에서 유사 시설이나 분관도 포함하여 16,566관이다. 학교 교육 기본 조사를 보면 전국의 공립 초등학교 수는 21,974교, 공립 중학교 수는 10,044교로 되어 있다. 중학교와 초등학교의 딱 중간의 수치이다. 지역 간 불균등은 있으나, 아동 · 학생이 초등학교나 중학교에 통학하고 있는 것처럼 일정 지역의 많은 사람들이 공민관을 이용하고 있다. 이 사실은 중요하다.

둘째는 공민관과 지역 사회와의 관계이다. 공민관은 공민관이 생기기 이전의 역사까지 포함하여 생각해보면 지역의 공용 시설로 발전해 왔다. 그것은 지역의 구락부라든지, 공동 작업장, 결혼식장, 청년집회시설, 자치회관이었다. 지역마다의 다양한 요인에 의하여 성립하여 왔다고 하여도 무방하다. 그것이 제2차 세계대전 후, 개혁 공민관 제도의 설립과 함께 지역의 핵심적 사회교육시설로 자리매김하여 민주주의의 학교 역할이 기대되었다. 거기에는 지역의 필요성으로 탄생하게 된 경위와 함께 새로운 사회, 요컨대 지금까지 없었던 사회를 키워 간다는 그 시대마다의 요청과 기대를 담아 성립한 역사를 가지고 있다.

셋째는 공민관과 지역 주민과의 관계이다. 실제로는 지역의 필요성이나 사회의 기대는 공민관에 관심을 갖는 다수의 사람을 매개로 하여 구체화하여 간다. "공민관이 있으면 좋겠네"라는 의견에서부터 "이런 공민관이었으면 좋겠다", "지역 사회나 자치체의 발전을 위해서 공민관에 기대한다"는 등 여러 관계자의 의견이 모여 비로소 구체화하여 간다. 공민관에 관심을 갖는 사람이란 우선 그 지역에 사는 주민이며 이용자이다. 이용자도 어린이로부터 고령자에 이르기까지 다양하고 이용의 목적도 다양하다. 그리고 이용자의 의견을 듣고 공민관 활동을 조직하는 관장, 주사가 있다. 이에 더해 공민관을 뒷받침하는 공민관 운영심의회의 위원이나 교육행정 직원이 있다. 또한 공민관의 건설에 종사하는 컨설턴트나 설계 · 건축 관계자가 있다.

지난 60년에 걸쳐 그들의 의견과 행동이 지역마다 특색 있는 공민관을 탄생시켜 공민관의 다양성을 만들어 온 것이다.

2 공민관을 디자인한다는 것

1. 수놓아져 가는 공민관

"공민관을 디자인한다"는 말에는 다음과 같은 의미와 기대가 담겨져 있다. 공민관 60년 역사는 사회로부터의 요청과 기대는 물론, 공민관에 관심을 갖는 사람들의 의견과 행동이 그 다양성을 엮어 왔다. 이 역사를 만들어 온 프로세스야말로 공민관을 디자인한다는 작업이었다고 불러도 좋지 않을까?

"공민관이란 다양한 실체이다"라고 하였을 때 그것은 사실이기는 하나 본질은 아니다. 요컨대 공민관이 다양한 존재라고 하는 것은 그대로 받아들일 수밖에 없다. 그러나 획일적으로 공민관이란 이래야 마땅하다는 식의 토론은 어울리지 않는다. 지역별로 탄생하여 저마다의 지역 역사나 전통 속에서 자라 온 공민관은 그 존재를 있는 그대로 받아들여 이해하지 않으면 안 된다. 그러나 한편으로, 다양한 것은 다양하다고 하는 주장은 아무 주장도 하지 않은 것과 같다. 간단하게 말해서 공민관이란 무엇이든지 있다는 토론에 지나지 않게 된다. 이래서는 공민관이란 무엇인가, 도대체 공민관이란 무엇을 하는 시설인가라는 질문에 답할 수 없게 되어 버린다.

"공민관이란 무엇인가?"라는 질문에 답하는 것은 어려울 수 있다. 공민관 관계자 100명에게 물어 보면 100가지 대답이 나올 것이다. 어떤 사람은 '마을의 사랑방'이라고 하고, 어떤 사람은 회의실이나 집회 시설 혹은 시민대학 목욕탕 없는 거실 등의 대답도 있을 수 있다. 그런가 하면 어린이들은 놀이방, 고령자는 휴게실이라고 대답할 것이다. 각각의 이용 목적이나 형태에 따라 대답은 100가지인 것이다. 그러므로 다양하다고 생각하는 것이 제일 무난하다는 결론에 도달하는 지도 모르겠다.

그러나 100가지 대답 중에 공민관의 본질이 숨겨져 있는 것은 아닌가 생각할 수 있다. 요컨대 왜 이렇게도 다양한 대답을 하는 것일까, 다양한 대답을 하게 만드는 시설이란 어떤 것일까라는 의문이 생긴다. 그것은 단순히 공민관은 다양한 시설이고, 다양한 공간 구성을 가지고 있다는 것을 의미하지는 않는다. 공민관이 다양한 대답이나 다양한 사용 방법을 만들어 내게 하는 것은 왜인가라는 질문인 것이다. 거기에 어떤 본질이 숨겨져 있는 것이 아닐까 생각하여도 이상하지는 않다. 다양한 요구에 다양한 공간 구성으로 답하는 것이 아니라, 사람들의 잠재적인 요구가 공민관과의 만남에 의해 그 답하는 방식이 다양한 형태를 취하는 것 등이다.

공민관의 다양성 전개 과정을 '공민관을 디자인한다'는 작업이라 불러보자고 하였다. 그 의미는 공민관이 처음부터 다양했던 것이 아니고 어떤 특정한 목적이나 관심에서 출발한 것이 사람과 사람이 만나게 되면서 다양성이 펼쳐진 것이다. 〈나〉로부터 출발한 의견이나 행동이 서로 어우러지면서 공민관의 의미가 다양하게 구체화되어 간다. 그러한 역사가 각 공민관에 담겨져 있는 것이 아닐까, 그 펼쳐져 가는 프로세스야말로 공민관의 본질을 나타내고 있는 것이 아닐까 생각했기 때문이다.

프로세스라고 했을 때 일본어로는 과정, 처리, 경과 등의 용어로 이해된다. 단계를 밟아서 다음 스텝으로 넘어간다는 의미 또는 시간적 경과를 가리켜서 사용되는 경우도 많다. 그러나 그것만으로는 다 표현할 수 없는 그 무엇을 '디자인'이라는 단어에 담아보고 싶었다.

디자인이라는 말에는 "고안", "취향"이라는 의미가 있으며 일반적으로는 그렇게 이해되고 있다. 하지만 원래는 라틴어로 계획을 기호화한다는 의미였다고 한다. 이미 존재하는 어떤 문제를 해결하기 위해 사고 · 개념을 구성하여 그것을 해결하기 위한 방책을 표현해가는 것이다. 이런 의미에서 디자인이란 어떤 해결해야 할 문제에 대해서 어떤 해결 방법이 있는가, 그것을 위한 사고 방식이나 구조를 만들어 해결을 위한 구체적인 방책을 실행하는 것이 되겠다.

그러면 공민관에 디자인이라는 말을 적용시켜 보았을 때 '공민관을 디자인한다'는 것은 어떤 것일까? 이미 존재하는 어떠한 문제란 공민관이 안고 있는 문제라는 의미는 아니다. 만약에 공민관이 있으나 없으나 지역 사회는 끊임없는 문제를 안고 있다. 그 문제란 쓰레기 처리의 민원이나 투표율이 저조하다는 등의 곤란한 문제를 안고 있다는 의미뿐만 아니라 지역의 활성화, 지역의 민주주의를 정상적으로 기능시켜 가는 살기 좋은 지역 사회 만들기, 안전 · 안심의 마을 만들기 등 여러 가지를 포함하고 있다. 이러한 지역 사회가 안고 있는 문제나 과제에 대해 공민관이라는 개념 · 구조를 만들어 이를 해결하기 위해 공민관이라는 방책을 사용하여 표현해 가는 것이 되겠다.

에둘러 말해서 장황하게 되었지만 공민관이란 사고 · 개념이자 또한 방법이기도 하다. 문제해결을 위한 개념 · 방법으로 공민관을 이용하여 기능시켜 가는 것을 표현하는 것이라 할 수 있다. 개념으로의 공민관, 방법으로의 공민관, 표현으로의 공민관 등이 각기 심화되어 그 총체로서의 공민관을 구현화할 필요가 있다. 여기서는 개념으로부터 표현까지의 일관된 전체상을 '공민관을 디자인한다'라는 문장에 담은 것이다.

2. 누가 디자인하는가

'공민관을 디자인한다'는 것은 공민관의 개념으로부터 표현까지 그 일관된 전체상을 가리킨다고 말했다. 그러면 누가 그 임무를 담당할 것인가, 다시 말하면 누가 디자인을 할 것인가라는 문제가 남는다. 그것은 직접 관계하는 교육위원회의 행정직원이나 공민관 직원만으로 가능한 것이 아니다. 공민관에 관계되는 모든 관계자가 가지고 있는 지식이나 기술을 구사하여 또한 사회적인 요청이나 관계자의 기대나 꿈을 펼쳐나가면서 이루어가는 작업이라고 할 수 있다.

위에서 서술한 바와 같이 교육위원회의 행정직원이나 공민관 직원뿐만 아니라 공민관을 필요로 하고 소중하다고 생각하는 사람들에 의해서 이루어져 가는 성격의 것이다. 우선 필요성의 전제가 되는 지역 주민의 요구, 이를 정리하여 기본적인 방향성을 제기하는 사회교육위원회나 공민관 운영심의회 및 교육행정 담당자 등에 의해 공민관에 관한 사고 · 개념이 형성되고 그리고 공민관의 설계를 의뢰받은 컨설턴트나 설계사무소에 의해 공간 구성이 계획되고, 공민관에 배속된 관장이나 주사들에 의해 학급 · 강좌가 편성되어 공민관의 운영 방법이 만들어져 간다. 그리고 지역 주민이 공간을 이용하고 학급 · 강좌를 수강하면서 문제 해결을 위한 에너지가 축적되어 간다는 식의 전체적인 흐름이 있다.

그러나 이 일관된 흐름의 전체적인 모습에 관해서는 의외로 명확하게 되어 있지 않으나, 연구자나 행정직원의 일부에서는 이해하고 있을 수도 있겠지만 공민관의 관계자 모두가 납득한 공통 인식이 성립되어 있다고는 생각할 수 없다. 그렇기 때문에 본서의 연구는 의미를 가진다. 공민관 직원뿐 아니라 널리 공민관 관계자에게 읽혀야 할 의미가 있다. 즉, 디자인하는 것은 누구인가라고 물었을 때, 〈나〉뿐만 아니라, 많은 〈나〉가 공민관과 관계를 가져 〈우리들〉이 상호 관련하면서 공민관에 생명을 불어넣어줘야 비로소 기능해 가는 시설이라는 공통 이해가 필요한 것이다(주1).

3. 공민관의 다양한 디자인

〈나〉의 관계가 한 사람만의 관계가 아니고, 〈우리들〉로 상호 관련해 가야 하는 것은 왜 중요할까? 또한 공민관에 생명이 불어넣어져 기능해 간다는 것은 어떤 것일까?

일본 전국의 공민관을 둘러보면 이상한 것이 눈에 띈다. 어느 공민관도 같은 건축물이 없다는 것이다. 도도부현(都道府県)마다도 다르고 자치체 간에도 다르다. 같은 자치체 내에서도 제각각인 경우도 있다. 이것은 다른 공공시설이나 사회교육 시설에서는 볼 수 없는 것이다. 왜일까? 예를 들면 근로청소년 홈(Home)은 어딜 가도 거의 동일하다. 1970년대부터 건설 열풍이 시작되어 "청소년 홈의 건설 및 운영에 관한 바람직한 기준"에 의해 건축 조성금이 정해져 있었기 때문이다. 박물관이나 도서관을 보더라도 그렇게 느낄 때가 있다. 규모나 외관은 다르나 어딘가에서 본 디스플레이나 서가의 배치라고 생각할 때가 있다. 이것은 설계를 의뢰받은 설계사무소가 같기 때문이다. 공민관도 예외는 아닐지도 모른다.

그러나 공민관은 시설 규모나 공간 설계의 다양함에 있어서 다른 시설의 추종을 불허한다. 건축학의 타다 유타카(多田豊)에 의하면(주2) 전국의 공민관을 비교하여 보면 로비나 도서실이 설치되어 있는 공민관도 있고 현관에서 바로 복도로 이어지는 공민관도 있다. 실(室) 구성도 대집회실이나 스테이지가 있는 곳도 있고 없는 곳도 있다. 조리실도 학교의 조리실과 같은 공민관도 있고 와시츠(和室, *역주 : 일본의 전통적인 방) 옆에 있거나 벽 쪽에 싱크대가 있고 방 한가운데에 큰 테이블이 있는 공민관도 있다. 이렇게 각각의 공민관이 다른 것은 왜일까?

아마도 각 지역 사회가 갖는 역사나 문화, 현존 공민관, 그 이전의 역사, 그리고 건설 당시의 자치체의 사회교육계획이나 담당자의 생각에 따라 규정되었기 때문일 것이다. 또한 이용되면서부터 사용하기 편리하게 개선된다든지 새로운 요구에 부응하여 변경되었기 때문이다. 그래서 공민관은 여러 가지 요인에 의해 형성된 역사를 가지고 있고 그 때문에 지역적인 개성을 가지고 있다고 할 수 있다. 그러나 이러한 이유가 시설 이론으로 일반화되기 어렵다는 문제를 동시에 제공한다.

이처럼 다양한 공민관을 형성시켜 온 것은 거기서 사는 〈나〉와 〈우리들〉의 공민관에 대한 관계 방식의 차이이다. 〈나〉의 관계 방식이 지금까지의 〈나〉의 모습을 되물어 〈나〉와 〈나〉의 관계를 낳고 나아가 〈우리들〉의 관계가 지역적인 개성을 가진 공민관을 형성한 것이다.

3 〈나〉와 지역사회와 공민관

1. 〈나〉와 공민관－사회와의 인터페이스(Interface)로서의 공민관

〈나〉의 관계 방식이 지금까지의 〈나〉의 모습을 되묻는다고 했을 때 그것은 구체적으로는 어떤 것일까, 공민관과의 만남이 〈나〉의 세계를 넓혀주는 것일까?

우리들은 매일 여러 사람과 대화하면서 살고 있다. 수다나 메일을 주고 받는 일도 많다. 그러나 도대체 얼마만큼의 사람과 어떤 내용의 대화를 하고 있는 것일까? 그것을 실감하기 위해 일

주일간의 기억을 되살려 보기 바란다. 이 일 주간에 직접 이야기를 한 친구의 수는 전화를 포함해서 어느 정도인가? 아마도 일반적인 사람이라면 20~30명 정도일 것이다. 그러면 그 중에서 직장이나 가족 관계를 제외하고 세어 보았을 때 그 숫자는 얼마나 될까? 사람에 따라서 다르겠지만 일반적으로는 소수에 불과할 것이다. 왜냐하면 가정과 직장의 반복되는 생활 속에서는 약간 명밖에 될 수 없기 때문이다. 요컨대 우리들은 일상생활에 있어서 많은 대화를 하고 있으나 돌이켜 보면 가족과 직장 이외에 아주 적은 수의 사람밖에는 접하지 않고 있는 것을 알게 된다. 개중에는 많은 사람과 접한다거나 이야기를 하는 사람도 있을 것이다. 그런 사람은 어떤 서클에 들어 있든가, 공민관을 이용하든가, PTA(*역주 : 학부형회)나 자치체 임원일 것이다. 일반적인 우리들의 일상생활은 한정된 인간 관계 속에서 영위되고 있는 것이다.

마찬가지로 일 주일 동안에 얼마만큼의 어린이들과 이야기를 했나 생각해 보기 바란다. 인사만이라도 좋으니 어린이의 숫자를 상기해 보기 바란다. 이것도 내 자식이나 직업으로 접하는 어린이를 제외하면 아마 몇 명에 불과할 것이다. 많은 어린이와 이야기하는 사람은 통학로에서 어린이에게 인사하기 운동을 하는 사람이거나 어린이 클럽의 임원이거나 보육원에 어린이들을 데리고 다니는 보호자이다. 어린이들이나 학교 문제에 관심을 갖는 어른들은 많으나,실제로 어린이들에게 말을 건다든지, 일상적으로 인사를 한다든지 하는 어른들은 극소수이다. 지역 사회서 어른들과 어린이들과의 인간 관계는 지극히 엷다는 것을 알 수 있다. 현재 지역 사회에서 〈나〉의 인간 관계는 자연에 맡겨 놓아서는 희박해질 수밖에 없는 상황에 있다. 그것은 어린이를 둘러싼 인간 관계에 있어서도 마찬가지이다. 이러한 상황을 공민관이 전부 해결할 수 있는 것은 아니다. 그러나 적어도 〈나〉와 공민관과의 만남 속에서 〈나〉와 또다른 〈나〉를 잇는 역할을 찾아낼 수 있다.

2. 공민관은 지역 사회의 '기억 상자'–잊혀져 가는 행동 양식과 습관

고등학교나 대학교를 졸업한 이래 진지하게 스포츠 웨어로 갈아입고 달린 적이 있는 사람은 얼마나 될까? 일부 스포츠 클럽이나 스포츠 관계 서클에 들어 있지 않는 한 대부분의 사람이 없을 것이다. 조금 극단적으로 말하자면 건강을 유지하기 위해서 필요하다는 사실을 알고는 있어도 학교를 졸업하면 우리들은 달린다는 행위를 잊어버린다.

마찬가지로 성냥개비를 긋는 행위도 사라져 간다. 오늘날의 가전제품은 거의 자동점화이기 때문에 성냥 자체가 불필요하게 되었다. 그러나 어린이에게 있어서 성냥을 긋는 행위는 불이 일어난다고 하는 물리적 현상을 이해하기에는 절호의 찬스이다.

그러면 모인다, 상담한다, 자신의 의견을 말한다, 남의 의견을 듣는다, 상호 이해를 조정한다, 모두 모여 결정한다, 결정한 것은 지킨다 등의 행위는 어떤가? 이런 것들은 민주주의 사회에 있어서 기본적인 행동 양식이지만 이러한 기회가 지금의 어린이들이나 우리들의 일상생활 중에서 얼마나 있는 것일까?

뒤집어서 생각하면, 제2차 세계대전 후의 전후 개혁기에 있어서 지방자치는 민주주의의 학교이고 공민관은 일본 국민이 지방자치에 대해서 배우고 실천하는 장소로 기대되고 있었다. 그 당시 민주주의적인 행동 양식을 몰랐던 대다수의 일본 국민은 공민관의 등장에 의하여 비로소 민주주의라는 사고 방식과 행동 양식에 조우하게 된다.

그로부터 60년의 세월을 거친 오늘날 민주주의 사회는 실현하게 되었다. 그러나 과연 민주주의적인 행동 양식이나 습관 다시 말하면 시티즌십은 지금 어떻게 형성되고 정착되려 하고 있는 것일까? 분명히 학교 차원에서는 교실이 있고 의견을 말하고 서로 이해하는 습관을 습득시키는 교육을 하고 있다. 그러나 학교를 졸업한 후 일반적인 시민생활 가운데 서로의 의견을 들어주고 이해를 조정하여 합의를 형성해 가는 행동 양식이나 습관은 어디서 습득하여 갈 수 있을까?

공민관이 있었기 때문에 일본의 민주주의가 정착했다고 단정적으로 결론내릴 수는 없다. 하지만 지역 사회에 있어서 1950~60년에 걸쳐 공민관과 사회교육 관계 단체를 중심으로 일본 국민의 민주주의적인 행동 양식의 정착을 촉진시켜온 역사가 있는 것은 틀림없다. 그러나 민주주의는 자연발생적으로 유지 · 발전되어 가는 것이 아니라 그를 위한 인류학적인 노력과 장치가 필요하다. 21세기 초인 오늘날 일본에 있어서 민주주의의 지속적인 발전 · 정착과 공민관과의 관계를 다시금 재검토하지 않으면 안 된다.

3. 공민관은 지역 사회의 공동 · 계획센터

일본의 공민관 성립까지의 역사를 더듬어 보면 몇 가지의 계보가 있다. 하나는 지역 사회의 농촌 공동체적 성격에 근거한 것이다. 공동적인 생활로부터 태어난 것으로 청년합숙소(와카모노쥬쿠)나 작업장, 집회소, 마을회관, 소방서 등의 공간이 이 계보에 위치한다. 이들은 지금도 공민관뿐 아니라 농촌개선센터 등에 계승되고 있다. 또 하나는 농촌 공동체가 외부와의 접촉을 위해서 만든 시설의 계보이다. 차 마시는 곳이나 망을 보는 것을 목적으로 한 청년합숙소이다. 전자가 공동체의 결속을 다져 공동적인 생활을 이루고 그 중심적인 장소에 위치하는 것에 반해 후자는 공동체와 외부와의 경계에 위치하여 외부와의 커뮤니케이션 기능을 하고 있었다. 히로이 요시노리(広井良典)는 인간 사회는 개인이 사회 전체와 처음부터 연결되는 것이 아니라 그 사이의 중간적인 집단(커뮤니티)를 가지고 있어 개인은 그 중간적 집단을 통해서 커뮤니티의 내부와 외부에 연결되어 있다고 지적한다. 따라서 커뮤니티는 내부적인 관계성과 외부적인 관계성의 양자를 가지고 있어 관계의 이중성을 가지고 있다고 한다(주3).

히로이의 지적은 공민관의 이전의 역사에 관해서도 마찬가지라고 할 수 있겠다. 그것들은 개인과 내부와의 연결을 촉구하고 또 한편으로 외부와의 연결을 촉구하는 장치로 기능하고 있었다고 말할 수 있다. 그들 기능이 전후 개혁 속에 공민관으로 함께 분류되어 양자의 기능을 가졌던 것이다.

농촌 공동체를 기반으로 생각할 경우는 이러한 설명이 가능하나 도시부에 있어서는 전후의 공민관에 직접 연결되는 그 이전의 역사에서는 찾아볼 수 없다. 오히려 농촌 공동체를 기반으로 발전하여 온 공민관과는 별도의 계보가 있다고 생각하는 것이 타당하다. 그것은 도시 계획이나 지역 사회 계획의 입장에서의 공민관이다. 과거로 거슬러 올라가면, E.하워드(Ebenezer Howard)의 전원도시론에 다다른다. 잘 알려진 바와 같이 전원도시론은 런던의 빈민굴을 보고 구상되어 그때까지의 사회의 양상에 대한 비판에서 태어났다. 하워드의 전원도시는 도시의 내부에 공회당, 공공도서관, 박물관, 미술관, 병원, 학교 등을 위치시켰다. L.멈포드(Lewis Mumford)는 하워드를 높게 평가하여 "도시와 문화" 속에 지역 사회와 사회교육의 중요성을 서술하기에 이르렀다. 미국에 있어서는 세틀먼트(Settlement) 운동(*역주 : 보린사업)으로서의 커뮤니티 에듀케이션(Education)이 일어나 1920년대에 들어 커뮤니티센터 운동이 탄생하게 된다. C. A. 페리(C. A. Perry)는 '근린주구론'을 저술하고, 초등학교 학군을 기초로 초등학교, 공공도서관 분관, 커뮤니티 하우스, 공원이나 클럽 등의 공동 건물을 한데 모아 이들을 커뮤니티센터로 불렀다.

이와 같은 시가지를 컨트롤하는 수단으로의 타운 플래닝 구상 속에는 반드시 그 중심에 커뮤니티센터가 자리하고 있다. 일본에서 이 영향을 받은 내무성 유지들이 발간한 "전원도시"(1907)가 유명하나 공회당(公會堂)을 소개한 것은 요코이 토키요시(横井時敬 *역주 : 동경농업대학 초대 학장)의 "소설 모범정촌(小說 模範町村)"(1907)이었다. 요코이는 하워드의 저서를 일본에서 처음 읽은 인물로 여겨지는데 농촌공회당을 중심으로 한 모범 농촌 만들기를 제창하였다(주4).

도시부에 있어서의 커뮤니티센터 설립은 오사카 시(大阪市)의 시민관으로 대표된다. 시민관은 오사카 시의 사회 사업의 하나로 전개되어 1921(T10)년에 북시민관이 개설되었다. 오사카 시의 사회 사업은 당시의 도시 문제 해결을 위한 일환으로 시작된 것이다. 팽창하는 도시의 컨트롤을 과제로 시역 확장에 따른 주택 건설을 하고, 직업소개소를 설치하여 시민관, 근린보호사업을 전개해 나갔다.

이 시대는 도시계획이 대학의 강좌로 설치되는 시대이기도 했다. 이 시대에 교토 대학에서 토목학을 배운 사람이 나중에 야와타 시(八幡市) 시장이 된 모리타 미치타카(守田道隆)이다. 모리타는 제2차 세계대전 후의 야와타 시에 공민관과 유치원을 학군 내에 자리잡도록 정비하여 야와타 시는 도시공민관 발상지로 불리게 되었다(주5).

그러나 일본의 도시부는 전쟁 후 부흥 이후에 학교건축에 쫓겨 사회교육시설의 건설은 뒤로 미루어졌다. 가까스로 도시부 공민관으로 주목되는 것은 '공민관 3층 건물론'(1965) 및 이를 계승한 이른바 '3타마(三多摩)테제'(도쿄도 교육위원회 사회교육부 '새로운 공민관을 지향하여' 1974)이다. 도시부에 있어서 공민관의 지역배치의 원칙을 강조한 '3타마 테제'는 지금까지 공민관이 없었던 도시부의 각 지역에 공민관 만들기 운동을 일으켜 공민관을 중심으로 한 근린관계를 창조해 간다는 1910년대의 커뮤니티센터 운동을 상기시키는 것이었다.

한편 고베시(神戸市)는 페리의 '근린주구론(近隣住區論)'을 기초로 한 지역계획을 책정하여 1960년대 후반에 들어서면서 커뮤니티 형성을 목적으로 한 학교공원 구상을 구체화하였다. 스마(須磨) 뉴타운의 타카쿠라다이(高倉台)단지의 타카쿠라 초등학교를 중심으로 학교공원을 건설하고, 적극적으로 학교 개방에 나섰다. 이것은 일본형 커뮤니티 스쿨 구상이었다.

이렇게 보면 커뮤니티센터와 커뮤니티 스쿨은 별개의 계보가 아니라 같은 뿌리에서 가지가 갈라져 나와 동전의 앞뒷면을 이루며 전개되어 왔다고 할 수 있다. 그렇다면 일본에 있어서 공민관과 커뮤니티 스쿨도 별개로 논의되고 건축될 것이 아니라 지역 사회 속에서 일체적으로 구상 · 건축하여 나가야 할 필요가 있다.

이상과 같이 농촌부와 도시부의 차이는 있어도 공민관은 지역사회의 어떤 필요성에 따라 탄생하고 지역사회 형성을 담당해 왔다는 것을 알 수 있다. 또한 그 역사는 학교 교육과의 표리 일체적 제도로 그리고 공민관 만들기 운동에 의하여 발전되어 왔다는 것을 알 수 있다.

4. 공민관은 지역 사회의 '도구상자'

1990년대의 "잃어버린 10년"을 경험한 일본 지역 사회는 대도시에 있어서는 버블로 피폐해진 도시 공간의 회복이라는 과제와 글로벌화의 진전 속에서 매년 저하하는 국제 경쟁력의 회복이라는 경제적 과제를 떠안았다. 또 한편으로 지방에 있어서는 저출산 초고령화 사회의 본격적 도래를 맞이하여 '한계집락(限界集落 *역주 : 과소화 등으로 인구의 50% 이상이 65세 이상인 고령화가 되어 관혼상제 등 사회적 공동생활 유지가 곤란하게 된 집단)'으로 대표되는 지역 사회 존속의 존재 방식이 과제로 대두되고 있다.

대도시에는 과제 극복을 위한 구체적인 도시 경영 전략 및 기폭제로 올림픽과 같은 빅 이벤트의 초빙 경기가 있어 글로벌한 레벨의 경쟁이 펼쳐지게 되었다. 이벤트 자금 염출을 위해 도시 경영의 합리화를 강요당하게 되어 그 여파가 사회교육을 비롯한 소프트 부문으로 떠넘겨지는 구조가 되어 버렸다.

이러한 대도시 경영 전략은 경제 합리성을 가지고 있는 듯 보이지만 사실은 지속 가능한 도시 재생으로는 연결되지 않는다는 문제점이 지적되고 있다. C. 란드리(Charles Landry)는 EU에서의 도시 재생 프로젝트를 검증하면서 '창조적 도시'라는 생각을 제안하고 있다(주6). 창조적 도시란 시민의 활발한 창조활동에 의하여, 첨단적 예술이나 풍요로운 문화생활을 가꾸어 나가며 혁신적인 산업을 진흥하는 "창조의 장"으로 부족함이 없는 도시이며 온난화 등 글로벌한 환경문제를 지역의 시민운동으로부터 지속적으로 해결해 나가는 힘이 넘치는 도시를 말한다. 도구상자란 문제를 해결하기 위해 준비된 기구나 부품의 종합 세트를 지칭하며, 개념적인 도구상자란 문제를 이해하고 탐색함으로 보다 쉽게 문제를 해결하기 위한 개념, 발상, 사고법, 지적 관념 등의 집합이라 한다. 란드리는 지금까지의 도시의 문제점으로 관료주의, 전문 영역에 대한 고집, 기억에 관련된 것을 지워나가는 개발, 난제점(難題點)인 설명 책임, 전문직원에 대한 적절한 훈련 부족 등을 들고 있다.

란드리를 주목하는 것은 그가 지적한 점이 지역 사회에 있어서 공민관이 지향해 온 것과 겹치는 부분이 많다고 생각되기 때문이다. 이 지적은 도시부뿐만 아니라 지역 사회가 안고 있는 과제에 대하여 하나의 실마리를 주고 있다. 다시 말해서 지역 사회가 각각의 개성에 맞추어 거주하기 편하고 살기 좋은 지역 사회를 바라는 것이라면 그것을 가능케 하기 위한 조건이 필요하다. 그 역할 이미지가 도구상자라고 생각하는 것이다. 지역 사회가 당면하고 있는 문제나 과제라는 것은 실로 다양하다. 그것을 해결하기 위해서는 도구가 필요한데, 예를 들어 어느 가정에서나 망치나 톱 같은 공구를 갖추고 있듯이 어느 지역 사회에서도 최소한의 도구를 갖추어 둘 필요가 있다. 때로는 다른 곳에서 빌려 올 수도 있겠다. 그러나 도구가 없으면 자신들의 힘으로 고칠 수 있는 것도 고칠 수가 없다.

공민관을 도구상자로 생각해 보았을 때 상자만 있어서는 의미가 없다. 도구가 있어야만 비로소 공민관이다. 그러면 공민관이 갖추고 있어야 할 도구란 도대체 어떠한 것일까?

4 지역의 눈과 뇌와 손을 만드는 공민관

어느 시대에나 어느 지역에서나 그 곳에 사는 사람들이 살기 좋고 사는 보람을 느끼는 지역 사회를 만들어 나가는 것은 중요하다. 그러나 오늘날 글로벌화가 진행되고 있는 한편에서 지역 사회가 피폐화되고 그 곳에 사는 사람들의 생활이 곤궁에 빠져들고 있다.

G.데란티(Gerard Delanty)는 "커뮤니티는 부활하고 있다"고 한다(주7). 70년대부터 복지국가의 정책은 복지정책에 의존하는 국민을 양산하고, 다른 한편에서 복지국가정책을 비판하는 신자유주의경제는 국민의 빈부격차를 만들어 왔다. 이들 모두가 안고 있는 문제를 극복할 수 있는 주체로 커뮤니티를 주목하게 된다. 그러면 데랑티가 지적하는 것처럼 커뮤니티가 부활하고 있다면, 어떤 부활을 하고 있는 것일까?

이 질문에 대하여 Z.바우만(Zygmunt Bauman)은 "문제는 기존의 커뮤니티제조법에서는 안심과 자유 간의 모순이 묵과할 수 없을 정도로 확대되어 복구가 어렵게 된다."고 말하고 있다. 더욱 커뮤니티의 안심과 자유를 확보하기 위해서는 여러 가지 해결책을 구하고 제안할 필요가 있으나 어떤 해결책이라도 한동안 잘 되어 간다고 하여 더 이상의 면밀한 조사는 필요 없다든가 수정은 쓸 데 없다는 등은 꿈에도 믿어서는 안 된다고 경종을 울리고 있다(주8). 이 지적은 종래의 지역 만들기의 방법의 한계성과 새로운 지역 만들기에 있어서도 지속적인 조사나 수정의 필요성을 뚜렷이 한다.

따라서 새로운 지역 만들기나 문제의 해결책을 찾아내기 위해 지역 사회는 모색을 위한 조건을 가지고 있지 않으면 안 된다. 이것이 지역 사회에서 사회교육 · 평생학습이 필요하고 공민관의 존속을 요구하는 이유이다. 지역 사회에는 사람들이 인사한다거나 교류한다든지, 문제를 해결한다든지, 지역을 활성화한다든지, 문화를 창조한다든지, 시민성을 기른다든지 할 수 있는 장치가 필요하다. 이것을 촉진시키는 것이 사회교육 · 평생학습의 역할이며 공민관의 기능이라고 할 수 있다.

환경 문제의 전문가인 호리오(堀尾正靱)는 흥미 있는 지적을 하고 있다. 문제 해결을 전문가나 행정에 그대로 떠넘기지 않고 사람들이 힘 있는 주인공이 되는 것이 중요하다고 말한다. 그 때문에는 무엇이 필요한가? 그것은 개개인의 힘을 넘어 상호 계발하는 매크로적인 지역 사회의 주체를 만드는 것이라고 한다. 중요한 것은 '개인 차원의 지력'이 아니라 '지역 커뮤니티 차원의 지력'이라고 한다. 모든 시민에게 지역의 일이 보여 시민차원에서 지적인 지역 활동을 일으키는 것으로 환경 문제를 해결하지 않으면 안 된다고 한다. 그 때문에는 커뮤니티가 '공유의 눈'을 가질 것, 그 '눈'으로 볼 것, 안목을 가진 '뇌'를 만들 것, 뇌에는 '이론이나 지식'과 '마음'을 가지고,

'손'으로는 판단한 것을 실행에 옮기는 것이 중요하다고 지적한다(주9).

이 지적은 지역사회가 스스로의 장기로서의 사회교육 · 평생학습을 요구하고 있는 것을 알 수 있다. 지역의 눈과 뇌를 만들어, 지역의 마음을 길러, 사회교육 · 평생학습을 통해 지역의 손을 움직여 가는 새로운 지역사회와 문제 해결책을 만들어 가는 원동력으로서의 공민관의 창조가 다시금 요구되고 있는 것이다.

일본 사회는 21세기에 들어 구조 개혁이나 자치체 재편에 의해 공민관의 비공민관화라는 상황이 만들어져 가고 있다(주10). 그러나 한편으로는 지역 사회의 눈과 뇌와 마음과 손의 실정을 살펴 그것들을 구하려는 움직임도 생겨나고 있다. 말하자면 새로운 공민관의 스타일을 모색하는 움직임이자 사회적 자본 형성을 향한 비공민관의 공민관화현상이라고 말할 수 있는 것이다.

역사적으로 보았을 때 공민관은 처음부터 완성된 형태로 존재한 것이 아니라 본서에 저술한 바와 같이 시행착오의 과정 가운데서 탄생되어 왔다. 현재는 제도로의 공민관은 축소 · 재편을 하고 있는지는 모르지만 다른 한편으로 지역적 · 사회적인 요청과 기대를 받아 공민관 활동이 재창조되어 가는 과정에 들어섰다고 보아도 좋지 않을까? 재창조의 과정 속에 있는 가능성에 빛을 비추어 〈나〉만이 아니라 〈우리들〉의 눈과 뇌와 마음과 손을 만들어 내기 위해 공민관을 디자인하는 것이 요구되고 있는 것이다.

우에노 케이조오(上野景三)

1) 〈나〉와 공민관의 만남에 관해서는 우노 시게키(宇野重規), "토크빌(Alexis de Tocqueville(*역주 : 1805~1859) 평등과 불평등의 이론가"(코오단샤(講談社) 選書, 2007년), 동(同) "〈나〉시대의 데모크라시(Democracy)"(이와나미(岩波)新書), 2010년) 등을 참고하였다.

2) 타다 유타카(多田豊), "지역공공시설의 재편성에 관계되는 커뮤니티 기간시설의 건축계획에 관한 연구", 2009년.

3) 히로이 요시노리(広井良典), "커뮤니티를 되묻는다" 치쿠마(ちくま)新書, 2009년.

4) 아즈마 히데키(東秀紀)외 편저, "'내일의 전원도시'에의 권유", 쇼오코쿠샤(彰國社), 2001년.

5) 본고 '도시 공민관의 생성과 전개' 우에노 케이조오 · 쯔네요시 노리히사(恒吉紀壽) 편저, "기로에 선 대도시 평생학습", 호쿠쥬(北樹)出版, 2003년.

6) C. 란드리(고토오 카즈코(後藤和子) 역), "창조적 도시-도시재생을 위한 도구상자", 일본평론사, 2003년

7) G. 데란티(야마노우치 야스시(山之内靖) · 이토오 시게루(伊藤茂) 역, "커뮤니티 글로벌화와 사회 이론의 변용", NTT出版, 2006년.

8) Z. 바우만(오쿠이 토모유키(奥井智之)역, "커뮤니티-안전과 자유의 전쟁", 치쿠마 서방(筑摩書房), 2008년.

9) 호리오 마사유키(堀尾正靭), "'탈온난화"와 "탈근대화"-동네나 마을의 마음과 기술을 다시 만든다', 마츠나가 스미오(松永澄夫) 편, "환경 설계의 사상", 토오신도오(東信堂), 2007년.

10) 小池源吾 · 아마노 카오리(天野かおり) · 사타케 토모코(佐竹智子), '자치체 개혁과 공민관의 변모', 일본 사회교육학회 편, "자치체 개혁과 사회교육 (Governance)", 東洋館出版社, 2009년.

[Column]

공민관에 기대하는 것

작년 9월, 총리는 소신을 표명하는 연설 중에 '새로운 공공'이라는 별로 들어 보지 못한 어휘를 사용하면서 "사람을 돌보는 역할을 "관(官)"이라고 불리는 사람들이 담당하는 것이 아니라 교육이나 육아, 마을 만들기, 방재와 방범, 의료와 복지 등 지역에 관계가 있는 한 사람 한 사람이 참가하여, 그것을 사회 전체로 응원하려는 가치관이다"라고 정의하였습니다. 그 후, 이러한 생각을 구체화하기 위하여 원탁회의가 설치되고, 금년 6월 총리가 퇴진하는 날 선언이 나오고, 신내각에서는 담당 대신이 배속되어 계속해서 추진하게 되었습니다.

이제부터 목표로 하는 사회에 관하여 제가 생각하고 있는 것과 같은 것을 발표할 것으로 기대하였으나, 원탁회의의 의사록이나 선언과 동시에 나온 정부 대응을 보면 어프로치가 달랐습니다. 관(官)에서 민(民)으로 공공의 일을 줄이겠다고 하는 일련의 흐름 속에 있는 것으로 생각됩니다.

제가 항상 말씀드리고 있는 것은 주민에 의한 자치회 조직의 확충입니다. 이 조직이야말로 모든 사람에게 머물 장소와 활약할 기회가 있고, 모두가 스스로 도움이 될 수 있는 기쁨을 중요시하는 사회라고 생각합니다. 낡은 이미지의 행정의 하청조직이 아니라 일정한 구역에 사는 사람들이 모여, 자신들이 할 수 있는 것은 지역에서 해결하는 자치기관입니다. 원탁회의 의사록에는 유감스럽게도 이러한 것들은 한마디도 언급하고 있지 않습니다.

저는 자치회 활동의 강화를 가장 중요한 과제의 하나라고 생각하고 각종 시책을 전개해 왔습니다. 그러나 도시화가 진행되고, 저출산 고령화가 진전되는 가운데 지역의 상태도 변모하고 있습니다. 자치회 활동의 담당자가 줄어들고 있습니다. 공민관에 있어서 사회교육, 평생학습 활동의 실천 장소에 모이고 배우는 사람들, 특히 현역을 은퇴하신 분들이 지역 활동에 새롭게 참가하는 것이 중요하다고 생각합니다. 거기에 자치회 몇 개가 합쳐진 형태로 지역 활동을 하는 거점으로 공민관이 사용되어 공민관 직원이 그것을 잘 코디네이트할 수 있기를 바랍니다. 공민관이 자치회 활동의 요람이자, 거점이 되기를 기대합니다.

根本 崇(네모토 · 타카시) … 노다 시장. 동경대학 법학부 졸업 후, 1970년에 건설성에 들어감. 노다 시 보좌역을 거쳐 1992년부터 현직. 전국에서 선구적으로 공 계약 조례를 제정. 현재 5기째. 1945년생.

제 I 장 공민관에서의 배움과 시설 만들기

전국 각지의 공민관은 각 지역의 기대에 부응하여 지역의 생활과 요구에 뿌리 내린 다양한 활동을 하여 왔다. 그리고 그 지역에 공민관이 아니면 할 수 없는 특색 있는 역사를 새겨 왔다. 인간의 얼굴과 모습이 모두 다른 것처럼 똑같은 지역은 한 군데도 없다. 그러니까 지역과 함께 걸어 온 공민관의 활동도 지역의 상황에 따라 천차만별이다. 이 장에서는 공민관 제도가 발족하고부터 오늘에 이르기까지 배움의 발전과 공민관 만들기의 관계를 밝히는 것을 키포인트로 하고 있다. 각지의 공민관에서 시작된 권리로서의 배움의 자각, 주민 요구의 실현과 주민 주체 활동의 축적, 주민 자치의 확대와 지역 만들기 활동의 발전 등, 지역에서 배움과 공민관 만들기의 관계를 역동적으로 다루는 것을 목적으로 하고 있다. 수록된 실제 사례나 논고로부터 지역에 있어서 배움의 발전과 확산 속에서 구상되고 설치되어 온 공민관의 시설적인 가치를 재인식해 주기를 바란다. 또한, 무엇이 공민관에서 필요한가에 관해서도 재인식하기를 바란다. 지금까지도 공민관에서 배움의 발전과 공민관 만들기 활동은 불가분의 관계로 인식되어 왔다. 앞으로도 그 관계가 심화되어 더욱 많은 풍부한 실천이 축적되어 가야

만 한다. 공민관 무용론이 외쳐진 지 오래이나, 실제로 공민관은 지금까지도 활발하게 활동해 왔고, 현재도 끊임없이 새로운 시도가 전국 각지에서 전개되고 있다. 이 장이 배움의 발전과 시설 만들기의 진전이라는 관점에서 공민관의 역사를 실천적으로 뒤돌아보는 것을 통하여 수많은 곤란을 극복해 온 공민관의 생명력에 확신을 가지고, 앞으로 공민관 활동을 전개하는 원동력이 될 것을 기대한다. 공민관 실천이나 공민관의 존재 방식을 둘러싸고 논의되어 온 몇 가지 과제에 대해서도 소개되고 있다. 현대의 공민관 활동이나 공민관 시설의 존재 방식을 생각할 때에 많은 시사점을 제공해 줄 것에 틀림없다.

카타노 치카요시(片野親義)

제 1 절 '다실'로서 어떠한 기능을 해 왔는가?

1 공민관에서의 배움과 시설 만들기

공민관은 지역의 '다실'(茶の間 *역주 : 우리나라의 '안방' 또는 '마루'에 해당)이라고 불린다. 어떤 시기에는 청년들의 '집합소'라고도 불렸다. 또 최근에는 아이들이나 고령자들의 "쉼터"였으면 좋겠다는 의견도 나와, 많은 사람들이 이에 좋다고 찬성한다. 특히 공민관이 창설되고 보급이 시작되던 시대에 어떠한 형태로든 공민관과 관련이 있었던 연배의 사람들은 공민관이 설치되는 것은 당연한 일이다라고 적극적으로 긍정하고 있으며, 또한 현재의 상황을 보면서 공민관은 본래 다실이어야 한다고 말하는 사람들도 많다.

나가노 현(長野県)의 농촌 문화운동이나 지역 만들기 운동에서 뛰어난 지도자였던 타마이 케사오(玉井袈裟男 : 信州大名譽敎授(*역주 : 신슈대학 명예교수))는 지역을 생각하는 강연이나 좌담회에서 이해하기 쉽도록 가정에 비유하면서 이야기를 이끌어 나갔다. "마을 안의 도로는 집으로 말한다면 복도이다. 마을의 수호신을 모신 숲은 집안에 신을 모셔 놓는 감실(龕室)이고, 마을의 불당은 집안의 불단(佛壇)이다. 공민관은 집에 있는 다실과 같다"고 주장하였다. 주민이 자신의 가정과 마찬가지로, 자신이 사는 지역에도 관심을 가지고 비용과 노동력을 제공하여 지역의 시설이나 행사를 유지하는데 협력할 뿐만 아니라 스스로의 생활을 개선해 나갈 필요성을 피력하였는데 이는 강한 설득력을 지니고 있었다(주1).

사진① 설립 시(1946년)의 츠마고 공민관
"나가노 현 공민관 활동사 II"에서

공민관 설치가 필요했던 시대는 제2차 세계대전 후의 전국적인 빈궁과 혼란 속에 어디에도 온전한 건물이 없을 때였다. 당시 많은 마을에서는 학교나 관공서의 병설 형태로 공민관의 간판을 걸었다. 독립된 시설을 가진 마을에서도 기존에 설치된 청년학교의 교사(敎舍)나 사무소, 도장(道場) 등 낡은 건물을 전용하여 그러한 상태로라면 "다실"적인 분위기의 건물은 찾기 힘든 상황이었다. 그러나 정내회(町內會)나 취락(*역주 : 集落)에서는 전쟁 이전부터 집회소, 농촌공회당 등의 명칭으로 지역이 공유하는 건물이 있었다. 장소에 따라서는 신사(神社)의 사무소(社務所)를 겸하거나 지장당(地藏堂)이 들어서 있어 소박한 신앙의 장소가 되기도 하였으나 모든 지역 주민이 가볍게 모여서 차(때로는 술)를 마시면서 마음 편하게 시간을 보낼 수 있는 "다실"적인 시설로 존재하고 있었다. 그리고 사회교육 행정으로 공민관을 보급하는 입장에 있는 사람들도 이 취락 모임 안에서의 인간관계를 중요시하고 있었다.

나가노 현에서 최초로 설립된 츠마고 공민관(妻籠公民堂, 長野県西筑摩郡(나가노 현 니시치쿠마 군)吾妻村妻籠=현재 : 木曾郡南木曽町(키소 군 나기소마치))은 "청년구락부" 건물을 전용하여 공민관 간판을 걸었는데 청년구락부는 마을의 청년들이 자주적으로 관리 · 운영하는 '젊은이들의 집합소'였으며 그 성격을 그대로 공민관이 이어받아 청년층의 활동이 거의 그대로 공민관의 활동으로 이어졌다(주2).

테라나카 사쿠오(寺中作雄)는 공민관시리즈③ "공민관의 경영"에서 공민관의 성격과 운영 방침의 첫 번째로 '농촌 가정의 이로리 베야(*역주 : 이로리는 농가 따위에서 마룻바닥을 사각형으로 도려 파고 방한용 · 취사용으로 불을 피우는 장치이고, 베야는 방을 뜻한다. 따라서 이로리 베야는 '방안에 있는 화덕 터'라고 할 수 있다)로서'라는 제목을 붙여 다음과 같이 설명하였다.

> 정촌이라는 사회를 하나의 집으로 생각해 보자. 방 구조는 객실이 있고 서재가 있으며 부엌과 거실이 있다. 그 밖에 창고나 화장실이 적당한 곳에 배치되어 있을 것이다. 관공서는 이른바 정촌의 표면적인 객실이며, 이곳에서 공식적인 정촌회(町村會)의 회의가 열린다. 학교는 서재 또는 아이들의 방이며, 농업회나 산업조합 그 밖의 경제 산업단체의 활동은 이른바 가정 경제를 담당하는 부엌의 임무이다. 공민관은 정촌에서 이른바 거실 혹은 차를 마실 수 있는 다실에 해당한다. …
>
> 각 실이 상호 협조적이고 종합적으로 하나가 되기 위해서는 가족들이 자주 모여서 기탄없이 협의하고 담소를 나눌 수 있을 만한 다실 즉, 이로리 베야가 필요하다. … 이로리 베야에서는 한 집안의 가장이나 부인, 아이들, 가정부, 노인이나 일꾼, 손님 모두가 아무런 허물이나 거리낌 없이 모여 서로 이야기를 나누며 화목을 도모한다. 공민관은 집안의 이로리 베야처럼 마을사람들이 일을 하다가도 너나 할 것 없이 모여 남녀의 차별, 직업의 귀천 없이 허리띠를 풀고 작업복을 벗고 스스럼없이 이야기를 나눌 수 있는 장소이다(주3).

또한 테라나카는 공민관 총서① "공민관의 건설"에서, 공민관 기능의 두 번째는 사교와 오락 기관이어야 한다고 말하고 있다. 그리고 "함께 즐기고, 함께 기뻐하고, 함께 노래하고, 함께 춤추며 함께 놀면서 함께 이야기한다. 게다가 즐거움 속에 교양이 있고, 사교 속에 문화가 깃들어 있는 건전한 오락, 올바른 사교야말로 오늘날 추구해야 할 것이다"라고 말하고 있다(주4). 스즈키 켄지로(鈴木健次郎)는 공민관 운영 총서2 "공민관 운영의 이론과 실제"에서 다음과 같이 언급하고 있다.

> 공민관이 자연스러운 우정 속에서 받아들여지려면, 부락 취락이 단위가 되어야 한다. 촌민들이 모이기에도 편리하고 또 서로가 합동하여 일하기에도 편리하기 때문이다. 그렇지 않으면 공민관은 단순히 장소를 제공하는 시설에 불과하게 된다. 가정적인 유대와 같은 마음으로 유지되고 자율적인 주민의 열의로 운영될 때 공민관은 살아있는 생명을 가지게 된다. 공민관의 기본 형태는 이런 의미에서도 분관(分館)임은 논할 필요도 없이 명백하다(주5).

이와 같이 가정과 지역(근린 · 취락(集落)의 일상적인 모임을 통한 사회교육의 보급을 기대하고 있었다.

나가 노현에서는 이 방침에 따라 취락의 공민관이 시정촌의 공민관 분관(分館)으로 되어 있는 곳이 많고, 또한 정내 공민관(町內公民館)이나 자치 공민관(自治公民館)이라도 통칭은 분관이라고 부른다. 연락 조직이 구성되어 있고 시정촌의 공민관은 그 네트워크의 중심이 되어 활동을 원조하거나 지도하는 역할을 담당하고 있다. 다른 현에서도 이러한 취락의 공민관 활동이 활발한 곳에서는 공민관은 분관이지만 자치 공민관의 활동이 참된 모습이라는 의식이 강하고, 자주적인 활동을 전개하며 정촌의 관공서가 설치하는 공민관에 대해서도 "마을의 다실", "동네의 다실"로의 역할을 해 줄 것을 강하게 요구하게 되었다.

2 공민관은 해방의 장

가정의 다실은 집에 있는 모든 사람들이 모여서 식사를 하고 차를 마시며 솔직한 의견을 서로 토로할 수 있는 단란한 장소이다. 때로는 친척이나 이웃의 친한 친구 · 지인과도 함께 웃으며 즐거운 시간을 보내기도 하고, 논쟁이나 다툼도 하고 최종적으로는 서로의 입장을 존중하면서 가족의 결속을 이루고 가정 생활을 충실히 해 나가고자 하는 장소이다. 그러나 전 후, 새로운 헌법이나 민법이 보급되어도 전쟁 전 가부장제의 잔재인 가장의식은 오랫동안 존속되었다. 아버지 혹은 할아버지가 다실을 도맡아 지배하는 집안의 구습(舊習)도 그대로 존재하였다. 이러한 가족 중에서 위치가 낮은 청년이나 여성은 집에 있는 다실에 만족하지 못하였다. 따라서 집안의 속박에서 벗어나 모일만한 장으로 공민관이라는 시설이 "지역의 다실" 역할을 맡게 되었다.

전후 제일 먼저 자유를 체험한 청년들도 집에서는 어른으로 인정받지 못하는 현실에 직면하면서 젊은이의 전통적 지역 조직인 청년단에 가입하여 집 밖에서 해방된 활동을 함으로써 자기 실현을 시작하였다. 공민관은 청년단이 일상적으로 모이는 장소이기도 하고, 구세대에게는 지역 후계자를 양성하는 장소로도 인식되어 자유가 상당히 인정되었으므로, 전후의 민주적인 사상과 행동을 일찍부터 접할 수 있었다. 공민관의 조직을 주민참가 형태로 구성하게 되자 그 실천력을 인정받아 공민관의 위원이나 전문부원이 되어 공민관 설치나 운영에 직접 관여하는 자도 많아지게 되었다. 초기 공민관에서는 청년단 운동의 실적을 인정받은 임원이나 경험자 중에서 공민관 주사를 선임하거나 전임 직원으로 임명하는 정촌도 많았다. 또한 이전부터 청년단 활동이 활발하게 이루어져, 청년들의 모임 장소였던 청년회관 등의 시설을 가지고 있는 곳에서는 츠마고 공민관과 같이 그 건물이 전용되어 공민관으로 발족된 예도 있었다. 이는 초기 공민관과 청년단이 밀접한 관계를 가지고 있었음을 알 수 있는 것이다. 후에 청년단이 다루었던 공동학습은 청년들 스스로의 생활을 서로 솔직하게 이야기하는 것으로 문제를 제기하고, 학습으로 발전시켜 과제를 해결해 나가고자 하는 활동으로 공민관이라는 "지역의 다실"에서 시작한 학습 운동이었다.

지역에 사는 여성은 가부장적인 제도 속에서 청년보다도 더욱 낮은 입장에 놓여 있었다. 미혼여성은 청년단에 가입하여 남녀 공동 활동을 할 수 있었다. 그러나 기혼여성은 남성 중심의 집안에서 경제적 자립의 어려움, 힘겨운 가사노동, 아이를 낳으면 육아에 쫓기는 생활이 되어 가정 내의 인간 관계로 고민하게 되고 삶의 보람을 찾아 고민하게 되었다. 또한 집 밖으로 나갈 기회도 적어 지역 부녀회나 PTA(*역주 : 일본의 학부모회)가 그나마 가질 수 있는 기회였다.

정내나 취락은 오래 전부터 있어온 공동체로 지역의 질서가 그대로 잔존하는 봉건적인 성격을 가지고 있었다. 그러므로 마을 안의 단체는 '마을의 구습'을 답습하는 조직이어서, 공민관에서 모이는 일은 있어도 자유로운 발언을 할 수는 없는 분위기였으며, 여성은 집을 벗어나도 해방되지 못하는 것이 현실이었다. 하지만 새로운 헌법을 비롯하여 전후의 민주주의를 보급하는 역할을 담당한 공민관이나 사회교육 행정은, 이러한 지역 단체의 민주적 운영을 지도 · 조언하는 입장에 있었으므로 레크리에이션 등 집회 방법 등을 보급하여 공민관을 즐겁고 해방된 장소로 만들려고 노력하였다.

후에 사회교육 행정이 부인회 등 여성 단체와 협력하여 추진한 소집단 학습은 여성층을 더 세분화하여, 새댁, 중년, 노년 등 연령층별, 그룹별, 반별 등 소지역별로 나누어 활동하고자 한 것으로, 여기에서도 대화의 방법이 채택되었다. 세분화된 활동의 장소로 공립인 공민관만으로는 불가능하여 분관이나 취락의 공민관, 집회소를 사용하였다. 원래 다실이라는 성격이 강한 장소였으므로 솔직하고 즐겁게 이야기하기에는 적합한 장소가 되었다. 이들 모임에는 대화의 내용에 따라 담당하는 공민관 주사나 사회교육 주사, 공민관장 등 직원의 출석이 가장 많았고, 그 밖에 당시에는 부임지 거주가 원칙이었던 학교 교사가 가까운 지도자로 활용되었다. 보건사, 농업 개량 보급원이나 생활 개량 보급원 등도 지도에 참여하였는데 보건 행정이나 농림 행정에서도 사회교육 방법을 채택하고 있었으므로 그러한 종류의 전문직에서도 소집단 지도가 가능하였다. 넓은 시정촌에서는 먼 거리까지 갈 수 있는 기동성이 요구되어 오토바이와 자동차가 필요하게 되었다. 더불어 야간근무까지 요구되면서, 이러한 것들이 쌓여 직원의 노동과중 문제가 발생하게 되었다.

청년의 공동 학습과 여성의 소집단 학습이 교류를 시작하자 '집안의 구습'은 서로 공통된 문제라는 것을 자각하게 되었다. '며느리와 시어머니'와 같은 기혼여성의 문제는 독신여성이 가까운 장래에 부딪히게 될 과제로, 청년들에게도 장래 부인의 문제로 남의 일이 아니었다. 이는 다시 한 번 결혼이란 무엇인가를 생각하고 학습하는 계기가 되었다. 또한 민주적인 가정을 이루기 위해서는 어떻게 할 것인가에 대한 자신의 마음가짐을 비롯하여 타인에 대한 배려, 노인들의 참여와 이해, 동료나 선배들의 지원과 원조, 가옥의 개량, 가계에 대한 관심 등 학습 과제는 끝없이 나왔다. '공민관 결혼식'이 상징하듯이 생활 개선을 위한 노력이 공민관 활동의 중심이 되어갔다. 가정의 문제뿐 아니라, 정내회나 취락의 지역 조직에 관해서도 지금까지의 마을 지배층을 중심으로 한 운영에서 청년층이나 여성이 참여하는 운영 방식으로 차츰 개선해 나가는 움직임이 일어났다. 이러한 개혁은 많은 주민들의 지지를 얻게 되었다.

지역 주민의 주변 생활에 대한 솔직한 요구와 행정에서 나오는 민주화 및 근대화의 유도(계발)가 맞물리면서 처음에는 저항이 있었던 사고 방식이 점차 바뀌어 주저하던 행동이 실천으로 옮겨지게 되고 참가자들 간에 공감이 이루어지는 장소가 되었다. 여기에는 체험자의 실천 보고와 전문가에 의한 조언도 한 몫을 하였다. 따라서 공민관은 주민 의식 개혁의 전제가 되는 중요한 공간으로 민주주의 학습과 실천의 장이 되었다고 할 수 있다(주6).

3 해방의 공간을 향하여

'그을린 백열전구 밑에서, 이로리 주위에 모여 장작을 지피며' 이야기를 나누는 이미지가 보여 주듯이 당시 공민관은 빈약한 시설이었으나, 그 시기 일반적인 농촌의 주택과 비교하여 다실로서는 동급의 수준으로 그다지 불편하다고 생각하지 않았다. 모임이 있는 날은 당번이 먼저 와서 청소를 하고 차를 끓이면서 기다리는 동안 하나 둘 모두 모여, 각자가 가지고 온 밑반찬들을 먹으면서 일상생활을 이야기하고, 집으로부터의 해방과 일상생활에서 겪는 노고를 서로 위로할 수 있었다. 그래서 이 짧은 시간이 귀중하게 여겨졌다. 때로는 마을의 공민관 직원이 화제를 가지고 와서 이야기에 참가하거나 보건사가 와서 건강 상담을 해 주기도 하여 약간의 신선함도 맛보며 시간을 보낼 수 있었다. 공민관에 모인 전원이 청소를 하고 집회를 마무리하는 것은 왠지 모르게 뿌듯한 마음이 들게 하였고, 그 날의 화제에 관해서 속내를 드러내고 이야기하며 귀가하는 학습 풍경이 퍼져갔다.

이 짧은 시간에 조금이라도 해방된 분위기를 만들기 위해 레크리에이션으로 집단 게임이나 노래를 하는 것도 중요한 방법이었다. 사회교육의 방법과 기술은 직원이나 단체 지도자가 관계자에게 가르쳤다. 포크댄스를 배운 청년들이나 레크리에이션 단체에 속해 있는 젊은이들이 지도하러 오기도 하고 또 학교 음악 교사가 야간과 휴일에 공민관에 와서 다 같이 노래를 부를 뿐 아니라 합창의 즐거움까지 가르쳐주어, 문화 활동을 통해 학교와 공민관의 교류가 시작된 곳도 있다.

또한 마을의 공민관이나 필름라이브러리의 순회 영화를 적극적으로 활용하기도 하였다. 점령군이 제공한 나토코 영화(*역주 : 연합국 최고사령관 총사령부의 민간정보국에서 일본인에게 민주주의 사상을 심어주기 위해 제작한 교육 영화)나 교육 영화뿐 아니라 미소라 히바리(美空ひばり *역주 : 일본 가요계를 대표하는 가수이자 여배우이다. 은막 스타로서 다수의 영화에 출연)가 나오는 즐거운 극영화를 가지고 와서 상영하여, 마을 전체가 총출동하여 감상하게 되면서, 공민관은 즐거운 곳이라는 평판이 퍼져갔다. 시청각 교육의 분야에서는 교재 영화를 보고 그 테마에 관해서 이야기를 나누는 필름 포럼을 권장하는 일이 많았다. 영화는 아직 텔레비전이 없었던 시대의 좋은 레크리에이션으로 특히 농촌부에서는 열광적으로 받아들여지면서 공민관의 대중적인 지지자를 늘리는 방편이 되었다.

4 "다실"에서 과제를 발견

예전부터 있었던 집회소나 농촌 공회당은 주전자와 물컵 등 도구가 어디에나 갖추어져 있었기 때문에 그곳을 사용하는 빈약한 공민관들은 다실의 기능도 할 수 있었다. 또 많은 곳에서는 술병이나 술잔과 같은 술자리에 필요한 도구도 갖추고 있어서 남성들의 공공적(公共的)인 연회장이 되는 일도 있었다. 이렇게 해방의 장소라는 성격이 한층 더 강해졌다고는 하나, 지역 여성들이 연회의 준비나 뒷정리를 하는 관습은 여전히 남아 있었다. 후에 이것도 지역 민주화의 과제로, 토론의 테마로 다루게 되었다.

자신이나 주위 사람들의 공통적인 경험을 통한 고민은 가정 문제와 같이 자기 집 다실에서는 털어 놓을 수 없는 문제라도, 지역의 다실에서는 과제로 이야기할 수 있어 공민관 모임에서는 빈번히 다루어졌다. 이러한 '집안의 구습' 문제는 당시 결혼을 둘러싼 갖가지 문제에 상징적으로 나타나 있어, 청년들에게는 연애결혼을 권장하게 되었고, 사흘 낮 사흘 밤이나 계속되는 결혼식을 개선하자는 운동으로 발전되어 갔다. 그 결과의 하나가 친구들이 주최하는 회비제 결혼식의 실시였다. 한편 기혼여성에게는 당시의 가정생활에서 나타나는 여러 가지 문제, 예를 들어 염분 과잉이나 지방이나 동물성 단백질이 부족한 식사 때문에 생기는 영양 문제의 개선, 가사노동의 경감을 위한 부엌(부뚜막과 취사장)의 개선, 채광, 난방이나 사생활을 배려한 주거의 개량 등이 거론되었다. 이러한 생활 근대화의 하나하나의 개선은 전체적으로 생활개선운동이라고 불려, 정부가 제창하는 신생활운동이라는 국민적 운동에 흡수되어 갔다.

생활개선운동은 이러한 "지역 다실"에서의 솔직한 이야기에서 비롯하여 문제를 의식하고 학습하며 토론을 반복하고 고민을 극복해 한 사람 한 사람에게 확신을 주어, 가정의 문제는 우선 자신의 집에서 실천하고 지역의 문제는 친구들과 함께 공동으로 대처하는 실천으로 바뀌어 갔다.

개인이나 친구만으로는 해결할 수 없는 큰 문제도 있었다. 생활용수를 우물이나 하천의 물에 의지하는 생활은 위생이나 가사노동 면에서도 어떻게든 개선하고 싶지만 수도시설을 만들어 물을 끌어오기에는 막대한 자금이 필요하기 때문에 관공서와 의논하여 행정을 움직이는 것이 필요했다. 이는 서명 운동을 하거나 의원을 움직이지 않으면 안 되는 것을 의미한다. 이와 달리 개인이 가계부를 작성하여 불필요한 지출을 없애고 계획적으로 저금하는 활동과 아울러, 학습에서 운동으로 발전하여 지역의 간이수도시설이 만들어져 자치체의 상수도로 이어진 사례도 많다.

사진② 北大社(키타오오야시로) 공민관
미에(三重)현 이나베군(員弁郡) 토오인쵸(東員町),
현재의 명칭은 구조 개선 센터

소득의 향상으로 개인의 주택 환경이 좋아짐에 따라 지역의 공민관, 시정촌의 공립 공민관에도 개선을 요구하게 되었다. 행정의 지원을 받고 예산이 확보되어 개인 집의 다실보다도 쾌적한 장소로 개조나 개축, 신축이 가능하게 되었다. 이때 공민관에서의 담화 속에서 화제가 되었던 내용에 근거하여 필요한 시설과 설비가 구체적으로 거론되었는데, 예를 들면 로비나 담화실, 도서실, 요리 실습실, 나아가 나중에는 탁아실, 모두 집단 청취할 수 있는 라디오나 확성기, 후에는 대형 텔레비전이나 오디오, 가라오케 등 개인으로서는 구입할 수 없는 설비까지도 요구되어 공유 재산으로 실현해 나가게 되었다. 또한 공민관에서 결혼식을 올리기로 한 지역에서는 식이나 피로연에도 이용할 수 있는 다목적 공간도 요구되었고 이것은 공민관 시설의 근대화로 이어지게 되었다.

5. "다실" 공간의 위기

그 후, 공민관은 학습의 장이어야 한다고 강조되기 시작했다. "다실"에서 제안되었던 과제의 학습이 전문화되고 분화되었으며, 더불어 개인적인 학습의 수요도 급속하게 증가되었다. 이로 인해 평생 학습의 장으로써 공민관 이용이 늘어나게 되었다. 그리고 인구가 많은 지역에서는 시설의 부족도 영향을 주어 로비, 담화실, 도서실 등 본래 자유 공간이어야 할 부분이 회의실이나 교실의 목적으로 상시 사용되거나 전시 시설로도 전용되게 되었다. 때문에 자유롭고 가벼운 마음으로 차를 마실 수 있는 곳으로는 이용할 수 없게 되는 일이 생겨나게 되었다.

또한, 공민관 이용자의 안전에 대한 배려나 방범 및 사고 방지에 대한 대책, 소음 등 이용 상의 문제 등을 피하기 위해 공민관의 관리 체제가 강화되는 경향을 보였다. 공민관을 이용하기 위해서는 사전에 신청 절차를 까다롭게 요구하거나, 활동 내용을 기입하여 점검을 받게 하거나, 이용자의 이름을 확인하는 경우도 있었다. 이러한 번거로운 절차 때문에 친숙했던 공민관 로비를 가벼운 만남의 장소로 이용하려 해도 사전에 신청서를 요구해 오는 경우가 많아지고 있다. 사용 수속에도 익숙해진 상시 이용자 이외의 초심자에게는 공민관은 "다실"

사진③ 빠찌슬로(빠찡꼬+Slots machine)점
윙(Wing)이케다(池田)남점(南店) HP에서

이기는커녕 학습의 계기도 주지 못하는 장소가 되어버렸다.

게다가 이전부터 사회교육법 제23조의 규정에 지나치게 신중을 기하는 바람에 정치적, 종교적, 영리적인 목적과 관련된 활동은 '모두 불가'라는 소극적인 방침으로 운영하고 있는 공민관도 많아, 사회적인 실천 활동을 하고 있는 단체로부터 '공민관은 도움이 안 된다'라고 반발을 사는 사태도 일어나고 있다(주7).

공민관의 다실 공간이 사라져가는 경향은 특히 공립 공민관에서 현저하게 나타나고 있다. 게다가 시설 유료화는 이에 한층 더 박차를 가하고 있다. 이러한 사태로는 공민관에 다실적 성격을 기대하는 주민이 다른 시설로 옮겨갈 우려가 있다. 새로운 시민 활동 센터 등 주민 활동 시설에서는 활동 내용에 관해서 공민관보다도 폭 넓은 자유가 인정되고 있는 곳도 있다. 또한 주변의 복지를 목적으로 한 유사 시설들은, 여전히 사용료 무료의 원칙을 고수하고 있는 곳이 많다.

시설 공간이 곤란에 직면하고 있다면, 적어도 사업을 통해 "다실적인 시간"을 확보하는 노력이 필요하다. 공민관의 강좌나 행사 개최 시간 중에 다실적인 요소를 도입한 프로그램의 편성이나 모두가 즐길 수 있는 행사의 운영은 지금까지 사회교육이 잘 이루어 온 전문적인 분야를 발전시킴으로써 가능하다. 현재 시행되고 있는 이러한 사업의 운영을 보다 민주적으로 도모하고, 토론이나 레크리에이션 등의 방법을 활용해 내용을 즐거운 것으로 만들어야 한다. 이는 참가하는 주민의 심리적 해방과 교류를 지향하는 것으로, 향후 더 중요한 역할이 될 것이다.

민간 비즈니스조차도 지역 주민에게 알려진 공민관의 다실적인 서민성을 이용하여 그것을 선전하고 있는 곳도 있다. 예전에 나가노 현 마츠모토(松本) 역 동쪽에 있는 주점가에 공민관이라는 간판을 건 주점이 있었다. 현재는 기후(岐阜) 현에 있는 빠찡꼬 점이, 휴게 공간을 '우리들의 마을 공민관'이라고 이름을 붙여서 "편하게 쉬면서 즐기십시오."라고 선전하고 있는 예도 있다(주8).

미즈타니 타다시(水谷 正)

1) 예전에 타마이케사오 씨(고인, 신슈대학 명예교수)의 활동에 자주 동행한 필자의 경험에서.

2) 나가노 현 공민관 활동사II 편집위원회, "나가노 현 공민관 활동사II", 나가노현 공민관 운영협의회, 2008년, p.16.

3) 요코야마 히로시 · 코바야시 분진 편저. "공민관사 자료집성", 에이델연구소, 1986년, p.152에서 인용.

4) 앞의 책, p112에서 인용.

5) 스즈키 켄지로우 저, "공민관 운영의 이론과 실제"(공민관 운영 총서2), 인쇄청, 1951년, p.261.

6) 이 시대의 활동에 대해서는 필자의 경험 및 나가노 현 공민관 활동사 편집위원회 편, "나가노현 공민관 활동사",

나가노현 공민관 운영협의회, 1987년과 상기 "나가노현 공민관 활동사II"를 참고로 하였다.

7) 모리베 히데오(森部英生) · 미우라 요시히사(三浦嘉久), "평생교육(生涯教育) · 스포츠의 법과 재판", 에이델연구소, 1994년, pp.74-78.

8) 윙 이케다 미나미 점 web page : (2010년 10월 20일 현재), http://www.p-world.co.jp/gifu/wing-ikedaminami.htm

제 2 절 지역 산업의 활성화로 이어지는 배움의 발전

1 주민의 배움 · 참가의 마을 만들기

이이타테무라(飯舘村)는 후쿠시마 현(福島県) 북부에 위치하는 인구 6,200명 정도의 조그마한 마을이나 주민들은 활기차다. 특히 여성들의 활약이 눈부시다. 여성들이 변화하는 계기가 된 것은 1989년부터 5년간에 걸쳐 마을 공민관이 주최한 "새댁의 날개"라는 유럽 해외연수사업이었다. 이 사업을 통한 연결이 며느리 세대의 발언권을 높여 지역을 바꾸는 큰 힘이 되었다.

2000년 이후 '헤이세이(平成 *역주 : 일본의 현 연호)의 시정촌 합병'이 강요되었으나, 마을(村)행정이 정보 공개와 주민의 배움을 적극적으로 지원하면서 주민은 자립의 길을 선택하였다. 같은 시기, 이와 병행하여 마을의 마스터플랜(제5차 종합계획)이 책정되었으나, 여기서도 주민의 참가와 주민의 배움이 중시되어 슬로우 라이프(Slow Life)를 표방하는 "마데이 라이프"(MADAY LIFE *역주 : '마데이'는 정성들여 꼼꼼히, 여유 있게, 시간과 수고를 아끼지 않는다는 뜻의 사투리)라는 마을 만들기 계획이 새롭게 나왔다. 현재는 이를 구현하기 위한 작업이 진행 중에 있고, 취락(지구)을 단위로 하는 개성이 넘치는 여러 방안도 많이 도입되고 있다. 이것은 주민 참가의 마을 만들기가 취락을 기초로, 한 지역에서 마을 전체에 이르기까지 다방면에서 전개되고 있다고 볼 수 있다.

도쿄 한 곳만 집중 발전하는 한편, 과소산촌은 말할 것도 없고 지방 중소도시의 공동화(空洞化) · 지역 붕괴가 계속되어 왔지만, 오늘날에는 경제의 글로벌화와 지방분권정책의 전개에 의해 지역 재생이 정책적 과제로 대두되고 있다. 또한 복지나 환경 등의 생활안전 · 안심이나 지역 주민의 유대 등 오늘날 요구되는 지역 재생의 방향에는 주민참가 · 주민의 합의 형성이 불가결함과 동시에 생활권인 취락(지구) 레벨의 주민 자치가 특히 중요하다고 하겠다. 이러한 것을 염두에 둔다면, 이이타테무라의 대처가 얼마나 선구적이었는지를 알 수 있다. 이하에서는 주민이 참가한 마을 만들기의 경위와 그 프로세스를 살펴보면서 이이타테무라의 주민참가형 마을 만들기의 도달점과, 그것을 측면에서 지지해 준 행정과 사회교육 · 공민관의 역할을 알아본다.

2 냉해(冷害)의 마을에서 탈피-자발적인 지역 만들기로의 전환

이이타테무라는 아부쿠마산계(阿武隈山系)의 북단에 있는 표고 400~500m에 위치하고 여름의 야마세(*역주 : 봄에서 가을에 오호츠크 해에서 불어오는 차갑고 습한 북동풍 또는 동풍을 말하는데 특히 장마가 끝난 후에 부는 냉기를 말한다.)에 의한 냉해로 고생하는 지역이다. 냉해를 극복하기 위해서 이이타테무라가 축산 진흥을 기축으로 한 지역 산업 부흥을 본격화시킨 것은 마을의 제3차 종합진흥계획 책정에서였으나(1983년), 주목할 만한 것은 그것을 주민과 공동 작업으로 실시했다는 점이다. 다시 말해서 책정위원회 밑에 실질적인 작업, 검토를 하는 전문반을 두고 사무소, 농협, 상공회의 젊은 직원 외 마을의 각 방면에서 활약하고 있는 30~40대의 청장년 주민의 참가를 요청하여 구상안을 강구하였다. 이것이 바로 주민이 참가하는 마을 만들기의 시작이다.

진흥계획 담당이었던 N씨는 당시 주민 참가로 진흥계획을 책정한 이유를 회고하며 다음과 같이 말하고 있다.

> 초기에는 마을 진흥에 남자 100명 규모의 기업 유치를 생각했었습니다. 그 후 오일 쇼크 때, 마을에 있던 공장 종업원 남성 30명이 갑자기 해고되어 … 기업 유치가 과연 좋은 것인지 의문을 갖게 되었습니다. … 우리들의 지역 안에 있는 자원이나 소재를 연마해 나가는 것이 긴 안목으로 보았을 때 지역의 진흥이라고 … 저도 좀 더 지역의 현실을 바라보면서 추진해 나가야지 그렇지 않으면 진정한 지역 진흥이 될 수 없다고 생각하게 되었습니다. 그러던 중 강한 충격을 받은 것은 1980년의 큰 냉해였습니다. … 그 때 마을의 과제는, 첫째 1980년의 냉해를 교훈으로 한 새로운 산업을 일으키는 것, 둘째 구촌의식(舊村意識)을 해소하는 것이었습니다. 1956년에 이이타테무라는 2개의 마을이 대등 합병하였으나, 그 후 역학관계가 이분되었습니다. 이래서는 정말 매력 있는 마을 만들기는 할 수 없다고 생각했습니다. 이 두 가지 과제를 해소하기 위해서는 채널을 바꿔야 하고, 역시 사람이어야 한다고 생각하였습니다. 그래서 저는 담당 멤버로 30대의 젊은 사람을 들여, 처음부터 다시 1년간 토론해 줄 것을 부탁하였습니다(주1).

젊은이들이 힘을 결집하여 구상하고 사업화한 회원제 소고기 택배사업 즉 '미트뱅크'는 전국 신문에서도 크게 다루어져 반향을 불러일으켰고, 절정일 때에는 회원 수가 1,500명에 이르렀다. 또한 이이타테 소고기 통구이를 파격적인 가격으로 맛볼 수 있는 '소고기 페스티벌'도 마을의 이미지를 높이는데 일조하였다. 이러한 일련의 대처가 이이타테 소고기의 브랜드화에 기여한 것은 두 말할 나위도 없다. 그러나 그것보다 더 중요한 것은 마을 만들기에 관련했던 젊은이들이 우리 마을에 대한 자부심과 자신을 가진 일이다.

3 마을 만들기 무대에 등장한 주민

■ 청년 자주 그룹, 꿈을 만드는 학원 탄생

80년대 후반에는 제3차 종합 진흥계획 책정 멤버가 중심이 되어 '꿈을 만드는 학원' 활동이 시작되었다. 꿈을 만드는 학원은 좋은 마을을 만들기 위해서는 관공서에만 맡길 것이 아니라 우리가 자주적으로 행동해 나가자고 모인 마을을 부흥시키는(무라 오코시) 집단이다. 연령 구성은 20~30대이며 강연회나 포럼, 콘서트, 마을 내 교류 사업이나 이벤트를 담당하였다.

꿈을 만드는 학원 활동의 기본은 자신들에게 있어서 재미있게 생각되는 이벤트를 최초의 발언자가 실행위원회를 조직함으로 실행하게 되는 "여기 여기 모여라."방식이다. 회칙도 회비도 정하지 않았다. 따라서 회원도 특정되어 있지 않고 출입이 자유로운 융통성 있는 조직이다. 꿈을 만드는 학원의 형식은 마을 주민에게 인정을 받고, 자부심과 자신감을 더해 주면서 재미있는 마을 만들기를 가꾸어 나가는 집단으로 성장해 나갔다. 그렇지만 이 시점에서는 아직 여성들이 하나의 집단을 이루어 마을 만들기에 참가하는 모습은 볼 수 없었다.

■ 공민관 사업 "새댁의 날개"에 의한 여성들의 역량강화

여성들이 마을 무대에 본격적으로 등장한 것은 90년대이다.

> "남성은 결혼을 해도 해외에 나갈 기회가 있지만 여성은 결혼을 하면 날개 잃은 새와 마찬가지이다. 해외여행은 꿈속의 꿈, 그러나 21세기에는 '마을표 주부들의 날개'가 날아오르고 있을 것이다."

1987년 1월, '꿈을 만드는 학원'이 주최하는 '신춘 허풍 대회'에서 한 여성이 발언한 내용이다. 이 발언을 긍정적으로 받아들여 선거공약으로 내세우며 새롭게 탄생한 사이토 나가미(斉藤長見) 촌정(村政)이 사업화한 것이 바로 '새댁의 날개'이다. 이것은 20~30대 여성들을 농번기인 9~10월에 10일간 유럽에 파견한다는 기획이다. 이 기획으로 1989년부터 5년간 100명 정도의 새댁이 해외 연수를 다녀왔는데, 이 사업을 주관한 것이 공민관이다. 사이토 촌장은 꿈을 만드는 학원 초대 학원장이었던 스가야 노리오(菅野典雄, 현 촌장)를 공민관장에 등용하고 이 사업의 기획과 운영을 맡겼다.

해외연수에 의한 이(異)문화 체험 및 이(異)문화 교류는 여성들이 지금까지의 생활을 되돌아보게 하는 계기가 되었다. 여성들의 문화 충격은 컸으며, 특히 농민 생활을 엿볼 수 있는 여행을 기본으로 한 농가 민박은 많은 영향을 끼쳤다. 꽃을 활용한 실내장식이 멋있었다, 지하실을 가득 채운 야채 병조림은 대단했다, 자연을 소중히 하는 검소한 생활을 하고 있다 등 소박하지만 여유 있는 농촌이기에 가능한 생활은 여성들에게 감명을 주었다. 또한 부인에게 친절하게 대하고 자연스럽게 가사를 돕는 남편의 모습, 남편이 중심이 되어 가사 일을 하는 모습을 눈으로 보면서 자신들의 남편 · 가족과의 차이에 놀랐다.

귀국 후 여성들의 변화는 매우 놀라웠다. 꽃이 가득한 운동이나 드라이플라워 만들기, 하얀 피아노 구입 운동, 좋은 부부 모임 등등 자신들의 생활을 혁신하는 다채로운 변화를 시작하였기 때문이다. 나아가 드라이플라워 사업을 시작하거나, 커피숍 경영, 꽃 직매에 직접 나서는 등 가족경영협정의 체결이나 농업위원의 탄생으로 여성들이 주체적 역량을 획득해 나갔다는 것을 알 수 있다.이렇게 '새댁의 날개'는 보이지 않는 곳에서 일하는 존재였던 여성들이 마을 만들기의 무대에 등장하게 되는 계기가 되었다.

■ 생활의 기초 단위로부터의 지역 만들기

청년층, 여성층의 마을 만들기 참가에 더해서 마을은 90년대 중반부터 취락 자치에도 힘을 쏟기 시작했다. '고향 활성 1억 엔'기금에서 20행정구(취락) 모두에게 일률적으로 100만 엔을 교부하여, 취락주민협의로 지역 만들기 사업을 일으키는 '야마비코 운동(*역주 : 야마비코는 '메아리'라는 뜻으로 계몽 운동 같은 것)'의 경험을 바탕으로 1994년 책정한 제4차 종합 진흥계획에서는 20행정구(취락)에 위원회를 조직하고 10년간 1,000만 엔의 사업계획 만들기를 추진하였다. 야마비코 운동과 비교하면 사업 규모(금액)도 크고 10%는 취락 부담으로 되어 있어 협의에 의한 사업 계획화는 난항을 겪는 곳도 적지 않았으나 결국에는 모든 지구에서 사업화되었다. 이러한 과정을 통해 자신들의 지역은 자신들이 책임을 진다는 생각이 형성되었다.

예를 들어 M취락에서는 간벌(間伐)하지 않은 채 방치된 산을 보전하기 위해 몇 명이 모여서 시작한 숲 만들기에서, 숯막 건설, 목탄 · 목초액(*역주 : 나무로 숯을 만드는 과정에서 나오는 연기를 액화하여 채취한 액체. 정장제 등 의약품의 원료로 사용되며, 농약 대신 이용하거나 분뇨 냄새 또는 악취를 제거할 때에도 이용된다.) 판매 등을 주제로 의견을 나누면서 취락 안팎의 교류의 장이 되는 만남 찻집, 고사리농원 개설, 가공 그룹 고사리로 제조한 고사리찹쌀떡의 판매 등 잇달아 사업을 전개하였다. 그러한 과정에서 M취락의 좋은 점을 재인식하고, 고령자나 여성들은 활기를 찾았다고 한다.

또 다른 예로 MY취락에서는 취락의 유지(有志)가 자주 여성 그룹인 꿈꾸는 오토메(老止 *역주 : 단어의 뜻은 '노화를 멈춘다'이나 발음은'소녀'와 같음)회를 2002년에 만들어 농가 민박이나 허브 만들기, 지역의 농산물을 이용한 과자류의 제조 · 판매를 시작하였다. 이것의 계기가 된 것은 제4차 종합 진흥 계획의 지구 계획 토론에서 지역 여성들이 지역에서 더 큰 역할을 감당해야 한다고 깨달았기 때문이라고 한다. I 지구에서는 전통 예능인 모심기 춤을 부활시키고 있다. 지구 계획화는 취락 자치를 활성화시켜, 중산간지 직접 지불 제도(13취락)나 농지 · 물 · 환경 보전 향상 활동 지원 사업(모든 취락 대상)을 많은 취락에서 펼칠 수 있도록 하였다.

4 배움을 중요시하는 마을 만들기

■ 깨닫기 · 정보 제공 · 토론

지금까지 보아서 알 수 있듯이 80년대 이후 이이타테무라에서는 주민이 참가하는 마을 만들기를 추진하여 왔다. 이는 마을의 각종 심의회와 전문위원회에 주민을 기용하여 주민의 의사를 마을 만들기에 반영할 뿐만 아니라 주민의 배움의 과정을 중요시 하고 있다는 것으로 확인할 수 있는 것이다. "새댁의 날개"사업은 단순히 해외에 나가는 것이 목적이 아니라 자신의 생활을 되돌아보면서 깨달을 수 있는 기회로 인식되고 있다. 그러므로 사전에 일박 연수나 연수 시 농가 민박을 하는 등 다양한 깨달음의 장(=학습의 장)을 마련해 놓는 것이 중요하다. 2004년 말, 이이타테무라는 하라마치 시(原町市), 카시마마치(鹿島町), 오다카마치(小高町) 등 세 마을과의 합병 협의회를 이탈하여 자립의 길을 선택하였으나, 마을에서는 2000년 무렵부터 합병 문제를 마을의 가장 중요한 과제로 삼고 정보 공개, 토론을 통해 주민 개개인이 판단할 수 있는 자료를 최대한 제공하는 것 등을 중요시하였다.

■ '마데이 라이프' 책정 과정

또한 같은 무렵 제5차 종합 진흥계획이 책정되었다. 지구별 · 분야별로 나눈 계획으로 주민, 직원, 지식인 등으로 구성되었다. 분야별 계획은 6개의 부회로 나뉘어 각 부회에서는 제반 조사를 분석, 촌외(村外) 연수, 촌내(村內) 관계자의 의견 청취 등을 통하여 토론을 거듭하였으며, 마을 주민을 대상으로 중간보고를 3~4개월에 1회, 통산 4회 개최하여 기본 목표에서 사업 계획까지 작성하였다. 이렇게 해서 만들어진 것이 "위대한 시골 마데이 라이프 · 이이타테"라고 이름 붙인 제5차 종합 진흥계획이다.

제5차 종합 진흥계획의 이념은 슬로우 라이프를 의미하는 사투리 마데이 라이프로 하였다. 부회에서 토론을 시작하는 초기 단계에서는 "슬로우 라이프는 괜찮은가? 이 이상 천천히, 유유히 해서 되겠는가?", "소득 향상을 위한 산업 진흥은 필요 없는가?" 등의 반론과 이론이 주민들 가운데서 나왔다. 슬로우 라이프라는 말이 좀처럼 이해되지 않던 와중에, 주민들에게서 나온 말이 마데이였다. 마데이는 '정성들여 꼼꼼히, 시간을 들여서, 마음을 실어서'라는 의미를 내포하는 이 지방의 사투리이다. "일은 마데이하게(똑바로)해라, 음식은 마데이하게(소중하게, 남김 없이)먹어라, 아이들은 마데이하게(시간과 수고를 아끼지 않고) 키워라." 등 평소 어른부터 아이들까지 누구나 흔히 사용하고 있다. 이 낱말로 인해 토론은 크게 진전될 수 있었다.

부회의 토론에서 또 하나 고민스러웠던 것은 분야별 현상과 과제, 실현 목표를 정해서 구체적인 시책과 사업을 짜내는 일이었다. 더구나 재정 사정이 힘든 때, 비용 부담을 억제하여 주민의 주체적인 참가를 얻을 수 있는 소프트 사업을 구체화하는 일은 여간 힘든 일이 아니었다. 필자가 관여한 생활부회에서는 서로를 격려해 줄 수 있는 지역통화(地域通貨)를 추진하고자 사람과 사람을 이어주는 "좋은 통화(通貨)", 도우모(*역주 : 매우, 대단히 등을 나타내는 부사)의 발행(지역통화)이나 가사노동은 남녀 공동으로 한다는 정신을 기르고자 20세 기념으로 MY 부엌칼, MY 앞치마, 그 밖에 마데이한 생활표창, 이이타테식 마데이라이프 독본의 발행('할머니의 지혜주머니', '할머니의 맛 요리', '할아버지가 읽어주는 책') 등 지혜를 짜냈다. 부회의 검토는 1년 반에 걸쳐 이루어졌으며, 각 부회 당 30여 차례 회의를 실시하였다. 게다가 앞에서도 말했듯이 중간 단계에서 전문부회 중간보고회를 개최하여 마을 주민의 의견을 모았다. 이 보고회의 보고는 주민이 담당할 경우가 많아, 주민들이 긴장하는 경우도 종종 있었으나 자신감을 가질 수 있는 기회로 이어지기도 하였다. 이러한 일련의 과정은 그야말로 주민들이 마을 만들기를 배우는 과정이라고 말해도 과언이 아니다.

이러한 과정은 마을 행정이 사회교육적으로 편성되어 있다고 볼 수도 있겠다. 현 촌장은 공민관장 출신이고, 공민관장 시절 새댁의 날개, 마음의 날개-가족 이야기, 며느리와 시어머니, 김치여행 등을 비롯한 독특한 사업을 전개하였다. 여기서 공민관과 사회교육에서의 배움이 주민의 주체성 형성이나 생활 가치를 전환하며 행동 변용을 가져다주는 큰 역할을 한다는 것을 현 촌장 자신의 산 경험을 통해 알았다는 것을 추측해 볼 수 있다. 현 촌장이, 촌장이 된 97년 이후 '개(個)'의 존중을 내세워 자신의 인생을 자신이 디자인할 수 있는 사람을 늘린다는 것을 마을 만들기의 기본에 두었던 것은 촌장의 공민관장 시절 경험이 토대가 된 부분이 많다고 할 수 있다.

사진① 제5차 종합계획책정 중간포럼
제공 : 이이타테무라

5 마을 만들기와 융합하는 공민관 · 사회교육

마을 행정이 주민의 배움을 중시하고 있다는 것은 알았지만, 그러면 공민관 및 사회교육의 고유의 역할은 존재하는 것일까? 일반부국에 공민관과 사회교육이 포함되어, 일반부국에 흡수되어 버리지는 않았는가? 이러한 의문에 비추어 특징적인 공민관과 사회교육 사업을 몇 가지 소개해 보고자 한다.

■ 아이들 자립심을 키우는 사업 전개

마을은 육아 지원은 마을의 미래에 대한 투자라고 생각하여 육아쿠폰제도(셋째 이상에게는 1인당 5만 엔(2006년부터), 0세부터 18세), 마데이한 차세대 육성 촌민채(村民債, 버스 구입비 증권 5만 엔(년 3.5%)), 이이타테 쿼터 제도(남성 직원의 경우 출산예정 1개월 전부터 산후 3개월 사이에 연속하여 한 달 동안), 부자(父子) 수첩 발행 등 육아 지원의 흥미로운 사업을 실시하고 있다. 사회교육과 공민관 사업에서도 아이들 대상 사업에 힘을 쏟고 있다. 초등학교 6학년을 대상으로 한 해외 어드벤처 스쿨은 페리를 타고 홋카이도(北海道)로 떠나는 4박5일 촌외 연수이다. 부모 품을 떠나서 밖에서 이이타테무라를 보자는 의도이다. 쿠찬(俱知安) 아이들과의 교류도 즐거움의 하나라고 한다(올해부터 오키나와 연수로 변경). 초등학교 5 · 6학년을 대상으로 한 8박9일 합숙 통학도 흥미로운 사업이다. 식사 준비, 빨래, 청소는 모두 아이들이 해야 한다. 아이들을 지도하는 것은 청년들이다. 실행위원회를 조직하여 2001년도부터 계속하였다(작년에 종료). 이러한 사업의 목적은 부모 품을 떠나 아이들의 자립심을 기르고자 하는 것이었으나 또 하나는 초등학교에서 중학교로 진학할 때의 "중1 문제"를 회피하자는 목적이 있었다. 다시 말해서 3개의 소규모 초등학교에서 통합중학교로 진학한 아이들 중에는 스트레스나 인간 관계의 알력으로 여러 가지 문제를 일으키는 경우가 많았고 그 문제를 해결하고자 하는 것이었다.

그 밖에 중학생을 대상으로 아이들을 위한 사업의 한 부분을 담당시켜 지역 만들기를 이끌어 나갈 인재 육성을 목표로 하는 주니어 리더 육성 사업이나 부모만이 아니라 장래 부모가 될 중·고등학생 세대에게도 육아의 중요성을 이해시키고자 사업화한 육아 서포터 양성 사업 등도 주목할 만하다(주2).

■ 제2 세대의 육성을 목표로 한 꿈을 만드는 학원

2007년도 및 2008년도에 실시한 젊은이들의 마을 만들기 동참을 목표로 한 이이타테학과 차세대학원도 주목할 만하다. 예전 마을 만들기의 주역이었던 30~40대의 대부분은 오늘날까지도 마을 만들기의 핵심적 역할을 담당하고 있다. 그러나 그들을 대신하여 담당할 차세대, 차 차세대가 육성되어 있지 않은 상황이다. 촌외에 근무하는 청장년이 늘고 일상적인 유대가 약하다는 것도 그 원인의 하나이다. 이러한 상황을 고려하여 꿈을 만드는 학원의 제2 세대의 육성을 목표로 시작한 것이 이이타테학과 차세대학원이다. 2년간의 강좌를 거쳐서 수강생을 모체로 한 자주 그룹인 산락교(山樂校) 활동이 시작되었다. 회원은 20명 정도로, 남녀 동수로 구성되었으며, 월 1회 정기적인 회의를 열었다. 취락의 화단 만들기, 경관 보전을 위해 풀 솎아주기, 타 시정촌으로의 시찰 연수 등 자신들이 흥미를 가질 만한 것을 하려는 기본 자세로 시작하였다.

■ 마데이 라이프 배우기 사업화

제5차 종합 진흥계획에서 내세운 마데이 라이프의 이념을 구현화하는 공민관 사업도 시작되었다. 2008년도에는 '내 젓가락 만들기 교실', 2009년도에는 'MY GOODS 보급 대작전 사업'이 실시되었다. 마데이 나이트 사업도 흥미로운 사업이다. 2008년도부터 시작하여 2009년도 9월 30일 촌민의 날에는 공민관에서 촛불 콘서트가 열렸다. 평소 아무런 생각 없이 사용하고 있는 조명을 끄고 직접 만든 초를 밝히면서 공민관 스태프가 진행하는 종이 연극, 초·중등학생 영 리더들의 그림자 놀이, 소우마 가가쿠회(相馬雅樂會)의 아악 연주(雅樂演奏) 등은 주최자나 참

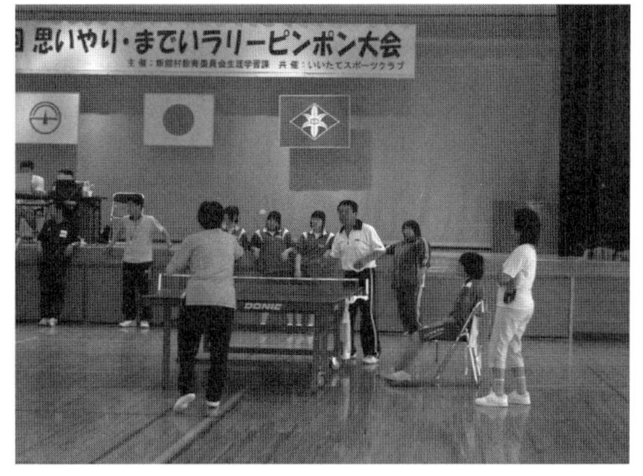

사진② 배려 · 마데이 랠리 탁구대회
제공 : 이이타테무라 교육위원회

가자에게 정말로 멋진 시간이 되었다. 이러한 프로그램이 진행되는 같은 시간, 촌민들에게도 초를 밝히고 가족끼리 단란한 시간을 가질 수 있도록 공민관 측은 공민관 앞의 편의점들은 조명을 끄도록 부탁하였다고 한다. 공민관 입구에서 2층 홀까지 장식한 초는 공민관 강좌에서 '폐식용유로 만드는 양초 만들기' 시간에 만든 것이었다. 2005년도부터 착수한 마데이 랠리 탁구도 재미있는 발상이다. 일반 탁구와는 다르게 상대를 이기려는 것이 아니라 상대를 생각하면서 받기 쉬운 공을 보내고 랠리(Rally)가 이어진 시간을 경쟁하는 것이다. 대회 당일은 촌외에서도 참가자가 다수 몰려왔다고 한다.

앞에서 보듯이 공민관 · 사회교육은 마을 만들기의 인재양성을 측면에서 지원하고 있다는 것을 알 수 있다. 특히 2000년대에 들어서부터는 일반 행정과 융합 · 연계하면서 공민관 · 사회교육 고유의 역할이 요구되고 있음도 알 수 있다. 제5차 종합 진흥계획에서 내세웠던 마데이한 마을 만들기를 주민의 생활에 뿌리 내리기 위해서는 주민에게 마데이 라이프에 대한 배움을 제공해나가야 한다. 그 역할을 주로 담당하는 것이 공민관과 사회교육이라는 것은 더 말할 필요가 없다. 따라서 공민관과 사회교육에서의 지역 과제, 지역 만들기에 대한 배움이 더욱 더 중요해질 것이다.

또한 보건사, 유치원 교사 등의 전문직을 공민관에 배치하고 있는 것도 주목할 만하다. 이것은 주민의 교육, 복지, 생활과 밀접한 사업의 전개를 위해 제너럴리스트(Generalist)로서 폭넓은 시야를 확보하는 것을 기대한 공민관의 배치이며 동시에 육아와 복지 등에 관한 공민관 사업을 버전 업(Version up)하기 위한 인재의 풀(Full) 활용이라고 생각할 수도 있다. 여기에 초등학교, 중학교, 이이타테 분교 등의 교육 기관과 이것을 보완하는 공민관 · 사회교육 등을 유기적으로 연결시켜 지역을 이끌어 나갈 인재 육성을 종합적으로 진행시키는 일이 큰 과제이다(주3).

치바 에츠코(千葉 悅子)

참고문헌

1) '과소한 지역에 사는 주민의 배움과 마을 만들기' ("월간 사회교육"1998년 4월호, p.20)
2) 상세한 것에 대해서는 야마다 이쿠코(山田鬱子), '유치원 교사가 해야 할 육아서포터 양성사업', 후지이 가즈히코

藤井一彦), '청소년 교육부터 자립한 지역 만들기로', (시마다 슈우이치(島田修一) · 츠지 히로시(辻浩) 편, "자치체의 자립과 사회교육", 미네르바 서방(ミネルヴァ書房), 2008년 참조.

3) 이이타테무라의 주민 참가형 지역 만들기에 대해 상세한 것은 "소규모 자치체의 도전"(핫사쿠샤(八朔社), 근간 예정)참조.

[Column]

순서가 되었습니다!! 공민관

수년 전 내가 마츠모토(松本) 시에 있는 지구 공민관 임원 연수회에 강사로 초빙되어 갔을 때의 일이다. "공민관 같은 것 이제 그만하지, 바빠서 임원 같은 것 할 시간이 없다."고 투덜대며 모인 참가자들에게는 아무리 공민관의 소중함을 말해 주어도 역효과만 나타났다. 그래서 강연을 15분으로 단축하고 나머지 시간은 소그룹으로 나누어 공민관에 대하여 자유롭게 이야기를 나누도록 했다. 그러나 20개가 넘는 그룹의 결론은 한결같이 지금의 공민관은 필요 없으나, 공민관과 비슷한 것은 필요하다는 것이었다. 전년도 것을 그대로 답습하는 매너리즘에 빠진 사업이나, 사람이 모이지 않는 행사, 바쁜 와중에도 차마 거절하지 못하고 응낙한 직책 등 이 모든 것을 할 수만 있다면 그만두고 싶다는 것이 본심들이다. 그러나 사람과의 유대가 약해지는 한편, 고령화나 불투명한 경제 상황 등 장래에 대한 불안은 늘어만 가고 있다. 이러한 상황에서 막상 사람과 사람이 직접 얼굴을 맞댈 수 있는 얼마 안 되는 장소인 공민관이 없어진다는 것도 불안한 요소 중에 하나다.

마츠모토에서는 주민이 지역이나 생활의 과제에 부딪혔을 때, 반드시 그 가운데에 공민관이 있었다. 오래된 예로는 부뚜막 개량이나 염분 감소 운동 같은 것에서부터 시작하여 합성세제나 스파이크 타이어의 추방 운동, 최근 활기를 띠게 된 새벽시장이나 직매소도 농촌여성의 학습에서 탄생하였다. 25년 전에 가까운 장래에 복지를 돈으로 사는 시대가 올 것이라고 생각해서 복지의 학습과 실천에 대응해 나갔던 '요코타(横田)노후를 돕는 모임'은 지역 복지의 선구적 역할을 하였다.

학습이란 한 사람 한 사람의 과제를 가져와 서로의 과제로 공유해 가는 것이다. 훌륭한 시설이나 훌륭한 강사가 없어도 센스가 있고 열의가 있는 주사와 자신들의 지역 문제에 진지하게 맞서는 주민이 있다면 자연발생적으로 학습은 이루어질 수 있다. 경제 성장과 행정 기능의 충실함으로 스스로의 지역에 관한 것을 60년간 게을리해 왔던 우리들 공민관을 거점으로 지역의 미래에 대하여 학습하고 실천해 나가는 것이 현재 절실하게 요구된다. 주민 자치란 싫은 사람, 이질감이 있는 사람과 함께 살아가는 것이다. 따라서 지역의 자립과 주민 자치가 절실한 지금이야말로 공민관의 역할은 크다고 하겠다.

白戸 洋(시라토 히로시) …… 지역에서 주민의 한 사람으로 공민관 활동에 참여하는 한편, 대학과 공민관의 연대를 추진하고 있다.
현직 마츠모토대학 종합경영학부 관광 호스피탤리티(Hospitality) 학과장 · 교수.

제 3 절 '나의 대학'으로서의 학급 · 강좌 실시

1 1970년대 초기 도시 공민관상의 확립

■ '3타마 테제([독일어]These *역주 : 정치적 · 사회적 운동의 기본 방침이 되는 강령)'의 개요

"나의 대학"이란 1973년 "새로운 공민관상을 지향하며"(주1)에서 공민관의 4가지 역할의 하나로 제기된 것으로 전체 구성 개요는 다음과 같다.

공민관이란 무엇인가 –4가지 역할–

1. 주민이 자유롭게 모일 수 있는 장소 2. 주민 집단 활동의 거점

3. 주민에게 있어서의 '나의 대학' 4. 주민에 의한 문화 창조의 광장

공민관 운영의 기본 –7가지 원칙–

1. 자유와 평등 2. 무료 3. 학습문화기관으로서의 독자성

4. 직원 배치 5. 지역 배치 6. 풍부한 시설 정비 7. 주민 참가

또한 이듬해 1974년에 제2부 '공민관 직원의 역할'이 추가되었다.

도쿄는 구부(區部), 3타마, 도부(島部)로 구분되는데 이 구상은 보급이 되면서 '3타마 테제'라고 불리게 되었다(이하 여기에서도 이 명칭을 사용한다).

■ 역사적 배경과 의의

이미 알고 있듯이 공민관은 1946년 문부차관 통첩으로 전국에 설치하도록 지시되었으며 1949년의 사회교육법에서 법제화 되었다. 3타마 테제 이전의 공민관상의 제기는 나가노 현(長野県) 이이다(飯田) · 시모이나(下伊那) 공민관 주사회, '공민관 주사의 성격과 역할'(1965년)과 전국 공민관 연합회의 "공민관의 바른 모습과 오늘날의 지표 · 해설"(1968년), 제2차 전문위원회 보고서(1970년)가 있다.

공민관 설치가 늦었던 도쿄에서도 1970년 전후에 공민관 만들기 주민 운동이 진전하였다(주2).

이러한 동향을 배경으로 직원과 연구자가 도(都)행정과 협력하여 제기한 것이 3타마 테제였다. 3타마 테제는 공민관 수가 적었던 도쿄에 공민관을 늘리려는 의도를 가지고, 당시 미노베 혁신 도정(美濃部革新都政)이 추진한 도서관 중시 정책에 대해 도서관과 함께 공민관을 두 개의 주축으로 할 것을 제창하였다.

당시의 도쿄도 64자치체(23특별구, 3타마 32시정촌, 도부(島部) 9정촌)에 대해 겨우 20관, 설치율 23.4%(1971년 문부성 사회교육 조사 보고서)라는 역사적 현실을 받아들인 제안이었던 것은 부정할 수 없다. 그러나 공민관을 만드는 이론적인 뒷받침 역할을 하여, 81년 조사에서는 73관, 설치율 42.2%로 비약하였다.

3타마 테제는 도쿄에서 뿐만 아니라 치가사키 시(茅ヶ崎市), 사가미하라 시(相模原市), 교토부(京都府)공련, 야마구치 현(山口県) 토미우라마치(富浦町) 등지에서 3타마 테제를 참고로 공민관 구상 만들기가 추진되었다고 한다(주3).

2 공민관 역할의 하나인 '나의 대학'

■ 공민관의 학급 · 강좌 사업의 의의

문부차관 통첩에서 제시된 공민관상은 언제라도 마을 사람들이 모여서 담론이나 독서를 하며 생활상, 산업상의 지도를 받고 서로 교우를 쌓아가는 장소, 향토의 공민학교, 도서관, 박물관, 공회당, 정촌민 집회소, 산업지도소 등의 기능을 겸한 문화교양기관, 청년단 부인회 등의 마을 문화단체의 본부, 각 단체가 서로 제휴하여 마을진흥의 저력을 창출해 나가는 장소 등이었다. 그러나 사회교육법에서 공민관은 시정촌이 설치하고 교육위원회가 관리하는 사회교육시설로 자리매김하였다(법인립(法人立) 공민관도 포함). 지방 교육행정의 조직 및 운영에 관한 법률(1956년) 제30조에서는 교육 기관의 하나로 자리매김하고 있다. 교육 기관에 관한 행정 해석에서는 자율적으로 교육 사업을 실시하는 기관(주4)이라고 되어 있으므로 공민관과 연관시켜 말하자면 사회교육법 제22조의 정기 강좌 등은 필수 사업이 되는 셈이다.

■ 왜 '나의 대학'이 제기되었는가 — 1960년대의 사회 변화와 3타마

3타마 테제가 왜 '나의 대학'을 제기하였는지를 알아보기 위해서는 1960년대에서 1970년대 초기의 시대 상황을 되돌아 볼 필요가 있다.

1960년대 안보 투쟁은 안보 조약 개정을 저지할 수는 없었으나 키시(岸) 내각을 퇴진으로 몰았다. 그 후 뒤를 이은 이케다(池田) 내각은 1960년 12월 '국민소득 배증계획', 1961년 6월 농업기본법 공포와 고도 경제성장 정책, 농업구조 개선사업 정책에 나섰다. 그 결과 전국적으로 농업에서 공업으로 대량의 노동력이 이동하고 급격한 도시화와 공업화에 따른 공해 문제가 발생하였다.

3타마 지역은 대기업 공장의 진출, 뉴타운 등 대량 주택단지 건설이 추진되어 변화하는 일본의 축약적 상황이었다. 또한 미군 타치카와(立川) 기지 확장에 반대하는 스나가와(砂川) 기지 투쟁은 1955년부터 69년까지 장기간에 걸쳐 이루어졌다. 그 후 타치카와 기지는 반환되었으나 현재도 요코타(横田) 기지가 그 기능을 강화하면서 존속하고 있다. 3타마 주민에게 미군 기지 문제는 폭음으로부터 아이들의 교육을 지키고, 주민 생활을 지키는 문제인 동시에 마을 만들기 문제와 전쟁과 평화의 문제이나 지금까지도 여전히 해결되지 않고 있다. 1960년 당시 134만 명이었던 3타마의 인구는 1970년 254만 명으로 120만 명이나 증가하였다. 같은 시기 23구(區)의 인구 증가가 53만 명인 점을 감안한다면 3타마의 변화가 얼마나 큰 것인지 알 수 있다. 또 국세조사를 보면 전국의 인구는 1960년 9,430만 명, 1970년 10,467만 명으로 증가율은 11%이었다. 3타마의 인구증가율이 10년간에 90%라는 사실은 과밀과소 문제의 심각성을 상징하고 있다.

■ 지역에서 배움을 갈망했던 사람들

필자는 1960년대 후반부터 3타마 지역의 코쿠분지(國分寺) 시 공민관에 근무하였는데 코쿠분지 시는 1960년 인구 37,046명이었던 것이 1970년에는 77,367명으로 두 배로 증가하였다. 물론 같은 3타마라도 과밀과소의 차는 존재하였으나 과밀화 지역에서는 인구 증가를 따라가지 못해 많은 문제가 발생하였다. 사회적 인프라 정비의 지체, 특히 초 · 중등학교 부족에 의한 조립식 건물(Prefabricated House) 교사(校舍)는 심각한 문제였다. 코쿠분지에서도 1960년에 초등학교 4곳, 중학교 2곳이었던 것이 70년에는 초등학교 8곳, 중학교 3곳으로 증가하고 있다. 해마다 학교 건설에 자치체 예산은 급팽창하였고 이에 따른 악영향은 다른 곳으로 파급되었다.

새롭게 3타마에 살기 시작한 주민은 절실한 요구를 가지고 행동을 취하였으나 지역과의 유대가 없어서 그 목소리는 행정까지 도달하지 못하는 쓴 경험을 맛보았다. 배워서 힘을 길러야겠다는 절실한 생각, 이러한 요구를 받아 주는 공민관의 존재의 필요성이 인식되기 시작하였고 공민관이 없는 지역에서도 공민관의 필요를 자각하기 시작하였다.

■ 시대적, 세대적 배경

1960년대부터 1970년대 초기에 지역에서 생활자로 학습하였던 연령층은 주로 60대에서 40대, 1945년에 30대에서 10대였던 사람들이라고 할 수 있다. 특히 24시간 주민으로 지역에서 아이를 키우며 생활하는 여성, 주부층이 그 중심에 있었다. 이들은 전쟁 중에 명목적인 진급, 졸업은 하였으나 전쟁으로 배움의 기회를 빼앗긴 세대로 공민관에서의 배움을 갈망하는 절실한 상황이었다고 할 수 있다. 물론 지역 주민에 한정하지 않고 지방출신인 청년층도 이용자가 되었고, 보육실 활동의 시작은 젊은 엄마들을 공민관에 등장시키기 시작하였다.

■ 대학 개방의 지연

3타마 테제는 다음과 같이 서술하고 있다.

> 주민에 대한 서비스나 역할을 거의 자각하지 않는 일본의 기성 대학에 기대를 걸 수 없는 현 상황을 참작해보면 공민관이 스스로 주민에게 필요한 '나의 대학'으로 전 주민의 학습 요구에 대응할 수 있을 정도의 풍부한 학습 내용을 구비해 두어야만 한다

3타마에서도 일부에서는 1950년대부터 대학 개방 강좌가 열렸으나(주5) 일반적으로는 앞서 말한 것과 같은 인식이었다고 할 수 있다.

이러한 사회 배경에서 주민의 배움을 보장하는 공민관의 학급 · 강좌는 누구나 언제든지 배움을 보장받을 필요가 있음을 상징적으로 주민에게 있어서의 '나의 대학'이라고 표현한 것이다.

그것은 1965년 오가와 토시오(小川利夫)의 공민관 3층 건물론(주6) 제창과 그것을 실천적으로 뒷받침해 주면서 논한 토쿠나가 이사오(德永功)의 '공민관 활동의 가능성과 한계'(주7) 등에서 볼 수 있다. 오가와에 따르면 공민관 3층 건물론이란 다음과 같은 구상이었다.

> 1층에서는 체육 · 레크리에이션 또는 사교를 주로 한 여러 활동이 이루어지고 2층에서는 그룹 · 서클의 집단적인 학습 · 문화 활동이 이루어진다. 그리고 3층에서는 사회과학이나 자연과학에 대한 기초강좌나 현대사 학습에 대한 강좌가 체계적으로 이루어진다

3타마 테제가 '나의 대학'으로 이미지 한 것은 3층에 해당하는 학습 활동(사회과학이나 자연과학에 대한 기초강좌나 현대사 학습에 대한 강좌)이다. 그것은 학급 · 강좌이며 시민대학, 시민대학 강좌, 시민대학 세미나 등의 명칭으로 개설되었다.

3 "나의 대학"을 둘러싼 논의

■ 비판적 관점

'대학'에 관하여

공민관의 학습에 관하여 학교 교육의 대학을 원용하는 것에 대한 위화감이 있었다. 공민관에는 입학 시험이나 진급 시험, 졸업증서나 자격과 관계없이, 한 사람 한 사람의 필요에 따라 학습을 전개할 수 있는 자주적인 자유야말로 중요한 것이라는 주장이다.

학급 · 강좌의 역할에 관하여

또 하나는 학급 · 강좌는 배우는 사람의 개인적인 욕구는 만족시켜 주지만 거기서 배운 사람들이 지역을 개선하는 활동에 관련되고 싶어 하지 않는 것 같다는 비판이다. 사회교육은 세금으로 이루어지기 때문에 지역 만들기, 마을 만들기에 도움이 되어야만 한다. 개인의 기쁨이나 즐거움을 위해서라면 세금을 사용하는 것이 적절하지 않다는 비판이다.

이에 더해 학급 · 강좌는 수동적인 학습이 되어, 주체적 학습이 되지 않는다는 비판이 더해지고 있었다.

비판에 관한 검토

3타마 테제의 나의 대학에 대한 비판은 학급과 강좌를 중시해 온 3타마 공민관에 대한 비판이라는 측면도 있었다. 그래서 이러한 비판을 어떻게 받아들일 것인가 하는 것은 3타마 공민관 관계자의 과제가 되고 있다.

대학의 역할 검토

3타마 공민관 연구소(사회교육추진 전국협의회 3타마 지부의 연구 조직)는 1987년 10월부터 1988년 6월까지 5차례에 걸쳐 "3타마 테제의 추억과 공민관대학론"에 관하여 검토하였다(주8).

제1회 좌담회를 이은 제2회 가토우 아리타카(加藤有孝) 리포트는 고(古)문서 강좌를 예로 들어 지역의 고문서를 읽고 해석문을 쓰는 학습을 축적함으로 고문서를 읽는 능력을 키우고 향토사에 대한 인식을 깊게 만들어 주었다. 그렇게 함으로써 시사(市史) 편찬 사업에 협력해 줄 수 있을 만한 시민이 탄생하였다고 보고하면서 공민관은 주민에게 대학의 역할을 할 수 있다고 하였다.

제3회 이시마 시세이(石間資生) 리포트는 학급 · 강좌는 동기부여의 역할을 한다고 말하고, 발전하기 위해서는 동료 만들기와 실천, 주체적 · 목적적인 학습 문화 활동이 필요하다고 주장하였다.

제4회는 3타마 테제 작성 멤버인 토쿠나가 이사오의 "나의 대학"에 담긴 생각을 제시하며 다음과 같이 지적하였다.

① 인간존재의 기본에 초점을 둔 학습이 필요하다.
② 1925~1935년 태생인 사람들은 고등여학교에 갈 수 없었다. 전쟁으로 갈 수 없었을 뿐만 아니라 "여자에게는 필요 없다"고 하여 인생을 희생하였다.
③ 기성대학에 대한 도전

제5회는 교육학자인 나가오 토미지(長尾十三二)를 게스트로 "대학이란 무엇인가"를 생각하였다. 아카데미즘이란 속박에서 해방되는 것으로, 지역의 많은 문제 속에서 아카데미즘을 단련할 필요가 있다고 하였다. 또한 공민관을 대학으로 할 뿐만 아니라 대학의 참여를 위한 노력이 필요하다는 관점이 제시되었다.

학급 · 강좌의 역할 검토

필자는 공민관에서 각종 강좌를 담당하였다. 주민의 진지한 학습과 이에 또한 진지하게 대응하는 강사와 접하면서 학급 강좌가 큰 의의가 있다는 것을 느꼈다. 그래서 1980년에 "국민의 자기형성과 사회교육에서의 교육 강좌의 역할"(주9)을 집필하였다. 본고에서는 과제에 대한 부분을 인용한다.

> 한 사람 한 사람의 주민이 공민관의 강좌에 참가하여 저마다 지금까지와는 다른 새로운 자신을 발견할 수 있었다고 한다면 그것은 중요한 의의를 갖는다.
>
> 세상 전반을 인식하려고 교양을 갖추는 것이 지역이나 생활의 과제에도 대응할 수 있는 힘을 기르는 것이다.
>
> 교양이란 자신감을 가지고 살아가기 위한 힘을 기르는 것이며 판단력의 폭을 넓히는 것이다.

가토우 아리타카(加藤有孝)는 "공민관의 학급, 강좌는 시민의 대학이 될 수 있는가"(주10)를 1986년에 집필하였다. 관련 부분을 발췌해 본다.

지역 주민이 스스로 과제에 대해 학습을 하고 스스로 연구 과제를 설정하면서 그 전문영역의 학문 방법론을 기르면서 배우고, 학문으로서의 체계를 자신이 스스로 조사 · 확인하는 힘을 가지는 것이 중요한 과제.

공민관이 그러한 민중 학문 자체의 질을 높여가는 일이 그 지역의 문화수준을 끌어올릴 것이며, 이를 위해 노력한다면 공민관의 학급, 강좌의 질이 높아질 것이다. 그리고 공민관이 "지역에서의 나의 대학"으로 존재할 만한 가치를 가지게 될 것이다.

4 1970년대는 학급 · 강좌의 전환기

여기에서 "나의 대학"이 제기된 1970년대 초기를 되돌아보면 공민관을 둘러싼 환경이 크게 변하기 시작한 시기였음을 알 수 있다.

앞에서 게재한 논문에서 가토는 쿠니타치가 시민대학, 시민대학 세미나를 중지한 것은 1973년이라고 지적하며 쿠니타치 시 공민관 직원이었던 히라바야시 마사오(平林正夫)는 "내가 공민관에 부임한 것은 1974년이었다. 그곳에는 시민대학 구상의 흔적도 없었다."(주11)고 말하였다. "나의 대학"을 주장한 토쿠나가 이사오는 쿠니타치 시 공민관 내에서 시민들이 요구하는 것과 공민관이 해야 할 역할의 방법을 두고 인식의 차이가 있었음을 가리키고 있다. 그 배경에는 1925~1935년 태생의 시민층과 이용자로 비중이 증가하고 있었던 전후 세대층의 요구의 차이가 있었던 것으로 생각된다.

대학 개방 분야에서는 1973년 국립대학으로서는 처음으로 토우호쿠 대학(東北大學) 대학교육 개방 센터가 설치되고 그 후 1976년 가나자와 대학(金沢大學), 1978년 카가와 대학(香川大學)에 잇달아 설치되었다.

문화 센터는 도시부에는 이전부터 있었지만 1974년에 도쿄 · 신주쿠(東京 · 新宿)의 초고층빌딩에 아사히(朝日) 문화 센터가 개업하여 전국적인 주목을 받았다(주12).

こくぶんじし
こうみんかん
国分寺の社会教育を考える
—9.30市民集会特集—

교육강좌 참가자 그룹이 주최한 시민 집회(1972)

또한 국민생활심의회에서 커뮤니티 보고가 나온 것은 1969년이며 1970년대에 들어서자 자치성을 중심으로 커뮤니티 시책이 급격히 전개되었다(주13).

이러한 동향은 주민의 학습을 둘러싼 환경의 변화를 의미하는 동시에 공민관의 역할을 재검토하는 계기가 되었다고 할 수 있다.

필자가 당시를 되돌아보면 1972년부터는 강좌를 기획할 때에 시민참가에 의한 준비회를 개시하였다. 그 후 학급 · 강좌뿐만 아니라 공민관의 제반 활동 · 운영이 직원 주도에서 시민 주체로 역동적으로 변화해 갔다.

5 3타마 테제가 구상한 시설상

3타마 테제는 공민관의 4가지 역할이 유기적으로 결합할 것을 목표로 그것을 보장하는 시설상을 다음과 같이 예시하였다.

공민관의 표준적 시설(면적=m²)

<table>
<tr><th>실 명</th><th>면 적</th><th>실 명</th><th>면 적</th><th>실 명</th><th>면 적</th></tr>
<tr><td>시민교류로비</td><td>400</td><td>보육실</td><td>60</td><td rowspan="7">사무실 · 응접실 · 연구실 · 휴게실 · 숙직실 · 인쇄실 · 창고(3곳) · 기계실 · 차고 · 화장실(3곳)</td><td rowspan="7">390</td></tr>
<tr><td>갤러리</td><td>50</td><td>학습실(3실)</td><td>160</td></tr>
<tr><td>집회실(3실)</td><td>130</td><td>도서실</td><td>60</td></tr>
<tr><td>일식실(2실)</td><td>90</td><td>미술실</td><td>50</td></tr>
<tr><td>단체활동실</td><td>40</td><td>음악실</td><td>50</td></tr>
<tr><td>청년실</td><td>40</td><td>실험실습실</td><td>60</td></tr>
<tr><td>홀</td><td>300</td><td>시청각실</td><td>60</td></tr>
</table>

3타마 테제는 7가지 원칙의 5번째에 지역 배치를 두고 있는데 중학교구에 공민관 1관을 상정하고 있었다. 그러나 여기에 나타낸 시설 면적은 1,940 m²이며 그 규모의 공민관을 중학교구에 설치하는 일은 사실상 곤란하였다. 1자치체 1공립 공민관이 중심이라는 당시의 상황을 반영하여 비교적 대규모의 시설상이었다고 할 수 있다. 다만 시민교류로비, 단체활동실, 청년실, 보육실, 인쇄실 등의 제기는 그것을 요구하는 활동의 확대와 함께 그 후의 건축에 큰 영향을 주었다.

6 21세기의 공민관 구상에 계승되어야 할 과제

2010년 현재 커뮤니티 센터, 공민관 이외의 지역집회시설, 평생학습센터, 혹은 문화 센터의 존재, 대학 개방의 확대 등, 1970년대와 비교하면 공민관을 둘러싼 환경은 크게 변화하였다. 공민관 운영심의회는 임의 설치화되고 수익자 부담론이 횡행하고 있다. NPO활동이 확대되고 있는 한편 지정 관리자 제도의 도입 등 자치체마다 다양한 과제를 안고 있다. 3타마 테제가 제기되었던 때와 비교하면 공민관의 역할은 확실하게 변화하고 있다.

이러한 상황 하에서 21세기의 공민관상을 구상하려고 할 때 3타마 테제가 제기한 공민관의 4가지 역할, 7가지 원칙은 다시 한 번 검토 과제가 되어야 한다고 생각한다. 그 때 '나의 대학'에 관해서도 충분히 논의할 필요가 있음을 지적하고 싶다. 사토우 스스무(佐藤 進)

1) 도쿄도 공민관자료 작성위원회 편, 도쿄도 교육청 사회교육부 사회교육주사실 발행, 1973~1974년.

2) 토쿠나가 이사오(德永功), "'3타마 테제"작성 당시의 회상', 신도 후미오(進藤文夫), '회상 "3타마 테제" 작성위원회의 배경과 경과', 도쿄도립 타마사회교육회관 편집 · 발행, "전후 3타마에서의 사회교육의 발자취VII" ("戰後三多摩における社會教育のあゆみVII"), 1994년, pp.123~126.

3) 전게서, pp.132~149.

4) 1957년 6월 11일 첫 위원회의 158 문부성 초등중등 교육국장

5) 본고(本稿), '해제(解題) 대학공개강좌에 관하여', 도쿄도립 타마사회교육회관 편집 · 발행, "전후 3타마에서의 사회교육의 역사 IX", 1997년, p.98.

6) 오가와 토시오(小川利夫). '도시사회교육론의 구상', 도쿄도 3타마 사회교육 간담회, "3타마의 사회교육", 1965년. ("小川利夫 사회교육론집 제6권"亞紀書房, 1999년, p.173)

7) 德永功, '공민관 활동의 가능성과 한계', 일본 사회교육학회 편, "현대 공민관론", 동양관출판사, 1965년.

8) 3타마 공민관연구소 편, "3타마 공민관 연구 기요(紀要) 제1호", 1991년.

9) 본고, '국민의 자기 형성과 사회교육에서의 교양 강좌의 역할', 사회교육추진 전국협의회 3타마 지부 편, "3타마의 사회교육 V 주민자치와 사회교육", 1980년.

10) 加藤有孝, '공민관의 학급, 강좌는 "시민의 대학"이 될 수 있는가', 사회교육추진 전국협의회 3타마 지부 편, "3타마의 사회교육 XI", 1986년.

11) 平林正夫, '쿠니타치공민관의 실천 그 10년 "시민대학"구상 후에 오는 것', 사회교육추진 전국협의회 3타마 지부 편, "3타마의 사회교육 VIII", 1983, p.18.

12) 오카다 히로시(岡田拓), '교육문화산업과 공민관', 일본 공민관학회 편, "공민관 · 커뮤니티시설핸드북", 에이델연구소, 2006년, p.186.

13) 본고, '공민관과 커뮤니티시설', 전게, "공민관 · 커뮤니티시설 핸드북", p.35 .

제 4 절 교육을 받을 권리와 공민관 시설 만들기
- 사이타마 현 후지미 시(埼玉県 富士見市)의 경우 -

1 지역의 부흥과 초기 공민관 활동

"전쟁이 끝나고 징집되었던 청년들이 마을로 돌아왔다. 청년들은 군국주의를 부정하고 문화국가를 지향하려는 풍조와 농촌의 민주화 바람 속에서 새롭게 움직이기 시작했다."(후지미의 발자취)

1946년, '청년의 희망과 자신'을 표어로 청년단이 잇따라 결성되었다. 청년들은 웅변대회나 운동회, 농산물 품평회, 주민 장기대회, 강연회 등 다채로운 활동을 펴면서 '야학'을 열어 자주적으로 배우는 활동도 시작하였다. 1952년 미즈타니 청년단(水谷青年團)은 2월과 3월에 걸쳐 14회, 오후 7시부터 9시까지 야학을 열어 새로운 가나표기법에 관하여(仮名 *역주 : 가나는 일본문자, 보통 히라가나, 가타카나를 말함.), 사회학, 취미 강좌, 온상육묘에 대해서 등을 배웠다.

이어서 1951년 츠루세 부인회(鶴瀨婦人會), 1952년 미나미바타케 부인회(南畑婦人會), 1953년 미즈타니 부인회(水谷 婦人會)가 각각 결성되었다. 활동의 중심은 의식주의 개선이나 관혼상제의 간소화 등 생활 개선 활동에 중점을 두었고 부인 학급 개설로 이어졌다.

1956년 9월 츠루세 촌, 미나미바타케 촌, 미즈타니 촌이 합병하여 후지미 촌(富士見村)이 탄생하였다. 그 이듬해인 1957년 7월 의회에서 후지미 촌 지역 공민관 설치 조례를 가결하여 츠루세 공민관, 미나미바타케 공민관, 미즈타니 공민관 등이 설치되었다. 이러한 설치의 배경으로는 당시 청년단과 부인회 활동의 거점으로 공민관의 필요성을 인식한 것이다. 각각의 공민관은 초등학교를 공동으로 사용하여 간판은 학교와 나란히 걸었다. 관장에는 지역의 유지, 공민관 주사는 학교장, 서기는 교감이라는 체제였다. 그 무렵의 공민관은 자체 건물이 없었으므로 푸른 하늘 공민관, 간판 공민관이라고도 불렸다.

2 시민과 공동으로 만드는 공민관

1960년 도로 등의 환경 정비를 서두르고 있었음에도 불구하고 공민관 시설의 설치를 위한 국가보조금을 우선적으로 신청한 결과 문화회관(츠루세 공민관)이 탄생하였다. 보조금 교부 절차상 문화회관으로 설립하였으나 관계자는 공민관이라고 한 이상 학습하는 방이나 상담하는 방의 필요성을 희망하였다. 그것을 계기로 미나미바타케 지역, 미즈타니 지역에 공민관 건설에 대한 요청이 거세져 1963년 미나미바타케 공민관, 1966년에 미즈타니 공민관 등이 개관되고 그 후 1970년에 츠루세 서(西) 공민관, 1976년 미즈타니 동(東) 공민관이 개관하게 되었다. 이러한 공민관 설치에 공통되는 점은 각 지역 주민의 강한 요구가 배경이 되었다는 것이다.

■ 사회교육을 중시한 교육 시책

1964년 당시의 사회교육 선진 지역이었던 후쿠오카 쵸(福岡町)(현 후지미노(野) 시)에서 교육장(*역주 : 교육감)에 다이도우 히로모토(大同博元)가 취임하면서 후지미의 사회교육은 크게 발전하게 되었다. 학교 교육과 사회교육은 자동차의 양쪽 바퀴, 교육은 사람을 만드는 것임을 표방하여, 사회교육주사에 자격증이 있는 사람을 채용하고 각 공민관에 유자격 직원을 파견하는 등 공민관 활동의 충실을 도모하였다. 인간 존중 도시 선언을 발표, 사회교육 소식지를 발행, 란도셀(Ransel, *역주 : 일본 초등학교 어린이들의 통학용 사각형 가방. 배낭) 폐지와 교육정상화의 추진 등 선진적인 시책을 잇달아 실시하였다. 이 사회교육 중시의 방향은 그 후의 교육 행정의 기반이 되어 농촌형 사회교육에서 도시형 사회교육으로 이행하였고 이 교육을 받은 사람들이 늘어났다.

1972년에 시의 새로운 법제 시행 후 자치단체장의 매수나 오직 문제로 단체장 사임 요구 운동이 퍼지고 만장일치로 사임 권고 결의가 채택되었다. 그 직후의 단체장 선거에서는 그때까지 선출되던 지역유지 출신 대신, 처음으로 신교육을 받은 사람이 당선(4기 16년)되었다. 이 때 이 선거 운동에 참가한 사람 중에는 사회교육을 통해 관계를 맺었던 시민들이 많았다. 이렇게 하여 그 후의 시 제도에 사회교육 중시 정책이 계승되고 확산되어 갔다.

■ 시민과 직원의 공동 작업에 의한 공민관 시설 만들기

1972년, 공민관 운영심의회(이하 공운심이라 함)의 답신(答申)인 장래의 공민관 체제에 관하여는 "지역 주민의 학습의 장인 공민관은 그 이념으로 보아 무엇보다 주민이 편하게 이용할 수 있는 지역, 장소여야만 한다. 여러 가지 관점에서 보았을 때 '1개의 초등학교 구역에 1개의 공민관 원칙'은 당면한 후지미 쵸(町 *역주 : 우리나라의 '읍'에 해당)에서의 지역 주민 학습 활동을 추진하기 위한 하나의 기준"으로 "공민관은 단순한 집회 시설로 이용되는 것이 아니라 주민의 소중한 학습의 장이므로 마땅히 학습 요구에 응할 수 있는 시설 설비를 준비해야 한다. 구체적으로는 학습참가자, 직원을 구성하는 (가칭) 설치위원회에서 민주적으로 결정해 나가야 한다."고 말하고 있다.

이듬해 1973년, 사회교육위원(이하 사교위원이라 함), 공운심위원, 도서관협의회 위원, 문화재 심의 위원, 체육지도 위원과, 직원으로 구성된 사회교육시설 건설기획위원회가 조직되어 시설 정비에 대한 검토가 있었다. 그 가운데 각 지역의 특성을 살린 복합시설이 제안되고 지역 고유의 특색을 살린 시설의 설치 문제가 논의되었다. 실제로 1977년에 조직된 미나미바타케 공민관 건설 조사위원회에서는 농업진흥지역의 특성을 감안하여 건강 상담실이나 농산물 가공이 가능한 실습실, 풍력 발전 등 독특한 설계 계획을 제안하였다.

1974년, 사회교육 관련 단체 보조금 제도의 폐지와 공민관 사용료 무료화 조례가 가결되었다. 이것은 사교위원회의, 공운심의 답신에 따른 것인데 당시까지는 단체 보조금 제도가 일반적이었다. 이 조례는 No-support · No-control의 원칙에 따라 언제라도 누구나 자유롭게 주체적으로 사회교육활동을 할 수 있는 제도로 현(県)내에서도 선구적 시책으로 여겨졌다. 이에 따라 역사가 있는 단체뿐만 아니라 작은 서클도 평등하게 취급되어 단체 간의 차별이 없어졌다.

1975년 사교위원회의에서 지금까지의 논의를 집대성하는 형태로 '사회교육시설 기본구상에 관하여'라는 제목의 답신이 있었다. 그 후 1978년 동 회의는 '후지미 시에서의 사회교육시설의 존립 방향에 관하여'를 건의하며 기본 구상에 기초를 둔 구체적인 건설 연차계획을 세우고 그 기본적인 관점으로 '1. 초등학교 구역을 기본단위로 한다. 2. 지역시설이어야 한다. 3. 복합시설 방식이 바람직하다. 4. 시설마다 개성 · 특색을 가지게 한다. 5. 운영주체는 행정이다. 6. 전문적 교육직원을 적절하게 배치한다.'는 내용을 확인하고 있다. 이러한 논의 하에 1980년, 1981년에 시설의 근대화가 추진되어 츠루세 · 미나미바타케 · 미즈타니 · 츠루세 서 · 미즈타니 동 등의 공민관이 신축되어 시설이 비약적으로 충실한 모습을 갖추게 되었다.

■ 전문교육 지원 인력의 배치

각 공민관에서의 직원 배치는 1970년부터 실시되었고 1관 1명의 전문직 배치가 실현되었다. 나아가 1973년 행정 업무를 겸임했던 관장을 상근인 전임관장으로 하고, 1976년 후지미 시 지역 공민관 조례의 개정에 따라 '전문적 교육직원'을 파견할 수 있게 하고, 1977년 '사회교육기관의 관장 · 부관장은 원칙적으로 전문적 교육직원으로 한다., 공민관 주사는 사회교육 주사 또는 사회교육 주사보로 한다.' 등의 사회교육기관 조직 규정을 제정하였다. 교육위원회의 독자적인 공민관 주사 채용시험을 실시하고 공민관에 여러 명의 전문직원이 배치되었다. 이는 현 내에서도 드문 사례로 평가되었다.

이러한 직원 배치는 사교위원회의나 공운심의 답신을 기초로 이루어졌다. 신축 공민관 개관을 앞두고 1979년 공운심 답신 '후지미 시에서의 공민관 체제 확립에 대하여'는 관장, 부관장을 제외하고, 최소한 6명의 직원 배치가 필요하다고 규정하고 개관시간 대에는 반드시 직원이 집무하고 있을 것이 바람직하다고 제언하고 있다. 그 필요성으로서 ① 시설 · 설비의 적극적 활용 ② 시민의 자유로운 모임장소 기능 ③ 청소년, 근로자와의 유대 등을 지적하였다.

이러한 요구가 받아들여져 토 · 일요일, 야간을 포함하여 교대 근무체제가 정비되었다. (1986년부터 야간 · 휴일에는 업무를 다른 기관에 위탁하였다.) 이러한 시설과 교류의 근대화는 새로운 이용자층을 많이 만들어 내어 후지미 시의 공민관 활동은 새로운 단계를 맞이하였다.

3 지역의 학습문화센터로

1973년, 전임관장이 배치된 것을 계기로 후지미 시 공민관은 주민생활과 밀착한 공민관 활동의 전개를 도모한다는 것을 운영의 기본으로, ① 지역 주민의 생활에 밀착한 사업내용의 편성과 자주적 활동의 촉진에 힘쓴다. ② 주민참가의 홍보활동의 충실 등을 목표로 정하고 각 공민관구의 지역 과제를 찾아서 지역의 학습 문화 활동 센터로서의 역할을 해 왔다.

■ 생활 과제 · 지역 과제를 공민관 사업 중심에 둔다

80년대 초, 청소년의 비행이 심해지고 이지메의 증가 등 아이들의 문제가 또다시 지역 과제가 되면서 각 공민관에서도 적극적으로 대처해 나갔다. 취학 전의 자녀를 둔 부모를 대상으로 한 '유아기의 육아교실'은 각 관에 도입되고 공동육아가 넓혀져 많은 육아그룹이 생겨났다. 또 초 · 중등학생을 둔 부모를 대상으로 한 가정교육학급, 교육 세미나, 어린이회 사업을 생각하는 모임 등은 PTA(*역주 : 학부형회)나 어린이회 육성회와의 공동 주최로 도입되어 각 조직 개혁의 기점이 되기도 하였다. 등교를 거부하는 자녀를 둔 부모의 학습회는 당사자를 중심으로 한 교육이 현재까지도 계속 이어지고 있다. 또 오늘날에는 육아 살롱 등 시민 스태프의 협력을 얻어 새로운 육아 장소 만들기가 전개되고 있다. 한편 아이들 자신을 대상으로 한 사업도 많이 도입되었다. 푸른 하늘 학교, 콩나무 학교, 주먹밥 소년단 등은 연령이 다른 어린이들이 모이는 집단 만들기나, 여러 가지 생활체험학습의 기회로 도입되어 30년을 넘은 현재도 계속 이어지고 있으며 당시의 참가자가 지도원이 되고 담당자가 되어 지역에 뿌리내리고 있다.

지역 과제 학습에서는 1983년 미즈타니 공민관에 의한 '미즈타니의 마을 만들기를 생각하는 모임'이 실시되었고 이를 통해 지역의 다양한 단체나 개인이 지역의 과제를 교류하며 함께 생각하는 기회로 삼았다. 지역의 옛 길을 부활시키며 국가 지정 역사유적지의 공원화를 이루기 위한 다양한 학습도 이루어졌다. 또한 1991년의 신관 10주년을 계기로 지금까지의 공민관의 발자취를 되돌아보고 앞으로의 전망을 그리려는 목적으로 '21 미즈타니 공민관 비전 위원회'가 조직되었다. 약 30회에 이르는 공동 학습을 거쳐 제안서가 만들어졌는데, 이것은 미즈타니 공민관의 기본 구상이며 지역의 평생학습계획이기도 하였다.

1989년 미즈타니 동 공민관의 '미즈타니 동 지역 백서 만들기'가 시작되었다. '① 지역에서의 자기인식 ② 지역단체로서의 활동지침 ③ 주민과 행정이 일치된 마을 만들기'를 목표로 주민에 의한 백서 만들기 위원회가 조직되어 약 3년간의 조사 · 학습을 거듭한 결과 1992년에 "지역을 바라보며-미즈타니 동 지역 백서-"가 간행되었다. 그 후, 백서를 활용하여 마을 만들기에 관한 학습과 토론의 고리를 넓히는 장이 되도록 마을 만들기 간담회가 조직되고 이것이 마을 만들기 실천의 기초가 되었다. 그 밖에 지역사 만들기(츠루세 서 공민관 · 츠루세 공민관), 뗏목 랠리(미즈타니 동 공민관), 푸른 하늘 시장(미나미바타케 공민관) 등 지역의 재발견으로 이어지는 다양한 사업이 시작되었다. 또 1999년 시민 · 공민관 · 보건 · 복지가 협동하여 개호 예방사업을 시작하고, 그 후 미즈타니 동 공민관, 츠루세 공민관에 개호 예방시설을 설치하여 허약 · 중도장애가 있는 고령자들이 쉴 수 있는 공간을 만들고 건강한 고령자와 더불어 여러 가지 활동을 전개하고 있다.

■ 다양한 문화 · 학습 활동의 확대

문화 활동은 자기 개방적 활동이며 새로운 인간 관계를 만들어 가고 지역을 활성화시켜 가는 것이다. 후지미 시의 경우, 많은 문화 활동이 공민관에서 태어나 현재의 후지미의 문화를 형성하는 기반이 되어왔다. 문화협회를 비롯하여 미술협회나 음악연맹 등 시(市)를 대표하는 조직을 비롯하여 많은 단체 · 서클이 공민관을 기점으로 탄생하고 있다. 아동문학 강좌로부터 인형극 강좌, 그리고 자주적 그룹이 되어 벌써 30년 이상 활동하고 있는 그룹도 공민관 강좌가 계기가 된 것이다. 1998년에 시작한 일반인 연극인 '미나미바타케 오츠키미 일좌(*역주 : 달구경 일단)'는 공민관 사업인 '연극마당'에서 비롯된 것이다. 대본 만들기부터 출연, 무대 제작에 이르기까지 모든 것을 시민의 손으로 직접 만들고 진행하며, 지역의 생활 과제나 지역 과제를 테마로 매년 상연되고 현재도 계속되고 있다. 또 미즈타니 동 공민관에서는 고령자 학급에서 고령자의 연극 그룹이 만들어져 10년을 넘는 현재까지도 각지로 공연 활동을 하고 있다.

■ 주민편집위원회가 만든 지역 공민관 소식

1974년, 공민관의 '홍보활동의 충실'이라는 운영 방침에 따라 "공민관 소식"을 발행하기 시작했다. 주민에 의한 편집위원회 제도를 채택한 공민관 소식은 주민 스스로가 자신들의 생활 과제나 지역 과제를 파헤쳐 학습 재료로 제공하는 것이 특징이다. 1975년에 "미나미바타케 공민관 소식"이 발행되고 그 후 각 공민관으로 확산되면서 오늘날까지 계속되고 있다. 매월 여러 차례에 걸친 편집위원회에서 지역의 화제가 되고 있는 일이나 생활과 밀착된 이웃의 정보를 수집하여 지면에 반영하고 있다. 30년 이상 발행되고 있는 "공민관 소식"은 지역의 활동기록이기도 하다.

4 학습 환경 만들기 확대

■ 계통적 학습의 기회가 되는 시민대학

1978년, 변화무쌍한 사회발전에 따라 질 · 양적으로 고조되고 확대되는 시민 학습요구에 응하기 위해 체계적이며 보다 전문적으로 배울 수 있는 장소를 만들어 보다 깊이 있는 교양을 익히는 장으로 성숙한 시민사회 형성에 일조한다는 목적으로 시민대학이 개설되었다. 초기 시민대학은 강사진에 의한 프로그램 편성과 사무국인 공민관 직원에 의해 운영되었다. 심리학 · 사회학 · 자연과학의 3강좌이고 각각의 강좌는 7회의 체계적 강좌로 시작되었다. 시민대학 32기가 되는 2009년도에는 수강생의 뜻에 따라 결성된 NPO법인 후지미 시민대학과 공민관에 의한 협동립(協同立)대학으로 개설되어 ① 친구 만들기 교양 코스 ② 후지미 시민학 코스 ③ 시민살롱교실 코스 ④공개강좌 · 이벤트 등 총 9강좌 78회의 학습 공간을 제공하고 있다.

■ 평화 학습의 조직화와 네트워크 형성

1987년, 후지미 시 비핵 평화도시 선언의 기념식이 개최되었다. 그 개최에 맞추어 평화 페스티벌이 시작되었는데, 이것은 비핵 평화도시 선언의 이념을 많은 시민에게 알리고 평화의 존엄성을 배우게 하려는 목적으로 개최되었다. 주최는 시민실행위원회와 시교육위원회(공민관 주관)로, 일 주일에 걸친 평화사업을 현재도 실시하고 있다. 그 밖에 히로시마(広島) 평화사절 파견이나 시내 초등학교로 전쟁 체험자들 파견, 전쟁 체험의 기록화, 평화학습회의 개최 등 연중 평화학습을 고취시키고 실행위원회도 매월 개최하고 있다.

■ 시민 자치 형성과 네트워크 만들기

1987년부터 시민의 다양한 경험을 교류하며 서로 배우고 시민공동의 힘으로 발전시키기 위해 한 사람의 문제나, 하나의 문제를 모두의 문제로 생각하는 장(개최 취지)으로서 지역 · 자치 심포지엄이 개최되어 왔다. 현재의 사무국은 각 공민관, 평생학습과, 건강증진센터, 고령자복지과로 구성되어 츠루세 공민관이 총괄하고 있다. 2009년도는 11월에 4가지 테마로 미니심포지엄을 각각 개최하고 2월에 전체 심포지엄을 열어 250명이 넘는 시민이 참가하였다. 현재는 시민실행위원회가 연중 열리고 있으며 행사 당일은 3만 명이 모이는 일대 이벤트가 되고 있다.

■ 지적 장애인의 쉼터로서의 공민관

1983년, 지적 장애인을 대상으로 한 후지미 청년 학급이 개설되었다. 시내에 있는 수산(授産)시설(*역주 : 실업자나 가난한 이에게 일을 주어 생활의 터전을 마련해 줌), 양호학교, 복지관계자의 요망에 따라 지적 장애인의 학습 문화 활동의 기회로 시작하였다. 매월 첫 번째 일요일 오전에는 전체 활동, 오후는 클럽 활동을 하며 지적 장애인의 쉼터로 시민과의 장으로 오늘날까지 계속되고 있다

5 공민관의 위기와 새로운 공민관의 가능성

1988년, 그때까지 사회교육 중시 정책을 시행해 오던 수장이 퇴임하였다. 그 후의 수장은 재정 상황이 어려워지자 행정 재정 개혁을 추진하고 행정 사무의 재검토를 실시하였다. 또 1990년에 제정된 평생학습 진흥법에 기초하여 전국 각지에서 평생학습정책이 시행되는 가운데 후지미

시에서도 사회교육에서 평생학습으로의 전환이 요구되고, 의회에서도 재삼 논의하게 되었다.

2002년, 당초 여섯 번째 공민관으로 계획되었던 '후지미노 교류센터'가 수장부국(首長部局)의 평생학습 시설로 개관되었다. 공운심은 사회교육시설로서의 요망을 교육장에게 제출하였으나 받아들여지지 않았다. 그 배경에는 의회나 수장부국의 평생학습 중시 사상이 있었다고 보인다. 그 후 구획정리사업의 진전에 따른 츠루세 서 공민관의 재건축 문제가 부상하고 당초에는 교육위원회의 사회교육 시설로 계획되었으나, 결과는 2005년 9월에 공민관은 폐지되고, 같은 해 11월에 수장부국의 '츠루세 서 교류 센터'로 개관되었다. 공운심은 서 공민관적 기능의 계승을 의견으로 제출하였다. 또 유지들은 사회교육을 말하는 모임을 만들고 서 공민관 이용자의 모임을 비롯한 시내 이용자 조직이 시민운동을 전개하여 15,000명이 넘는 서명을 제출하였다. 그 결과 교류 센터는 공민관적 기능을 계승할 것을 약속받았다. 같은 해 지역 공민관 조례가 개정되고 사용료의 원칙 유료화가 실시되었다. 이에 따라 시내의 공적 시설도 공민관과 같이 유료를 전제로 시설을 제공하게 되었다. 현재 지역 시설에는 교육위원회의 4개의 공민관과 수장부국의 2개의 교류 센터, 2개의 커뮤니티 센터가 존재하고 있으나 이것을 수장부국으로 일원화하려는 논의가 진행되고 있다

■ 시민주체의 시설운영과 공민관의 재구축

공민관이나 서 교류센터(구 공민관)를 이용하는 시민 중에는 공민관의 필요성이나 공민관적 기능의 중요성을 절실히 느끼고 있는 시민들도 많이 있다. 앞에서 소개한 지역자치 심포지엄의 분과회 '시민이 만드는 공공시설'에서는 공민관도 교류 센터도 커뮤니티센터도 시민이 참가하고 시민이 주체가 되어 운영을 구축하고 공민관적 기능의 확충을 도모해가자는 것을 논의하고 있다. 이를 위한 자치와 참가에 의한 새로운 시스템 구축이 과제가 되고 있다.

후지미 시의 공민관은 시민과 직원이 공동으로 계승하여 왔으며, 지역학습 문화 활동의 센터로 기능하여 왔다. 이후로도 이 공동 관계를 보다 더 강하고 튼튼하게 쌓아, 지속 가능한 공민관 구축을 이루어 나가고 싶다.

카네다 미츠마사(金田 光正)

大同 博, "평생학습의 역사", 文理, 1972년.

후지미 시 편, '후지미의 발자취-시제(市制)10주년기념지', 1982년.

제22회 사회교육연구 전국 집회 현지실행위원회, '후지미의 사회교육', 1982년.

후지미 시 공민관, '후지미의 공민관 10년의 역사', 1995년.

후지미 시 공민관, '후지미 시 공민관 50년 자료집', 2008년.

제 5 절 지역 과제에 어떻게 대처해 왔는가 -치바 현 야치요 시(千葉県 八千代市)의 경우-

1 치바 현 야치요 시의 공민관

현재 야치요 시는 인구 192,376명, 세대수 79,661세대(2010년 1월말 현재)이며 시내에는 중학교 구역을 단위로 9개의 공민관, 1개의 종합 평생학습 플라자가 있다. 그 중 첫 공민관은 1977년에 설립되어 33년이 경과하고 있다. 이 역사 속에서 자녀를 가진 시민에게 인기가 있는, 31년이나 계속되고 있는 사업이 있다. 그것이 양육지원 · 1세 유아 모자학급이다.

나는 1979년 당시 시내의 3,300세대가 사는 단지에 있는 공민관에서 근무하였다. 거기에는 2, 3년 전까지 회사원이었던 영유아를 둔 젊은 엄마들이 많이 살고 있었다. 당시나 지금이나 350~660여m^{2}의 공민관에 보육실이 있는 것은 9관 중에 한 곳뿐이었다. 당시 단지 내의 모래밭에서 노는 영유아와 엄마들의 공민관에 가고 싶다, 모자가 함께 교류하고 싶다는 의견을 반영하여 실시한 강좌가 1세 유아 모자학급이다.

당시는 1개 공민관, 1개 학급이었으나 오늘날에는 9개 공민관에서 10강좌, 강좌 종료 후에는 2세 유아나 3세 유아를 위한 자생 서클 활동도 이루어져, 시대 상황이 바뀌어도 동년대의 아이들이나 엄마들이 서로 어울리고 싶다는 바람을 반영함으로써 그들에게 힘과 용기를 줄 수 있는 사업으로 지지를 받아 계속 이어지고 있다. 이전에는 아빠도 참가할 수 있는 기획도 있었다. 30년의 역사를 거쳐, 지지를 받아 계속하고 있는 사업을 그 실천에서부터 시대나 시설 상황을 생각하며 살펴보기로 한다.

사진① 야치요다이(八千代台) 동남(東南) 공민관
2세 유아 모자 서클 실내 운동회

■ 야치요 시의 육아에 대한 공적 지원 상황

야치요 시에서도 매년 맞벌이하는 엄마가 증가하고 있다. 이에 대응하기 위한 보육원은 공 · 사립을 합하여 18곳, 취학아동을 위한 학동보육원은 시립 19곳이다. 유치원은 시립 1곳, 사립 18곳이며 최근에는 3세 유치원 입학이 일반화되었는데 2세 아이들에게도 일 주일에 한 번 정도 요일을 정해서 통원할 수 있는 프레(Pre *역주 : 예비) 유치원도 상당히 많아지고 있는 상황이다 (주1).

그러면 1세 유아나 그 이전의 영아가 있는 부모에 대한 육아 지원은 어떠한가? 시민에게 정보제공을 하고 있는 "홍보 야치요" 2008년 4월 1일자를 보면 ① 공민관 강좌에서는 육아지원, 1세 유아 모자학급이 전(全)12회가 있다. 육아 경험이 적은 부모가 육아에 대해 배우는 시간인데 시내에 거주하는 2006년 4월 2일~2007년 4월 1일 출생한 유아와 그 보호자를 대상으로 한다. 강좌는 각 관에서 추첨하여 20쌍을 대상으로 하는데 기간은 5월~12월, 시간은 오전 10시~12시에 이루어진다. 개관 요일은 각관의 표 참조(이하 생략)로 되어 있다.단 응모자 수가 많을 경우는 공개 추첨하고, 제3 희망까지 받고 있어 되도록 많이 참가할 수 있도록 배려하는 모습을 엿볼 수 있다. 장소가 되는 공민관은 9개 공민관과 종합 평생학습 플라자의 10개 회장이며 매월 2회 격주로 실시한다. ② 보육원이나 육아지원센터에서는 육아워크숍 '수다광장'이 있고(4개 시설에서 실시) ③ 첫 아이를 맞는 부부를 대상으로 '초보 아빠엄마 육아체험'(6개 시설) ④ 육아지원 정보제공 : 지역 육아지원 센터가 중심이 되어 모자보건 추진원, 주임아동위원 등이 관여하여 '육아응원Book'을 작성하고 공공시설에 배포하고 있다 (주2).

2 공민관 사정과 육아 지원 상황

■ 야치요 시의 오늘날까지의 공민관 설치 상황

야치요 시에서는 1977년 4월에 첫 번째 공민관을, 케이세이 선(京成線) 오오와다 역(大和田駅) 부근에 개관하였다. 그 후 매년 공민관이 건설되어 1983년 6월 농촌 지역에서 7번째 공민관을 중학교와 병설로 개관하였다. 3관째부터는 모두 510~580m^2 정도의 1층 또는 2층 건물 시설로 시민이 이용할 수 있는 방은 3~6실(강습실, 일본식 방, 조리실, 공작실, 시청각실, 체육실)이었다. 이 시기의 공민관은 국가의 '공민관의 설치 및 운영에 관한 기준 1959년 12월 28일(문부성 고시 제98호)'에 준하여 건설되었다. 따라서 시의 상황도 있었지만 초기의 2관은 이 기준을 겨우 만족시키는 330m^2 정도였다. 그 후 시민의 학습 활동의 진흥에 입각하여 평균 550m^2로 되었으나 어느 관에도 보육실은 설치되지는 않았다. 그러나 당시 나라시노 시(習志野市) 등의 근린시의 공민관에는 보육실이 설치되어 있었다.

그리고 사회 상황의 변동에 따라 국가의 법제도의 개정이나 시민의 학습 활동에 대한 요구도 변하여 1989년과 2004년에 새롭게 설치된 2개 공민관인 야치요다이 동남공민관(八千代台東南公民館)과 미도리가오카 공민관(緑が丘公民館)이 복합시설 내에 개관하였다. 두 관 모두 동일 시설 내에 타관에는 없는 100~180명을 수용할 수 있는 집회 홀(Hall)과 보육실이 설치되었다. 이 시설 이용에 대해서는 나중에 논하기로 한다. 10관 째 시설은 시의 중앙 부근에, 스포츠 설비를 갖춘 종합 평생학습 플라자가 2007년 4월에 개관하였다. 이것으로 거의 중학교 구역내의 시민이, 가까운 시설을 이용할 수 있는 상황이 되었다. 2008년도 전 공민관 이용자는 345일 개관에 232,781명, 공민관 등록 서클 단체 수는 388단체, 주최 강좌 참가자는 15,297명이다. 각 관 10~21강좌이며, 가정교육 학급이나 아동대상의 교실이 복수로 실시되고 있는 가운데 반드시 1~3강좌는 전 관에 미취학아동과 부모를 대상으로 한 '0세 영아 모자학급, 1세 유아 모자학급, 2세 유아 모자학급, 육아에 동요를 -3세미만 유아와 부모-, 엄마와 함께 리듬을 (2~4세 유아와 부모) 등 육아 지원 사업이 있으며 (14개 사업), 0세~4세 유아의 모자가 278개조 557명 참가(연인원 5,320명)하여 자녀를 키우는 부모들에게 얼마나 필요한 사업인지 엿볼 수 있다. 영유아의 모자학급이 확대된 요인은 각 관에 보육실이 설치되어 있지 않은 점뿐만 아니라 야치요 시 공민관의 육아 지원이 모자 분리지원이 아니었던 점도 크다고 생각한다 (주3).

■ 아이들과 함께 있고 싶어 하는 엄마

이전에 내가 1998년~2000년 3월까지 도서관에 근무하면서 마츠이 루리코 씨(아동문화 연구가)를 강사로 의뢰하였을 때, 대기실에서 공민관의 육아 지원 사업이 화제가 되었다. 그 무렵 마츠이 씨는 육아에 관한 책 "아기생활-보물인 시기를 즐기자-(あかんぼぐらし一宝のときを楽しむ一)"(學陽書房, 2000년, pp.50~54)를 집필 중이었는데, 그 속에서 다음과 같이 말하고 있다.

> 아이와 떨어져 있기 싫을 때에는 무리하게 떨어져 있지 않아도 된다. 급여는 없겠지만 자리는 보존되고 있다. 여자에게 보장해 주어야 하는 것은 보육소보다는 이 조건이라고 생각했습니다. (현재는 1991년에 육아 · 개호 휴업법이 성립 시행). (중략) 1980년대의 공민관의 육아지원은 모자 분리지원이었다. 그것은 현재 중지라고 신문(아사히(朝日)신문 오사카(大阪)판 1999년 12월)에서 읽었습니다. 1980년대에 관하여 납득이 가는 부분이 있습니다. 지금은 모자를 분리시키지 않는다. 아이들이 평행놀이를 하는 것을 보면서(실제는 모자가 함께 논다) 부모들끼리 친구가 되는 기회를 만든다. 모자놀이를 지도할 수 있는 사람도 육성하고 있다고, 두 아이를 키우며 오랜 기간 공민관에서 근무해 온 여성 도서관장으로부터 이야기를 들었습니다. 세상은 좋은 방향으로 향

하고 있다고 생각했습니다. 저희들이 아이를 키웠을 무렵(1980년대)부터 최근까지 이어져온 시스템으로 모자분리 · 상호보육이 있습니다.…(후략)'라고. 나는 두 아이를 보모, 보육원, 아동보육시설에 맡겼었기 때문에 납득이 갔고, 이전에 공민관에서 엄마들이 아이와 함께 있고 싶다는 마음이 들었던 것이 기억났습니다.

■ 여성 학습과 보육실

공민관에 보육제도를 도입하는 사업을 시작한 것은 쿠니타치 시(国立市)가 처음이었을까?. 쿠니타치 시 공민관의 이토 마사코(伊藤雅子)는 저서 "자녀로부터의 자립-성인인 여자가 배운다는 것-"(未來社, 1989,pp.15~16)에서 다음과 같이 언급하였다.

> 쿠니타치 시 공민관이 탁아제도를 병설한 사업을 시작한 것은 1965년, 전용 보육실이 생긴 것은 1968년이다. 지금까지도 이 제도에 대해서는 많은 분들이 관심을 가지고 계시지만, (중략) 나는 새삼 공민관 보육실이 갖는 문제의 크기를 느꼈습니다.
>
> 왜 공민관에 보육실을 마련하는가? 어떻게 운영할 것인가? 여자가 학습을 하려고 할 때 공민관의 보육실은 어떠한 의미를 갖는가? 등등 이러한 사회교육과 보육에 대한 문제를 우리들 현장에 있는 사람들이, (중략) 사회교육의 장에서 탁아가 이루어지기 시작하는 이 시기에 공동으로, 그것도 시급하게 다루어 두어야 할 필요가 있다는 것을 저는 통감하고 있습니다.

후에 쿠니타치 공민관의 실천은 전국적으로 확대되어 사회교육의 장에서 배우고자 하는 엄마들과 직원들에게 행동을 유발시키는 원동력이 되고 또 문제 제기가 되기도 하였다.

야치요 시에서도 시민을 위한 보육 대책이 있었다. 그것은 야치요 시에서의 남녀 공동 참가 사회구축을 위한 학습 시설인 '남녀 공동 참가 센터'에서 주최 강좌를 실시할 때인 1989년부터 지금까지 이루어지고 있다. 이 센터는 야치요다이 동남 공민관과 동일한 복합시설 4층으로 강습실, 조리실과 보육실(19.6㎡, 아동 정원 5명)의 설치이다. 처음에는 여성의 학습 대응을 위한 것이었는데 일하고 싶은 여성을 위한 재취직 준비 강좌, 여성문제를 배우는 여성학 강좌, 고령사회에서 살아남기 위한 건강 강좌 등을 실시, 보육대책 강좌는 개시 초기에는 수일 만에 정원이 종료될 정도로 대인기였다. 이러한 과정 속에서 여성문제를 배우는 자주 서클이 생겨나고 재취직 준비 강좌에서는 보육 자원봉사 협력자(아이 돌봄이)가 나타났으며 오늘날에는 아버지를 위한 남성학 강좌에서도 보육을 실시한다고 신청을 받고 있다. 야치요다이 동남 공민관도 필요에 따라 주최 강좌 실시에 이용되고 있으며 그 외에 자주 서클 활동도 오전부터 야간까지 이용이 가능하고, 부모들의 학습을 지원하고 있다 (주4).

3 1세 유아 모자학급

오늘날 실시되고 있는 1세 유아 모자학급은 1979년 두 번째로 개관한 아소 공민관(阿蘇公民館)에서 유아 가정 교육학급으로 처음 시작하였다. 앞서 말한 쿠니타치 공민관의 실천 후 10년이나 늦은 것이다.

아소 공민관은 시의 중앙을 북에서 남으로 흐르는 신카와(新川) (인바방수로(印幡放水路))와 평행하여 달리는 국도16호선변의 단지 내에 있는 363m²의 2층 건물이었다. 이 무렵의 주최 사업은 부인학급 2학급, 가정교육학급 2학급, 패밀리 강좌(고령자대상), 아동 대상의 이야기 모임, 성인 대상의 역사 강좌, 수공예 강좌, 요리 강좌가 실시되었는데 유아와 그 부모가 참가할 만한 사업은 없었다 (주5).

이 관에서는 시민들의 요망에 따라 1층에 12,000권의 책을 소장한 도서실이 있었다. 토 · 일요일에는 아이들이나 모자가 함께 몰려들었다. 젊은 세대도 살고 있는 단지 내의 잔디밭에는 영유아와 부모가 함께 놀고 있는 광경을 자주 볼 수 있었다. "강좌에 참가하고 싶어도 아이가 있어서 안 되겠지요.", "육아에 대해서도 배우고 싶은데…"라는 이야기도 들려왔다. 이러한 이야기는 도서실에 근무하는 직원들과의 대화에서도 들을 수 있었다. 한편 이웃인 치바 시(千葉市)에서는 3세 유아 모자체조, 사쿠라 시(佐倉市)에서는 2세 유아, 3세 유아의 모자학급이 이미 실시되고 있었다. 우리 관에는 보육실은 없었으나 모자가 활동할 수 있을만한 2층 강습실(정원 40명)이 있었다. 당시 직원이었던 나는 엄마들의 소원을 실현해 주고 싶어서 관장과 상담하여 사쿠라 시 중앙 공민관이 실시하고 있는 모자학습을 시찰하였다. 담당 직원은 "2세 유아의 모자학급을 하다보면, 1세 유아와 그 부모를 대상으로 한 학급을, 더 나아가 임신 중에 있는 부모를 대상으로 한 학급의 필요를 절실히 느낀다. 무엇보다도 1세 유아의 모자학급을 실시해 주세요."라고 조언해주었고, 관장으로부터도 격려를 받았다. 다음은 강사 선정이었는데 그것은 실천자의 소개를 받아 의외로 빨리 찾을 수 있었다.

1세 유아의 모자학급이란—

1세 유아 모자학급은 육아 경험이 적은 엄마가 자녀의 성장과 발달 단계를 제대로 파악하고 모자의 접촉을 즐기면서 자녀와의 유대 · 대하는 방법 · 놀이 방법을 배우고 육아에 대해 공민관과 함께 생각해 나가는 강좌입니다(2008년도 야치요다이 동남 공민관 주최 '1세 유아 모자학급'에서 발췌) (주6).

다시 말해서 1세 유아 모자학급은 1세 유아의 마음과 육체의 발달에서 가장 중요한 모자가 함께 놀면서 부모는 육아에 대해 배우고 아이는 같은 연령층이 모인 곳에서 성장하도록 돕는 것을 목표로 실시되었다.

1979년 아소 공민관의 보고서에는 다음과 같은 내용이 있다.

> "유아 가정교육학급"1세 반~2세까지의 유아와 엄마를 대상으로 10월~3월까지의 일정으로 월2회(전10회), 유아기에 필요한 "엄마와 유아가 신체를 접촉하며 논다"를 학습 테마로 한 강좌가 올해부터 실시되었다. 강사가 2명, 유아와 엄마가 12개조 24명(아파트 단지가 있는 요나모토(米本) 쿠메코토지구 5개조, 그 외의 시내각지 7개조)으로 시작하였다. 1~3회는 올 때마다 울거나 엄마한테 달라붙어서 활동에 참가하기 어려웠던 아이들도 4~5회째에는 익숙해진 모습을 보이면서 모자가 함께 학급으로서의 분위기를 자아내게 되었다. 앞으로는 이 학급을 서클화하여 내년도에는 대상 연령이 다른 2학급을 설치해 나가고 싶다 (주7).

처음에 서술한 바와 같이 모자가 함께 교류하고 싶다, 같은 연령의 아이들과 접촉시키고 싶다는 부모의 생각을 받아들인 담당자의 마음이 거기에 있었다. 이듬해인 1980년에도 예정대로 2학급이 실시되었다. 그 보고서에 "(전략) 올해로 2년째가 되어 학급환경도 정돈되고, 강사와 학급생 엄마들의 연대도 생기고, 아이들과의 즐거운 분위기 속에서 학습이 진행되고 있다."고 기록되어 있고, 2학급 각 월 2회, 전체 11~12회의 강좌로 1세 유아는 모자가 15개조, 2세 유아는 20개조가 참가하였다 (주8). 주최 학급 시에는 다소 멀어도 참가자들이 다녀 주었지만, 교통이 불편한 점도 있어서 이 2년간은 자주 서클 활동으로까지는 육성되지 않았다. 하지만 자주 서클

《유아 가정교육학급 연간 계획》(주7)

	학습 테마	내용
1	가까이에 있는 물건을 가지고 놀자(손 모양・발 모양을 찍는다)	・어느 집에나 있는 물건이 아이들의 장난감으로 변신(보자기, 빨래집게)
2	모자체조	・하루 10분 모자가 신체접촉을 한다
3	큰 상자를 이용하여 놀자	・안전한 놀이기구・전신운동
4	크리스마스 회	・과자로 집을 만들어 봅시다.
5	지금까지 해온 놀이를 다시 한 번	・공놀이도 포함
6	만들면서 놀자	・폐지, 화장지 심지를 이용
7	언어	・그림책, 종이연극, 손가락인형, 종이인형
8	리듬(그림)	・노래하며 신체를 움직인다.
9	야외놀이	・넓은 장소에서 마음껏 놀기
10	송년회	・모자체조(손・발모양 도장 찍기)

화로의 전개는 1981년 6월 개관한 경성선(京成線) 야치요다이 역 부근의 5관째인 야치요다이 공민관 주최 모자학급에서 실현되었다.

여기에 1979년의 커리큘럼을 게재한다.

■ 모자학급의 의의를 생각한다

야치요다이 공민관에서는 개관한 1981년 가을부터 1세 유아 모자학급을 시행하였다. 교통편도 좋고 지역 내에는 영유아도 놀 수 있는 공원이 여러 개 있어서 시내 각 지역에서 아이들과 엄마들이 많이 모여들었다. 때문에 정원 25개조는 언제나 인원이 초과되었다. 공원에서 모래장난이나 물장난을 하고 있으면 "무슨 활동입니까?", "도중에라도 참가할 수 있습니까?"라고 질문을 받기도 하여 강사나 관장과 상담하여 참가하도록 한 경우도 있었다. 1983년의 기록집을 보면 37개조 74명의 모자가 참가한 것에 놀랐다. 그 무렵에는 학급의 마무리 기록집을 엄마들이 2인 1조가 되어 인쇄 작업과 보육을 교대로 하면서 작성하였다. 학급 종료 전에는 참가자들이 상의하여 자주 서클을 매년 만들고, 엄마들은 서클 운영의 역할을 분담, 모두 함께 하여 2세 유아에서 3세 유아로 범위를 넓히고, 활동력도 키우면서 아이들을 알아가고 엄마로서도 자신감을 얻어갔다. 아이들은 말도 늘고, 이름을 부르면 "네."라고 대답도 할 수 있게 되고 학급이나 서클에 가는 것을 즐겁게 기다리게 되었다.

그것은 1세 유아들이 같은 또래 친구와 접하는 기쁨을 알고, 노래나 놀이를 스스로 즐기며 집에 돌아가서도 흉내를 내었는데 이러한 것들은 성장에 도움이 되었을 것이다. 아이들에게는 처음 접하는 집단의 장이지만 거기에는 반드시 엄마가 있기 때문에 안심할 수 있었다. 한편 엄마들도 집단 활동장에서 아이들과 함께하는 놀이를 통해 집에 있을 때와는 다른 모습도 발견하고 다양한 놀이를 공유할 수 있었다. 일상적인 가사나 잡일에서 벗어나 그 시간만큼은 확실하게 아이와 놀아주는 의의가 거기에 있다고 생각한다. 그러나 놀이교실은 아니기 때문에 학급 강사는 매번 아이의 성장에 필요한 이야기를 하고 엄마들에게 아이의 연령에 맞는 가정교육의 어려움과 그 보람을 시사하여 왔다 (주9).

4 모자학급에서 지역으로 확산되어가는 활동으로

육아지원 · 1세 유아 모자학급이 전 9개관 10강좌에서 실시하게 된 것은 2007년부터였다. 10강좌 중에서도 신청이 많은 것은 종합 평생학습 플라자가 있는 지역이었는데 몇 년 사이에 새로 입주해온 영유아가 있는 젊은 세대가 많아 이 학급에 대한 참가 희망자는 정원의 두 배에 가까웠다. 9개관에서도 인기는 여전하여 보육시설 등의 육아 지원 기회가 있어도 공민관의 모자학교는 필요하다고 인식되고 있는 것 같다.

■ 지금, 활동하고 있는 엄마들에게 들어 본 모자학급 · 모자 서클 활동이란?

야치요다이 동남 공민관에서는 개관 당시인 1989년 10월부터 이 학급을 운영하고 있다(주10). 2008년도의 1세 유아 모자학급에 참가하고 그 후 모자 서클 활동을 하고 있는 엄마들에게 그 느낌과 생각을 물어보았다.

(1) 모자학급이나 키즈(Kids) 서클에 참가한 동기는 무엇이었는가?

같은 또래의 친구와 놀 수 있는 기회를 늘리고 싶다.
다른 아이와 관계를 맺고 무엇이든 함께 할 수 있는 경험을 시켜주고 싶다.
아이에게 친구를 만들어 주고 싶다.
아이와 엄마 모두, 친구를 만들고 싶다.
집단생활을 알게 해주고 싶다.
아이의 발달, 발육에 도움이 되었으면 좋겠다.
다양한 경험을 시켜 주고 싶다.
많은 아이들과 만날 수 있는 기회를 주고 싶다.

(2) 학급이나 서클에 참가한 소감은? 아이와 엄마의 느낌은?

이웃을 많이 만들었다. 여러 가지 행사도 즐겁고 "오늘은 뽀뽀"라고 말해주면 좋아한다.
모자서클에서는 다른 아이와 함께 노는 것이 즐거워 보인다.
초기에는 부모에게 딱 달라붙어 있었는데 지금은 친구가 좋아서 서클에 가는 것을 학수고대!
아이들의 성장을 느낄 수 있는 시간

집단으로 노는 즐거움을 알았다.

집에서는 노래도 부르고 춤도 추는데 집단에서는 자신을 발휘하지 못하는 딸의 모습을 볼 수 있었다.

학급 기간 중에는 언제나 부모 옆에 붙어 있었는데 서클에서는 친구와 먼저 놀려고 한다. 아이의 성장을 볼 수 있어서 기뻤다.

매번 모자가 즐겁게 기다리고, 언제나 아이와 둘만이었는데 다른 엄마들과의 대화는 기분 전환이 된다.

(3) 학급이나 서클에서 엄마들끼리 친구가 되었습니까? 당신의 생활에 어떤 영향을 주었습니까?

사진② 2세 유아 모자서클 제5회 '부채를 만들자!'

엄마들끼리 친구가 되어 육아에 대한 고민과 상담, 넋두리 등을 얘기할 수 있게 되어 도움이 되었다.

지금 내가 즐겁게 아이를 키울 수 있는 것은 엄마들끼리 친구가 된 덕분입니다.

곤란한 일이나 여러 가지 상담을 할 수 있어서 여러 번 도움을 받았다.

이사 온 지 얼마 되지 않아 학급에 참가하여 좀처럼 어울리지 못했으나 아이를 통해 다른 엄마들과 교류하면서 친구도 생기고 내가 야치요에 정이 들 수 있었던 것도 이 학급과 서클 덕분이다.

모두가 학급 개시 당시의 엄마들의 기대와 다를 바 없었다.

이제는 모자학급 운영 실적도 있고 우리 공민관 담당자도 준비 요령이 생겨서 처음으로 집단 활동에 참가하는 아이들과 부모를 안심시키고 또 학급 활동이나 다음 학급 준비로 부모들은 자연스럽게 학급 참가를 하게 된다. 또한 다음 해인 2세 유아서클 활동을 부모들이 운영함으로써 아이들과 함께 성장하며 지역에 뿌리내린 부모들끼리 서로 연계하고 모임을 만들어 나가는 것도 실현될 수 있다고 본다. 이와 같이 야치요 시에서는 시설 상황과 육아 중에 있는 부모의 바람이 일치하여 모자 분리가 아닌 '1세 유아 모자학급'이 이루어진 것이다. 이후로도 육아 지원의 한 방법으로 모자학급은 계속해서 발전해 나갈 것이다. 마지막으로 학급의 강사나 담당자들의 생각을 물었더니 "엄마들에게는 아이들 한 명 한 명이 다른 것을 개성으로 받아들이고 내 아이의 장점을 인정하고 끌어내 주었으면 좋겠다. 모자의 교감은 물론이고 엄마들 사이의 유대도 소중하게 할 수 있는 활동을 또 멋진 모자관계를 유지하여 함께 성장할 수 있기를 바란다."고 말하였다.

케이 후쿠코(惠 芙久子)

1) '2008 생활 나비(Navigation)북(야치요 시 시민편리수첩)', 야치요 시.

2) '육아응원 북 (야치요다이 지역) 탄생~1세 전후 판', 야치요 시 지역 육아 지원 센터 아이아이, 2009년 9월. 작성위원 : 야치요다이 지역 (모자보건 추진원, 갱생 보호여성회, 주임아동위원, 유치원, 보육원, 도서관, 공민관, 모자보건과, 지역육아지원센터아이아이), 내용 : 아기들 광장, Let's go (검진 받으러 가자!), 야치요다이 맵(Map), 가보자(지역개방시설, 도서관, 공원), 모자가 함께 놀자(손 놀이), 외에 1세 전후~3세 판, 3세~6세 판도 있다.

3) '2008년도 야치요 시립 공민관 사업보고', 야치요 시립 공민관, p.9 및 pp.20-47.

4) 1979년도 계획과 그 실천(1998년도~2009년도)

5) 7) 8) '야치요 시립 공민관 사업보고 1979년도계획과 그 실천', 야치요 시립 공민관 간행, pp.11-17. 및 '야치요 시립 공민관 사업 보고 1989년도 계획과 그 실천', 야치요 시립 공민관 간행, pp.15-22.

6) '2008년도 육아지원 · 1세 유아 모자학급 "뿟뽀"학습계획 · 실시요강', (야치요다이 동남 공민관 주최).

9) '1983년도 1세 유아 모자학급', 야치요 시립 야치요다이 공민관 간행.

10) '야치요 시의 공민관 1989년도 총정리', 야치요 시립 공민관 간행.

[Column]

공민관에서의 만남과 교류를 소중히

2008년 7월에 내가 담당하는 공민관 중에서도 가장 새로운 시설이 오픈하였습니다. 개관 이래 많은 사람들이 이용하고 있습니다. 그곳에, 공민관에서는 보기 드문 고등학생과 10대 후반의 젊은 이들이 모이게 되었습니다. 벽 한 면이 창문으로 되어 있어 밝고 개방적이며 로비도 넓고 테이블이나 의자도 많이 있어서 그들에게는 매우 편하게 있을 수 있는 공간입니다. 이제까지는 경험하지 못했던 광경을 처음 본 저는 당혹스러웠습니다. 큰 소리로 떠들고 매너가 나쁘다는 등 이용자나 지역의 방범관계자들로부터 항의도 있었습니다만 이 공민관의 협력원이 중심이 되어 때로는 엄하게 또 때로는 부드럽게 아이들에게 다가가서 조금씩 서로를 이해하게 되고 친해지게 되었습니다.

개관 후 약 1년이 지나면서 고등학생들과 함께 무언가를 하고자 저녁에 요리 실습을 하여 함께 밥을 먹기 시작하였습니다. 처음으로 만든 요리는 따뜻한 가정요리인 죽순으로 만든 국과 소고기 감자조림이었습니다. 고등학생들은 휴대전화로 친구들을 불러 모아 식사를 할 무렵에는 13명이나 되는 젊은이들이 모였습니다. 그 중의 한 사람이 식사 전에 한 이야기가 지금도 잊히지 않습니다. "언제나 이 교류관에 계신 분들에게 폐를 끼치고 있는데 오늘 이런 자리를 만들어 주셔서 감사합니다"라고 인사를 했을 때 저도 협력원들도 모두 눈물을 흘릴 뻔하였습니다. 작년에는 이것을 포함하여 6번의 저녁 식사를 함께 만들었고 공민관 강좌 준비를 고등학생들이 많이 도와주었습니다.

이 공민관은 전국시대(戰國時代 *역주 : 일본의 15세기말에서 16세기말에 걸친 영주를 가진 무사들이 난립한 시대)의 명장 우에스기 켄신 공(上杉謙信公)이 활약한 카스가야마 성(春日山城)의 유적을 끼고 있는 지역에 있고, 명칭을 '죠우에츠시 카스가 켄신 교류관(上越市春日謙信交流館)'이라고 합니다. 서클들이 모여 콘서트를 개최하거나 책 읽어주기 서클이 같은 시간에 활동하고 있는 분들의 방에 가서 종이연극을 발표하는 등 공민관의 이름 그대로 이용자들끼리의 교류가 여기저기서 이루어지고 있습니다. 공민관이 이 지역에 사는 모든 세대의 사람들이 교류할 수 있는 장이 되는 기회를 많이 만들어가고 싶습니다.

노사카 토모코(野阪 公子) …… 죠우에츠 시립 공민관 사업계 주임

제 6 절 지역 만들기와 공민관 건설 -사이타마 현 츠루가시마 시(埼玉県鶴ヶ島市)의 경우-

1 시민과 행정이 함께 만들어 가는 마을 만들기

■ 마을 만들기(마치즈쿠리)

2000년 3월, 츠루가시마 시 서 공민관 등 정비 기본 구상이 책정되었다. 타이틀은 '시민과 행정이 함께 만들어 가는 마을 만들기'이다. 교육기관으로서 공민관의 바탕을 이루는 역할은 시민의 학습권을 보장하는 것이며, 시민이 학습을 통해 삶을 개척하고 스스로의 인격을 형성하는 것에 있다. 그와 더불어 공민관에서는 지역 만들기 · 마을 만들기를 추진해가는 거점으로써의 역할을 발휘해야 한다. 일본건축학회 편, "시리즈 마을 만들기 교과서"(마루젠(丸善) 주식회사, 2004년)의 발간에 즈음하여 일본건축학회의 사토우 시게루(佐藤滋)는 "지금은 '마을 만들기'가 시민의 일상생활에서 입에 오르는 아주 친숙한 말이 되었다. 개인의 자기실현을 넘어 '마을'이라는 사회적 공통 자산을 지역 사회가 힘을 합하여 만들어 가려는 뜨거운 마음이 깃든 말이다. (생략) 마을 만들기는 다양한 주체가 협동하여 행정이나 전문가를 움직여 시간을 들여 성과를 이루어 가는 프로세스이다. 밖에서 보면 간단하게 보이지만 사실은 대단한 노하우와 기술의 집합체이다."라고 말한다. '마을 만들기'라는 말은 지역의 도시 계획, 시가지 형성이나 지역의 활성화를 목표로 삼아서 도시 계획의 분야 등에서 사용되어 왔다. 지금은 고령자가 살기 좋은 마을 만들기, 유니버설 디자인 마을 만들기 등으로도 사용되고 있다.

시민과 행정이 함께 만들어 가는 마을 만들기는 시민의 바람과 요청을 시민과 행정의 공통 과제로 삼아 시민의 합의 형성 속에서 실현해 가는 것으로 그를 위해서 시민과 행정의 ① 정보의 공유 ② 공동학습 ③ 참가와 협동 등이 중요하다.

공공시설은 일반적으로 시민이 모르는 곳에서 건축이 결정되고, 설계자와 담당부서의 직원이 합의하여 완성품에 가까운 이미지 그림을 시민들에게 공개할 무렵에는 이미 공사가 시작된 상태라서 완성 후에나 전체를 알고 이용하는 일이 많다.

공민관이 마을 만들기의 거점으로서의 역할을 하게 된다면 공민관 건축은 단순히 건물을 만드는 것뿐만 아니라 공민관이 지역이나 시민의 생활 속에서 어떠한 역할을 할 것인지, 그러기 위해서 어떠한 설계가 되어야 하는지, 완성 후에는 어떻게 이용하고, 또 어떻게 운영할 것인지 등의 문제를 시민과 행정이 서로 정보를 공유하고 학습하면서 함께 만들어 가는 것이 중요하다.

■ 교육기관으로서의 공민관

츠루가시마 시의 사회교육은 1984년 3월에 책정된 츠루가시마 마치(鶴ヶ島町, 당시는 町) 종합계획이 기본이 되었다. 종합계획은 사회교육 행정 · 공민관 · 도서관의 직원이 저마다의 과제를 가져와서 시모이나(下伊那)나 3타마(三多摩)에서 제출한 테제 등 공민관의 이론이나 실천의 축적을 중요시하여 6개월에 걸쳐 집단으로 토의한 것으로 공민관의 지역 배치나 전문직원의 배치가 들어있다.

또한 1985년의 공민관 운영 심의회 답신에는 교육기관으로서의 공민관 조건이 다음과 같이 제기되었다.

가. 공민관은 지역에 적정 배치되어야 한다.
나. 공민관은 학습을 할 수 있는 시설 내용이어야 한다.
다. 공민관에는 학습교재가 정비되어 있어야 한다.
라. 공민관은 누구든지, 무료로 자유롭게 사용할 수 있어야 한다.
마. 공민관에는 이용자 · 이용단체에 대해 전문적인 지식과 기술을 가지고 도움을 줄 수 있는 직원이 있어야 한다.

이러한 종합계획이나 답신에 근거하여 1985년부터 1991년까지 지역 공민관 4관을 건설하여 공민관 6관 체제가 정비되었다. 새로운 공민관에는 집회실, 시청각실(음악실), 실습실(미술실), 전시실, 조리 실습실, 단체 활동실, 보육실, 인쇄실 등 학습 활동을 할 수 있는 시설이 정비되었다. 그리고 무료 원칙과 전문적 직원의 배치가 이루어졌다.

2 시민의 바람을 실현으로

■ 서 공민관의 증개축

시내 각 지역에 공민관이 건설되는 한편, 서부지역에서는 쓰레기 소각장 건설이 진행되고 있었다. 쓰레기 소각 장건설에 따른 주변 대책 사업의 일환으로 '서 공민관 증개축'의 조기 실현이 대두되었다.

서 공민관은 1981년에 개관되어 시내에서 가장 오래된 시설로 다른 공민관과 비교하면 건물이 협소하고 학습기능도 충분하지 않았다. 그래서 이용자 간담회에서는 "춤을 추어도 사람과 부딪히지 않는 넓은 공간이 필요하다, 마술을 배우는데 큰 무대에서 발표하고 싶다, 방음이 잘 되는 노래방이 있으면 좋겠다, 회화나 도예를 할 수 있는 실습실이 있으면 좋겠다." 등의 희망을 말하는 사람들이 많았다.

이러한 목소리가 지역으로 퍼져, 1992년에 지역자치회로부터 공민관의 증개축에 관한 요청서가 제출되었고, 지역의원들로부터도 시의회에서 증개축에 관한 일반 질문이 여러 차례 나왔다.

서 공민관 주변은 구획정리사업으로 주택가가 될 계획이었다. 또 인접한 곳에서 또 다른 구획정리사업이 추진되고 있어서 이 두 사업이 완료되면서 공민관의 대상 지역 인구는 2배 이상이 될 것으로 예상되었다. 새로운 주택가가 들어서고 인구가 늘어나면 신구 주민의 교류와 세대 간의 교류는 점점 더 필요해 질 것이다. 이러한 이유에서 1995년에 츠루가시마 시 신종합 계획 · 후기 기본 계획에 '서 공민관의 증개축'이 포함되었다.

■ 공민관 정비를 촉진한 지역 주민의 힘

서 공민관의 정비를 촉진한 것은 서 공민관 등 건설정비촉진협의회(이하 '촉진협의회')의 활동이다. 촉진협의회는 서부지역의 주민 및 관계 단체 · 서클의 연계를 도모하고 지역 주민의 염원인 지역의 학습 · 문화, 생활복지의 거점이 될 수 있도록 츠루가시마 시 서 공민관 · 도서관서 분실 및 아동관 등의 건설 정비를 촉진할 것 등을 목표로 1997년 5월에 설립되었다. 지역자치회 · 노인회 · PTA · 어린이회와 서 공민관 이용단체 대표, 시의회 의원이나 공민관 운영심의회위원, 민생위원, 아동 보육실이나 구획정리조합 대표 등 지역의 다양한 단체 · 주민이 결집하였다.

촉진협의회의 행동은 신속하였다. 결성 직후에 재정을 압박하는 일 없이 계획적으로 서 공민관 정비를 추진할 수 있도록 시의회의장 앞으로 '서 공민관 등 건설정비기금의 설치에 관한 청원서'를 제출하였다.

■ 공운심이 그리는 21세기 공민관

츠루가시마 시 공민관 운영 심의회(이하 '공운심'이라고 함.)는 공민관 6관의 합동 설치로 각관의 이용 단체 대표가 2명씩 선임된다. 1998년 7월 공운심으로부터 '츠루가시마 시 공민관의 시설 정비 방향에 대해-츠루가시마 시 서 공민관의 정비에 대해-' 자문을 받았다.

공운심에서는 서 공민관 이용 단체에 대한 앙케트 조사, 선진 시설 시찰 연수를 실시하고 심의회 9회, 프로젝트 회의 9회, 연수 6회를 실시한 후에 위원이 답신을 집필하여 1999년 9월에 답신(答申)하였다.

이 답신에서는 서 공민관 건설을 위한 21세기 시대에 대응하는 향후 공민관 건설의 기준이 되는 기본 사항으로 다음과 같은 제안을 하였다.

- 시민의 자유로운 교류의 장으로 누구든지 언제라도 자유롭게 이용할 수 있는 시설이어야 한다.
- 장애를 가진 사람이나 고령자들도 이용하기 편리한 시설이어야 한다.
- 정보화 시대에 맞추어 시민의 다양한 요구에 충분히 대응할 수 있는 내용을 갖춘 시설이어야 한다.
- 복합시설(공민관, 도서실 분실, 아동관, 학동 보육실)이어야 한다.
- 녹색이 풍부한 환경을 살린 시설이어야 한다.
- 재해 시 긴급대피 등에 대응할 수 있는 기능을 갖춘 시설이어야 한다.
- 에너지절약 · 재활용을 고려한 시설이어야 한다.
- 가벼운 운동을 할 수 있는 장소가 있는 시설이어야 한다.

3 시민과 행정이 함께 만들어 가는 공민관

■ 직원 참가 · 시민 참가와 정보의 공유

서 공민관 등을 어떻게 정비할 것인가를 검토하기 위해서 1999년 1월 서 공민관 등 정비검토위원회를 조직하였다. 검토위원은 교육차장을 위원장으로 하여 사회교육과 · 공민관 · 도서관 · 사회복지과 · 아동관 · 건축과 · 정책추진과의 직원 중 10명을 임명하였다. 부서를 넘어서 관련 각 과의 직원으로 조직하고, 각 분야의 전문적 지식을 발휘하여 정보 수집이나 관계 단체와의 연락 조정을 진행시키고 기본 구상을 책정하기 위해 관계 심의회나 단체에의 설명회, 의견 청취 등을 반복하였다. 그리고 공운심 답신과 도서관협의회의 의견을 존중하여 2000년 3월 츠루가시마 시 서 공민관 등의 정비 기본 구상을 책정하였다.

기본 구상에는 "서 공민관 등의 시설은 지금까지 지역의 얼굴(역사와 발전)과 새로운 지역의 얼굴(개발과 새로운 주민)이라는 두개의 얼굴을 가진 지역의 거점이 되도록 다음과 같은 역할을 해야 한다."고 되어 있다.

- 지역의 상징으로서의 시설
- 시민들의 교류의 거점이 되는 시설
- 아이들부터 고령자들까지 각 세대의 교류의 거점으로서의 시설
- 시민학습 · 문화 활동의 거점으로서의 시설
- 지역 정보의 거점으로서의 시설

구체적인 시설로는 서 공민관, 도서관 서 분실, 서 아동관, 학동보육실의 복합시설을 정비하기로 하였다. 복합시설의 이점은 기능의 협동화가 가능하다는 점이다. 4개 시설의 동거(계층화 · 분리화)가 아니라 저마다의 기능 · 목적은 달라도 기능이 유기적으로 연계, 협동하여 역할을 발휘해갈 수 있다. 시설기능 · 설비의 상호 이용에 의한 사업의 다각화 · 효율화를 도모하고 직원의 유대 · 협력에 의한 사업의 협동화를 꾀하며 이용자들은 효율적으로 다양한 활동을 할 수 있다. 직원의 동선을 생각할 경우, 사무실을 공유하고 그곳에서 각 시설로 연결되도록 하였

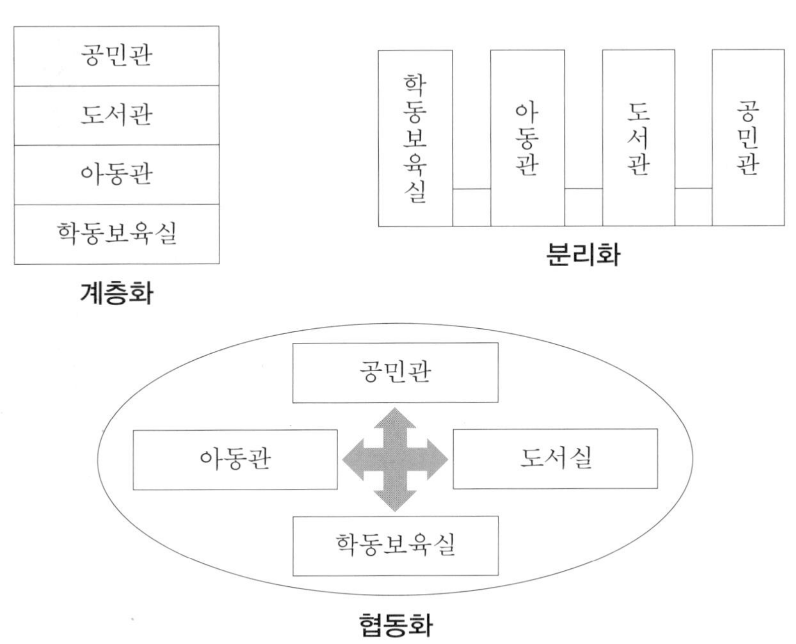

도표① 시설 · 기능의 협동화 이미지

으며 이용자의 동선을 생각할 경우, 현관·로비에서 각 시설로 이어지도록 고려하였다.

2001년 5월, 기본 구상을 기초로 한 설계 업무를 하기 위해 8개 업체를 선정하고 설계안을 작성 받아 그 중에서 1개 업체를 고르기로 하였다(설계 competition). 약 한 달간의 설계안 작성 후, 개성 있는 설계안 8개 작품이 제출되었다. 선정은 관계 심의회의 대표자와 직원(관계부장)으로 조직된 선정위원회에서 후보자를 선정하고 최종적으로는 시장이 결재하였다. 그리고 선정된 작품을 포함하여 전 작품을 시민들에게 공개했다.

선정된 작품은 기본 구상에 가장 근접한 작품이기는 하였으나 모든 조건에 부합하는 것은 아니었다. 설계안의 작성에 있어서는 작품 선정 후 시민들의 의견을 받아들여 기본 설계를 작성해 줄 것을 조건으로 하였다. 그렇게 결정된 설계안에 관해서 공민관 이용 단체 외의 사회교육위원, 공민관 운영심의회 위원, 도서관 협의회 위원, 아동복지 심의회 위원, 학동보육 연락협의회, 서 공민관, 건설정비촉진협의회 등을 대상으로 설명회를 개최하고 후일 각 심의회 등의 의견을 받기로 하였다.

■ 장애를 가진 사람이 일하는 음료 코너

설계안의 설명회를 종료한 직후에 장애인 관계 단체로부터 장애를 가진 사람이 일하는 음료 코너를 만들어 주기를 바란다는 요청서가 제출되었다. 시내에는 남 공민관과 시청에 음료 코너가 있고 공운심의 답신에서도 서 공민관에 음료 코너를 설치하라는 제안이 있었다. 음료 코너 운영은 장애를 가진 사람과 관계자만으로는 힘든 상황이므로 공민관의 이용자나 지역사람의 이해와 협력, 연계가 매우 중요하다. 교육위원회에서는 새로운 음료 코너의 운영단체를 찾으려고 했으나 찾지 못하였으므로, 기본 구상안에 '음료 코너'는 들어가지 않았고 공운심에 대해서는 설명을 하고 양해를 얻었다.

기본 구상에 기초한 설계안도 선정되어 이제와 음료 코너를 넣는 것은 무리라고 생각했다. 그러나 아직 설계안 단계였다. 기본 구상은 관계 심의회·단체의 의견을 듣고 책정하기 때문에 기본 구상에 없는 음료 코너를 새롭게 만들기 위해서는 재차 의견을 들을 필요가 있었다. 마침 설계안의 설명회가 끝나고 설계안에 관해 각 심의회·단체로부터 의견을 듣기 위한 회의가 예정되어 있어, 그곳에 예의 장애인 관계 단체도 출석케 하였다. 그 장애인 관계 단체는 "장애인들의 취업 노동은 매우 어려운 것이 현실이며 장래도 결코 낙관할 수 있는 일이 아니다. 장애를 가진 아이들도 지역 사회의 일원으로서 생활할 수 있도록 해 주었으면 좋겠다."고 음료 코너 설치 요망에 대한 취지를 설명하였다. 한편, 사무국에서는 한정된 부지와 시설 규모·예산 속에서 음료 코너를 새롭게 만들기 위해서는 설계안에서 제안한 시설을 삭제하든지 축소해야 할지도 모른다는 이야기가 나왔다. 그렇지만 단체의 이야기를 듣고 장애인의 취업 노동 · 교류의 장이 확대되는 것은 매우 좋은 일이다, 복합시설이므로 여러 사람들이 모이는 데 의의가 있으며 음료 코너는 이용자들에게도 좋다, 공민관 이용자도 모두 함께 돕자고 하여 요망에 대한 찬성을 얻어 냈다.

음료 코너의 설치 요청이나 이에 대한 관계 심의회 · 단체 등의 의견을 바탕으로 서 공민관 등 정비검토위원회에서 검토를 진행하였다. 츠루가시마 시 장애인 플랜에는 장애인의 복지적 취업노동의 지원을 주요 시책으로 하고 있어 장애인이 일할 수 있는 장소로서의 음료 코너 설치는 복지적 취업 노동의 지원 면에서 뿐만 아니라 장애인과 건강한 사람의 교류, 장애인에 대한 이해의 심화를 기대할 수 있다는 점도 포함하여 시장에게 보고해 음료 코너 설치가 결정되었다.

■ 지혜를 모아 협동한 성과

설계안에 대해 관계 심의회 · 단체 등에서 최종적으로 237항목에 이르는 의견 · 요망 사항이 제출되었다. 특히 누구든지 이용할 수 있는 시설로 만들고 싶다는 생각이 많았고 각자 나름대로의 공민관상(像)을 가지고 있는 것을 알 수 있었다. 음료 코너의 설치도 포함하여 설계안에 대한 의견 · 요망 등에서 실현가능한 것을 더해, 6개월에 걸쳐 기본 설계를 결정하였다. 최초의 설계안과는 다른 기본 설계가 되었지만 곳곳에 시민의 의견이 반영되었다. 그 후 실시설계, 외구설계 등 안이 나오는 단계에서 설명회를 열어 의견을 받고 최종적으로 설명회도 열어 결정해 갔다. 일본식 방에 달려있는 부엌 설계에서는 다도 서클에게 시 내외의 공민관과 그 밖에 참고할 만한 관련 시설의 간이부엌들을 검토해 줄 것을 부탁하고 이미지를 그림으로 그리게 하였다. 조리 서클에서는 휠체어를 사용하는 사람도 사용 가능한 조리실습대가 있으면 좋겠다는 희망이 있어 승강식 전자조리대를 설치하기로 하였다. 비품의 정비(서 공민관 등 정비 사업에서의 비품정비의 기본 방침)는 구 서 공민관의 비품으로 이용할 수 있는 것은 사용하고 새로운 것은 카탈로그를 앞에 두고, 견본을 보면서 모두가 함께 선정하였다.

시민 참가 · 직원 참가의 구체적인 성과는 장애인용 주차장에서 현관까지 비를 맞지 않도록 설치한 지붕, 간이침대 등을 마련하였으며 오스트메이트(Ostomate : 인공항문 · 인공방광보유자)를 배려한 다목적 화장실, 각 방문은 병원이나 개호 시설에서 사용하고 있는 미닫이식 자동문, 휠체어로도 이용할 수 있는 작업대 등 배리어 프리(Barrier Free)화, 유니버설 디자인으로 사람들에게 친근한 시설로 다가갔다. 또 태양광 발전 설비의 설치나 빗물 이용, 옥상 정원을 만드는 등 재활용 · 에너지 절약에 대한 생각을 기본으로 한 친환경 시설을 이루었다.

직원과 설계자만으로 이용자에게 정말 필요한 시설 · 설비를 끌어낼 수 있었을까? 직원만으로 비품을 선정할 수 있었을까? 생활자 · 이용자로서의 시민, 코디네이터로서의 직원, 건축의 전문가로서의 설계자의 지혜를 서로 모아 협동하여 만든 결과가 바로 '서 공민관'이다.

4 연계 · 협동에 의한 배움의 창조

■ 츠루가시마 향학의 숲

"새로운 공민관을 만들기 전에 지금의 서 공민관 폐관 기념 행사를 생각해 보면 어떻겠습니까?"라는 서 공민관 이용자 간담회에서의 한마디로 서 공민관 폐관식이 열리고 이어서 '츠루가시마 시 서 공민관'간판은 내려졌다. 편집위원이 손수 만든 서 공민관의 연혁이나 전체 이용단체의 추억, 서 공민관 마츠리(祭, *역주 : 일본 고유의 축제), 역대 실행위원장의 추억 등을 게재한 기념지가 발행되었다. 그리고 2001년 9월에 시내 각 공민관과 비교하여 부지 · 건물이 모두 협소하고 설비 면에서도 현격한 차이가 있다고 평가되던 서 공민관은 개관 20년이 지나 해체되었다.

2002년 12월 서 공민관, 도서관 서 분실, 서 아동관, 학동 보육실인 '해바라기 클럽' 등 4개의 기관과 복지음료 코너인 '요츠바(四葉 *역주 : 네 잎 모양은 일본에서는 신체장애인의 표식)'를 포함한 복합시설이 개관하게 되었다.

의회에서는 시설 전체를 가리키는 총칭이 필요하다는 의견들이 많아, 서 공민관 등 건설정비촉진협의회와 상의하여 총칭을 '츠루가시마 향학의 숲'으로 하였다. 에도 시대(江戶時代 *역주 : 1603~1867)에서 메이지 초기(明治初期 *역주 : 1868~1912)에 걸쳐 번주(藩主)나 민간 유지들에 의해 설립된 학문을 배우는 곳이며 현재 초등학교의 전신이라 할 수 있는 '향학(鄕學)'이 전국에 있었다. 그러한 뜻도 담아서 츠루가시마의 향토를 배우고 마을 만들기의 주인공인 한 사람 한 사람의 시민이 자기 개성을 살려 다양한 학습 활동을 하여 그 성과가 마을 만들기로 결실을 맺어 나가기를 바라는 마음에서 '츠루가시마 향학의 숲'이라 하였다.

또한 츠루가시마 향학의 숲 운영에 관한 방침으로 다음 사항들이 결정되었다.

- 시민 참가에 의한 시설 운영을 도모한다.
- 장애인과의 교류를 촉진, 지원 추진을 도모한다.

- 직원의 연계 · 협력에 의한 사업의 협동화를 도모한다.
- 시설 · 설비의 공용화와 관리의 일괄집중화를 도모한다.

개관 기념행사는 단체 · 서클이나 보육원 · 학교, 자치회 등 53개 단체 · 기관에서 실행위원회를 조직하여 이루어낸 성과를 모아 무대발표 · 작품전시 · 입문체험 · 모의가게 · 어린이 코너를 운영하였다. 유아에서 고령자까지 많은 시민이 참가하여 학습 · 문화 활동의 거점, 세대 간 교류 · 시민 교류의 거점으로서 새롭게 한 발을 내딛었다.

복합시설의 최대의 장점은 각 기관이 협동하여 기능을 발휘한다는 점이다. 츠루가시마 향학의 숲은 하나의 건물에 잡거하는 것이 아니라 기능의 협동을 지향하여 그 때문에 사무실을 한 곳으로 모아 공민관 주사, 도서관 사서, 아동 후생원이 얼굴을 맞대고 각각의 전문성을 살려서 공통 이해를 바탕으로 연계하여 운영 · 사업을 이끌어 나가고자 노력하고 있다.

■ 공민관 만들기와 마을 만들기

현재 도서관 직원 · 자원봉사자가 아동관에 오는 유아를 대상으로 책을 읽어주고 책을 소개하는 일, 공민관의 고령자 학급과 아동관의 어린이들이 교류하는 일, 육아지원 단체와 공민관 · 아동관이 함께 육아 강좌를 개최하는 일, 공민관 서클이 복지음료 코너 '요츠바'의 운영을 지원하는 일 등 다양한

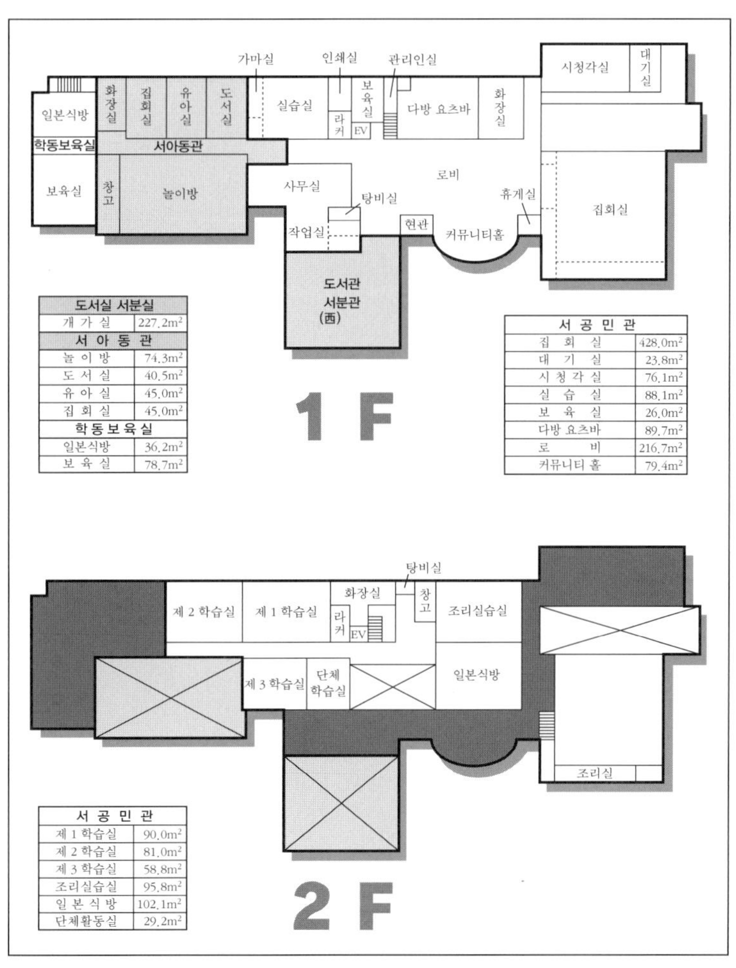

도서실 서분실	
개 가 실	227.2m²
서 아 동 관	
놀 이 방	74.3m²
도 서 실	40.5m²
유 아 실	45.0m²
집 회 실	45.0m²
학 동 보 육 실	
일본식방	36.2m²
보 육 실	78.7m²

서 공 민 관	
집 회 실	428.0m²
대 기 실	23.8m²
시 청 각 실	76.1m²
실 습 실	88.1m²
보 육 실	26.0m²
다방 요츠바	89.7m²
로 비	216.7m²
커뮤니티 홀	79.4m²

서 공 민 관	
제 1 학습실	90.0m²
제 2 학습실	81.0m²
제 3 학습실	58.8m²
조리실습실	95.8m²
일 본 식 방	102.1m²
단체활동실	29.2m²

도표② 츠루가시마 향학의 숲 관내 설계도

기능의 협동 관계를 만들어가고 있다.

서 아동관이 주최한 "봄의 다과회"에서는 서 공민관에서 활동하고 있는 다도 서클이 아이들에게 다도 체험을 지도하고 "처음인 아이들이 대부분이었지만 조용하게 진지한 모습으로 행동하고, 예의 바르게 정좌도 끝까지 잘 참는 것을 보고 깜짝 놀랐습니다"라고 소감을 밝혔다. 여름방학에는 지역 아이들을 대상으로 서 공민관의 도예, 천연염색, 조리, 톨(Tole) 페인팅 서클과 서 아동관 · 도서관 서 분실 · 서 공민관이 공동으로, "서머 챌린지 교실"을 개최하였다. 서클의 회원이 그때까지 배워 온 것을 아이들에게 가르치며 작품이 완성되는 기쁨을 함께 맛보았다. 재료를 준비하거나 가르치기 위한 시작품(試作品)을 만들거나 역할 분담을 하기도 하고 회원들이 지혜와 힘을 모아 함께 작업하였다. 이러한 활동은 인접한 초등학교에도 알려져 수업 중에서 공민관의 서클이 활약하는 장면이 늘어났다.

서 공민관의 정비는 시민들의 요청에서 개관까지는 10년이 걸려 그 과정에 시민들의 배움과 참가, 자치가 있었다. 이런 의미에서 공민관 만들기는 마을 만들기를 위한 배움의 기회였다고 할 수 있다. 마을 만들기란 자신들이 살고 있는 마을을 이곳에서 살기를 잘했다고 말할 수 있도록 시민과 행정 · 전문가가 함께 참가 · 협동하여 공통의 소원을 실현해가는 것이라고 생각한다.

니이호리 토시오(新堀敏男)

[Column]

코와다 타케키(小和田武紀) "공민관 도해" ~반세기 전의 '공민관 디자인'

1954년 11월에 당시 문부성 사회교육국장 테라나카 사쿠오(寺中作雄)가 감수하고 문부성 사회교육관 코와다 타케키가 편저자가 되어 간행한 "공민관 도해" (이와사키(岩崎)서점 간행)는 문부성 사회교육과의 협력을 얻어 공민관 진흥을 목적으로 간행되었다. 머리말에는 당시 사회교육과에 근무했던 요코야마 히로시(横山宏)사무관의 이름도 올라 있다.

코와다 타케키는 동경대학 문학부 졸업, 구제(舊制) 코우젠(弘前) 고등학교 교사, 마츠야마(松山) 고등학교 교사, 국립 북경대학 교수를 거쳐 문부성 시학관(文部省視學官), 사회교육관에 취임하였다. 1955년에는 "사회교육사전"(이와사키서점 간행)의 편집을 맡았고, 그 후 미에 현(三重県) 교육위원회 교육장 등을 거쳐 1972년에 초대 하치노헤(八戸) 공업대학장에 취임하였으며 1974년 2월 23일 별세하였다.

"공민관 도설"이 간행된 당시는 정촌 합병이 급속하게 이루어진 시기이기도 하다. 머리말에서 볼 수 있듯이 공민관에 대한 재검토가 이루어져 일부에서는 공민관 무용론이나 정체론이 거론되고 있는 상황 속에서 출판된 것이다. 이 책의 특징은 ① 공민관의 운영을 둘러싼 여러 문제를 구체적으로 182개관의 명칭을 들면서 사례를 쉽게 해설하고 있다. ② 설계도, 사진, 도판을 풍부하게 이용하여 공민관의 기능이나 시설 설비를 구체적으로 다루고 있다. ③당시의 정촌 합병에 따른 공민관의 여러 문제를 다루고 있다. ④ 공민관의 사회적인 사명이나 역할 등 추상적인 개념을 약도나 도해의 수법을 이용하여 쉽게 해설하고 있다. ⑤ 전국 각지의 공민관의 활동사례를 풍부하게 소개하고 있다. ⑥ 그래프나 도표를 이용하여 실증적인 해설을 중시하고 있다는 점 등 이다. 이와 같은 시설 설비나, 사명이나 사업의 양면에 걸쳐서 당시 최첨단의 공민관 디자인을 소개하고 있다.

돌이켜보면 지방분권, 규제 완화의 흐름 속에서 시정촌 합병에 따른 자치체(自治體) 사회교육의 재편이 진행되고 있는 현재와 상황이 조금 비슷하다고 생각된다. 또한, 이 책에서는 무용론(無用論)이나 정체론(停滯論)을 극복하는 힘이 전달되는 것 같다. 그것은 주민의 자치 능력의 향상을 비롯하여 현실적인 과제에 진지하게 대처하려는 이 책의 자세이다. 동시에 주민 학습의 필요성이 직접 전달되는 듯한 소박한 문체와 생활 감각에서 배어 나오는 것 같은 문장 표현 · 도해 속에도 나타나고 있다. 사회 상황은 많이 변화하였으므로 안이하게 현대 사회에 적용할 수 있는 것은 아니지만 많은 것을 시사하고 있다. 오랫동안 희귀본이었던 이 책은 2006년에 전국 공민관 연합회를 중심으로 한 사람들에 의해 복각되었다. 공민관 디자인을 생각할 때 50년 전의 메시지를 다시 한 번 받아들이는 일도 필요할지도 모르겠다.

히로세 타카히토(広瀬隆人) …… 우츠노미야(宇都宮)대학 교수(평생학습교육연구센터). 전공련의 지원을 받아 수년에 걸쳐서 "공민관 도해"의 복각을 실현하였다

제Ⅱ장 다양한 지역 활동을 육성하는 공민관의 시설 공간

위 왼쪽 사진은 1964년 준공한 치바 현(千葉県) 키미쯔(君津) 중앙 공민관의 모형사진(159항 참조)이다. 공민관지에는 "철근 콘크리트 조, 냉난방 설비를 갖춘 공민관으로서 순조롭게 출발하였다. 전국에서 연간 수십 단체가 시찰을 나올 정도로 주목을 받았다. 그것은 도시형 공민관의 시초이기도 하였다."라고 기록되어 있다. 최신 유리로 된 밝은 건물은 1959년의 문부성 고지에 의한 설치 기준의 정점이라고도 말할 수 있다.

이 고지는 2003년 문부성 고지 제112호에서 개정되어, 시설 및 설비에 관해서 그 목적을 달성하기 위해 지역의 실정에 따라 필요한 시설 및 설비를 갖추는 것으로 한다고 되었다. 요컨대, 구체적 지시는 없어졌다. 건축의 세계도 명확하고 합리적인 근대 건축에서, 복잡하고 다의적인 시대를 반영한 건축으로 변모하였다. 그리하여 공민관의 목적을 달성하기 위한 시설 및 설비를 새롭게 모색하는 시대가 도래한 것이다. 위의 사진 중앙과 같은 공민관 건축이 배출된다. 이러한 공민관 건축에 당초의 공민관다움은 발견될 것인가.

공민관의 전체상을 만들고 있는 것은 물리적 건물의 모습이 아니다. 위의 사진 오른 쪽과 같은 공민관 사무실에 마침 공교롭게 거기에 있던 인물상으로부터 시설의 이미지가 연결되어 간다. 시설에서는 사업과 공간이 일체를 이루어 기능한다. 공민관은 단순히 상자 건축이 아니다. 시민이 지역에서 살아가는 기술을 익히는 관(館)이다. 그런 까닭으로 저마다의 공민관론이 존재한다. 공민관론을 구현화한 건물이 공민관다움을 나타낸다. 그것을 우선 2장 서두에서 '공민관 건축 발달사'로 대략 살펴본다.

공민관의 기본 디자인은 공민관의 목적이나 제도에 관계되는 근본이고, 그것을 운용하는 측이 만드는 것으로, 건축 설계자의 전결(專決) 사항은 아니다. 또한 중요한 것은 각 실의 계획으로, 이 시설 공간에서 다양한 지역 활동이 길러진다.

이상의 관점에서 2장 '다양한 지역 활동을 기르는 공민관의 시설 공간'에서는 시설 공간을 만드는 방법과 함께 사용 방법을 생각하기 위한 관점과 시설 공간의 전제가 되는 사항을 서술한다.

아사노 헤이하치(淺野平八) · 아라이 타카오(新井孝男)

공민관 건축 발달사

1. 공민관 시안 1948

"생활과 주거" 표지

"생활과 주거" 1948년 1월호에, 이케베 키요시(池辺陽)(건축가, 1920~1979)의 '공민관 시안'과 스즈키 켄지로(鈴木建次郎, 당시 문부성 사회교육국)의 '공민관의 장래와 그 구상'이 게재되었다. 스즈키는 "건물을 세우기 전에, 정촌민(町村民)이 협력하여 공민관을 만들어 가고자 하는 열의를 기르지 않으면 안 된다."고 기술하고 있다.

"생활과 주거"는 1945년에 제2차 세계대전 패전 직후, 건축구조학자인 오노 카오루(小野薫, 1903~1957)가 발안한 "패전한 민중의 어두운 마음에 건축가가 솔선하여 작지만 밝은 등불

"이번에 평론가인 Y씨가 이 동네에 오신다고 하는데, 어딘가에서 좌담회를 열고 싶네. 요릿집은 곤란하고, 한번 자네 집을 빌릴 수 없을까?"

"아니 그것은 공민관에서 하는 편이 좋아."

"여러분 X월 X일 오후 7시부터 공민관에서 새로운 농기구의 해설 실연이 있으므로 참가해 주십시오."

남쪽 광장에서 본 공민관(도 2)

"내일 오후 3시에 공민관 도서실에 있을 테니 들리도록 해. 담화실에서 이야기 하도록 하자."

드디어 이 마을에도 공민관이 완성되었습니다. 마을사람들은 지금까지 회합 장소나 전시회장 등에 얼마나 곤란했겠습니까? 무엇을 하려고 해도, 지금까지 장소 문제에 부딪혀 기회를 잃는 것이 많았던 것이 생각납니다. 연극을 상연하려고 해도 학교 강당에서는 언제나 불완전한 것밖에 할 수가 없었습니다. 그러나 이제는 그런 걱정이 없어졌습니다. 새로 완성된 공민관은 회합이나 오락에도 언제든지 자유롭게 사용이 가능하고, 연극도 작지만 시설이 완비된 무대에서 할 수 있게 되었으며 간단한 일도 할 수 있는 기계를 갖춘 방도 있습니다. 조용히 독서도 할 수 있고, 갤러리를 이용하여 전람회를 열 수도 있습니다. 이 공민관에서 민주화 운동은 어느 정도 급속히 발전 될까요?

이 시안은 이러한 것을 생각하면서 만들어진 것입니다. 농촌 부근에 세우는 것을 감안하여 이용자는 약 2~3만 명이라고 가정해 보았습니다.

공민관에 요구되는 기능은 매우 다양해 종래 이런 종류의 시설, 도서관, 공회당 등이 일본 마을에는 거의 결여되어 있었다고 생각되므로, 하나의 건축으로 거의 모든 기능을 포함할 수 있도록 노력하였습니다. 그러므로 계획의 주안점은 작은 면적으로 어떻게 하면 많은 요구를 만족시킬 수 있을까에 두어져, 각 실의 사용 목적이 가능한 하나로 한정되지 않도록 즉, 융통성을 가질 수 있도록 하였습니다. 때문에 특히 담화실을 중심으로 한 각 실은 복도를 사용하지 않고 공간적 구성에 의해 분리하는 방법을 취했기 때문에 실의 융통성을 높임과 더불어, 공간적으로 넓게 사용할 수 있다고 생각합니다.

을 켜자"라는 생각의 월간지였다. 출판은 성문당 신광사, 편집장은 코오노 미찌스케(河野通祐)(1915~2001)가 담당하였다.

공민관 시안에는, 시설의 이미지와 구체적 건축상이 문장으로 엮여져, 공민관 조직도(도1)와 건물 정면에서의 이미지도(도2), 내관도(도3)에 건축 평면도가 곁들여져 있다. 지역 주민의 자주성을 존중하여 스스로 배우는 것을 근거로 하는 공민관상이 나타나 있다.

입안자인 이케베 키요시는 S22(1947)년에 결성된 신일본건축가집단(NUA)의 부위원장이었다. 회장은 니시야마 우조(西山夘三). NAU는 전쟁 직후 일본민주건축회, 일본건축문화연맹, 관서건축문화연맹 등이 연합하여 결성한 것이다. 이케베는 1946년 도쿄대학 강사 후 동 대학 생산기술연구소 교수로 사회적 의식이 강한 건축계 최고의 이론가로 알려졌다. 또한 선진적인 주택 설계로 전후 일본의 주택이론을 이끈 것으로 알려진다.

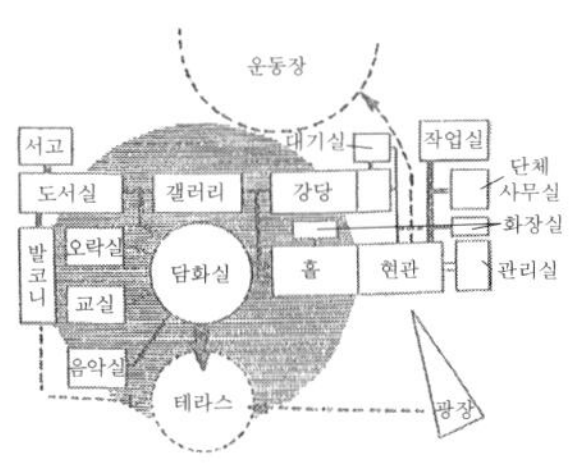

공민관 조직도(도1)

홀에서 담화실을 보다(도3)

말할 것도 없이, 이 계획안은 하나의 시험에 불과하고, 공민관이 실제로 건설될 때에는 그 지방의 상황에 따라 규모도 사용재료도 달라질 것으로 생각합니다. 그렇지만 새로운 일본, 민주화된 생활을 탄생시키는 기초가 되어 선두에 선 공민관에는 항상 충분한 기능과 탄력성 있는 평면, 여유로운 공간 구성이 필요합니다. 불완전한 시설, 썰렁한 공기, 무성의한 계획은 이용가치에 큰 영향을 주어 반대의 결과를 초래할 위험이 있는 것을 덧붙여 둡니다.

부지 동서 70m, 남북 100m로 하여 가능한 마을의 중심부, 공원의 일부 등이 최적이라고 생각합니다. 장소에 따라서는 산 중턱의 경사면 등이 오히려 좋을지도 모르겠습니다만, 불편한 장소는 건물의 성질상 절대로 피해야 합니다.

구조 목조로서 서고(書庫) 등은 인화 때문에 석조, 혹은 철근 콘크리트 조, 벽돌 조로 합니다. 구조 단위를 4m로 하고, 내력기둥은 8m 스팬(Span)을 합성주와 지붕으로 구성하여, 외벽, 칸막이는 자유롭게 취급하고, 장래 변경이 용이하도록 고려합니다. 구조 단위의 통일과 간단화는 공임을 절약하고, 계획의 연차별 실시를 가능케 합니다.

평면 연면적 1,582m²로(1층 892m² · 2층 690m²) 입구를 중심으로 하여 관리 및 사무 부분으로 구별합니다. 각 실은 그 기능을 충분히 발휘하도록 구성하고, 사용 변화에 대응할 수 있도록 배려하였습니다. 대규모의 전람회 등을 행할 때에는, 현관(2)-홀(3)-계단-갤러리(21)-계단(북쪽)-담 화실(6)-테라스(11)의 루트로 사용합니다. 기계작업실은 일반 작업지도 연습 등을 위해, 본래는 일반부분에 속하는 실이지만 소음관계상, 관리상의 문제를 고려하여 관리사무 부분에 배치하였습니다.

이케베 키요시, '공민관시안', "생활과 주거", 성문당 신광사, 1948년 1월호를 근거로 작성

2. 공민관 도해 1954

공민관 도해 표지
테라나카 사쿠오 감수, 코와다 타케노리 편저, "공민관 도해", 이와사키(岩崎) 서점, 1954년에서

공민관의 설치 제창으로부터 8년이 지난 1954년에, 이와사키(岩崎) 서점에서 간행된 공민관의 지침서가 있다. 감수는 공민관의 구상 입안자이자, 당시의 문부성 사회교육장 테라나카 사쿠오(寺中作雄), 편집장은 사회교육관(당시) 코와다 타케노리(小和田武紀)이다.

당시 교육관 수는 36,132개에 이르렀으나, 그 건물은 기존의 군사시설 · 공회당 · 집회소 등의 용도 변경에 불과할 따름이었다. 또한 도서관 등과 같이 선진 사례가 없고 일본의 특이한 시설로 전개하고 있었다. 그것들이 정촌(町村) 합병의 진전과 더불어 정비통합되어, 근대적 건축 양식의 건물로 개축되는 시기에 출간된 지침서이다.

이 책은 2006년, 전국 공민관 연합회로부터 복각본(覆刻本)으로 발행되어 있다.

3. 진전하는 사회와 공민관의 운영 1963

책자 표지

1963년, 문부성 사회교육국에서 "사회교육시설 건축의 지침-공민관과 청소년 교육시설"을 발행하였다. 주사(主査)는 관리국 교육시설부장 나카오 타츠히코(中尾龍彦)이며 전문위원에는 코오노 미찌스케(河野通祐) · 카와조에 노리요시(川添智利) · 사토 히토시(佐藤平) · 미와 히로시(三輪泰司) 등이 있었다. '시설건축'이라는 표현이나 '공민관과 청소년 교육시설'이라는 부제에서 신규성이 엿보인다.

이 지침의 해설서, 보급서에 해당하는 소책자 "진전하는 사회와 공민관의 운영"(B6판, 전 17항)이 같은 해에 출간되었다. 중앙 공민관 · 지구 공민관의 사례 외관사진, 강좌실 · 강당 · 담화실 · 도서실 · 실습실 등의 사례 실내사진,

낮이나 밤이나 이용자가 끊이지 않는 중앙 공민관
(시즈오카(静岡) 시 중앙 공민관)

환경에 적합한 소규모 공민관
(니이가타(新潟) 현 묘코(妙高)코겐(高原) 공민관)

간소하나 잘 짜인 시설의 공민관
(후쿠오카(福岡) 현 치쿠고(築後) 시 공민관)

담화실은 젊은이들의 휴게의 장으로 이용된다

홀에서 합창 연습 중인 모습

어린이들의 놀이도 공민관의 공작실에서 이루어진다

성인 · 청소년 · 여성 활동 모습의 스냅 사진을 곁들여 구체적인 이미지를 전하고 있다.

4. 건축설계 자료 집성-공민관-1965

기본 사항

공민관의 성격

공민관은 시정촌(*역주 : 한국의 '시 · 읍 · 면'과 흡사)의 일정 구역 내의 주민을 대상으로 하여, 그 생활을 풍요롭게 하는 것을 목적으로 경영되는 지역의 교육, 문화의 종합센터이다. 그러나 (1) 그것은 일정 구역 내에 있어서 소도서관, 소박물관, 소공예당, 소연구실 등의 불완전한 것의 집합체가 아니라, 독립된 도서관, 박물관, 공회당, 시험소 등과 같은 내실 있는 기관과 연계해 그들의 기능을 활용할 수 있도록 조건을 갖추어 그 구역 내의 교육 · 문화 센터로서 충분한 기능을 발휘할 수 있는 것이어야 한다.→①②, (2) 지역 주민이 항상 이용할 수 있도록, 시정촌의 중앙에만 설치하면 좋은 성격의 것이 아니다.→③

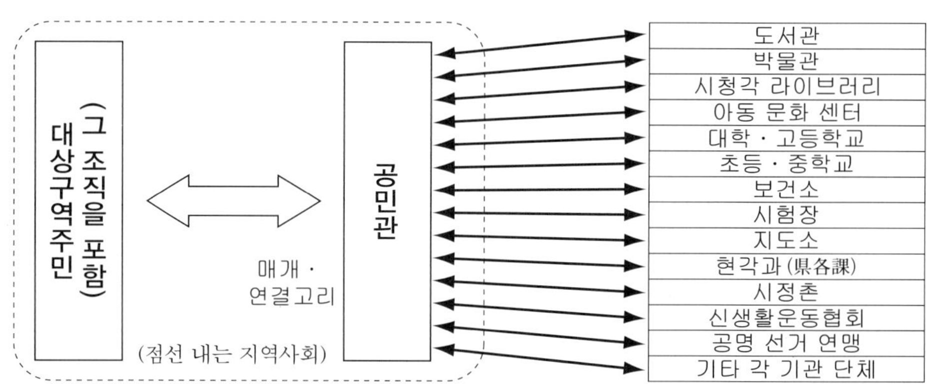

① 주민과 공민관 및 전문 제반기관과의 관계도

일본건축학회가 1942년부터 편집출판하고 있는 건축설계의 기초 자료를 수집한 간편한 설계지침 시리즈로 "건축설계 자료 집성"이 있다.

여기에 비로소 공민관 항목이 등장한 것은 1952년 발행의 제3집, 담당주사는 문부성 교육시설부 건축지도실장인 나카오 타츠히코(中尾龍彦)와 건축설계학자인 와타나베 카나메(渡辺要)이었다.

1965년의 개정에서 이 시리즈의 공민관 설계 자료는 거의 완성된다.

담당주사는 초판과 동일하게 나카오 타츠히코이고, 기본 사항 외의 공민관의 사업 · 공민관의 시설 내용 · 현황 · 각 부 구성 · 관계 법규에 관해서 나카지마 슌쿄오(中島俊教)가 정리하였다.

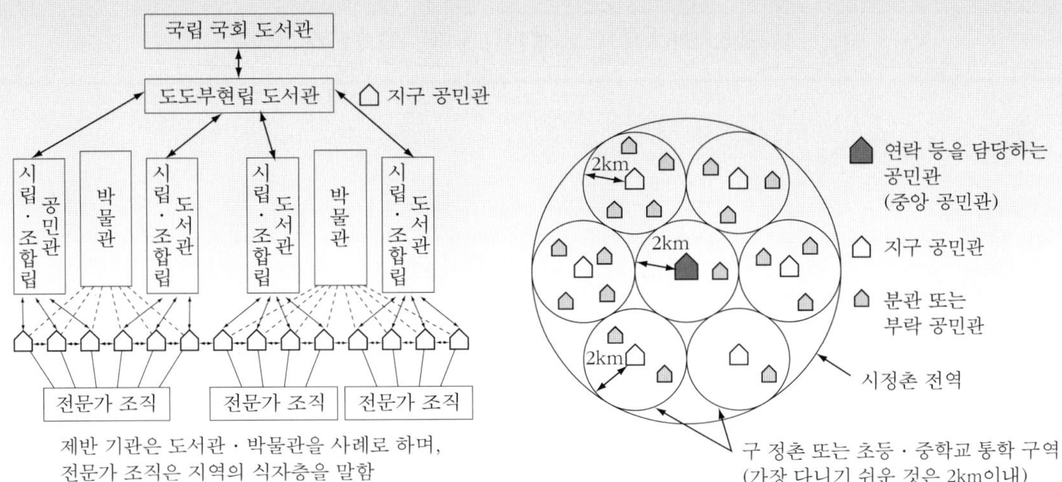

② 공민관 운영에 있어서 제반기관과 전문가 조직과의 관계도 (사례)

③ 중앙 공민관과 지구 공민관, 분관과의 관계

그 밖의 전문위원에는 카와조에 노리요시·코오노 미찌스케·사토 히토시·시미즈 키미오(淸水公夫)·칸노 무네타케(菅野宗武)·와카기 시게루(若木滋)의 이름이 있고, 블록 플랜·각부 설계·설비 비품·실례 등에 관한 자료가 정리되어 있다.

도표는 일본 건축학회 편, "건축설계 자료 집성 (3)" (마루젠(丸善)주식회사, 1952년)을 근거로 작성

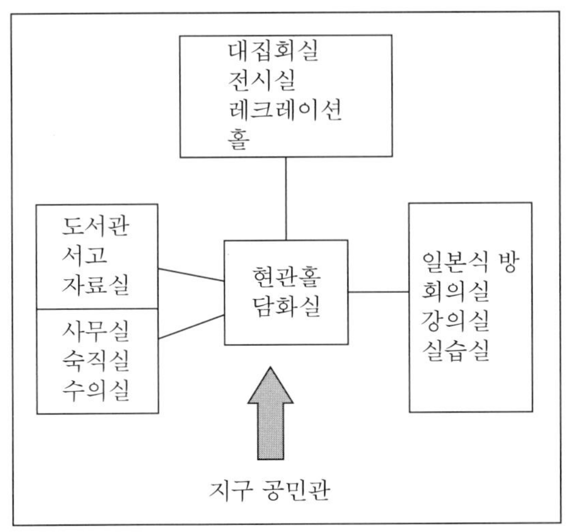

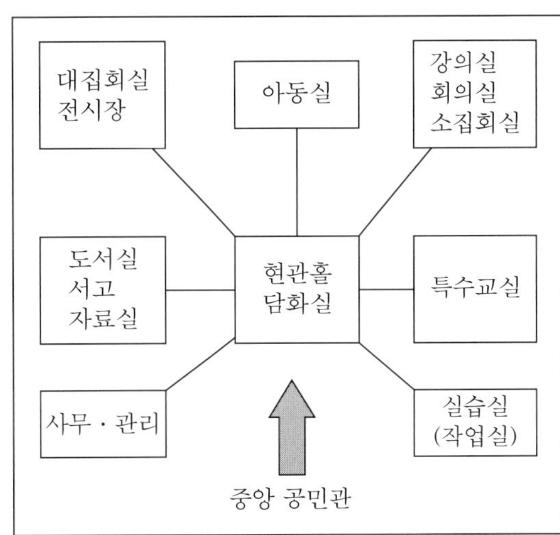

공민관 조직도

5. 치쿠라마치(千倉町) 중앙 공민관 1971

"생활과 거주"의 편집장으로서 이케베 키요시(池辺陽)의 공민관 시안 전게(前掲)를 게재한 코오노 미찌스케는 1972년에 "공민관-건축설계를 위한 안내"를 이노우에(井上) 서원에서 출판하였다. 이것은 문부성 사회교육국 전문위원으로 공민관 건축의 지침 만들기에 관여함과 동시에 사회 교육관계 잡지에 기고한 내용을 집대성한 저작이다. 그의 생각은 치바(千葉) 현 치쿠라마치(千倉町) 중앙 공민관(현재의 미나미보소(南房総) 시 치쿠라마치 공민관)에서 구현되었다. 주민과 소통하여 지역 과제를 근거로 집회의 장이자 학습의 장인 공민관의 모델을 제시하고 사안으로 자리 매겨 여론에 평가를 구하였다. 토방(土房) 로비, 그리고 각층 로비를 둘러싼 제실(諸室)이라고 하는 명쾌한 공간 구성으로 발코니에서 마을을 전망할 수 있고, 마을에서 공민관을 조망할 수 있는 지역에 녹아든 시설로 되어있다.

접수 창구, 현관문 안에 토방 로비

2층 로비 사진

치쿠라 외관(河野) 작화(作畵) 코오노 미찌스케, "지렁이의 혼잣말", 대용당(大龍堂)서점, 1997년에서

3층 대집회실 사진

6. 토착적 건축 오키나와(沖縄) 현 나키진(今帰仁) 공민관 1975

1974년, 건축 전문 잡지 "신건축"에 '일본 근대 건축사 재고-허구의 붕괴-'라는 특집이 있었다. 여기서 근대 건축의 종말이 고해졌다. 그것을 뒷받침하는 것처럼, 균질한 것을 균등하게 지역 배치하는 근대의 합리적 방법을 탈피한 오키나와(沖縄) 현 나키진(今帰仁) 공민관이 1975년에 준공되었다.

설계는 설계자집단으로서 작업을 추진하는 총설계 집단과 주민 생활 속에서 개별적인 과제를 발견하는 방법으로 건축계에 소개되었다. 이 공민관은 마을의 종합계획과 함께 구상한 것으로, 토착적 건축, 생태적 건축이라고 불린다.

광장을 둘러싸고 각 실이 늘어선다. 지붕은 빨간 꽃이 피는 부겐빌레아로 덮여있다.

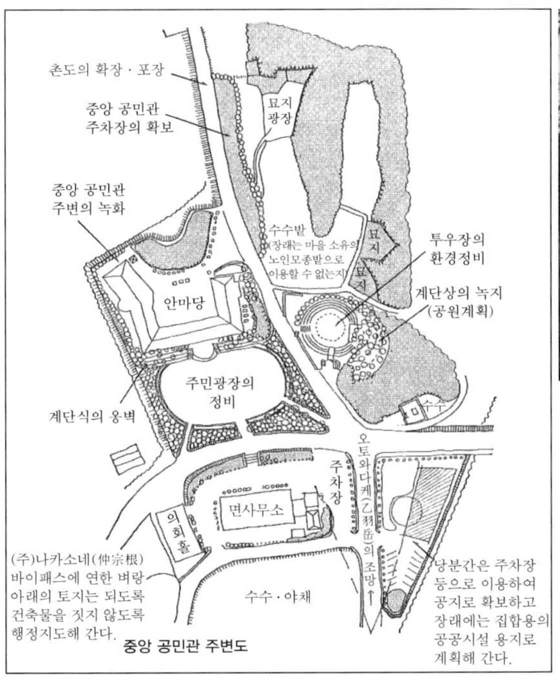

중앙 공민관 주변도

광장을 둘러싸고 각 실이 늘어선다

마을의 종합계획으로 드러난 오키나와 중앙 공민관 주변도
'커뮤니티 센터를 어떻게 계획할 것인가', "건축지식"
(건축지식사, 1982년 8월호에서)

7. 재개축 카나가와(神奈川) 현 후지사와(藤沢) 시 쿠게누마(鵠沼)공민관 1959-1984-2003

쿠게누마(鵠沼) 공민관은 '공민관의 설치 및 운영에 관한 기준'(문부대신(文部大臣 *역주 : 교육과학기술부 장관) 고지)이 공표된 1959년에 목조 2층 건물, 연면적 427m²로 신축하였다. 1층에 직접 외부로부터 출입할 수 있는 홀과 살롱이 있다. 와시츠가 총 4실 있다. 1층의 6조(畳 다다미 *역주 : 1조가 다다미 한 장을 의미, 6조는 약3평)와 관리실, 2층의 12조와 20조의 연결된 방은 여러 가지 용도로 사용이 가능하다.

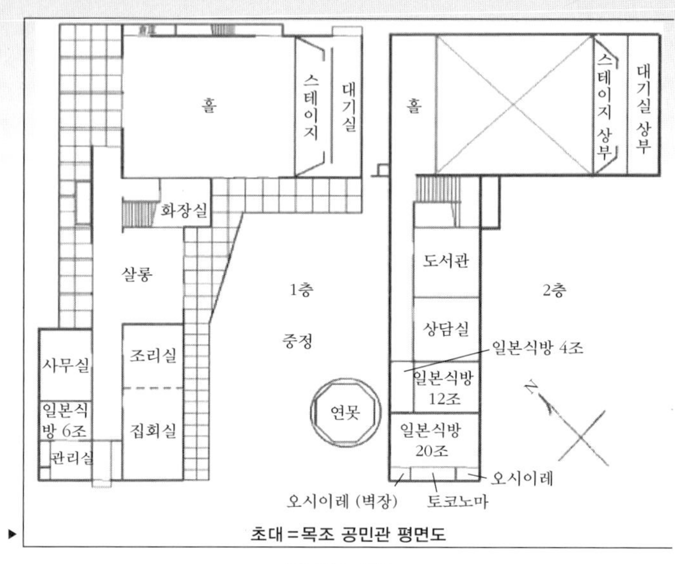

1959년 신축

22년이 경과한 1984년에 철근 콘크리트조로 재건축된 2세대째 공민관이 건축 되었다. 연건평 648m², 선취적으로 배리어-프리의 사고 방식을 도입하였다. 2003년 증개축 공사가 행해진 후 3세대 공민관이 신장 개관되었다. 연건평 2798m²로 되어, 행정 창구 · 지역 주민 단체의 지원 원조 · 복지 사무 · 지역 마을 만들기를 위한 교류 등의 기능을 갖춘 쿠게누마 시민센터를 병설하였다.

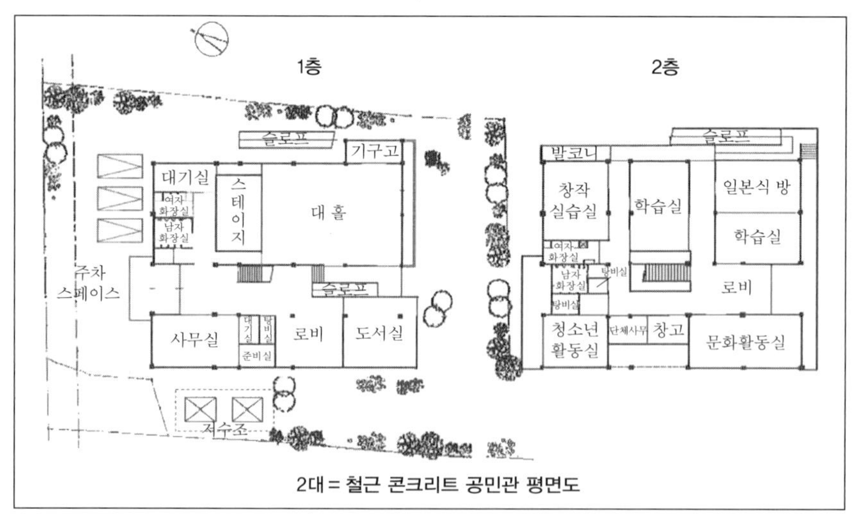

1984년 개축

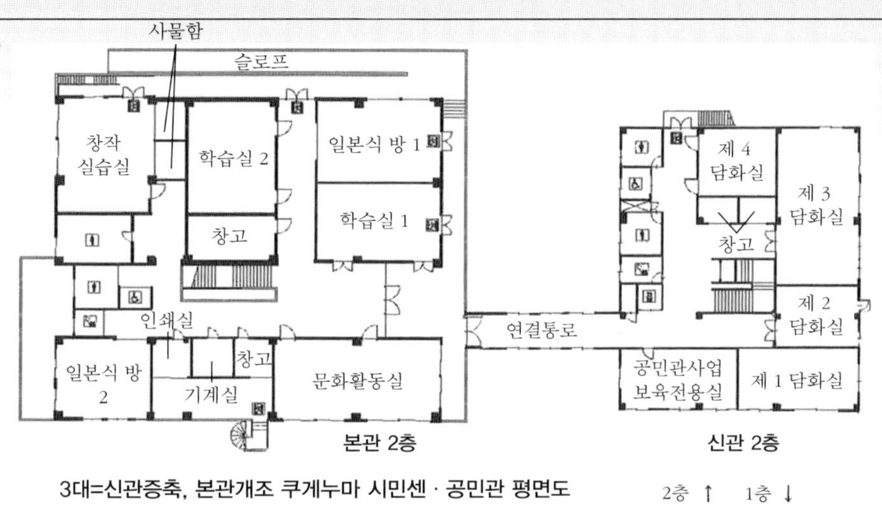

3대=신관증축, 본관개조 쿠게누마 시민센 · 공민관 평면도

2층 ↑ 1층 ↓

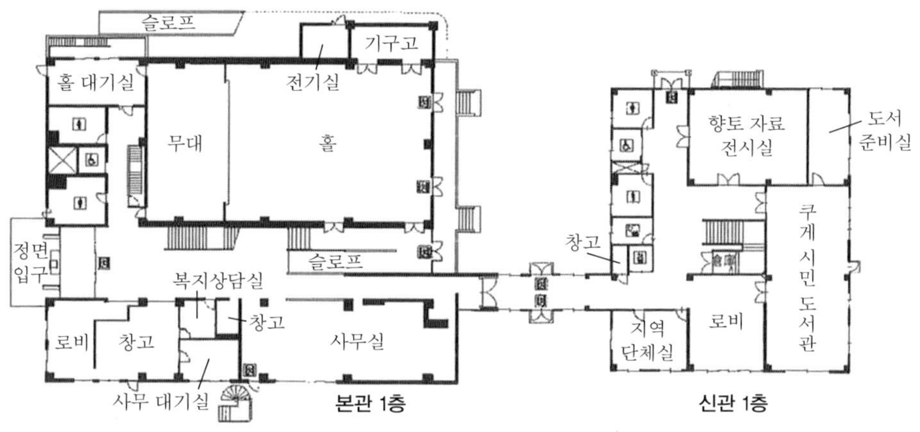

2003년 증개축

평면도는, 쿠게누마 공민관 창립50주년 기념지 편집위원회 '갯바람과 함께—쿠게누마 공민관 50주년의 발자취'후지사와(藤沢)시 쿠게누마 공민관, 2010년에서

제 1 절 시설 공간을 살린다

1 시설 공간의 이미지를 만든다

공민관을 디자인할 때, 건축 설계자는 시설 공간을 활용하고 있는 상황을 이미지로 떠올려 시설 공간을 구축해 간다. 따라서 디자인에 앞서 시설 공간의 사용 방법을 먼저 나타내 보여야 한다. 공민관이라는 그릇을 어떻게 살릴 것인지 시설 공간의 활용 방법의 디자인이 우선 필요하다. 시설 공간을 잘 살리기 위한 4가지 요점은 다음과 같다.

1. 열린 시설 공간

주민이 모이고, 강연을 듣고, 회의를 하고, 교습을 받고, 전시발표를 하는 등 다양한 종류의 활동이 아루어지는 공민관은 먼저 다용도로 사용할 수 있는 시설 공간으로 존재한다. 소규모 공민관에서는 큰 실 공간 하나만의 구성도 있다. 공민관에 있어서는 그 시설 공간 내에 최대 면적을 가지는 실 공간을 어떻게 마련할지가 포인트이다.

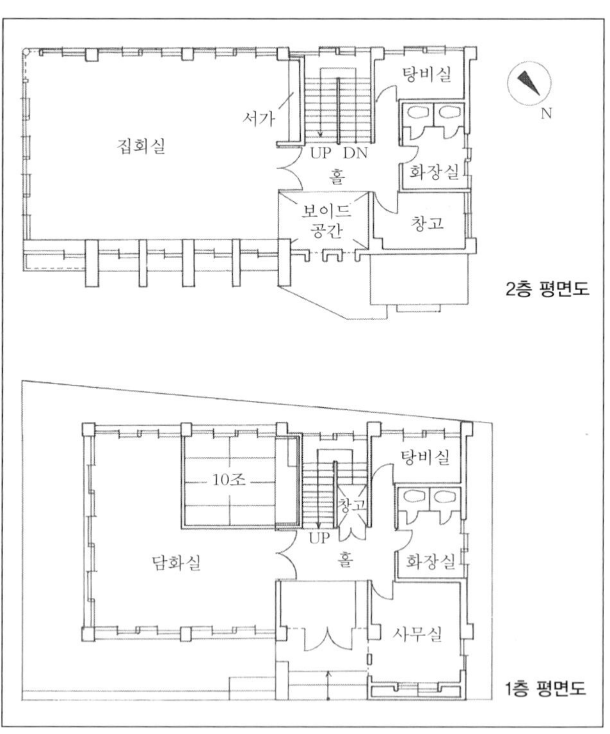

도표① 오키나와 현(沖縄県) 나하 시(那覇市) 아메쿠(天久) 공민관

시설 공간을 접수 카운터 · 사무 공간 · 도서 코너 · 갤러리 · 담화 코너 · 게시판 · 팸플릿 두는 곳, 작업대 · 소집회 구역 등을 칸막이 없이 배열하여 원룸 상태의 오픈 시설로 만든 예도 있다. 이는 다양한 소음 가운데서 개별 행위가 전개된다는 것을 전제로 한다.

위와 같은 시설 공간의 오픈화는 주

민의 자유로운 이용을 촉진하여 주민들의 만남의 장, 지역 교류의 장, 집단 활동의 장이 된다. 그러나 오픈되어 있기 때문에 소집단 단위로 집중하여 활동하기에는 문제가 있다. 말하자면 주변의 소음이나 시선에 노출된다거나 큰 소리를 낼 수 없는 등 개별 활동에 제약이 있다. 또한 활동에 필요한 사용 비품을 특정 장소에 상비할 수 없는 등 다소의 불편이 따른다. 그러나 이러한 다소의 불편을 이해하고 받아들여 시설 공간을 공유하는 연대감을 추구하는 것을 원한다면, 오픈 공간은 주민의 공민관으로서 존재 가치를 발휘한다.

2. 소실군(小室群)의 활용

각 실의 면적이나 상비 비품에 차이는 있지만 용도별 제 실을 모아서 하나의 건물을 형성하는, 다시 말해서 큰 지붕으로 덮인 소실군(小室群)이라고 하는 전체 구성으로서의 시설 공간이 있다. 실제로 관련 시설에 병설 · 복합된 공민관의 경우도 이와 같은 구성으로 되는 경향이 있다. 따라서 소실군은 주민의 집회 시설 수요를 만족시키는 것으로 활성화해야 한다. 여러 가지 사용법이 가능한 작은 방들, 거기에 필요 비품을 대여해 주는 사무실이 더해진다. 이러한 실들은 단순히 서클이나 단체에의 임대 회의실로 되어 버릴 염려도 있으나, 지역 주민의 자주적 활동이 활발해지면 이러한 시설 수요의 적절한 대응은 피할 수 없다. 다만 여기서 전개하는 활동이 지역자치에 관련한 소집단 활동 중심의 지역밀착형 이용의 경우와, 취미 서클이나 개인적 관심이 강한 회합의 집적으로 이루어진 편이성 추구 이용의 경우는 같은 건물이라도 시설의 이미지는 달라진다.

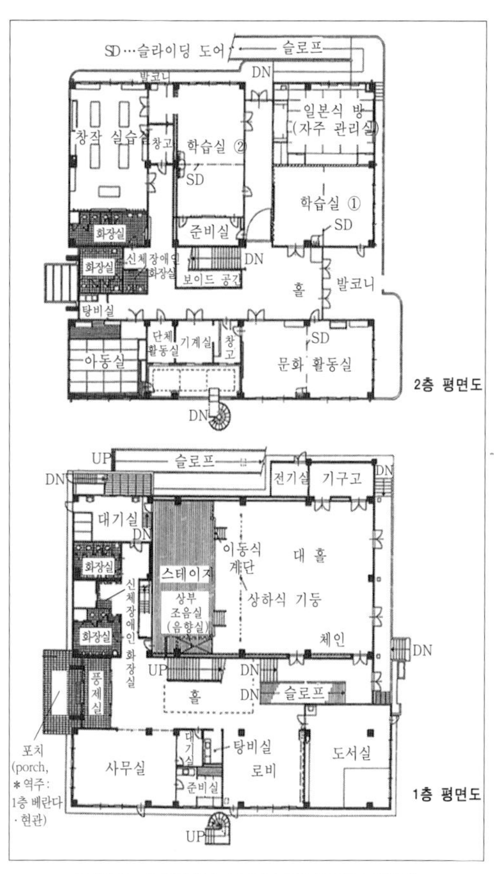

도표② 소실군의 실 구성에 따른 공민관

3. 적당한 시설 규모

대규모 디럭스 공민관이 건설되던 시대가 있었다. 이는 1960년대를 중심으로 하는 일본의 고도 성장기에 해당하는데 버블경제라고도 불리던 이 시대에는 관련 공공시설이나 민간시

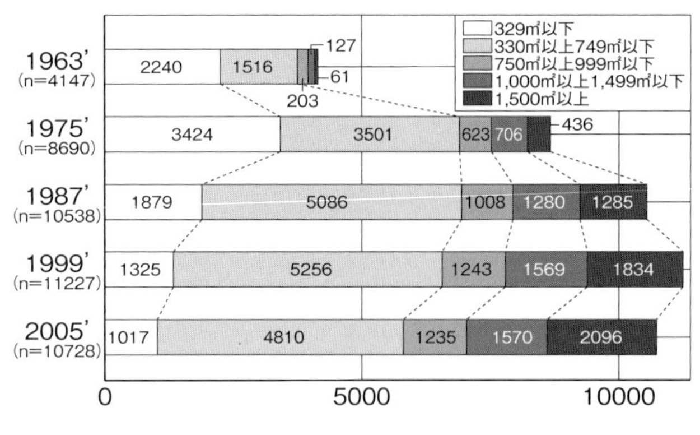

도표③ 연면적의 추이
사회교육시설 조사에 의함(작성 : 타다 유타카(多田豊))

설과 복합된 거대 건축 안에 공민관이 편입되었다. 이러한 공민관의 전유면적은 미미하였으나 시설 공간은 화려하고 대규모 복합 공공건축의 일부를 장식하였다.

과연 이러한 대규모 건축이 공민관 건축에 적절한 것이었을까? 어쨌든 이러한 공공사업의 결과, 공민관은 전국 방방곡곡에 건설되어 일본의 사회기반 시설이라고 부를 수 있는 존재가 되었다.

2008년에 현존하는 공민관 건축의 규모를 보면 3000 m^2를 넘는 규모의 것은 약2%에 불과하다. 규모별 공민관 본관 비율의 추이를 보면, 1000 m^2가 하나의 분기점임을 알 수 있다. 1000 m^2 미만은 종래형으로 그 비율은 변함없이 일정 사례를 가지고 있다. 한편 1000 m^2 이상의 시설 수는 증가하고 있어 최근의 경향이라 할 수 있다. 이 경계는 시설 내 최대 면적 실의 내용에 따른다. 이는 정원, 용도, 설비에 있어 커다란 격차가 생기는 부분이다.(도표③ 참조)

시설 공간을 활용하기 위해서는 활동이 원활하게 이루어지는 규모를 설정하지 않으면 안 된다. 그러나 적정한 규모 수치를 산정하기 위해서는 공민관은 너무나도 변수가 많다. 수용 인원에 관해서만 보더라도 하루의 시간대, 계절, 일상적인 이용과 이벤트 개최 시 등에서도 변동이 있고, 최소치 최대치의 폭도 크다. 이러한 변수의 평균치는 이용 실태를 나타내는 것이 아니다. 그래서 각 시설의 각 실마다 설정한 적절한 규모, 사용하기 편리한 규모를 검토한다. 그 결과 전용실로 할 것인지, 다목적실로 할 것인지를 선택하게 된다. 개별 기능으로 독립한 실을 마련하는 것만큼 좋은 것은 없지만 한정된 연면적을 활용하기 위해서는 차선책으로 다목적실이나 복수 이용자들과의 공용은 피할 수 없다. 이것은 공민관과 타 시설의 복합이나 연계에도 적용될 수 있는 것이다.

공민관이 어느 기능을 선택할지는 시설 정비의 전략적 의사 결정에 따른 결과인 것이다.

4. 지역적 개성이 있다

지역마다 해결하지 않으면 안 되는 과제가 있고 여러 가지 갈등이 있다. 그 결과, 구현된 시설에는 지역의 개성이 나타난다. 동일한 사용을 하고 있어도 다른 실 명칭이 붙어 있다. 그 명칭이 붙어 있는 데에는 시설의 개성이 배경 역할을 한다. 이것은 시설의 개성이다. 시설 건설에 관련했던 리더의 개성이나, 운영 스태프의 역량이 나타나는 것은 부정할 수 없다. 또한 지역 주민의 기질같은 것도 반영된다. 역사와 함께 있는 현민성(県民性)과 같이, 무언가 타 지역과는 다른 분위기가 풍긴다. 아울러, 건물은 그 지역의 토지와 기후 풍토에 맞게 만들기 때문에 거기에 개별성이 표출된다. 주민이 이용 주체인 공민관은 활동적인 지역은 그에 맞게, 주민 활동이 정체되어 있는 곳은 그 나름대로 각각 지역성을 반영하게 되는 것이다.

2 공민관에서 볼 수 있는 여러 가지 실 공간

공민관에는 많은 종류의 실 명칭이 있다. 그것은 대상 지역의 축소판과 같은 것이다. 공민관에 설치되어 있는 실 군(室群)을 사용 목적에 따라 세 가지로 비교해본다. 이것은 공민관 3층 건물론(오가와 토시오(小川利夫)편, "현대 공민관론", 동양관(東洋館)출판사, 1965년) 등의 공민관 론을 참조하여 고찰해 보아야 할 부분이다.

1. 불특정 혹은 다수의 이용자가 자유롭게 이용하는 실 공간

언제든지 누구라도 이용할 수 있는 것이 공민관이다. 불특정한 이용자가 출입하고, 지역 단체나 서클이 활동 거점으로 사용한다. 건축계획자 와타나베 아키히코(渡辺昭彦)는 '잠시 들른다', '온 김에 이용한다'라는 문장으로 자유로운 시설 이용을 표현하였다(주1).

사진① 공민관 로비에서의 행사
어떤 때는 부모와 자녀가 게임을 즐기는 행사장이 된다.
왼쪽 안에서는 일상적인 로비 이용이 보인다.

여기서 로비 · 프리 스페이스 등의 이용은 장소를 자유롭게 이용한다는 것이다. 이 장소에 설치된 비품이 이용 행위를 증폭시켜 간다. 도서실 · 전시실 등의 개인 이용은 그 장소에 있는 정보를 얻으려고 하는 행위로 정보의 질과 양이 활동의 폭에 영향을 미친다. 대(大) 홀이나 옥외 공간은 개인 이용 외에 그룹의 이용도 있다. 장소의 제공뿐만 아니라 설비 비품이 시설 공간의 활용에 영향을 주는 것이다.

2. 시설 사업에 참가하기 위한 실 공간

공민관의 실 공간은 공민관이 주최하거나 공동 주최하는 사업의 개최 장소가 된다. 그 중 강좌실, 학습실, 소회의실, 소집회실 등으로 불리는 소집단 활동의 장소는 학교 교실과 같은 공간으로, 실 공간의 독립성과 일정 비품이 있으면 된다. 특정 비품이 필요한 것은 작업을 동반하는 기술 습득을 목적으로 한 실습실, 음악실, 공예실, 조리실 등으로 불리는 실 공간과 일본식 방이다. 대집회실, 강당, 홀 등은 대규모 행사장이 된다.

3. 시설을 운영하기 위한 실 공간

공민관 사무실은 사업을 기획하고, 이용자와 접하고, 시설을 관리하는 시설의 거점이다. 이것과는 별도로 공민관과 연동하여 활동하는 지역위원회나 단체의 거점이 되는 단체 활동실 등이 있다. 1954년 발행의 "공민관 도해"를 보면 합동 사무실, 단체 사무실, 노동조합 사무실, 연구실, 조사실, 사무소(社務所) 등의 실 명칭을 볼 수 있다. 그 이후에 공민관이나 지역의 자원봉사 활동 단체실, 교육위원회, 사회복지협의회, 주민자치회 등의 실 공간도 공민관 내에 생겨나, 활동을 위한 자료의 수납 공간이나 기록을 보존하는 창고 등이 필요하게 되었다. 또한 주민과의 접점이 되는 창구, 카운터 등은 개선되어야 할 부분이다.

3 실 공간에 기능을 부여한다

공민관의 각 실은 저마다의 역할을 가지고 설치되어 있다. 그 역할을 완수했을 때 공간이 기능했다고 말한다. 또한 기능적인 시설 공간이란 쓰기 쉽고, 유용하며, 편리한 방을 의미한다. 더욱 시설할 당시에는 생각지 못했던 사용 방법을 발견할 경우가 있다. 이것도 그 공간이 기능한 것에는 변함이 없다. 그러므로 '공간만 있으면 짓는 방법은 아무래도 좋은가?' 라는 생각은 공민관에는 낯설다. '공민관은 구체적인 목표와 대상 지역이 있어야 짓는다' 는 것이 대전제이기 때문이다.

1. 목적인 기능을 전략적으로 설치한다

설치 목적을 하나의 용도로 한정하는 방으로 강의실, 조리 실습실, 공작실, 도예실, 음악실,

담화실 등이 있다. 이 공간들은 명칭으로 기능을 짐작할 수 있다. 또한 처음부터 다용도로 이용되는 것을 상정한 방이 있다. 그곳에서의 행위는 여러 가지이나 기능은 일정 범위를 가지고 있다. 집회실 · 실습실 · 일본식 방 · 로비 · 레크리에이션 홀 등이 있다. 어쨌든 시설 공간을 어떻게 살릴 것인가에 대한 전략을 세우고 목적을 선택하여 설치하게 된다.

2. 목적 행위에 종속하는 기능을 부설한다

실 공간의 주된 목적을 완성하기 위해 보조적으로 설치된 방이 있다. 실습실 옆 준비실, 대집회실 주위에 있는 대기실이나 창고 등의 부속실이다. 이들은 주된 목적이 명확할수록 구체적 용도를 가지고 부설된다. 대집회실을 연극 홀로 사용하고자 하는 경우에는 옆 무대 · 대기실 · 준비실 등이 부설된다.

공민관의 기능은 공민관 활동이 목적이라는 관점에서 보면 커피숍 · 탕비실 · 보육실 · 수납라커 · 창고 등의 용도, 목적 행위에 종속하는 기능을 가진 실 공간, 즉 공민관의 기능을 높이는 부대시설이라고 볼 수 있다.

3. 공간에서 생겨나는 기능으로부터 배운다

계획 단계에서는 설정되어 있지 않은 행위가 발생한 경우, 그 행위는 공간으로부터 생겨난 것으로, 시설관리자 혹은 이용자의 창조력이 발휘된 것이다. 예를 들어 조리실에서 여러 조리대 등의 콘센트를 이용하여 컴퓨터 교실을 열고 있는 공민관이 있다. 이것은 계획 단계에서 상정하지 않은 이용이다. 컴퓨터의 보급을 상상할 수 없었던 시대의 시설에서는 컴퓨터 교실의 개최 등은 설정할 수 없었기

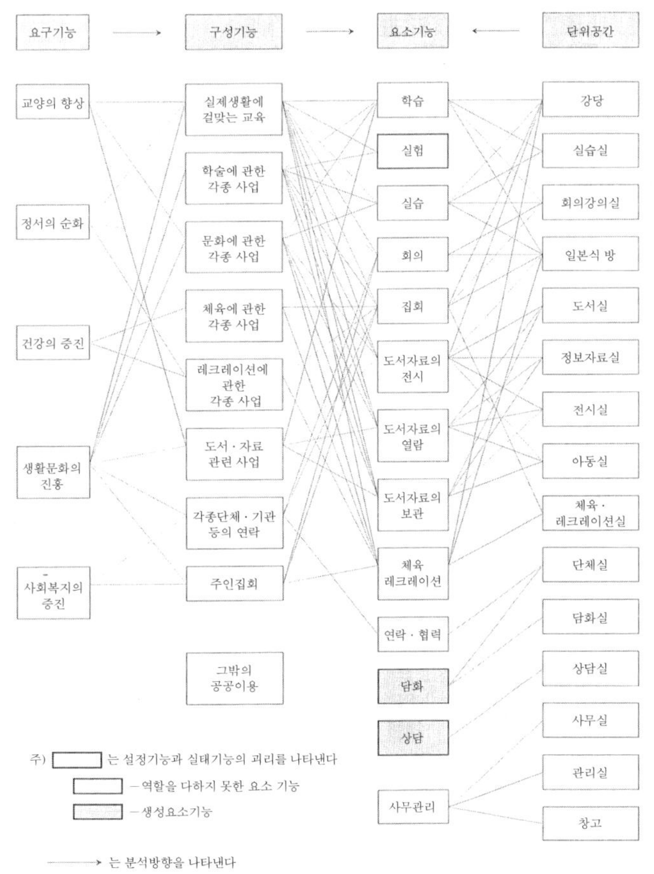

도표④ 기능과 단위공간
(작성: 김 윤 환(金潤煥))

때문에 계획 단계에서의 실수라고는 볼 수 없다. 또한 로비에서 콘서트를 개최하는 사례가 있다. 음악 홀의 대체시설로 로비를 보완적으로 이용한 예이나, 거기서부터 로비 콘서트라고 하는 새로운 로비의 이용 형태가 탄생하였다. 이것이 보급되어 평가를 얻게 되면 설계 단계부터 기능에 포함시켜 계획하게 된다. 이러한 변용에의 대응이 요구되는 것도 공민관의 시설 공간의 특색이다.

4. 기능 · 행위의 허용범위와 비품의 선택

사진② 다기능 실습실
가스 · 급배수 · 전원 · 싱크대 · 작업대 · 파티션 등의 설비와 설비비품에 따라, 다용도로 사용.

시설 공간을 살리는 것으로는 기능에 대응한 비품의 설치나 실 공간 인테리어가 중요하다.

특정 이용자가 점용(占用)하는 방에서는 설치 비품이나 실 공간의 구성을 알기 쉽다. 다만 공민관의 경우, 수요자의 욕구는 다양하며 시설 공간의 수요는 변동이 심하여 불확정 요소가 많다. 그러한 상황에서 특정 기능으로 특화한 전용(專用) 용도의 실 공간은 가동률이 낮다. 따라서 다용도로 사용할 수 있는 것이 요구된다. 회의실 · 조리 실습실 · 일본식 방 · 보육실 등에서는 그곳에 있는 비품의 성능이 실 공간의 기능을 결정하게 된다. 그러므로 일정 기능 범위를 설정하여 비품의 성능을 결정하는 것이 요구된다. 즉 계획 단계에서의 의도를 명확하게 반영함과 함께 시설관리자의 재량에 따라 기능 범위가 정해지는 장소이기도 하다.

불특정한 이용자가 공용하는 로비 · 도서실 · 홀 · 옥외시설 등에서는 상정 외의 이용이 발생되는 경향이 있다. 그 공간에서의 행위는 이용자의 발의에 따른 것이다. 이용자의 행위를 유발하는 것이 그 공간 내에 있는 도구 비품이다. 설치자는 어떠한 비품이 어떠한 행위를 가져오는가를 기대하여 공간을 구성한다.

아사노 헤이하치(淺野 平八)

1) 와타나베 아키히코(渡辺昭彦) · 쿠로 야스요시(黑 保嘉) · 와카바야시 마코토(若林 亮), '복합화에서 본 지역 공공시설의 복합화의 수법에 관한 연구 : '잠시 들른다', '온 김에 이용한다'로부터 본 복합 효과의 분석 1' 3일본건축학회 학술 강연 개요집(梗概集) E(건축계획, 농촌계획), 1987년, pp. 413-413.

제 2 절 로비를 어떻게 활용할 것인가 -커뮤니케이션 · 스페이스로의 가능성-

1 로비공간의 이미지와 구상

1. 그 특징과 주된 사용법

공민관에 있어서 로비란 다른 공간으로부터 닫힌 '실'이라기보다, 자유롭게 왕래하는 열린 공간을 가리킨다. 일반적으로 시민교류 로비, 시민 갤러리, 음료 코너, 휴게실, 현관홀, 라운지 등의 명칭으로 되어있고, 공민관 내에서의 오픈 스페이스, 프리 스페이스의 기능을 가지고 있다.

그 사용법은 기본적으로 이용자에게 맡겨져 있다. 공민관의 입구 근처에 마련되어 있는 로비에서는 학습실 · 회의실 등을 빌리지 않고도 학습활동 준비를 위한 간단한 미팅이나 작업을 진행할 수 있다. 혹은 학습 활동을 전제로 하지 않은 만남이나, 가벼운 식사, 혼자서 생각에 잠길 수도 있는 공간이다. 비품으로 패널 등을 사용하면 갤러리로도 활용할 수 있고, 작품의 전시나 활동의 PR 등이 가능하다. 다른 실 공간은 어느 정도 그 용도가 한정되어 있는 것에 반해, 로비는 용도의 범위가 가장 자유롭다. 즉, 로비는 공민관을 일상적으로 이용하지 않는 시민들에게는 틀림없이 공민관 활동의 '입구'로 효과를 발휘하면서 다양한 용도를 가능하게 하고 있다.

그 환경은 개방적이고 채광이 잘 되어야 하며, 여유로운 공간과 편안한 분위기를 갖추고 있어야 한다. 로비 공간의 환경 정비에는 어린이부터 어른까지의 지역 주민이 친숙하게 들를 수 있고, 혼자든지 여럿이든 학습 정보의 수집이나 교류 등의 활동이 가능하도록 하는 배려가 요구된다. 예를 들면, 정보 제공을 위하여 TV나 인터넷 등의 툴(Tool)을 비치하거나 바둑 · 장기 등을 즐길 수 있도록 비품을 비치하여 교류를 촉진하는 배려도 생각할 수 있다(주1).

이상의 특징을 가진 로비의 기본적인 성격은 첫째로 시민 누구라도 언제든지 들를 수 있는 개방성, 둘째로 동시에 불특정한 이용자가 사용할 수 있는 공용성, 셋째로 다른 공동 이용자에게 폐가 되지 않는 범위 내에서 자유로운 사용이 가능한 다용도성 등의 세 가지로 정리될 수 있다.

2. 시설 발전사에 있어서 로비의 등장

사진① 도쿄 도 마치다 시 중앙 공민관 로비

이와 같은 특징을 가진 공민관의 로비는 공민관 건축사 초기부터 마련된 시설은 아니었다. 고도경제 성장기 이후 지역의 유동화와 도시화 현상을 반영한 '도시형 공민관'에서 시작되어 구체적으로는 1970년대부터 로비의 필요성이 인식되어 왔다고 볼 수 있다. 그러면 공민관의 로비는 어떠한 발상이나 배경 하에서 마련되어 온 것일까?

고바야시 분진(小林文人)은 과거 공민관의 시설이 거의 10년을 주기로 변화・발전해온 사실을 지적하면서, 일정 시설 수준 하에서 길러진 주민의 학습・문화 요구는 항상 새로운 수준을 추구해 거기에 응하려 하는 한 공민관은 항상 변화하고 발전한다는 관점을 제시하였다. 고바야시의 발전설에 의하면 1970년대는 대부분 도시 교외의 인구 집중과 소위 대중사회적인 주민의 고독한 상황을 배경으로 하여 만남, 스킨십, 교류 등의 기능이 중시되었다고 한다(주2). 이러한 시대 배경과 주민의 학습・문화 요구에 응하려 한 공민관 시설의 발전적인 설비 양식으로 로비는 의식적으로 설치되어 왔다.

이것이 확인 가능한 시설 이론으로 "새로운 공민관 상을 지향하여"(도쿄 도 교육청 사회교육부, 1973・74년)의 존재는 중요하다. 우선, 그 내용을 살펴보자.

3. 주민들의 자유로운 모임의 장으로

후에 '3타마 테제'로도 불린 '새로운 공민관 상을 지향하여'는 당시의 공민관 시설의 바람직한 기준을 이론적으로 그려내는 역할을 하였으며, 공민관 만들기 운동에 커다란 영향을 주었다. 그 골자는 공민관의 '네 가지 역할'과 '일곱 가지 원칙'으로 구성되어 있고, 그 네 가지 역할 중 첫째는 '공민관은 주민들의 자유로운 모임의 장이다.'라 하고 있다. 여기에 로비가 공민관의 시설 구성에 차지하는 요점이 설명되어 있다.

* * * * *

공민관은 주민 전체, 시민 전체를 위한 시설로 여러 계층의 사람들과 다양한 생각이나 취미를 가진 사람들이 자유롭게 출입할 수 있도록 개방되어야 합니다.(중략) 특히 도시화 속에서 집단이나 서클에 속할 수 없는 고독한 사람들, 고립된 사람들이 늘어나고 있는 현 상황에서 한 사람이라도 편하게, 적극적으로 활용할 수 있도록 (중략) 즐겁고, 지루하지 않은 시간을 보낼 수 있을 뿐만 아니라 학습에 참가한다든지, 그룹에 가입 가능한 기회를 얻는 것과 같은, 자유로운 모임의 장, 자기 해방의 장으로 공민관이 존재하는 것입니다.

* * * * *

이러한 역할론의 배경에는 고도경제 성장기라는 시대적 배경과 농촌 지역이 해체되어 광범위한 도시화가 진행된 3타마 지역 상황에의 과제 인식이 있었다.

3타마에서의 공민관은 1970년대 도시화 이후에 설치되어 왔다. 때문에 도시형 공민관이라는 독자적인 존재 방식이 모색되어 3타마에서 구상 · 실현하게 된다.

'모임의 장'이라는 표현에는 이러한 3타마의 '고독한 군중(주3)'적 상황에서 동료와의 만남이나 자유롭고 해방된 만남을 만들어 내려는 의도가 담겨져 있다. 그리고 '모임의 장'의 구체화로 로비라는 시설 공간이 등장하게 되었다고 말할 수 있다.

이 이론 모델의 전형이 쿠니타치(國立) 시 공민관이다. '새로운 공민관 상을 지향하여' 이전의 1965년, 오가와 토시오는 쿠니타치 시 공민관의 토쿠나가 이사오(德永功) 등과 함께 도시 주민을 위한 '가볍게 갈 수 있는 휴식의 장, 다른 사람과 연계를 도모하는 사교의 장, 문화적 요구를 만족시키는 교양의 장 등 다면적인 매력을 가진 시설(주4)'의 필요를 서술하면서 '공민관 3층 건물론'을 주장하였다. 이미 이 시기에 시민대학으로 과학적 인식의 형성을 지향한 계통적인 학습의 기대와 함께 모임의 장 · 교류의 장의 역할을 지향한 점으로, 쿠니타치 시 공민관에는 '주민의 자유로운 모임의 장'을 구현하려는 바탕이 1960년대부터 조성되어 왔다고 말할 수 있다.

이하에서는 쿠니타치 시 공민관을 사례로 로비가 설치되어온 경위나 그 존재 모습을 둘러싼 토론에 관하여 알아보고자 한다.

2 로비 공간의 창조와 활용을 둘러싼 과제-도쿄 도 쿠니타치 시 공민관의 경우

1. 로비 공간의 형성

시내에 공민관이 하나뿐인 쿠니타치 시 공민관은 1955년 개관 후, 1979년에 재건축하였다. 재건축에 있어서는 '재건축을 추진하는 시민 모임'운동이 있었고, 공적으로는 교육위원회가 설치한 공민관 재건축 위원회의 심의가 이루어져 잘 짜인 건축안이 교육위원회에 답신(答申)되었다(주5). 그 안이 기본 설계 모델이 되었으나, 답신 책정의 과정에서는 로비를 둘러싼 열띤 토론

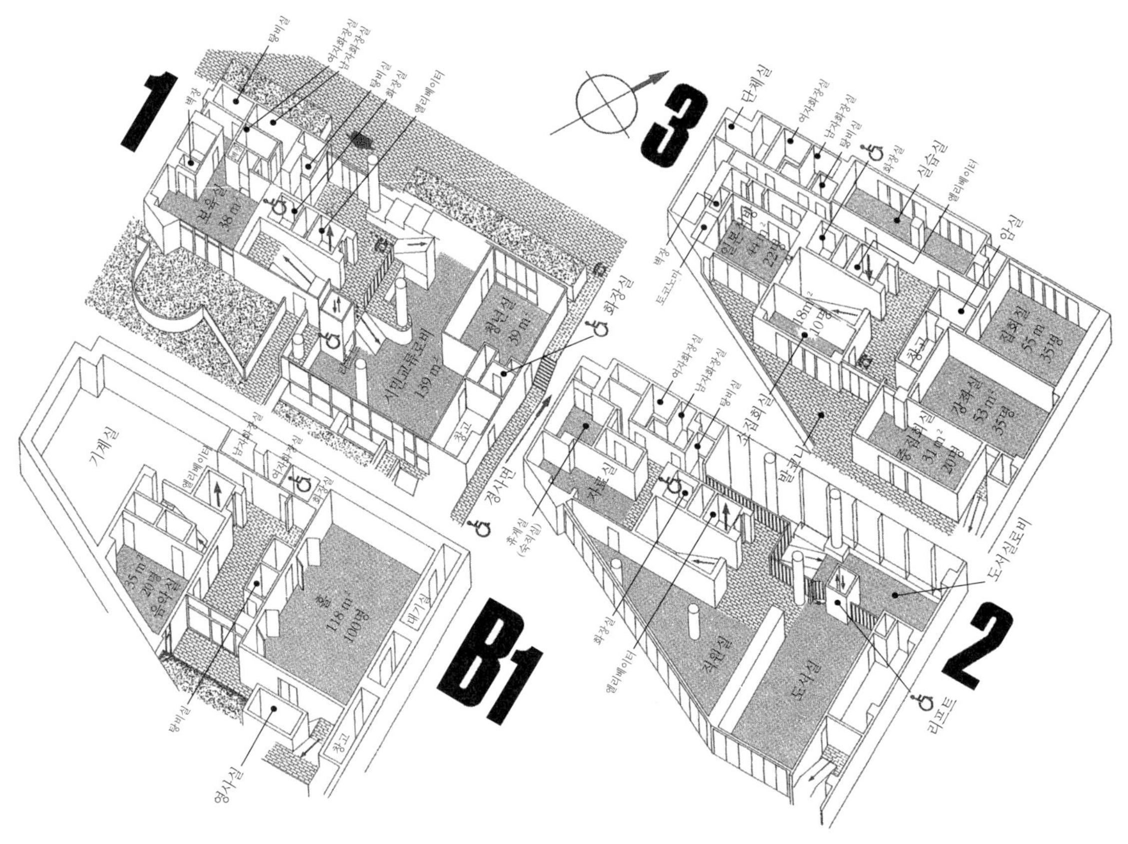

도표① 도쿄 도 쿠니타치 시 공민관 시설 안내도(1979년 당시)

이 전개되었다.

넓게 로비를 확보해야 한다고 하는 사람들은 가볍게 오는 시민도 이용할 수 있도록 여유로운 공간이 필요하다고 주장하였다. 한편, 좁은 대지 면적 안에 호텔 로비와 같이 넓은 공간은 필요 없고 그 공간을 단체 활동실이나 인쇄실로 충당해야 한다고 말한 사람들도 있었다(주6). 결과는 운영 면에서의 문제를 남기면서도 앞으로 로비에서의 폭넓은 활동을 기대하여 현유 면적으로 가능한 한 자유 공간을 포함시킨 설계가 채택되었다. 도표①은 당시의 시설 안내도이다.

결과적으로 넓은 공간에 넉넉한 의자가 놓여 있는 '시민교류 로비'는 쿠니타치 시 공민관의 중요한 요소가 된다. 일조권의 높이 제한 때문에 마련된 중2층의 '도서실 로비'는 2층 도서실에 연결되는 제2의 자유 공간으로 시민교류 로비와 연동하고 있다. 1층에는 시민교류 로비를 코어 스페이스로 하여 이용자를 젊은이에 한정한 청년실이 마련되었다. 그리고 시민교류 로비와 청년실을 잇는 제3의 자유 공간에서는 음료 · 가벼운 식사를 제공하는 '음료 코너'가 있다(1979년 재건축 시에는 아직 마련되지 않았다). 이 세 종류의 자유 공간이 재건축 당시에 구상된 것이다.

특히 흥미로운 것은 보통 공민관의 1층 부근의 코어 스페이스를 점하는 관리부문(사무실)은 로비에 그 공간을 내어주고 2층에 자리잡은 점이다. 언제나 직원에게 감시당하거나 열쇠를 가지고 있지 않으면 출입이 불가능한 구조를 폐지하고, 그룹이나 개인에 관계없이 로비의 주변을 이용자의 주체성과 자유성을 보장하는 설계로 되어 있다.

이렇게 보면, 재건축이라는 계기가 있었던 쿠니타치 시 공민관 관계자에게 '새로운 공민관상을 지향하여'는 하나의 이념적인 지표가 되었다. '주민의 자유로운 모임의 장'이라는 역할론은 로비의 설치에 관계되는 토론에 있어서도 일정한 영향력을 갖게 된 것을 상상하기 어렵지 않다. 그러나 '새로운 공민관상을 지향하여'에서는 모임의 장 그 자체에 관해 정의나 설명이 더해지지 않은 점에서 그 후의 로비의 활용과 평가, 혹은 로비 공간의 설치가 그대로 모임의 장이 될 수 있는가라는 의문을 뒤따르게 한다.

2. 모임의 장 실천을 기르는 직원의 역할

쿠니타치 시 공민관의 재건축 전후에 공민관 직원이었던 히라바야시 마사오(平林正夫)는 '모임의 장'의 구체적인 실천을 바탕으로 하여 1980년대 이후 그 이론 제기를 전개하고 있다.

히라바야시에 의하면 종래 공민관은 학습의 장으로 특히 도시부에서는 학급・강좌가 중심이었기 때문에 그 대상을 한정시켜온 측면이 있다고 한다. 이에 덧붙여, 사회교육은 "학습이라고 하는 것에 구애되지 않고, 쉽게 갈 수 있고, 다양한 사람들과의 만남이 있으며, 다양한 교류를 거쳐 무언가 목적을 가지고 활동을 시작하기 위한 '모임의 장' 만들기를 기본에 두어야만 되지 않을까?"라고 묻는 것은 사회교육 속에 공간론적 관점을 자리매김시키는 것이다.

청년 교육 담당자였던 히라바야시에게 있어서 젊은이들과의 실천은 모임의 장 만들기 그 자체였다. 커피 하우스라고 이름 붙여진 청년실에서의 활동 내용은 공민관이 제시하는 것이 아니라, 커피를 마시면서 젊은이들이 "시끌벅적"하게 무엇인가를 발견해 가는 것에 주안점을 두었다. 그것은 장애를 가진 동료를 수용하면서, 또 하나의 자유 공간인 음료 코너(주7)를 탄생시킨 '모임의 장' 실천으로 발전하였다. 히라바야시는 이러한 경험에서, '의식적-무의식적 행동이 어우러지면서 깨달음, 배움, 교류의 연장 속에서 각각 자신의 존재를 확인(주8)'할 수 있는, 무목적이면서 동시에 다목적인 자유로운 공간의 중요성을 제기한 것이다.

특히 음료 코너는, 한 손에 커피를 들고 여유로움을 즐길 수 있는 '자유로운 행동'을 가능케 하는 카페의 쾌적함과 더불어 다양한 커뮤니케이션을 탄생시키는 대화 공간이다. 또한 모임의 장에 모이는 장애를 가진 젊은이와 장애를 갖고 있지 않(다고 생각하는)은 젊은이가 함께 일하고 화목하게 공동 운영해 가는 독특한 실천을 전개하여, 이후 전국으로 확산된 장애인을 주역으로 하는 음료 코너의 선구로 주목을 모아 왔다. 그러나 쿠니타치 시 공민관에서 히라바야시 후임으로 '전국 음료 코너 교류회'라는 관계자의 집회에 관여하며 청년교육을 담당한 카네마츠 타다오(兼松忠雄)는 "'복지'를 사회교육에 포함하여 지역을 살펴본다고 하는 음료 코너의 발상은 사회교육 · 공민관에서는 확산되지 않고, 오히려 '지역복지의 뉴 페이스'로서 전국에 확산되었다(주9)."고 지적한다. 그 이유로 공민관에서 영업 행위를 허가하는 사회교육법 제23조 규정과의 모순이나 일부 단체의 점유를 인정하는 것이 된다고 하는 인식을 넘어선 '지혜'가 공유되어 오지 않은 문제 등을 생각할 수 있다. 카네마츠도 강조하는 것은 예를 들면 음료 코너가 만들어진 경우라도 공민관 직원이 의도적 · 의식적으로 유대를 낳는 장치를 만들 필요성이다.

결국 공민관에 있어서 로비 등의 자유 공간을 설치 · 개방해 가려고 하는 논의은 직원의 적극적인 관여나 다소의 문제도 받아들이는 수용적인 자세를 전제로 하지 않으면 당장 관리의 문제로 규제를 강화하는 방향으로 흘러가 버린다. 우선, 어떤 장을 구상할 것인가? 공간론적 관점에서 공민관의 존재를 재검토할 것, 그리고 어떻게 장을 활용해 갈 것인가? 관리를 하면서도 규제하지 않는 자유공간의 창조로 유대를 낳는 장치를 생각해 갈 것, 이러한 직원의 사고와 발상에서 로비는 창조 · 활용되어 가는 것이다.

3. '모임의 장' 실천의 전개와 과제

한편, 쿠니타치 시 공민관의 '모임의 장' 실천이나 이론에 공통되는 로비의 시설 설계와 그 기능의 활용은 1980년대에 있어 도시부의 청소년 시설에서도 볼 수 있다.

예를 들면, 1984년에 개설된 도쿄 도 청소년 센터(2004년 폐관)에서는 당시 '로비 워크'라고 하는 특징적인 활동이 전개되었다. 실제로 행하고 있던 것은 로비에 들르는 여러 젊은이들의 요구에 의해 직원이 정보 제공 등을 목적으로 한 권유나 잡담 등으로 '관계'를 형성하는 것이었다. 그것은 넓은 의미에서 카운슬링이나 가이던스, 그룹 워크의 기능을 가져 젊은이들의 요구 조사의 장이 되기도 하였다. 도쿄 도 청소년 센터에서는 단지 로비를 개방하는 것에 그치지 않고 이들의 '로비 워크'를 직원의 정규 직무 내용에 포함시켜 젊은이들의 개인 이용에 대응하였다. 소위 '여가 공간 만들기'를 행한 것이다. 이러한 접근은 그 후 교토(京都) 시 청소년 활동 센터나 스기나미(杉並) 구립 아동 · 청소년 센터 '유 스기나미' 등, 청소년과 관계된 공공시설을 중심으로 널리 채택되었다(주10).

이러한 예로 직원의 의식적인 실천에 의해 만들어진 여가 공간 만들기의 전개는 청소년 시설의 실천 활용과 로비의 실천을 실마리로 하고 있다. 그러한 의미에서 1980년대 이후, 쿠니타치 시 공민관에서 전개된 '모임의 장' 실천이나 이론에는 장애를 가진 시민에 의한 음료 코너의 실천이나, 어린이 · 젊은이의 여가 공간의 실천으로 이어지는 선구적인 의의를 찾아 볼 수 있다.

그러나, '모임의 장' 실천 혹은 이론은 공민관에 있어서 로비 실천으로 결실을 맺지 못한 면이 있는 것으로 생각된다. 그 이유는 당연하지만 공민관은 지역의 어떠한 사람들도 이용 가능한 공평한 개방성을 제도적인 원리로 하는 것과 관계된다. 결국, '모임의 장'에서는 히라바야시 자신도 지적한 바와 같이 동질성이 높은 특정 집단이 그 공간을 점유하는 경향이 있어, 누구에게나 열린 장이 되기는 어렵고 결과적으로 폐쇄성이나 배타성을 띠어 간다(주11). 친밀한 거리의 농밀한 인간 관계야말로 활기차고 해방적인 에너지를 생산해 온 것이다. 따라서 공민관의 로비를 '모임의 장'으로 논의하기에는 제고의 여지가 있다.

3 개방/해방의 공공 공간으로서의 로비

1. '커뮤니케이션 · 스페이스'로써의 로비

그러면, 지금까지 주로 쿠니타치 시 공민관을 사례로 하여 로비 공간이 창출되어 온 배경과 '모임의 장' 실천의 전개를 보아왔으나, 되짚어 보면 공민관에서 로비를 활용한 활동이 활발하게 행해져 왔다는 사례는 보고 들은 적이 없다. 그것은 재건축한 쿠니타치 시 공민관에서도 '음료 코너'를 제외하고 예외 없이 공민관의 형성 과정은 에너지가 넘치고 이념이 풍부하여도, 완성된 공간 · 환경을 풍부하게 활용하기에는 갱신과 발전이 필요하다는 것이다. 역으로 말하자면, 공민관 직원은 로비를 둘러싸고 언제나 시행착오를 되풀이해 온 것이 아닐까?

예를 들면, 로비에는 예상외의 문제도 발생한다. 젊은이들이 큰 소리로 떠들고, 식음 · 흡연 후에 쓰레기를 함부로 버린다든지, 노숙자가 하루 종일 앉아서 냄새를 풍기는 등의 일은 아마 흔히 있는 일일 것이다. 공민관은 지역적인 한정은 있으나 불특정 다수의 지역 주민에게 열린 공평한 개방성 원리를 전제로 하고 있어 학습자가 아닌 이러한 다양한 사람들의 존재도 당연히 방문자로서 염두에 두지 않으면 안 된다. 시설 사용 유료화와 관련하여 회의실 등을 예약한 이용자 이외에는 로비의 사용을 허가하지 않는다는 사례(주12) 등은 공공적인 의미에서의 개방성이나 학습 기회의 권리를 부정하는 것으로 문제라고 말하지 않을 수 없다. 그러나 실제로는 이질적인 타인과의 공용을 전제로 하는 로비에 관하여 공민관(직원)이 여러 가지 압력 속에서 어디까지 개방성을 확보할 수 있을까? 이는 풀어가야 할 숙제인 것이다.

이 공민관이 가지는 개방성의 한계에 관하여 아라이 요오코(荒井容子)는 다음과 같이 언급하고 있다.

> 일반적인 공공시설에서는 간단히 '배제'해 버린다든지, 혹은 공원, 광장에서는 무관심한 채로 방치되는 사람들이나, 이러한 사태에 대하여 공민관에서는 단순한 '배제'도, '무관심 · 방치'도 용서되지 않고, 교육기관이라고 하는 자각 하에 학습 · 사회교육의 실천으로 극복해가야 할 과제와 가능성(주13)'을 시사한다. 요컨대, 다양한 지역 사람들의 가치관 · 생활 감각의 차이를 새로운 인간관계, 새로운 가치관 · 생활 감각의 형성으로 이어가는 것과 같은 실천의 제기이다.

이러한 제기에 대하여 나는 공민관 로비를 개방적인 친밀권과 공생적인 커뮤니티를 매개하는 '커뮤니케이션 스페이스'로 다시 파악한 후에, 현대적인 활용 · 고안 · 발전을 생각해 보고 싶다. 이하에서는 시험적으로 '정보', '대화', '교류', '표현'의 네 가지 키워드로 나누어, 실천의 구체상을 소묘해 본다.

2. 네 가지 기능– '정보', '대화', '교류', '표현'

① 정보

로비에서의 정보 제공은 지금까지 별로 중시되어 온 기능은 아닐지도 모른다. 로비에는 공민관 활동에의 '입구'로 학급 · 강좌의 광고지나 포스터가 게시 가능한 코너가 마련되어 있는 경우가 많으나, 한발 더 나아가 행정 정보공개나 커뮤니티 정보 및 시민활동 정보 · 정리 · 열람의 기능을 생각해 보고 싶다.

본래는 도서관이 이들 기능을 포함하는 시설 주체이기도 하다. 따라서 공민관에 있어서 공민관 도서실이 마련되어 이러한 기능을 가지는 것이 바람직하나, 로비에서도 어느 정도의 정보 제공은 가능하다고 하겠다. 공민관은 도서실과 함께 시민이 커뮤니티 정보를 구하러 처음으로 가는 곳, First Stop인 것이다. 행정 서비스의 팸플릿이나 소책자를 비롯하여 마을 만들기나 복지 · 의료 등 생활에 관한 열람 · 제공이라면 로비에서도 가능하다. 인터넷의 무료 검색 등도 최소한 필요한 정보 서비스가 되고, 각 서클이나 시민 활동의 정보도 빠질 수 없다. 시민 권리의 기반으로서의 정보를 제공하는 것, 자립한 정보 주체로서의 시민으로 자리매김하는 것은 자치를 향한 커뮤니케이션 주체로서의 출발점, 생활에 뿌리내린 공민관의 학습활동에의 입구가 된다고 생각한다.

② **대화**

직원과 이용자의 커뮤니케이션을 생각해 보자. 위에서 예로 든 다른 사용자에게 폐를 끼치는 젊은이에게는 이미 소개한 '로비 워크'의 활동이 '대화'의 한 예가 된다. 어떤 공민관에서는 로비에 무리 지어 있는 젊은이들과의 커뮤니케이션을 통하여 젊은이들의 욕구를 사업으로 연결하였다고 한다. 즉, 자연스러운 참가의 기회는 로비와 같은 자유 공간에서 이루어진다.

로비를 방문하는 노숙자도 공민관 로비 외에는 갈 데가 없는지도 모른다. 이들은 포기하는 삶이면서도 내면적으로는 재출발의 희망을 가지고 있는지도 모른다. 현대의 빈부격차속에서 개인의 문제만이 아니라 지역 사회의 과제로, 안이한 배제가 아니라 수용적인 대화를 할 수는 없는가? 반드시 학습 활동이나 사회의 참가로 이어지지는 않아도, 공민관이 복지나 취업의 창구로 연결해주는 상담 기능이나 인간 관계로서의 여유로움을 되찾는 장이 될 가능성은 있다.

아무리 '정보'가 활발하게 전달되어도 한 사람 한 사람을 있는 그대로 받아들이고, 그 의견에 귀 기울여, 독자성을 서로 확인하는 해방적인 프로세스로서의 '대화'의 측면이 동시에 소중히 다루어질 필요가 있다. 공민관은 학습 사업만 하고 있으면 된다는 고정관념은 지금까지도 뿌리 깊게 자리잡고 있으며, 또한 '대화'를 하려는 직원이 결과적으로 로비를 감시 · 관리해 버리는 경우도 있다. 공민관이나 직원이 내재하는 권력성을 자각하여, 가능한 그 배어든 권력성을 버리고 관계를 만들어가고자 하는 노력이 중요하다고 하겠다.

③ **교류**

와타나베 요시히코(渡辺義彦)는 과감히 로비를 넓게 확보하여 테이블이나 의자를 두는 방법을 통해 다양한 사람들이 와서 교류할 수 있다고 한다. 또한 사업으로 세대 간의 교류를 도모하는 것보다도, 여러 세대의 사람들이 보는 것만으로도 서로가 무엇을 하고 있는지 대개 알 수 있는 '시야속의 교류' 자체가 귀중하다고 한다(주14).

확실히 공민관의 실 공간을 이용하는 서클은 실 공간 내에서 활동을 마치는 경우가 많고, 다른 그룹이나 타인과 만날 기회가 거의 없다. 시간적, 공간적, 내용적으로 갈라진 그룹이나 타인이 어울리는 것은 로비가 실현할 수 있는 기능이라고 말할 수 있다.

사진② 로비에서 개최된 교류의 모임
(도쿄 도 쿠니타치 시 공민관)

쿠니타치 시 공민관에서는 각각 자신이 속한 단체의 활동만 할 수 있으면 좋다고 하는 일부 시민단체의 풍조에 위기감을 느껴 2009년부터 공민관 서클 교육회라고 칭한 구체적인 교류의 기회를 정기적으로 로비에서 행하고 있다. 아직 평가할 단계는 아니나, 실제로 공동으로 이벤트를 행하는 계획이 만들어지거나 개인 참가자가 서클의 학습회에 참가하는 관계가 생성된다. 보다 더 충실을 기하기 위해 기획·운영에 참가하는 서클도 늘어나고 있다.

'시야 속의 교류'에서 '대화'와 '공생'으로 이어지는 교류의 전개는 공동의 배움을 사회적 관계성 속에서 개척해가는 가능성을 내포하고 있다. 로비는 공민관 활동의 입구인 동시에, 자율적인 시민이 새로운 교류를 창조하는 장으로 '광장(주15)'이 될 수 있다.

④ 표현

사진③ 로비에서의 마두금(*역주 : 몽골의 찰현악기) 미니콘서트(도쿄 도 쿠니타치 시 공민관)

표현은 대화나 교류의 다양한 형태의 하나이다. 로비를 갤러리나 이벤트 스페이스로 가변할 수 있는 설계를 채택한 공민관도 드물지는 않을 것이다. 다만, 실태를 보면 가을의 문화제 시즌이나 연말 이외에는 사용되고 있지 않은 경우도 보인다. 이 공백 기간, 새로운 발상으로 열린 '표현'을 가능하게 할 수는 없을까. 그런 관점에서 요즈음 쿠니타치 시 공민관에서는 주체 사업의 일환으로 로비에서 갤러리 토크, 미니 콘서트, 아트 테라피의 워크숍 등을 개최하고 있다.

개인의 한정된 취미나 여가를 외부에 표현하는 것으로 해방된 자신이 타인과 만나는 프로세스로 연마해 간다. 위에서 대화의 필요를 강조하였으나, 그 계기로서 이러한 '작은 표현'이 중요하다고 생각한다. 로비에는 고안하기에 따라 다양한 커뮤니케이션을 낳는 다용도성이 있다는 것을 재인식하고 싶다.

3. 커뮤니케이션을 자아내는 공공 공간으로

젊은이를 중심으로 주요한 커뮤니케이션 수단이 인터넷상의 웹사이트에 다양하게 존재하는 현대임을 고려하면 공공시설인 공민관의 로비가 커뮤니케이션 스페이스로써의 가능성이 있는가는 의문이 있을지도 모르겠다.

그러나 휴대전화나 컴퓨터 등의 정보 툴을 구사하는 사람들은 정보사회라고 하는 플랫폼 위에 24시간 자유롭게 커뮤니케이션을 하는 한편, 버츄얼(Virtual *역주 : 가상의)한 '인간관계'에는 인간을 성장·변용시켜가는 교육적인 해방성은 찾을 수 없다.

인간의 신체가 공간적 제약을 가지는 이상, 지역 공민관에서의 신체적인 커뮤니케이션을 매개로 하는 창조적인 인간 형성 작용으로 교육 · 학습은 결코 의미를 잃는 것이 아니다. 그런 의미에서 지역의 공공 공간에 있어서의 커뮤니케이션은 인터넷 · 커뮤니케이션과는 다른 의미를 가질 수 있다. 공민관의 공익성 · 공공성이 신랄하게 비판되는 오늘, 로비의 필요도 이상의 이해를 바탕으로 그 지역과 시설의 상황에 비추어 판단 · 검증해 가는 것이 중요하겠다. 향후 다양한 로비의 실천이 확산되는 것을 기대하고 싶다.

이구치 케이타로(井口啓太郞)

1) 소네 요오코(曽根陽子), '실 공간 이용의 고안', 일본 공민관학회 편"공민관 · 커뮤니티시설 핸드북", 에이델 연구소, 2006년.

2) 小林文人, '3타마의 공민관 만들기', "건축지식"제25권 5월호, 1983년.

3) D · 리스맨, "고독한 군집(群集)"(가토 히데토시(加藤秀俊)역). 미스즈(みすず)書房, 1964년.

4) 3타마 사회교육 간담회, "3타마의 사회교육-3타마 사회교육 간담회 연구수록", 제1집 1965년.

5) 國立市공민관, "쿠니타치 공민관의 실천-그 10년", 1982년.

6) 國立市공민관, "공민관 로비의 이용 실태와 이미지 · 평가", 1984년.

7) 國立市공민관 1층에 설치된 음료 코너는, 점포명을 찻집 '와이가야'라고 하여, 1980년부터 2010년 현재에 이르기까지 시민단체 '장애를 넘어서 함께 자립하는 모임'이 영업을 계속하고 있다.

8) 히라바야시 마사오(平林正夫). '"모임의 장"고찰', 나가하마 이사오(長浜功)편, "현대 사회교육의 과제와 전망", 아카시(明石)서점, 1986년.

9) 카네마츠 타다오(兼松充熊), '거리의 랜드 마크-음료 코너-히로가레(ひろがれ)교류회', 장애를 가진 시민의 생애학습 연구회 편, "사람 마을 생활", 유존토(ゆじょんと), 2001년.

10) 타나카 하루히코(田中治彦), "어린이 · 젊은이의 여가 공간 구상", 가쿠요오 쇼보(學陽書房 학양서방), 2001년.

11) 히라바야시 마사오(平林正夫) · 야마자키 이사오(山崎功) · 고바야시 시게루(小林繁), '〈좌담회〉여가 공간 만들기의 원점을 조사하다', "월간 사회교육", 2005년 1월호.

12) 키타다 히사에(北田久枝), '사회교육 시설 문제에서 보이는 것', "월간 사회교육", 1998년 9월호.

13) 아라이 요오코(荒井容子), '학습 · 사회교육 실천과 공민관' 일본 사회교육학회 편, "현대공민관의 창조", 동양관 출판사, 1999년.

14) 와타나베 요시히코(渡辺義彦), "공민관 취급설명서", 후키노토(ふきのとう)서방, 1998년.

15) 신도오 후미오(進藤文夫) · 타카하시 유키코(高橋雪子) · 사토 스스무(佐藤進), '도시 공민관으로부터의 제언' 오가와 토시오(小川利夫)편, "생애학습과 공민관", 아키서방(亞紀書房), 1987년.

16) 미우라 아쯔시(三浦展) · 하라다 요헤이(原田陽平), "정보병(病)", 카도카와(角川)서점, 2009년.

제 3 절 사무실의 다양한 사용 방법

공민관에는 반드시 사무실이 있다. 공민관이 활동을 전개해가는 데 있어 사무실의 존재는 빠뜨릴 수 없다. 사무실에는 직원이 있고, 창구 업무나 전화 등의 응답은 물론 사업의 기획・준비 등의 일이 행해진다. 공민관을 살아있는 생물에 비하자면, 사무실은 두뇌에 해당되는 부분이라고 말할 수 있겠다. 머리가 단독으로 기능할 수 없는 것과 마찬가지로 공민관 사무실도 로비나 인접하는 작업용 실 공간, 인쇄실, 창고 등과 분리해서는 기능이 제대로 발휘되지 않는다. 오히려 공민관이 포괄적으로 어떤 역할을 하려고 하고 있는가에 따라서 사무실이 완수해야 할 기능도 변한다.

현실적으로는 공민관의 규모에 따라서 상주 직원이 없는 경우도 있다. 주민이 가볍게 출입하고, 직원과 차를 마시면서 잡담을 나누고 가는 사무실도 있는가 하면, 주민표의 발행 등 공민관 이외의 업무를 행하고 있는 경우도 있어 역할은 제각각이다.

공민관 사무실의 기능이나 그것을 보장하기 위한 면적이나 설비・비품, 레이아웃 등은 지금까지 구체적으로 검증되지 않아 이론화되어 있지 않은 사유가 있다. 일반적으로 공민관의 설계는 당연히 이용자가 사용하는 부분에 힘을 쏟아야 하고 구체적인 요구도 나오지만, 사무실에 관해서는 별로 거론되지 않는다. 결과적으로 이용자가 사용하는 실 공간 등에 비해서 사무실은 최소한의 공간밖에 주어지지 않는 경우가 많다. 시설 면적이나 설비는 어떤 의미에서 폭력적으로 이용자의 행동을 규제하고, 기능을 한정하기 때문에 지금 사무실에 요구되는 기능과 현실에는 커다란 차이가 있다고 생각된다.

앞으로의 공민관의 모습을 생각하면 직원뿐만 아니라 주민이 주체적으로 공민관 운영에 참가하여 직원과의 협동에 의하여 사업을 전개해가는 것이 과제이다. 그러한 사업 전개나 공민관 운영을 가능하게 하는 사무실의 레이아웃에 대해 생각할 필요가 있겠다.

본 절은 집필 담당자가 근무하고 있는 오카야마(岡山) 시를 중심으로 현내 공민관에 대해 실시한 공민관 사무실에 관한 앙케트 조사 결과와 선진적인 연구 실행을 하고 있는 몇몇 전국 공민관 관계자의 의견을 근거로 공민관 사무실의 현황과 앞으로 요구되는 기능 등을 정리한 것이다.

1 관련하는 실(스페이스)과 앞으로의 견해

공민관 사무실은 내방자 창구로 이용되기 때문에 현관에 이어지는 로비 옆에 설치되어 있다. 또한 사무실과 불가분의 스페이스로 인쇄 등의 작업실, 강사 등의 내방자 접대 · 회의 공간 비품이나 그 밖의 창고 등이 있다. 이들은 시설 레이아웃 상, 독립된 실 공간으로 인접하여 배치되는 경우와 사무실에 포함되는 경우가 있다.

앞으로의 공민관의 모습을 생각하면 이들이 관련하는 기능을 일체적, 유기적으로 기능시키는 것이 중요하다. 우선 로비 공간과의 일체적인 운용이 가능한 사무실의 모습과 그를 위한 레이아웃이 검토될 필요가 있다.

2 사무실의 주요 쓰임새

사무실의 주요 쓰임새는 현재 사무실에서 행해지고 있는 것을 정리해보면 분명해진다. 설문조사 결과에 따르면 그것은 대략 다음의 다섯 가지 항목으로 분류된다고 생각한다.

① 창구
② 사업의 기획 · 준비
③ 홍보 · 선전의 기획 · 실시
④ 공민관 운영 사무
⑤ 시설관리
⑥ 그 밖의 기능

각각의 내용은 다음과 같다. 이들이 사무실을 거점으로 하여 전개되고 있다.

1. 창구 대응

공민관의 창구에서는 공민관의 각종 실 공간의 이용 신청이나 각종 사업의 참가 접수, 이용 요금이나 수강 요금의 수납, 학습 상담, 각종 질의 응답이 행해지고 있다. 실 상황을 보면 오카야마(岡山) 시 내의 공민관에서도 언제 방문하더라도 공민관의 운영위원겸 한 지역의 정내(町內) 회장(자치회장)이 사무실 안에서 신문을 읽고 있거나, 직원과 담소를 나누고 있는 모습을 흔히 볼 수 있다. 이러한 것도 넓은 의미에서의 창구 대응이라고 말할 수 있겠다. 운영위원 등의 공민관 관계자뿐만 아니라, 넓게 사랑방 기능도 발휘하여 내방자와 차를 마시면서 담소를 나누는 것도 창구 대응의 한 기능이라고 생각된다.

2. 사업의 기획 · 준비

직원이 사업의 구상을 고안하기 위해 정보를 수집한다든지, 학습 · 연구, 조사 · 분석 등을 실시한다든지 하는 것은 물론 사무실 안에서 이루어진다. 전개하려고 하는 사업 분야의 서류나 각종 자료, 인터넷을 활용하여 수집한 정보 등을 근거로 필요에 의해 조사한 분석 등도 살려 학습 프로그램을 입안해 간다. 이 작업은 사회교육 사업을 전개하는 것을 가장 소중한 임무로 하는 공민관에 있어서 중요한 업무라고 말할 수 있겠다.

이 업무는 직원 뿐 아니라 본래 학습의 주체인 주민의 자발적 참가를 통해 진행시켜야 마땅한 것이므로, 주민이 기획위원으로 함께 참여하여 기획회의가 이루어지는 경우가 많다. 주민과의 기획회의는 기획위원의 인원수나 사무실의 스페이스 사정으로 사무실과 다른 실 공간을 확보하여 행해지는 경우가 많다고 생각되나 본래는 공민관 사무실이 짊어져야 하는 기능이라고 본다.

사업이 만들어져 가는 프로세스인 강사와의 절충이나 사전회의, 모집을 위한 홍보물의 작성이나 배포의 준비 등이 사무실에서 행해진다. 인쇄를 위해 별도의 작업실이 준비되어 있는 경우도 있으나, 기능은 사무실의 일부라고 생각하여도 무방하다(주1).

3. 홍보 · 선전의 기획 · 실시

공민관의 활동을 널리 주민들에게 알리는 공민관보의 작성 · 인쇄 · 배포 준비, 공민관의 홈페이지나 블로그의 작성 · 갱신, 각종 홍보지나 포스터 · 리플릿 등의 작성 · 배포 준비 등이 사무실에서 행해진다. 물론, 홍보관보는 공민관의 일을 알리는 것뿐 아니라 지역의 정보 · 발신이나 교류, 지역 과제의 공유화 등의 역할을 가지고 있다. 이러한 관점에서는 향후 공민관의 모습을 생각할 때에 이 분야를 보다 중요한 기능으로 파악해갈 필요성이 있고, 사무실의 기능으로도 더 중요한 의미를 갖는다.

4. 공민관 운영 사무

공민관에 설치되어 있는 공민관 운영 심의회나, 법에 근거되지 않고 설치되어 있는 오카야마(岡山) 시의 운영위원회와 같은 주민 참가를 위한 단체 등의 조직이나 운영은 사무실을 거점으로 행해지고 있다. 그러한 운영회는 당연히 주민이 임원 역할을 담당하고, 관련 업무는 사무실에서 행해진다. 사무실에서는 이용자 간담회 등의 주민 참가를 위한 회의의 개최, 자원봉사의 활동 장소 제공 등을 포함하여 공민관 운영을 위한 실무가 행해진다.

또한, 각종 사업의 실시나 시설관리상 필요한 여러 가지 용품의 구입, 강사 등의 사례금 지불, 정산 등의 사무, 또한 예산 요구나 결산, 연간 사업계획서의 작성이나 총괄을 위한 평가 작업, 그 정리 문서 작성, 공표 등의 사무 등 공민관 운영에 관계되는 제반 실무가 사무실에서 행해진다.

5. 시설관리

시설의 임대관리, 일정관리, 비품관리, 시설점검, 청소 등의 시설 정비, 공조나 기계 경비 등의 기계관리, 화재나 부상 등의 대응, 방재나 피난소로 된 경우 등의 위기관리도 사무실에서 행해진다. 실 공간의 대여 관리를 위해서는 관리대장을 작성해두지 않으면 안 되고, 컴퓨터 시스템화되어 있는 경우는 그 관리도 업무가 된다. 사무실에는 그 날 대여하는 각 실 공간의 일정을 써 넣는 보드를 비치해두는 일이 많고, 거기에 써 넣어 관리하는 일이나, 실 공간 열쇠의 주고받음도 대여관리의 일환이다. 또한 시설이용자의 비품의 대출도 업무이고, 이에 대한 요금을 받는 경우도 있다.

시설관리 면에서는 주민이 안전 및 쾌적하게 이용할 수 있도록 시설이나 설비, 기구 등에 이상이 없는지 점검하여 그 결과를 기록하는 것, 또 청소나 빌딩관리 등의 업무가 위탁되어 있는 경우에는 적절하게 행해지고 있는 지를 확인하는 일이 사무실에서 행해지는 중요한 업무이다.

6. 그 밖의 기능

공민관에 따라서는 공민관 이외의 기능을 담당하고 있는 경우가 있다. 그 예로 주민표의 교부 등 관공서의 창구기능이나, 지역의 사회복지협의회 등 지역 단체의 사무국을 담당하는 일 등 다양하다. 그 때문에 전용기자재가 정비되어 있는 경우도 있으나, 전임직원이 있든지, 공민관 직원이 겸무하고 있든지, 그것들은 공민관 이외의 기능이고, 공민관 기능 그 자체라고는 말할 수 없기 때문에 여기에서는 거론하지 않겠다.

다만, 공민관 사무실에 공민관 이외의 기능이 들어오는 것에 관해서는 개별적으로 시비를 검증하는 것이 필요하다. 오카야마 시에서도 시민과의 창구를 공민관 직원이 겸무하고 있는 예가 있으나 주민표나 호적등본 등은 프라이버시에 관계되는 것이기도 하기 때문에 타인의 눈에 띄지 않게끔 청구자에게 건넬 필요가 있다. 전술한 바와 같이 공민관의 사무실에는 주민이 가볍게 들어오는 일도 있어 오히려 그쪽이 바람직하다고 생각되므로, 모순된다. 또한 강사와의 사전협의나 심각한 내용의 상담을 하고 있어도 창구에 주민이 오면 중단하고 수급을 하지 않으면 안 된다. 이러한 점도 문제라고 말할 수 있다. 또한 그러한 별도의 업무에 전임 직원이 배치되어 있는 경우도 있으나 그 직원은 공민관 이용자의 대응을 하지 않고, 공민관 직원은 시민과(市民課)업무 대응을 하지 않는 것 때문에 창구에 온 주민으로부터 신랄한 비판을 받는 예도 있다.

3 설치목적을 실현하기 위한 공간과 설비 · 비품

지금까지 정리한 공민관 사무실의 기능을 근거로 그 기능을 실현하기 위한 공간이나 설비 · 비품에 관해서 생각해 보도록 하자.

1. 사무실 공간

오카야마 현 내의 공민관을 대상으로 한 설문조사를 보아도 사무실 면적은 동일하지가 않다. 이것은 거기에 배치되어 있는 직원의 수에 따라 필요한 면적이 정해지기 때문이다. 일부에서는 교육위원회 기능의 일부, 예를 들면 사회교육 부문을 담당하고 있는 경우도 있다. 정촌(町村)에서는 교육위원회 사무국 자체 기능이 공민관 사무실 내에서 이루어지는 경우도 있다. 이러한 경우에는 공민관 기능을 위한 직원 수는 적어도, 배치되어 있는 직원 수는 많기 때문에 사무실이 공민관으로는 필요 이상으로 넓은 것이 된다. 따라서 평균적인 사무실 공간을 산출하는 것은 매우 어렵다. 배치될 직원 수와 설비 · 비품의 내용이나 수에서 적절한 면적을 산출할 수 밖에 없기 때문이다. 또한 적절한 면적을 생각하기 위해서는 사무실이 어느 정도의 기능을 담당하는가를 명확하게 하는 것이 전제조건이 되나, 그것은 사무실 주변의 스페이스나 실 공간과의 관계로 유동적인 면이 있다. 이러한 점 때문에 사무실은 주변 스페이스와 결합한 레이아웃을 생각할 필요가 있다.

레이아웃 면에서는 로비와 마주하여 독실로 되어 있는 경우가 대부분이고, 로비 쪽으로 창이나 카운터가 열려 수급 등의 창구 기능이 가능하도록 되어 있다. 응접 세트나 접대용 찻잔, 싱크대 등을 비치하고 있는 경우도 많고, 오카야마 시처럼 사무실과 근접하여 대여용이 아닌 소회의실이 있어 그곳이 강사 등의 사전협의나 각종 준비 작업에 사용할 수 있도록 되어 있는 경우도 있다. 이러한 스페이스는 사무실 그 자체는 아니나 사무실과 불가분의 기능을 하므로 사무실의 일부로 생각하는 것이 좋다. 만약 그러한 스페이스가 사무실 내부에 준비된다고 하면 직원의 집무 스페이스와의 사이에 파티션이 필요한지도 검토 과제가 된다.

2. 사무실 설비

창구가 되는 카운터는 사무실 설비로 불가결한 것이다. 그 충분한 넓이와 함께 휠체어 이용자나 어린이에게도 대응할 수 있는 높이를 고려한 유니버설 디자인일 필요가 있다.

어느 정도 이상 규모의 공민관 사무실에는 화재 방지 장치나 공조 컨트롤 설비, 관내 방송 설비 등이 벽면에 설비로 설치되어 있는 경우가 많다. 사용 예정을 써 넣는 보드 등의 설비도 많이 정비되어 있다. 방문객의 접대를 위한 찻잔을 준비하기 위한 싱크대는 사무실이든가 인접한 장소에 준비되어 있는 경우가 많으나 사무실 내에 있는 편이 편리하다.

이러한 설비는 사무실의 레이아웃에 좌우되는 면이 있으나 역으로 한정된 좁은 스페이스밖에 없는 사무실의 경우, 벽면에 넓은 창이 열려(그 자체는 채광이나 환기에는 좋으나) 있다든지, 각종 경비 장치나 분전판 등이 벽면을 점령하여 일정 관리를 위한 보드를 설치할 수 없게 되면, 기능 부전에 빠질 수도 있다. 사무실에 불가결한 설비와 비품의 배치 관계는 사무실의 레이아웃상 중요하다고 할 수 있다. 그 때문에 3의 비품과 아울러서, 발휘하려고 하는 사무실 기능에 따른 필요한 설비와 비품을 먼저 생각하여 그 레이아웃을 전제로 사무실을 설계할 필요가 있겠다.

3. 사무실 비품

사무실의 책상이나 의자를 비롯하여 전화나 FAX 등의 통신용 비품은 물론 복사기나 인쇄기, 천공기(Puncher), 정합기(丁合機 *조합기Collators), 간판제작기 등은 사무실 면적 관계로 설치장소가 사무실 밖인 경우도 있으나 모두 사무실 비품이라고 생각해도 좋다. 오늘날 개인정보보호의 관점에서 문서 세단기(文書細斷機,Shredder)나 귀중한 정보 보관을 위해 열쇠가 걸리는 로커도 불가결한 비품으로 되어 있는 것 같다. 직원이 사용하는 서적이나 자료를 정리하여 보관하는 서가, 각종 사무용품의 보관 로커나 선반, 서류나 파일을 보관하는 로커 등도 불가결하다.

설문조사 결과를 보면 냉장고의 배치가 7할로 꽤 많은 것은 여름의 내방자에게 차가운 음료수의 제공을 위해 필수적인 요소로 간주하기 때문이라 생각된다. 사무용 컴퓨터는 지금은 필수품으로 되어 있어, 거의 전관에 정비되어 있다. 인터넷에의 접속 회선도 준비되어 있는 관이 많을 것으로 생각된다. 많은 경우 기존의 전화 배선 시설 내의 인입루트의 끝은 사무실로 되어 있어 인터넷용 회선을 나중에 설치할 경우 사무실까지가 NTT 등의 외부 회로로 사무실에 종단장치나 모뎀 · 라우터(Router) 등을 설치하고 그 곳으로부터 컴퓨터 교실을 여는 실 공간까지는 LAN케이블을 연결하는 등의 공사를 하는 경우도 있다. 이러한 경우 사무실은 인터넷 접속을 위한 비품도 놓아두게 되므로 그 설정이나 관리도 필요하게 된다.

4 새로운 기능을 불러일으키는 비품과 공간

지금부터의 공민관의 모습과 그것을 위한 사무실에 요구되는 새로운 기능을 생각하면 주민과 함께 운영(사업전개)하는 공민관, 그리고 지속 가능한 공생의 마을 만들기를 향한 주민의 활동 지원이나 조정을 담당하는 공민관의 기능이 이미지로 떠오른다. 이것은 종래의 공민관의 이미지에 시민생활(NPO활동 등)지원센터의 이미지를 부가한 것에 가깝다고 생각한다. 그러한 공민관의 이미지를 전제로 3에서 생각한 항목과 아울러, 공간과 설비 · 비품에 관하여 생각해 보고자 한다.

1. 사무실 공간과 디자인

직원과 주민의 협동 운영이나 사업 전개를 생각하면 직원용 스페이스뿐만 아니라, 운영 스태프(공민관 운영 위원이나 자원봉사 등)가 활동하기 위한 스페이스를 동일 스페이스 내에 배치하는 것이 바람직하다고 생각된다. 이것은 직원과 주민 스태프 사이의 벽을 만들지 않는다는 자세를 시설 면에 반영하고자 하는 의미가 있다.

다만, 개인적인 상담도 있을 수 있으므로 직원용 휴게장소의 의미도 겸하여, 한구석에 독립된 작은 상담 스페이스로 사용할 수 있는 방을 준비하는 것도 바람직하다.

시민활동(NPO활동 등)의 지원 센터로 기능하기 위해서는 이를 위한 활동 스페이스가 필요하게 된다. 그래서 오카야마 시내에 정비되어 있는 '유아이(*역주 : '우애 혹은 You I'의 뜻) 센터'(오카야마 현 자원봉사 · NPO활동 지원 센터)의 레이아웃을 생각해 보고자 한다. '유아이 센터'는 현의 시설이기 때문에 면적은 크나, 발상은 공민관과 공통되는 부분이 있다고 생각된다.

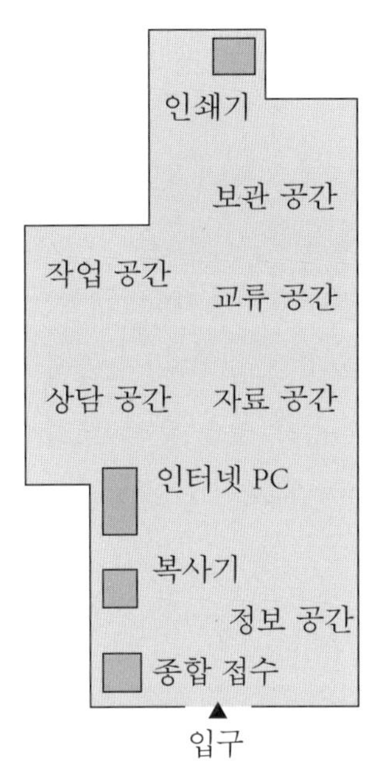

유아이 센터의 레이아웃

사진과 평면도에서 알 수 있는 것처럼 센터는 정보, 자료, 교류, 작업 스페이스를 가지고 있어 자유롭게 출입을 할 수 있는 오픈 스페이스로 배치되어 있다. 그 일각에 직원을 위한 스페이스도 있다. 이것은 공민관으로 말하자면, 사무실과 로비의 담장을 헐어내고, 일체적으로 운용하는 이미지가 된다. 물론 로비는 지역의 안방적 요소도 기대되므로, 로비 전체가 이 센터와 같이 교류 스페이스와 공용하는 것이 좋은가의 검토는 필요하다.

실제로는 면적의 제약 때문에 인쇄기 등을 별실과 같은 장소에 두지 않으면 그 소리가 소음이 될 수도 있다. 또한 교류 스페이스는 로비로 누구라도 자유롭게 쉴 수 있다든지, 간단한 사전 협의에 사용할 수도 있는 스페이스인 까닭에 이용자가 많은 관(館)에서는 막상 직원과 기획위원이 사전 협의를 하려 해도 비어 있지 않은 경우가 있을 수 있다.

유아이 센터의 모습

이러한 오픈 스페이스가 직원이 집무하고 있는 스페이스와 벽으로 구분되지 않기 때문에 거기서 사전 협의나 기획을 위한 워크숍을 하고 있는 모습을 다른 이용자가 보는 것은 의미가 있기도 하다. 또한, NPO나 지역의 제반 단체가 여기서 사전 협의 중 "잠깐, 상담 좀 해줄래?"라고 직원이 말을 걸기 쉬운 환경은 소중하다고 생각된다. 공민관 직원의 코디네이터로서의 역할을 생각하면 그러한 상호의 자극이나 관계를 형성하는 것과 같은 오픈된 사무실의 모습이 앞으로 추구되어 가야 할 모습이라고 생각한다.

2. 설비나 비품

설비 면에서는 직원뿐 아니라 주민 스태프의 동정을 기재할 수 있는 일정보드 등이 새롭게 필요하겠다. 또한, 그 활동 기재나 비품을 보관하는 스페이스나 로커 등도 필요하다. 작업이나 사전 협의 스페이스와 그를 위한 작업대나 테이블 등 각종 비품이 필요하나 그것들은 직원과 공용하면 좋은 것들이다. 우선, 지역에서의 활동에는 정보 발신이나 기록을 위한 아날로그 기계는 중요하여 인쇄기, 자동접지기(*역주 : 인쇄된 종이를 페이지별로 접는 기계), 정합기, 천공기, 제본용 기재 등은 필수품이라고 말 할 수 있다.

ICT(Information & Communication Technology)의 이 · 활용을 위한 인터넷 회선의 정비도 진행 중이다. 오카야마 시의 공민관에서는 모든 사무실에 청내 시청업무용 LAN과는 별도로, 이용자(강습)용 브로드밴드 회선이 준비되어 있다. 지역 간 교류나 국제적인 교류, 아시아의 CLC(*역주 : 커뮤니티 학습센터) 등과의 교류 촉진을 생각하면 네트워크를 통해 스카이프(Skype *역주 : 무료 인터넷전화)를 이용하기 위한 설비 · 장치 등도 욕심이 난다. 또한, 지역의 자원을 발굴하여 기록하는 활동 등을 생각하면 이 스페이스에는 인터넷에 접속한 컴퓨터와 화상이나 동영상의 편집이 가능한 소프트웨어의 준비도 필요하겠다.

5 실 공간 디자인

지금까지 서술해온 바와 같이 향후의 공민관의 모습 특히 사무실의 모습은 로비 등 주변 스페이스와 일체화한 형태 속에 열린 사무실을 추구해가는 것이 필요하다고 생각된다. 직원이 사무실에 박혀 컴퓨터와 마주하기만 하고 창구에 온 주민을 등지고 있는 모습도 종종 보게 되는 오늘날, 사무실의 벽을 헐어내고 주민과 함께 일하는 이미지를 공유하고 싶다고 생각한다.

주민이 공민관에 온다. 현관에 들어서면 널찍한 스페이스에 여러 사람들이 신문이나 잡지를 읽는다든지, 차를 마시면서 편안하게 쉰다든지, 담소를 나눈다든지, 또는 무엇인가 준비 작업을 하고 있는 사람들도 있다. 그 사람들 옆에는 공민관 직원이 있어 함께 이야기를 나누면서 즐겁게 일을 하고 있다. 이러한 활기 있는 공민관을 창조하기 위해서 사무실의 존재는 중요하다.

시설은 사람이라고 일컬어진다. 그 사람 곧 직원이 있는 장소가 사무실인 것이다. 예를 들어 현실적으로 사무실의 벽을 헐어내지는 못하더라도 정신적으로는 벽을 헐어내어 사무실이 로비 등과 일체적으로 기능하도록 하는 노력이 요구된다. 그것은 동시에, 직원이 좀 더 가볍게 공민관을 나와서 지역에 나가 주민과 함께 이야기를 나누고, 함께 지역의 일을 생각하는 계기도 될 것이다.

우치다 미츠토시(内田光俊)

1) 본래 공민관 사업의 개념은 넓고, (1)에서 창구 대응으로서 정리한 시설의 대여도, (3)에서 정리하는 홍보 활동 등도 중요한 사업의 하나이다. 여기서는 강좌나 학급, 강연회 등의 이벤트 등 주민이 참가하는 공민관의 주최 사업을 이미지로 하여 정리를 시도한 것이다.

[Column]

코오노 미치유키(河野通祐)에게서 배운 것

사회교육시설 연구소를 창설한 코오노 미치유키 선생님께 배운 것을 기록해 두고 싶다. 나는 1986년에 건축공학 전공의 대학원을 졸업하고 건축가 코오노 미치유키 선생님의 사무실에 들어가 사회인으로서 스타트를 끊었다. 당시 선생님은 고령에도 불구하고 매일 제도판 앞에 앉아 도면을 그리고 계셨다. 평면도 · 입면도로부터 시작하여 손으로 투시도(파스(Perspective)), 실물 크기에 가까운 상세도에 이르기까지, 당신이 납득이 갈 때까지 끈기 있게 그리셨다.

때로는 벽 마감에 알루미늄의 주물(鑄物)을 사용하겠다고 하시면서, 소재를 취급하는 곳이나 제작해 줄 공장까지 스스로 찾아가셔서 재료로써의 제품화를 사전 협의한다든지 제작하는 행위에 대한 선생님의 정열은 그저 놀랍고 내게는 본보기가 되었다.

선생님은 생애를 통해, 어린이를 위한 사회 · 구조 · 시설 만들기를 행하셨다. 이는 어린이를 한 사람의 인격체로서 다루는 사회 · 어린이를 약자로서 보호해 가는 사회를 지향한 실천이었다. 이러한 과정으로써의 사회교육, 즉 복지를 바탕으로 한 폭넓은 의미에서의 자주교육시설로 성인 교육을 이끌기 위한 사회교육 시설을 생각하고 계셨다.

제도를 정비하는 시대로부터 반세기 이상이 지난 지금, 다양한 문제들로 시설의 양적 제공도 종결되고, 질적인 것으로의 전환(생활로부터 취미, 자기계발)을 경험하여 현재는, '삶'이라는 지금까지와는 다른 영역으로 변화되어 온 것으로 느껴진다. 실제 공민관 이용은 서클이나 주민 자주 활동이 주류가 되고, 사회교육 주사(主事)의 역할도 지도에서 협동으로 다양화되어 오고 있다. 공민관은 이미 역할이 끝났다는 말도 들리지만 그러나 지금이야말로 '삶'이라고 하는 행위 · 목적에 대하여 보조나 양호(養護)가 아닌 지(知) · 정보 · 교육 등의 실마리로 사회에 대한 지원이 필요한 것은 아닐까? 그런 의미에 있어서도 공민관의 새로운 역할을 기대한다. 선생님은 틀림없이 그렇게 생각하고 계실 것이다.

나가츠카 타케시(長塚 威)…… 일본대학 생산공학부 졸업, (주)와(和)에서 코오노 미치유키에게 사사. 이바라키(茨城) 현 코가(古河) 시에서 조부 대부터 이어지는 (유한회사)나가츠카 건축설계 사무소의 소장으로 지역에서 활동 중.

제 4 절 단체 활동실 · 청년실의 기능을 발전시킨다

1 '3타마 테제'에서 보는 단체 활동실 · 청년실의 시설 공간이미지

이 절에서는, 공민관에서 단체 활동실이나 청년실이라고 하는 시설 공간을 들어, 주로 후자에 역점을 두고 그 의의나 기능적 발전에 관해서 생각해 보고자 한다.

그러면 원래 단체 활동실이나 청년실이란 어떤 시설 공간인 것일까? 우선은 그 기본적인 시설 공간 이미지를 3타마 테제로 널리 알려진 '새로운 공민관 상을 지향하여'(도쿄 도 교육청 사회교육과/1974년)를 바탕으로 확인한다.

3타마 테제에 나타난 단체 활동실 청년실의 시설 공간 이미지

【단체 활동실】	【청년실】
[시설 공간 이미지] 서클이나 단체 활동의 준비와 교류의 장이 되는 곳입니다. 공민관을 이용하는 서클이나 단체가 평등하게, 일정한 룰에 따라 자주적으로 관리, 운영되도록 할 필요가 있습니다. 여기에서는 포스터, 홍보지의 인쇄를 비롯하여 자유롭게 회원에게 통지엽서를 보낼 수도 있고, 복사나 조사활동도 할 수 있는 곳입니다. 또한, 각 서클이나 단체의 라커도 마련하여, 단체 공유의 서류나 비품류도 놓을 수 있도록 하고, 전언판이나 연락용 포스트를 비치하여, 단체의 교류의 장으로 최대한 활용하는 것이 필요합니다.	**[시설 공간 이미지]** 독자의 내면적인 세계를 가지고, 시간적으로 일반 성인과 다른 요구를 가진 청년들을 위한 전용실 공간입니다. 청년들의 자유로운 타마리바(A Gathering Place), 서클 활동의 장이 됩니다.
[표준적 시설 · 설비의 규모와 내용] □ 수: 1실 □ 면적: 40 m^2 □ 용도: 단체 사무, 단체 교류회의 □ 설비: 책상(사무용 책상을 포함), 의자, 단체 라커, 교환포스트, 전언판, 인쇄설비	**[표준적 시설 · 설비의 규모와 내용]** □ 수: 1실 □ 면적: 40 m^2 □ 용도: 담화, 단체 사무, 단체 교류, 학습 · 연구회 □ 설비: 칠판, 책상, 의자, 단체 라커, 교환포스트, 전언판, 인쇄설비

이렇게 하여 시설 공간 이미지를 확인하면 단체 활동실이나 청년실은 '3타마 테제'가 언급한 '공민관이란 무엇인가-네 가지 역할-'(주1) 중에서도, 특히 ≪2. 공민관은 주민 집단 활동의 거점입니다≫라는 역할을 구체화하기 위한 시설 공간으로 구상되어 있다는 것을 알 수 있다.

이에 더해 청년실은 ≪1. 공민관은 주민의 자유로운 타마리바(*역주 : 모임의 장)입니다≫라는 역할도 강하게 기대되고 있다. 도시화 되어 가는 상황 속에서, 집단이나 서클에 속하지 못하는 고독한 사람들, 고립된 사람들이 늘어나고 있다고 하는 당시의 지역 상황을 파악하여 '외톨이고, 갈 곳이 없는 사람이라도 청년실에 오면 즐겁고, 지루하지 않은 시간을 보낼 수 있다. 그리하여 더욱 학습에 참가한다든지, 그룹에 가입할 수 있는 계기를 찾을 수 있는 자유로운 타마리바, 자기해방의 장'(주2)으로 청년실이 자리잡고 있었다고도 말할 수 있겠다.

2 단체 활동실이나 청년실의 설치 상황

'공민관의 설치 및 운영에 관한 기준'(문부성 고지/1959년)의 제3조에는, 적어도 마련해 두어야만 할 공민관 설비로 의회 및 집회에 필요한 설비(강당 혹은 회의실 등), 자료의 보관 및 그 이용에 필요한 시설(도서실, 아동실 혹은 전시실 등), 학습에 필요한 시설(강의실 혹은 실험 · 실습실 등), 사무 관리에 필요한 시설(사무실, 숙직실 혹은 창고 등) 등이 예시되어 있다. 그러나 '기준'속에 명확하게 자리매김시키지 않고 있는 것을 보더라도, 단체 활동실이나 청년실을 마련한 공민관이 반드시 일반적인 것은 아니다.

그렇지만 여러 곳을 둘러보면 '단체실', 이용 단체실, 인쇄실 · 단체 활동실, 단체 인쇄실 등의 각종 명칭을 볼 수 있고, 단체 활동실을 마련한 공민관도 적지 않다. 이어서 아야베(綾部), 시립 중앙 공민관 교토 부(京都府))와 같이 단체 활동실을 2실 확보하고 있는 공민관도 존재한다. 또한 마이바라(米原) 시 산토(山東) 공민관(시가 현(滋賀県))과 같이 고령자 단체 활동실, 여성 단체 활동실과 같이 대상을 한정한 단체 활동실을 마련한 공민관도 볼 수 있다.

대상을 청년에 한정하는 청년실도 넓게 보면 단체 활동실에 포함되나, 그것만을 따로 보면 청년 학급실 등의 명칭의 것을 포함하여도 각 시에 드물게 있는 정도뿐이다. 또한 청년실 등의 명칭을 가진 시설 공간을 마련하고 있어도, 학습실이나 일본식 방 등 동일한 종류의 여러 자주 학습 단체에 의해 이용된다든지, 공민관 주최의 학급 · 강좌회장으로 사용되는 것과 같은 '명목상'의 경우도 있다.

3 단체 활동실

1. 다채로운 자주 학습 단체를 탄생시켜 온 공민관 사업

공민관은 주민의 생활과 밀접하게 관계되는 가까운 구역을 대상으로 하고 실제 생활에 따른 교육, 학술 및 문화에 관한 각종 사업을 실시하기 위한 사회 교육시설로 각지에 깊게 뿌리내려져 왔다. 그 수는 수장부국으로의 이관 등 사회교육행정 · 시설의 재편의 흐름을 받아 감소 추세에 있으나, 전국에는 16,566관이 설치되어 있다. 각지의 공민관에서는 매년 각종 주최 사업이 실시되어 2007년에 실시된 학급 · 강좌 수는 469,546에 이른다(주3).

이러한 공민관 주최의 학급 · 강좌를 계기로 주민 주최의 자주적인 지속 학습으로 발전해 가는 경우는 드문 일이 아니다. 그림, 탄카(短歌 *역주 : 일본 고유의 정형시의 한 형식), 하이쿠(俳句 *역주 : 5 · 7 · 5의 3구 17음절로 된 일본 고유의 단시(短詩)), 댄스, 역사(지역사) 등의 문화적 내용을 비롯하여 인권, 평화, 복지, 환경, 양육, 마을 만들기 등의 사회적 내용의 것에 이르기까지 실로 다채로운 자주 학습단체가 무수히 생겨났다. 이것이 공민관의 존재 의의 중의 하나이다.

물론 공민관 주최의 학급 · 강좌를 루트로 하지 않는 단체도 많이 있으나, 공민관은 그러한 지역의 자주 학습단체의 활동을 보장 · 지원하는 장이다. 또한 단체 활동실은 이를 위한 중핵적인 시설 공간이다.

2. 단체 활동실의 용도와 설비

단체 활동실은 첫머리에서 확인한 3타마 테제에서도 서술한 바와 같이 자주 학습단체가 활동을 추진하는 데에 필요한 자료(레쥬메(Résumé *역주 : 요약, 개요, 개론) · 학습기록 · 자료지 등)의 작성이나 미팅 등에 이용되고 있다. 이러한 용도로부터 학습실이나 일본식 방 등, 그 밖의 시설 공간과는 다른 유연한 이용 신청 방법을 채택하는 공민관이 많다. 비어 있기만 하면 이용직전이라도 접수를 받는 등 자주 학습단체가 필요하다면 언제든지 이용할 수 있도록 되어 있는 것이 일반적인 모습이다. 또한, 사회교육법 제23조에 규정된 영리나 특정 정당 · 종교의 지지에 저촉되지 않는 활동이라면, 모든 자주 학습단체에게 공평하게 열린 시설 공간이다. 아울러서 특정 단체가 장기간에 걸쳐 점유하는 일이 일어나지 않도록 관리 · 운용되고 있다.

시설 규모는 40~60m^2 정도의 곳이 일반적이다. 그리고 단체 활동실 중에는 단체 로커(단체 활동에 필요한 비품을 수납해 두기 위한 보관함), 교환 포스트 · 단체 박스('공민관으로부터 각 단체로의 연락' '단체 간의 연락' 등에 활용되는 단체 전용 서류상자), 책상, 의자, 화이트보드(흑판)(미팅 등의 활동준비 시의 이용), 인쇄기, 복사기, 종이 접지기, 재단기(단체 활동에 필요한 자료의 작성 시 이용) 등의 설비가 마련되어 있다.

3. 단체 활동실의 필요성과 기능적 발전

자주 학습단체가 활동을 보다 충실하게 해 나가기 위해서는 자료작성이나 미팅 등의 사전 활동 준비가 필요하다. 그러나 단체 활동실이 없어도 인쇄기 등을 사용할 수 있다면 자료작성이 가능하게 되고, 로비와 같은 프리 스페이스가 있다면 약식 미팅에도 대응이 가능할 것이다. 이렇게 생각하면 단체 활동실이라고 하는 시설 공간을 단순히 활동 준비의 장에 그치지 않고 보다 적극적인 기능이 기대되고 있는 것을 알 수 있다.

그 기능이란 '3타마 테제'에서 이미 지적한 바와 같이, 일정 룰에 따라서 자주적으로 관리 운영되며, 단체 교류의 장이라는 것은 틀림없다. 그러나 실제로는 활동 준비의 장이기는 하여도, 공민관 직원이 관리 운영하고 있는 것이 일반적이어서 단체 교류의 장의 기능이 십분 발휘되고 있지 않은 경우가 많다. 또한 각종 단체에게 공평하게 열린 공동 이용의 장인 것은 기본이나 이러한 까닭으로 어딘가 무미건조한 분위기의 시설 공간이 되기 쉽다.

여기에 단체 활동실의 기능적 발전을 생각하는 계기가 있다.

단체 활동실이 다양한 자주 학습단체의 활동 거점이 되기 위해서는 단체 간의 교섭의 기회(단체 교류회의/이용 조정회의)를 정기적으로 가져, 서로가 납득이 가는 이용 규칙을 스스로 정하여 공동 이용해가는 것이 중요하다. 그리고 이러한 자치적인 관리 운영이 단체 간 교류의 기반을 만들고 모두의 소중한 활동거점이라는 의식을 형성해 간다. 그리고 각 단체의 활동의 숨결이 느껴지는 것과 같은 독자성이 있는 쾌적한 공동 이용공간을 창조해가는 것에도 이어져가는 것이겠다. 주민 주최의 자주적인 학습활동이 점점 더 왕성한 현재, 그 활동을 심화시킨다든지 확대해 가는 거점으로 단체 활동실과 같은 시설 공간의 필요성은 보다 높아지고 있다. 이 때문이라도 단체 활동실의 양적인 확충과 기능적인 발전이 필요하다.

4 청년실

1. 청년단 활동이나 청년 학급의 거점으로서의 공민관

전후 사회교육에서도 청년교육은 핵심으로, 청년단 활동이나 청년 학급을 통하여 동료와 만나고, 자기 삶의 방식을 묻고, 지역이나 사회와 마주하는 등의 학습이 활발하게 전개되어 왔다. 그 거점이 되어 온 것이 바로 공민관이다. 각 공민관의 성장 과정이 다양한 가운데 청년이 자유롭게 모일 수 있는 장을 찾아 청년단이 공민관 만들기에 적극적으로 관여한 예도 적지 않다. 또한 청년 학급에 관해서도 청년 학급 진흥법 시행과 더불어 공적인 사회교육 사업의 성격이 부여되어 전국 방방곡곡의 공민관에서 실시되었던 시기가 있었다(주4).

이러한 역사적 경위에 입각하면 청년단 활동의 거점으로 혹은 청년 학급에 참가하는 청년의 학습활동을 지지하는 장으로, 청년실과 같은 시설 공간이 자리잡아 왔다고 볼 수도 있겠다.

2. 사례① ~쿠니타치 시 공민관 '청년실'~

쿠니타치 시 공민관(도쿄 도)에서는 1층의 시민교류 로비 옆에 청년실이 설치되어 있어 공민관의 개관시간 내에는 청년들이 언제라도 자유롭게 이용할 수 있도록 되어 있다.

> '사회인은 귀가 시나 휴무일 때, 학생은 공강일 때나 방과 후에, 프린터(*역주 : Free Arbeiter: 구속을 싫어해, 정규직으로 일하지 않고 아르바이트로만 생활해 가는 젊은 사람) 자신이 희망할 때 잠시 이용한다."장애인 청년교실"이나 "청년강좌", "와이가야"(청년실 옆에 있는 음료 코너)에 오기 위한 때도 있고, 목적 없이 들러 담소를 나누거나 차를 마시는 경우도 있다. 이러한 분위기의 잡담 속에서 재미있는 기획이 태어나는 것도 적지 않다'(주5).

그러한 청년을 위해 오픈된 시설 공간이 청년실이다.

그렇다면, 쿠니타치 시 공민관에 있어서 청년교육 실천의 발자취를 되돌아 보면서 청년실의 성장 과정을 확인해 보자(주6).

쿠니타치 마치(町)(現 · 쿠니타치 시)의 공민관이 개관한 것은 1955년이다. 당시 집단 취직에 의해 주로 동북 지방으로부터 이주해 온 청년(소위 '황금달걀')이 쿠니타치 마치에도 증가하였다. 1960년에는 그러한 청년을 주체로 '상공청년 학급'이 개설되었다. 그리고 청년 학급의 활동이 급격하게 활발해지면서, 작업 때문에 늦은 밤이 아니면 공민관에 올 수 없는 청년들로부터 작업이 끝난 뒤에 모여 이야기 할 수 있는 방을 요구하는 의견이 나와 1967년, 공민관 내에 청년 학급실이 설치되게 되었다. 이것이 현재의 쿠니타치 시 공민관의 청년실 루트이다.

그러나 1970년대에 걸쳐 고등학교의 진학률이 상승하고, 경제성장에 의해 청년들의 라이프 스타일도 크게 변화하면서 청년 학급은 후기 중등 교육의 대체물로서의 역할을 끝내고 청년 학급실도 충분히 기능하지 못하게 되었다. 그러한 가운데, 종래와는 다른 청년 학급의 형태가 모색되어 1974년 '커피 하우스'라고 불리는 실천이 시작된다. 이것은 청년 학급실을 청년의 '타마리바'(*역주 : '아지트' 또는 '모이는 곳')로 개방하여 '커피를 마시며 청년들이 함께 왁자지껄하게 이야기 하는 가운데 무언가를 찾아가는 것을 주안(主眼)'(주7)으로 하는 청년의 자주성에 맡긴 무목적인 활동을 목적으로 하는 참신한 시도였다.

공민관에 따라 활동의 목적이나 내용을 규정하지 않는 '커피 하우스'라는 자유로운 '타마리바'에서 청년들은 잇달아 자주적인 활동을 만들어 나갔다. 그 대표적인 활동이 공민관 재건축을 고려한 '새로운 청년(학급)실'의 디자인과, '커피 하우스'에 장애를 가진 청년의 참가를 계기로 한 장애인 청년 학급의 개설 요구였다. 전자에 관해서는 타 시의 청년시설 조사 등을 실시한 보고서를 작성하고, 그것이 1979년의 공민관 재건축에 반영되어 현재의 청년실로 실현되어 왔다. 또한 후자에 관해서도 장애인 문제에 관하여 학습회를 거듭함과 더불어 시내 거주의 장애를 가진 청년의 청취조사를 실시하여 '쿠니타치 시에 있어서 장애를 가진 청년의 생활 실태와 의견 · 희망'조사보고서(청년 학급 조사위원회/1978년)를 발행하여 적극적인 발언을 행하였다. 이렇게 하여 1980년에는 장애인 청년 학급이 개설되게 되었다. 또한 앞의 조사로부터 나온 경제적으로 자립하고 싶다, 가게를 갖고 싶다는 장애 당사자의 의견을 받아 새로운 공민관의 시민교류 로비에 음료 코너를 만들어, 장애인 청년 학급의 실습의 장으로 자리잡게 되었다. 이듬해 1981년에는 청년실에 모이는 청년을 중심 멤버로 한 '장애를 넘어 함께 자립하는 모임'이 운영 주체가 되어 음료 코너 '와이가야'의 본격적인 영업이 시작되었다.

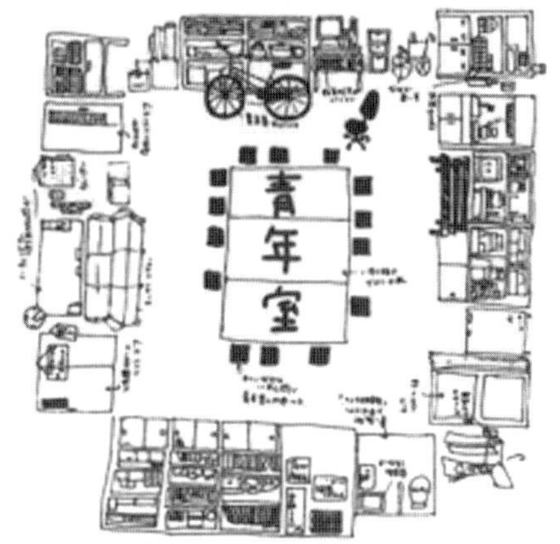

청년이 그린 청년실도(圖)
리플릿 '커피하우스에 오신 것을 환영합니다'
(도쿄 도 쿠니타치 시 공민관) 표지

그 후, 청년 학급은 청년교실을 거쳐 청년강좌로, 장애인 청년 학급도 장애인 청년교실로 명칭이 변경되었고 더불어 내용도 새로이 하여 현재에 이르고 있다. 또한 〈청년강좌〉, 〈장애인 청년교실〉, 〈음료 코너 '와이가야'〉의 세 가지 활동거점으로, 청년이 시끌벅적하게 모일 수 있는 자유로운 '타마리바'로 '커피 하우스'의 실천은 확실히 계승되어, 그 거점이 되는 시설 공간으로 청년실이 자리잡고 있다.

3. 사례② ~토오카마치(十日町) 중앙 공민관의 청년학습 자치회실~

토오카마치 시 중앙 공민관(니가타(新潟) 현)의 지하에는 청년 학급 자치회실이 설치되어 있다. 이 시설 공간은 이름 그대로 공민관의 주최 사업인 토오카마치 청년 학급회에 참가하는 청년이 자치회 활동을 하기 위한 전용 스페이스이다. 열쇠관리는 공민관 직원의 몫이지만, 학급생이 직원에게 요청만 하면 언제든지 자유롭게 이용할 수 있도록 되어있다.

그러면 토오카마치 청년 학급의 발자취를 되돌아보면서 청년 학급 자치회실의 성립 과정을 확인해 보도록 하자(주8).

토오카마치(현 토오카마치 시)의 공민관은 문부차관 통첩 '공민관의 설치 운영에 관하여'가 발표된 이듬해인 1947년에 초가 단층건물인 사원(寺院) '스이게츠앙(水月庵)'을 전용하여 개관하였다. 1948년에는 청년의 요구에 응하여 머지않아 개교 예정인 정시제 고등학교(*역주 : 농한기나 야간 등 특별한 시기에 수업을 행하는 학교) 입학준비 강좌로 '토오카마치 청년 강좌'가 개설되었다. 이것이 토오카마치 청년 학급의 기원이다. 이와 관련하여 1949년에는 '토오카마치 청년강좌'에 자치회가 발족하여, 강사의 선정이나 의뢰에서부터 장소의 확보 등 활발한 활동이 이루어졌다.

청년 학급 진흥회의 시행과 더불어 1954년부터 토오카마치 청년 학급의 명칭을 변경하게 되나, 자치회 활동은 점점 더 활발해졌다. 독립된 공민관의 조기건설을 요구하는 서명운동을 전개하여 시민 약 7,000명의 서명을 모아 진정(陳情)하였다. 이듬해인 1955년에는 건설자금 모금(제1차분)으로 6,715엔을 시에 기부하고 건설 요청서를 제출하였다. 이러한 공민관 건설운동은 당장은 결실을 맺지 못하였으나, 1961년에 구 토우카마치 초등학교 건물로 이전하여 단독시설의 공민관이 되고, 청년 학급 자치회실이 설치되었다. 그리고 1971년 대망의 근대적인 토오카마치 시 공민관(현 토오카마치 시 중앙 공민관)이 건설되었다. 물론, 신공민관 내에도 청년 학급 자치회실이 설치되어 현재까지 계승되고 있다.

그렇다면, 토오카마치 청년 학급 학습에 관해 좀 더 자세히 살펴보도록 하자.

우선, 청년 학급 진흥법이 시행된 1953년의 학습 내용을 소개하면 일반교양, 상업과, 공업과, 농업과, 가정과 등의 과목이 있었다. 일반교양에서는 학교의 보충수업과 같은 내용이 다루어졌고, 그 이외의 과목에서는 농업교육을 주된 교육으로 하고 있었다. 그러나 개강 시에는 200명 이상이던 학급생이 폐강 시에는 1/5까지 감소되는 상황이었다고 한다. 이와 같은 문제에 당면하자 당시 청년 학급 주사와 학급생은 많은 밤을 토론으로 거듭하여 1954년부터 학교의 보충수업과 같은 획일적인 학습 스타일을 폐지하도록 하였다. 이를 대신해 다양화 되어가는 청년의 취미 · 관심에 따라 문예, 생활, 연극, 향토의 역사, 습자(習字), 화장(和裝 *역주 : 일본의 전통 의상) · 양장(洋裝)재봉, 꽃꽂이 등의 다채로운 학습 코스를 설정하고, 그 중에서 자신이 흥미 있는 코스를 선택하여 학습하는 〈코스별 학습〉을 도입하게 되었다. 이에 의해 토오카마치 청년 학급은 다시 성황을 되찾게 되었으나, 이것으로는 학급 전체의 교류가 행해지기 어려웠기 때문에, 1958년부터 〈전체학습〉이 정기적으로 실시되게 되었다. 이리하여 토오카마치 청년 학급의 3주축인 〈코스별 학습〉, 〈전체 학습〉, 〈자치회 활동〉이 태어나게 되었고, 이후 현재까지 약 50년간 이 학습회가 채택되고 있다.

〈코스별 학습〉은 두말할 나위도 없고 토오카마치 청년 학급의 모습은 시대와 함께 변화하고 있다.

현재는 꽃꽂이, 옷 입기(*역주 : 일본 와후쿠(和服)≒기모노 입는 법)교실, 요리, 개호 · 자원봉사, 시네마&비주얼, 컴퓨터, 도예의 7코스에, 배드민턴 클럽을 추가하여 실시하고 있다. 언뜻 보기에는 문화 센터적인 색채가 강하나 〈코스별 학습〉을 시작으로(비교적 가볍게) 청년들이 참가하여, 매주 같은 흥미 · 관심을 갖는 동료들과 함께 학습을 심화해 나간다. 또한 매달 한 번의 〈전체학습〉에서는 각 코스가 차례로 기획 · 운영을 담당하고, 전체 학급생들에게 홍보하여 학습을 진행하고 있다.

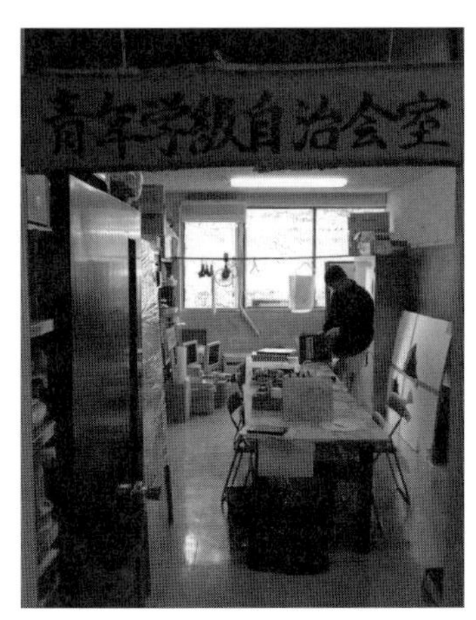

사진①, ② 청년 학급 자치회실(니가타 현 토오카마치 시 중앙 공민관)
중심에는 10명 정도가 둘러앉을 수 있는 책상과 의자가 있고, 그 주위에는 자치회 활동의 기록(사진이나 기록지)이나 눈 조각(雪像)을 하기 위한 모형, 과자에 맥주…, 여러 가지 물건들이 어지럽게 놓여 있다. 그러나 어딘지 모르게 매우 쾌적하다.

이에 더해 〈자치회 활동〉에서는 공민관 축제에의 참가, 청년 학급 페스티벌(지역의 어린이를 대상으로 한 학습 · 교류 이벤트)의 실시, 눈 축제 참가(눈 조각 만들기), 기관지"불꽃"의 발행 등의 활동이나, 학급 전체에서 친구 만들기를 목적으로 한 각종 이벤트(교류회나 서머캠프 등)를 진행하고 있다. 청년 학급 자치회실은 이러한 자치회 활동을 창출하는 거점이 되고 있다.

4. 청년실의 필요성과 기능적 발전~2가지 사례에서 무엇을 배울 것인가~

공민관에 청년들이 모이지 않는다, 청년교육사업을 기획하여도 이루어 지지 않는다는 고민을 극히 당연한 것처럼 말하게 된지 오래다. 그러나 이러한 일반적인 상황 속에서도 왜 쿠니타치 시(國立市)나 토오카마치 시(十日町 市) 공민관에는 청년들이 모이고 풍성한 학습활동이 전개되고 있을까? 청년들과 함께 하는 담당 직원이 존재하는 등 그 이유는 몇 가지 생각할 수 있으나 공민관 속에 청년 전용 시설 공간이 보장되어 있는 것의 의미도 크다. 여기서 다루고 있는 2가지 사례만이 아니라 청년학습 활동이 활발한 류우오우쵸(竜王町) 공민관(시가 현, 滋賀県)을 보아도 역시 이러한 시설 공간이 존재하고 있다(주9).

다만 청년이 주체가 되는 학습 활동이 활발하게 전개되려면 '청년전용 시설 공간'의 존재가 필요조건이기는 하지만 충분조건은 아니다. 이 시설 공간을 〈언제라도 자유롭게 이용할 수 있는〉 것이 매우 중요하다. 그것은 "공민관 영역에 청년들을 넣어 두는 것이 아니라 공민관 속에서 청년들의 영역을 어떻게 만들게 할 것인가?"(주10)라는 과제와도 깊은 관계가 있다.

쿠니타치 공민관 '청년실'이나 토오카마치 시 중앙 공민관 '청년 학급 자치회실'은 원칙적으로 공민관의 개관시간 이내라면 청년들이 〈언제라도 자유롭게 이용할 수 있도록〉 되어 있다. 또한 토오카마치 시 공민관의 경우는 관장이 승인한 직원이 동참하면 자치회 활동을 위한 폐관시간 후의 이용도 가능하며 교류회를 할 경우에는 일본식 방을 사용하여 식사(식사, 음주)나 숙박까지도 허용되고 있다. 이와 같이 청년들에게 '따뜻한 눈길'과 '신뢰'를 가지고 그 요구에 어느 정도 유연하게 대응해 나가는가가 중요하다. 한편으로는 청년들도 그 시설 공간을 자치적으로 관리 운영해 나갈 수 있어야 한다. 쿠니타치 시 공민관에서는 청년들 스스로가 '청년실 이용자 연락회'를 조직하여 정기적으로 연락회를 개최하면서 청년실의 이용 등을 조정하고 있다. 이것은 청년실의 공공성을 유지하는데 필수불가결한 것이다.

그러면 〈언제라도 자유롭게 이용할 수 있는〉 '청년 전용의 시설 공간'은 현대 청년들에게 어떠한 의미를 가지고 있는 것일까? 다음에 청년들의 의견을 소개해 본다.

* * * * *

□ 여기에 오지 않았다면 만날 수 없었던 사람들의 매력을 여기에서 찾을 수 있다. … 중략 … 여기에 오면 다양한 세계의 사람들을 만날 수 있다. 그런 분들과 만나서 친구가 되는 장소는 매우 귀중하다. 그러나 장소가 그곳을 만드는 것이 아니라 그곳에 오는 사람들의 매력이 그 장소를 만든다고 생각한다. 그리고 또 다른 나의 새로운 모습을 찾을 수 있는 것 같다. [A씨 (쿠니타치 시 공민관 '커피 하우스'참가자)](주11)

* * * * *

□ 청년 학급의 자치회 조직이라는 세계에서 배운 것을 청년 학급을 졸업한 후 졸업생들 각자가 지역이나 사회 등에서 그 경험을 살려간다. [B씨 (토오카마치 청년 학급 참가자)](주12)

* * * * *

□ … 전략 … 자치회 활동 속에서 여러 가지 경험을 하면서 '나도 뭔가 할 수 있다'는 것을 알았다. 청년 학급에서 자치회 활동을 도우면서 '스스로 뭔가를 시작하는(행동하는) 일'의 즐거움을 경험하였다. 또 청년 학급에서 만난 분들은 지금도 내게는 인생의 선생님이며 학생 시절에 얻을 수 없었던 신뢰할 수 있는 친구가 되었다. [C씨 (토오카마치 청년 학급 참가자)](주13)

* * * * *

□ 저로서는 공민관의 자치회실에 모두 모여 원고를 쓰거나 회의를 하면서 시끌벅적 떠들었던 것이 즐거웠습니다. 오버일지는 모르지만 한 달의 반 정도는 자치회실에서 모였던 것 같습니다. …그런 느낌입니다."호노오(炎*역주 : 불꽃)"를 편집할 때에는 매일 공민관에 있었습니다. 바빴지만 즐거운 나날이었습니다. [D씨 (토오카마치 청년 학급 참가자)](주14)

* * * * *

□ 코스 학습이나 자치회 활동 속에서 의견이 충돌하는 일도 있었고 연애 감정이 엉켜서 인간관계가 삐걱거렸던 적도 있었습니다. 그러나 그러한 것을 극복하고 함께 배우면서 행사를 진행하거나 눈으로 조각품을 만들거나 때로는 술을 마시며 이야기하면서 서로에 대한 유대를 돈독히 한 친구들이 평생 친구가 되었습니다. [E씨 (토오카마치 청년 학급 참가자)](주15)

* * * * *

이러한 목소리는 쿠니타치 공민관에서는 '커피 하우스', 토오카마치 시 중앙 공민관에서는 토오카마치 청년 학급의 전체적인 분위기 나타내는 것이다. 그러나 그것을 '청년실'이나 '청년 학급 자치회실'이라는 시설 공간이 갖는 의미로 바꾸어 이해할 수도 있을 것이다.

D씨가 말한 것처럼 '청년실'이나 '청년 학급 자치회실'은 모두가 모여서 시끌벅적하게 떠들 수 있는 즐거운 '집합소'이다. 동시에 진지하게 토론하며 다양한 활동을 만들어 나가기 위한 '공동작업의 장'"이기도 하다. 때로는 힘든 일도 있으나 이러한 시설 공간 속에서 친구들과 무언가

를 이루어 내는 '즐거움'과 '충실감'을 맛볼 수 있다. 또 A씨, C씨, E씨가 표현하는 것처럼 무엇과도 바꿀 수 없는 인간관계를 키워나갈 수 있는 장소이기도 하다. 그것도 학교나 직장과는 어딘가 다른 다채로운 배경이나 가치관을 가지고 있는 청년들과의 만남, 천천히 관계를 돈독히 하면서(자신을 오픈하고 남을 수용하면서) 신뢰할 수 있는 소중한 친구들이 되는 것이다. 그리고 이와 같은 공간 속에서 A씨, C씨가 지적하는 것처럼 '또 다른 자신의 새로운 면'이나 가능성을 발견하거나 B씨처럼 지역에 뿌리를 내리고 살아가는 힘을 기를 수도 있다.

〈언제라도 자유롭게 이용할 수 있는〉 '청년 전용 시설 공간'의 의미를 이렇게 받아들인다면 오늘날 그 필요성은 더욱 커진다고 할 수 있겠다.

누구나 존엄성을 가지는 소중한 인간이라는 것을 부정하는 것 같은 경쟁사회 속에서 많은 청년들이 상처를 입고 분리되어 고독감은 깊어지고 있다. 그것은 타인과의 확실한 유대를 통해 청년이 자신을 형성해 나가는 과정을 저해하는 위험한 상황이다. 그러나 한편에서는 이러한 상황을 바꾸지 않고, 사회는 청년들에게 그저 자립만을 요구하여 더욱 더 궁지에 몰아넣고 있는 것처럼 보인다.

유우아사 마코토(湯淺誠)는 현대의 빈곤에 초점을 맞추어 이러한 살기 힘든 사회를 '모임(溜)'을 잃어버린 사회'라고 지적하고 있다.(주16) '모임'이란 풍요나 여유가 있는 상태를 말하며 구체적으로는 금전의 '모임', 인간관계의 '모임', 정신적인 '모임' 등을 가리킨다. 이 '모임'이라는 개념에서 두 가지 사례를 보면 금전의 '모임'을 할 수 있는 장소는 아니지만 적어도 인간관계의 '모임'이나 정신적인 '모임'을 쌓아나갈 수 있는 장소로 중요한 기능을 맡고 있다고 생각할 수 있다. 그야말로 '모임'을 만드는 장소로서의 '집합소'이다(주17). 앞에서도 말했지만 청년실과 같은 시설 공간을 갖춘 공민관은 적고, 갖추고 있어도 '이름뿐인'곳도 있다. 그러나 잠재적이기는 하지만 '살기 힘든 사회'를 살고 있는 현대의 청년들은 "모임'을 만드는 장소'를 찾고 있다. 그 심오한 요구를 받아들이고 진지하게 청년들과 마주하면서 함께 청년교육사업을 재창조하는 일이 공민관(직원)에게 주어진 과제이다. 이 과제를 정면으로 대처할 때 청년실과 같은 시설 공간이 필수불가결한 것으로 부상하게 될 것으로 생각한다.

코시무라 야스히데(越村康英)

1) '3타마 테제'가 제시한 '공민관이란 무엇인가-4가지 역할-'이란 《1. 공민관은 주민이 자유롭게 모일 수 있는 장소입니다》《2. 공민관은 주민 집단 활동의 거점입니다》《3. 공민관은 주민들에게 있어서 '나의 대학'입니다》《4. 공민관은 주민에 의한 문화 창조의 광장입니다》라는 것이다.

2) 도쿄 도 공민관 자료작성 위원회 편, '새로운 공민관 상을 지향하며', 도쿄도 교육청 사회교육부, 1974년.

3) 2008년도 '사회교육조사'(지정통계 제83호), 조사 결과의 개요를 참조.

4) 청년 학급 수는 1955년이 최고였고 전국에서 17,461학급이 개설되어 있었다. 그러나 아는 바와 같이 그 후는 급격히 감소하게 되었다.

5) '하지메니(*역주 : '처음에')' 쿠니타치 시 공민관 편. "커피하우스"(59호), 2004년.

6) 50주년 기념사업 실행위원회 책자부회 편. "쿠니타치 공민관, 50년의 발자취". 쿠니타치 시 공민관, 2005년/ 카네마츠 타다오(兼松忠雄) · 타카하시(高橋)시노부, '청년실, 장애인 청년교실, 그리고 "와이가야"', 코바야시 시게루(小林繁) 편저, "너와 같은 마을에 살면서", 렌가서방신사(書房新社), 1995년/히라바야시 마사오(平林正夫), '젊은이들은 '집합소'를 만든다~쿠니타치 시 공민관, 커피하우스의 실천~', 코바야시분진 편저, "공민관의 재발견~그 새로운 실천~" 코쿠도샤(國土社), 1998년/ 히라바야시 마사오, '인간관계 만들기의 공간화~장애인과 함께 사는 마을 만들기와 사회교육~', 오가와 토시오(小川利夫) · 오오하시 켄사쿠(大橋謙策), "사회교육의복지교육실천", 코우세이칸 光生館), 1987년/히라바야시 마사오, '"집합소"고(考)~사회교육에서의 공간론적 시점~', 나가하마 이사오(長浜功) 편저, "현대 사회교육의 과제와 전망", 아카시서점(明石書店), 1986년의 각 자료 · 논문을 참고하면서 정리하였다.

7) 히라바야시 마사오, '"집합소"고(考)~사회교육에서의 공간론적 시점~', 나가하마 이사오 편저, "현대 사회교육의 과제와 전망", 아카시 서점, 1986년, p.148.

8) 토오카마치 청년 학급 개설 50주년 기념사업 실행위원회 편"(토오카마치 청년 학급 개설 50주년 기념지)쇼엔(翔炎 *역주 : 춤추는 불꽃)", 1998년/ 토오카마치 시 공민관 설치 60주년 기념사업 실행위원회 편, "(토오카마치 시 공민관 설치 60주년 기념지)모이고 배우고 맺는다", 2009년/코시무라 야스히데(越村康英) · 타무라 타츠오(田村達夫), '청년 학급을 추진한 공민관', 고바야시 분진 · 사토우 카즈코(佐藤一子)편저, "세계의 사회교육시설과 공민관~시민참가와 배움~"에이델 연구소, 2001년/ 타무라 타츠오, '청년 학급은 살아있다~니이가타 · 토오카마치, 37년의 과정~', "월간 사회교육"1985년1월호의 각 자료 · 논고 및 '토오카마치 시 공민관'조사(2010년5월4일)에서 들었던 것을 토대로 정리하였다.

9) 류우오우쵸(竜王町) 공민관 시가(滋賀) 현이 주최하는 류우오우쵸 청년 학급은 류우오우쵸 청년단과 연계하면서 실시되고 있다. 인형극이나 연극 같은 문화 활동에 힘을 쏟고 있으며, 그 활동은 현 내외에서 높이 평가받고 있다. 1956년에 탄생한 류우오우쵸 청년단은 현재 'CREW R.S.'라는 애칭으로 많은 청년들에게 친숙하며 단원들은 '단실'로 불리는 청년단 사무소를 거점으로 활동하고 있다. 이 사무소는 류우오우쵸 공민관 부지 내(주차장의 일각)에 있으며 청년 단원들의 완전한 자주관리 하에 기본적으로 24시간 자유롭게 이용할 수 있게 되어 있다.

10) 히라바야시 마사오, '젊은이들은 '집합소'를 만든다~쿠니타치 공민관, 커피하우스의 실천~', 코바야시 분진 편저, "공민관의 재발견~그 새로운 실천~", 코쿠도사, 1988년, p.105.

11) 쿠니타치 시 공민관 편, '커피하우스(62호)', 2006년, p.6.

※ 좌담회 '10년 후의 커피하우스 시마누키 신야(嶋貫伸也), 시마모토 유우꼬(島本優子), 하야시 유우조오(林雄三)'.

12) 토오카마치 시 공민관 설치 60주년 기념사업 실행위원회 편 "(토오카마치 시 공민관 설치 60주년 기념지)모이고 배우고 맺는다", 2009년, p.33.

13) 상동, p.35.

14) 상동, p.36.

15) 상동, p.38.

16) '모임'에 관한 논의의 상세한 내용은 유아사 마코토(湯淺誠), "貧困襲來(빈곤습래)"야마부키(山吹)서점, 2007년/

유아사 마코토, "反貧困(반빈곤)", 이와나미(岩波)서점, 2008년/ 유아사 마코토 · 카와조에 마코토 편, "'삶의 고달픔'의 한계점 ~'모임'이 있는 세계로~", 순보사(旬報社), 2008년의 서적들을 참조하기 바람.

17) 오가와 키요타카(小川清貴) · 소네 아쯔시(曾根惇史) '사회교육에서 청년의 배움과 성장 ~토오카마치 청년 학급의 사례에서~', "월간 사회교육"(코쿠도샤), 2010년 4월호/ ※ 본고 중에 오가와 키요타카(전 청년 학급 주사)는 토오카마치 청년 학급에서 만난 청년을 추억하면서 "청년들은 취업 노동이라는 형태로 사회와 연결되지 못하더라도 청년 학급 활동을 통해 타인이나 사회와의 연결을 계속 유지할 수 있다"고 말하면서 사회교육에서의 '사회와 연결되는 배움'의 중요성을 지적하고 있다.

제 5 절 강좌실 · 학습실 · 소회의실의 효과적인 활용

1 '제공되는'공간에서 '개방하는'공간으로

강의실, 학습실, 소회의실이라는 실의 명칭은 전국 모든 공민관에서 공통으로 사용하고 있는 것은 아니고, 지역에 따라 표현은 다양하다. 각 지역의 상황이나 공민관이 설치된 배경 등에 따라 같은 실이라도 여러 가지 명칭이 사용되고 있다. 강의실은 비교적 큰 규모의 강연회, 학급 · 강좌의 강의, 각종 회의 등에 이용되는 실의 명칭이다. 그러나 일부 공민관의 경우 대회의실, 대집회실, 대강당 등의 명칭을 사용하고 있는 곳도 있다. 학습실은 일반적으로 중간 규모의 학급 · 강좌, 학습회, 회의, 교류회 등에 이용되는 실의 명칭으로 사용되고 있으나 같은 공간과 기능의 실을 회의실, 중회의실, 중집회실, 중강당이라는 명칭으로 부르는 공민관도 있다. 또 소회의실은 소수의 학급 · 강좌, 학습회, 회의 등에 이용되는 공간을 가리키는 명칭이나, 소집회실, 자료실 등의 명칭을 사용하는 공민관도 있다.

이와 같이 각 지역의 공민관에서 다양한 명칭으로 사용되고 있는 강의실, 학습실, 소회의실에 대응하는 실을 모두 다루어 논하는 것은 불가능하다. 따라서 이 절에서는 비교적 규모가 큰 활동에 이용되고 있는 실의 총칭을 강의실, 중간 규모 활동의 장으로 이용되고 있는 실의 총칭을 학습실, 소규모 활동에 이용되는 실의 총칭을 소회의실이라 하고 각 실의 효과적인 활용에 관하여 검토해보고자 한다.

테라나카 사쿠오는 1946년에 간행한 저서 “공민관의 건설”(공민관 협회)에서 공민관의 실에 관하여 “특별히 거창한 방 배정을 상상할 필요는 없고 강의 · 담화실, 진열실, 오락실, 이 모두를 겸해서 1실을 충당하는 것으로 충분하다.”고 말하고 있다. 이와 같이 공민관의 실은 처음부터 모든 것을 겸해서 1실을 충당하는 것을 전제로 구상되었다. 즉, 하나의 실을 다양하게 활용하는 것이 기본인 것이다. 이제까지 공민관의 각 실은 다양한 활동에 ‘겸해서’ 이용되어 왔다. 하나의 실이 각기 다른 목적이나 활동 스타일이 다른 학습 · 문화 활동의 장으로 다양하게 활용되어 온 것이다.

공민관은 단순히 임대 회장으로 구상되어 설치된 시설이 아니다. 공민관은 자치체의 교육행정에 자리매김할 것을 기본으로 설치된 배울 권리를 보장하기 위한 교육시설이며, 지역 만들기 센터로 구상된 사회교육시설이다. 이러한 공민관 본래의 목적을 실현하기 위해 주최 사업을 개설하고 지역 주민의 활동에 이용되고 있는 시설인 것이다. 이후로도 공민관은 지역 만들기의 활동을 발전시키기 위한 핵심 시설로 각 지역에서 중요한 역할을 담당할 것으로 기대되고 있다. 강의실, 학습실, 소회의실은 공민관 활동에서 없어서는 안 되는 공간으로 주최 사업이나 주민의 학습 · 문화 활동에 널리 활용되고 있다. 그러나 이곳은 ‘주최 사업을 개최하는 장소’, ‘주민이 자주적으로 주체적인 활동을 전개하는 장소’로 제공되는 수동적인 공간으로 이용되어 온 공간이다. 그러므로 지금까지의 활용의 교훈을 살려, 시대의 변화에 적극 대응하는 새로운 활용법을 강구해야만 한다. 주최 사업이나 주민의 활동을 위해 제공되는 공간에서 공민관이 시대의 요청에 부응하는 역할을 다하기 위해 지역에 개방하는 공간으로 활용하는 방안이 요구되고 있다.

현재, 저출산 고령화 사회의 진행, 빈곤과 격차의 확대 등 일련의 사회문제가 지역 사회에 큰 영향을 미치고 있다. 빈곤의 확대로 아이들의 학력 격차가 현저해지고, 배우지 못하는 아이들, 아침을 먹지 못하는 아이들, 놀지 못하는 아이들, 병원에 갈 수 없는 아이들이 증가하고 있다. 또 빈곤으로 고등학교나 대학을 중퇴할 수밖에 없는 젊은이들도 증가하고 있는 추세이다. 육아의 고민을 가진 젊은 엄마들이나 고령자가 지역에서 고립되어 어쩔 수 없이 고독한 생활을 보낼 수밖에 없는 경우도 있다. 공민관은 이러한 하나하나의 과제를 해결해 나가기 위한 역할에 적극적으로 임해야 한다. 이를 위해서는 강의실, 학습실, 소회의실이 지금까지처럼 ‘제공되는’공간으로 존재할 뿐만 아니라 이제부터는 지역 과제를 해결하기 위하여 공민관을 지역에 ‘개방하는’공간으로 활용하여야 할 필요가 있다. 공민관이 지역 만들기 거점으로서의 역할을 다하기 위해서는 강의실, 학습실, 소회의실은 어떻게 활용되어야 할 것인가?

2 강좌실을 약동하는 활동의 거점으로

■ 현재 어떻게 이용되고 있는가?

강의실은 일반적으로 약 50명 남짓의 강연회, 학급 · 강좌, 단체회의, 그룹 · 서클활동 등에 이용하는 것을 목적으로 설치되었다. 공민관의 주최 사업에는 각종 강연회 외에 문학 강좌, 역사 강좌, 노인교실, 정치 강좌 등 강사의 강의를 듣고 배우는 형식의 사업에 이용되는 경우가 많다. 따라서 이용할 때마다 책상이나 의자를 이동하여 사용해야 하는 공간이 아니라 학교 교실과 같은 형태의 책상과 의자가 정연하게 배치되어 있는 곳이 많다.

또 강의실은 일정한 면적을 가진 공간이기 때문에 소수의 학습 · 문화 활동이나 회의에는 사용하기 힘들게 되어 있다. 따라서 소수의 단체나 그룹 · 서클 활동에 참가하고 있는 사람들로부터 너무 넓다는 이유로 기피되는 실이기도 하다. 그러나 공민관의 주최 사업에서는 사용빈도가 높은 실중의 하나이다. 특히 강연회, 학급 · 강좌의 강의에는 없어서는 안 되는 실이며 공민관 운영심의회 등 공민관의 관리운영에 관한 여러 회의에도 많이 이용되고 있다. 또 자치회, 상점회, 청소년육성회, 노인클럽, 어린이회, PTA, 민생위원협의회, 사회복지협의회, NPO 등 지역의 큰 단체에게도 이용가치가 높은 공간이다. 서예, 회화, 꽃꽂이, 조각, 판화, 뜨개질 등과 같이 정적인 성격을 가진 그룹이나 서클활동의 장으로 다양하게 이용되고 있는 점도 강의실의 특징이라 할 수 있다.

시대의 변화에 대응할 수 있는 방안으로 이제부터의 강의실은 보다 더 동적인 활동이 활발하게 전개되는 장소로 활용될 필요가 있다. 강의실은 시설관리를 담당하는 공민관의 입장에서는 되도록 정적인 공간으로의 사용과 가능한 한 강의실의 책상과 의자를 고정한 상태로 사용해 주기를 바라게 되는 공간이다. 그러나 이제부터는 사회의 변화에 따라 일어날 수 있는 다양한 지역의 요구에 기민하게 대응할 수 있는 장소로 시대의 변화에 어울리는 활용 방안을 검토해야만 한다.

① 영화나 OA기기를 즐길 수 있는 공간으로

강의실에서 영화나 비디오, DVD를 상영하고 있는 곳도 많이 있을 것으로 생각된다. 강의실에 암막과 영사기만 있으면 바로 영화관으로 탈바꿈할 수 있기 때문이다. 훌륭한 설비가 있어야만 영화를 상영할 수 있는 것이 아니라 현재 있는 것을 유용하게 활용하면 강의실은 영화관의 기능을 발휘할 수 있는 것이다. 더 나아가 잘 연구하면 PC 등의 OA기기를 사용하는 시청각실로도 탈바꿈할 수 있다.

② 요리와 음악을 통해 교류할 수 있는 공간으로

사진① 강좌실(사이타마 시립 타니타(穀田) 공민관)

강의실이 요리실습의 장으로 활용되고 있는 곳도 많다. 사진①은 필자가 근무하였던 공민관 강의실이다. 이 강의실에는 암막은 물론이고 요리 실습이 가능한 개수대와 가스설비뿐만 아니라 요리용 식기나 기구를 수납하는 설비가 완비되어 있다. 사진 왼쪽에 보이는 검은색 커버는 피아노를 덮어둔 천이다. 이 강의실은 책상과 의자를 이동하면 요리 실습실이 되고, 피아노를 사용하면 작은 콘서트나 코러스 연습장으로 활용 가능한 공간이 된다. 따라서 요리와 음악을 동시에 즐길 수 있는 공간의 특색을 살린 활동을 많이 프로그램화하고 있다. 공민관의 주최 사업에서도 요리와 음악의 협동으로 '세대간 교류', '평화를 생각하는 모임', '캔들 서비스' 등 이 공간이 아니면 할 수 없는 활동들이 많이 있다.

③ 몸과 마음의 건강을 되찾는 장으로

강의실은 책상과 의자를 복도로 내어놓거나 강의실 한쪽으로 밀어놓으면 넓은 마루 공간이 생기는 장소이다. 맨손체조, 태극권, 요가, 연극 등 신체를 움직이는 활동에도 충분히 활용할 수 있는 공간이다. 따라서 지역 담당 보건사와 협력하여 퇴원 후 친구 만들기를 기본으로 한 재활 활동이나 건강에 관한 상담이 이루어지는 장으로 활용할 수도 있다. 또한 유아와 엄마가 체조를 하거나 게임을 함께 즐기면서 친구를 만들어 가는 공간으로도 유용하게 활용될 수 있기를 기대하고 있다.

④ 지역문화의 창조와 발전으로 이어지는 소극장으로

간단하게 조립할 수 있고 이동 가능한 작은 무대를 준비한다면 임시 소극장으로 인형극, 종이연극, 그림자놀이, 낭독, 연극 등에 활용가능한 장소로 탈바꿈할 수도 있다. 지역의 민화나 옛날이야기를 고령자에게 듣고 인형극이나 종이연극, 그림자연극 등의 작품으로 완성시켜 공연할 수 있다면 강의실은 지역문화의 창조와 발전에 중요한 역할을 하는 공간으로 새로운 기능을 발휘할 수 있다.

⑤ 전시공간으로의 활용을

강의실의 면적과 벽면을 잘 이용하면 일상적인 전시공간으로 활용하는 것도 가능하다. 공민관이 다루는 과제의 전시 테마로 '눈으로 보는 공민관 활동', '지역사회의 변화와 공민관', '전쟁과 평화를 생각한다', '어린이들의 현실과 지역사회의 역할', '노후를 즐겁게 살기 위해서', '장애인의 생활과 지역', '사진으로 생각하는 지역의 어제와 오늘' 등 공민관이 다루어야 할 전시 테마와 내용은 지역에 수도 없이 많이 존재하고 있다.

또한 지역의 단체나 그룹 · 서클의 테마전, 작품전, 개인이 주최하는 개인전 등의 장소로 다양하게 활용하는 것이 중요하다.

3 학습실을 교류와 창조의 공간으로

■ 현재 어떻게 이용되고 있는가?

사진② 학습실(사이타마 시립 타지마(田島) 공민관)

학습실은 20명에서 50명 정도의 이용자를 예상하여 설치된 공간이다. 강연이나 강의를 듣는 그러한 스타일을 주목적으로 한 실이 아니라, 학습 · 문화 활동을 통해 서로 긴밀한 교류를 하고자 설치된 공간이다. 이것은 학습실이라는 명칭에도 나타나고 있다. 배우면서 서로의 인간관계를 돈독하게 하려는 목적으로 이용되는 기회가 많기 때문에 회장의 설치 운영도 사진②와 같이 원탁 형식으로 책상과 의자가 배치되어 있는 곳이 많다.

공민관 주최 사업일 경우에도 예를 들어 '내가 만드는 그림책 교실', '홍보지 만들기 강좌', '향토역사 학습강좌', '문장입문교실', '육아살롱' 등 창작한 작품이나 자료를 가져와 함께 배우며, 서로의 얼굴을 보면서 의견을 교환하는 학습을 중요시하는 학급 · 강좌 등에 많이 이용되고 있다. 주최 사업에도 다양하게 활용되고 있으나 중간 규모 인원수의 주민학습 · 문화 활동이나 교류의 장으로 많은 단체나 그룹 · 서클 활동에 이용되고 있다. 책상과 의자를 이동하기에 간편할 정도의 규모이므로 이용자에 따라서 다양한 양식으로 활용되고 있는 실이다. 강의실과는 다르게 큰 규모의 강연회 등을 개최하기에는 좁은 공간이기 때문에 학습실의 활동은 서로가 이름을 부를 수 있는 인간관계 만들기를 기본으로 실천되는 것이 특징이다.

■ 서로 이름을 부를 수 있는 인간관계 만들기의 장으로

학습실은 현재에도 많은 종류의 다양한 활동의 장으로 이용되고 있는데 그에 더해 교류와 창조의 장으로도 한층 더 충실한 활용을 도모해야 한다. 많은 공민관에서는 전체 공간에 한계가 있기 때문에, 전문적인 활동을 하는 보육실, 공작실, 미술실, 단체 교류실, 음악실, 조리실 등의 전문시설이 독자적으로 확보되지 못한 상황에 놓여 있다. 따라서 이러한 활동은 테라나카 사쿠오의 구상처럼 기존의 실을 '겸해서 1실을 할당한다'는 방식으로 현재 있는 실을 효과적으로 겸용함으로 보완하고 있다. 학습실도 그 예외는 아니다. 학습실에 있어서도 지금까지 이상으로 다면적인 활용이 요구되고 있다.

① 안심할 수 있는 보육공간으로

학습실을 학급 · 강좌의 개설 기간 동안만 한정적으로 보육실로 겸용하고 있는 공민관도 많다. 한편 강의실 등 넓은 공간의 실이나 다다미가 있는 일본식 방을 보육실로 사용하고 있는 공민관도 있다. 어느 실이라도 보육실로 이용할 경우에는 안전을 확보하기 위해 실내에 있는 모든 비품과 기구를 실 밖으로 내어놓는 것이 원칙이다. 작은 비품이나 기구로 인해 큰 사고를 초래할 우려가 있기 때문이다.

② 공작이나 미술활동이 가능한 장으로

학습실이 공작실이나 미술실로 겸용되는 공민관도 많을 것이다. 그러한 경우에는 방의 벽면에 다목적 선반을 설치하거나 회의 전용의 책상을 공작, 미술 실기에도 병용 가능한 사양으로 교체하는 등의 고안이 필요하다.

③ 단체교류를 위한 개방을

공민관 활동의 기본인 지역 만들기 활동을 전개해 나가기 위해서는 지역에 존재하는 각종 단체의 활동이 지역을 의식하면서 보다 더 활발하게 전개되어야만 한다. 그러기 위해서는 단체 상호간의 교류나 단체 관계자와 주민이 자유롭게 교류하고 지역 과제에 대하여 의견 교환을 할 수 있는 장이 일상적으로 마련되어 있을 필요가 있다. 향후 학습실을 지역 단체 활동을 활성화시켜 나가기 위한 장으로 자리매김하고, 매월 1회 정도로 지역에 개방하는 것을 고려해 볼 필요가 있다.

④ 젊은이의 교류공간 · 육아 교류공간 · 고령자 교류공간으로

공민관의 시설 내에 로비가 없거나 로비가 있어도 좁아서 충분한 기능을 하지 못하는 경우가 있는데 이러한 경우, 어딘가 한 곳에 주민이 잠시 들러서 편하게 이야기하며 교류할 수 있는 공간을 확보하고 주민에게 개방할 수 있는 방안을 생각해 볼 필요가 있다. 지역을 전체 사회의 축도라는 측면에서 보면, 지역에 자신이 있을 만한 장소를 찾지 못하는 젊은이나 육아로 고민하면서 살아가는 엄마들이 증가하고 있는 실정이다. 게다가 독거노인도 증가하는 추세이다. 이러한 사람들이 지역의 자기 공간 확보와 친구 찾기를 위한 아이디어를 얻을 수 있는 장소, 그리고 각자가 안고 있는 고민을 자신의 힘으로 해결하는 에너지를 얻을 수 있는 장소가 공민관의 어딘가에 마련되어야만 한다. 학습실에 지역의 교류공간적 성격을 갖추게 하는 것도 한 방법이라고 생각한다. 매월 정기적으로 열리는 즐겁고 의미 있는 지역의 교류공간……. 이러한 실천은 주민의 고민이나 요구를 지원해 주는 활동으로 평가되어야한다.

4 소회의실의 특색을 살린 활용을

■ 현재 어떻게 이용되고 있는가?

사진③ 소회의실(사이타마시립 오오쿠보 히가시(大久保 東) 공민관)

소회의실은 20명 미만 정도의 소규모활동에 이용하는 것을 목적으로 설치되었다. 처음에는 적은 인원이 이용할 예정이었기 때문에 책상과 의자는 원탁 형식으로 설정된 곳이 대부분이다. 소수의 인원이 사용하기에 편리하여 많은 단체로부터 좋은 반응을 얻었고, 소수의 그룹이나 서클 활동의 장으로도 높은 평가를 받는 실이 되었다.

공민관의 주최 사업으로는 소수의 인원을 대상으로 한 어학교실, 학급강좌의 기획위원회, 공민관 소식지의 편집위원회 등이 이용하고 있다. 소수의 주최 사업, 단체회의, 그룹이나 서클 활동의 장으로 활용되고 있기 때문에 사진③과 같은 형식으로 이용되는 경우가 많다. 소회의실을 주최 사업, 회의, 학습 · 문화 활동의 장으로뿐만 아니라 도서실이나 자료실로 사용하는 공민관도 있다. 그러나 직원 수의 부족 등으로 서적을 확보와 지역 자료의 수집에 어려움이 있어 기대하는 만큼의 역할과 기능을 충분히 살리지 못하고 있는 곳이 대부분이다. 책이나 자료가 정리되지 못하고 산더미처럼 쌓여 있는 곳도 있다. 또한 소회의실의 공간이 극단적으로 좁은 곳에서는 창고대신으로 이용하고 있는 경우도 있다.

■ 지역에 없어서는 안 될 공간으로

소회의실도 실의 특색인 좁은 공간을 잘 살려 보다 더 유효하게 활용될 수 있는 방법을 모색하여야 한다. 좁은 공간은 서로 친근감을 가지고 접할 수 있는 공간이고 개인의 고충이나 의견을 편하게 털어놓을 수 있는 분위기를 자아내는 공간이기도 하다. 이러한 소회의실의 특성을 살릴 수 있는 활동을 강구해 나가야 한다.

① 지역문고 활동의 거점으로

소회의실의 좁은 공간을 잘 살려 지역문고 활동의 장으로 유효하게 활용하고 있는 공민관도 있다. 지역문고 활동은 책을 대여할 뿐만 아니라 읽어주기, 집단게임, 장난감 만들기, 크리스마스 파티 등과 같은 폭넓은 활동이다. 지역문고 활동은 아이들이 많은 책과 만날 수 있고 안심하고 타인과 접촉할 수 있는 장이며 또한 부모들끼리 터놓고 교류할 수 있는 장소로 큰 의미를 가지고 있다. 아이들이 안심하고 모일 수 있는 공간으로 보다 더 다양한 활동을 강구해 나가야 한다.

② 개인의 고민을 털어놓을 수 있는 상담공간으로

상담 사업은 공민관 활동 가운데 아직 충분히 정착하지 못한 활동이다. 지역에서 고민을 안고 있는 사람들이 마음 편하게 상담할 수 있는 창구를 소회의실을 활용하여 개설할 필요가 있다. 물론 상담 사업의 명칭이나 내용은 지역의 실정과 요구를 미리 염두에 두고 각 지역마다 검토하여야 할 과제이다. 지역의 유능한 인재를 활용하거나 행정의 타 부서의 지혜와 힘을 빌어서 육아상담, 교육상담, 원예상담, 생활상담, 법률상담, 건강상담 등의 활동이 다양하게 이루어져야 한다.

③ 지역 자료센터로의 활용을

테라나카 사쿠오는 1946년 잡지 "대일본 교육" 신년호에 발표한 논문 '공민교육의 진흥과 공민관 구상'속에서 공민관이 해야 할 중요한 기능의 하나로 "풍부하게, 정촌에 관한 자료, 향토산업 등에 관한 자료를 갖추고 있어야 한다."(우에하라 타카유기(植原孝行)의 신한자판)라고 그 필요성에 대하여 말하고 있다. 지금까지는 공민관이 지역 만들기에 도움이 되는 각종 자료를 수집하고, 주민들에게 소개하는 활동은 거의 경시되어 왔다고 해도 과언이 아니다. 자료의 수집과 활용에 관한 활동은 이제부터 공민관이 의식적으로 실행을 강화해 나가야할 과제이다. 소회의실은 지역에 관한 모든 분야의 자료가 풍부하게 수집 · 정리되어 있는 지역의 '자료센터'로 활용되어야 한다. 공민관의 '자료센터'에 가면 지역에 관하여 무엇이든지 알 수 있다는 평가를 받을 정도의 기능을 갖추고 있을 필요가 있다.

카타노 치카요시(片野 親義)

《인용 · 참고문헌》

테라나카 사쿠오, '공민교육의 진흥과 공민관 구상', "대일본 교육", 1946년 신년호.
테라나카 사쿠오, "사회교육법 해설/공민관 건설", 코쿠도사(國土社), 1995년.

제 6 절 실습실을 창조의 공간으로

1 실습실에 대한 생각

이 절에서는 공민관의 교육 공간 중, 좌학(座學, *역주 : 앉아서 배움)을 중심으로 한 강의 · 토의 · 조사 등의 이론을 배우는 회의실 · 강의실이 아닌, 실물학습과 현장학습을 중심으로 한 실용적인 지식 · 기술 습득을 목적으로 한 시설 공간을 다루어 본다.

'공민관의 설치 및 운영에 관한 기준'(문부성 고시(告示) 1959년)에는 '학습에 필요한 시설(강의실 또는 실험 · 실습실 등)'이라고 되어 있다. 또 '"공민관의 설치 및 운영에 관한 기준"에 대한 취급에 대하여(사회교육국장 통달1960년)'에는 '학습에 필요한 시설이란 청년 학급, 부인학급, 각종 정기 강좌 등의 개설과 이에 따른 실험 실습실에 필요한 시설을 말한다'고 되어 있다.

공민관의 시설정비는 사회교육법상 시정촌 교육위원회의 관할로 되어 있으나 전국적으로 보면 지역적 특색이나 시대의 변화 등에 따라 조금씩 차이가 있는 실천 사례를 흔히 볼 수 있다. 특히 실습실의 정비는 일반적인 학습 공간인 회의실 · 강의실과 달라, 실험실습 등에 필요한 설비비품이나 설치조건이 요구되어 여러 종류의 다양한 모습을 가지고 있다. 거기에는 각 시정촌이 '예산의 범위'(주1)라는 문제를 안고 있으면서도 시대의 추이, 변천이나 지역 주민의 학습요구에 적절하게 대응해온 모습을 엿볼 수 있다. 실로 다양한 지혜와 궁리가 그 속에 나타나 있는데, 이는 공민관의 하나의 시설 공간인 실습실의 기능과 역할이 각 시대 각 지역에서 지속적으로 기대되어 왔다는 것을 나타내는 것이다.

실습실의 한 형태인 '조리실습실'에 대해서는 그 기능과 성격상, 이 절의 마지막에서 별도로 다루기로 한다. 또 '음악실' '음악실습실'에 대해서는 여기에서 말하는 실습실로 일괄할 수 없는 특수성이 있으므로 이 책에서는 다루지 않는다.

1. 실습실의 목적

실습실은 '실험실습 등에 필요한 시설'공간이며 그 목적은 현장에 관한 지식 · 기술을 습득하는 것이다. 책상 위에서 배우는 이론에 관한 학습이 아니라 실제 장소, 경우에 따라서는 실제로 사물을 직접 만지는 것으로 지식 · 기술을 습득하는 장소이다. 전후의 공민관 제도가 창설된 초기에는 공민관의 기능을 다하기 위해 필요한 '생활개선이나 산업지도 등의 실습을 위한 실' (공민관 도해 1954년)로 설치되었다. 현재의 실습실은 실기 · 기술을 습득할 뿐만 아니라 친구를 만들어가며 취미를 심화시키거나 교양을 높이는 등, 지역의 평생학습, 창작 · 창조 활동 등에 없어서는 안 될 시설 공간으로 기능하고 있다.

사진① **실습실**(치바(千葉)현 우라야스(浦安)시 토우다이지마(當代島)공민관)

2. 실습실의 명칭

실습실의 명칭은 공민관제도 창설 당시의 공민관의 평면계획에 산업실(공작실, 산업실습 지도실, 연구실), 생활실(봉제실, 주방) 등으로 나타난다. 당시의 전국 사례를 보면 여자실습실(하코다테 시(函館市) 공민관), 실험실, 연구실(하기시(萩市) 공민관)로 그 수는 적다. 2004년 현재 중핵시(中核市 *역주 : 인구 30만명 이상의 시로, 정부령 지정도시에 버금가는 권한을 이양하는 제도. 1994년 지방자치법 개정으로 광역 연합제도와 함께 창설되었다.) 공민관의 실명(室名)을 보면 실험실, 작업실, 취미 · 전통공예 · 다도교실, 생활 · 조리 · 미술회화 · PC실습실, 예법실, 다실, 농업 연수실, 보급 추진실, 영양 지도실, 요리준비실, 식품가공실, 식공방(食工房), 뜨개질 직물실, 창작실, 농가 향토민예 창작실, 전시 창작실, 미술 공예실, 도예 공작실, 도예 작업소 등이 있다(공민관 · 커뮤니티 시설 핸드북 2006년). 실습의 개별 목적이나 내용에 근거한 실 명칭이 대부분을 차지하고 있어, 실습실은 전용 · 단일 용도의 공간을 목적으로 변화해온 모습이라는 것을 쉽게 알 수 있다.

2 실습실의 정비 상황

공민관 제도 창설 당시의 공민관의 시설 정비 상황은 낮은 수준이었다.

'공민관 시설은 대부분 기존 시설의 전용 · 병용 · 개축이었다. (중략) 초기 공민관의 대부분은 구 청년학교, 농촌공회당, 사무집회소, 요정 등의 전용시설이어서, 기존 시설의 틀 속에서 벗어나지 못한 채로 기능하기 시작하였다'(고바야시 분진, '공민관 시설론의 계보를 파헤친다' "월간사회교육", 2002년 4월).

이와 같은 상황 속에서 실습실은 앞에서 말한 것처럼 실험실습 등에 필요한 시설 공간으로 자리를 잡아가게 되는데 회의실 · 강의실과 비교하면 정비된 수는 그다지 많지 않다. 전국통계(2008년도 사회교육조사보고)에서는 전 공민관 15,943개의 92.8%가 회의실 · 강의실을 소유하고 있으나 실험 실습실은 49.8%에 머무르고 있다. 한편 카나가와현(神奈川県) 공민관 연락협의회 2009년도 조사에서는 현의 전 공민관 194개소의 72.7%가 실험 실습실에 상당하는 실습실, 미술 공예실, 다실, 조리실을 소유하고 있는 상황이다. 실습실의 정비에 필요한 경비의 유무와 많고 적음은 시정촌에 따라 다르다. 공민관의 건설계획 시점부터 실습실이 포함되어 있는 경우는 별개로 하고, 건설 후 공민관에 새롭게 실습실을 추가하는 것은 어려움이 따른다. 하지만 실습 시설 공간에 관한 주민들의 다양한 요구가 나오고 있다. 고정적인 목적 · 용도의 시설 공간만으로는 이러한 요구에 유연하게 대응할 수 없다. 공민관의 1실을 다목적 다용도로 쓰일 수 있는 시설 공간으로 만들어둘 의의가 여기에 있다. 전국적으로 보아도 실습실의 정비 상황은 저조하다고 할 수 있으나 뒤에서 언급하게 될 실습실 · 조리실습실의 대체적 · 보완적인 시설 공간에 대한 참고할 만한 사례가 많다.

공민관 조건 정비의 방법이나 내용은 지역 · 시대와 함께 변화하여 왔다. 재건축해야 할 시기에 있는 공민관의 새로운 건설계획 안에 충실한 실습실의 정비를 기대하고 싶으나 행정 · 재정 개혁이 진행되고 있는 현재로서는 시정촌에서 실습실 정비를 하는 데에 차질이 생기는 것은 불가피하겠다.

3 실습실의 주요 사용방법

실습실의 사용방법 중에는 주로 농업 · 산업 · 직업 기술 훈련 등의 기술습득의 장으로 이용되던 시대도 있었으나 점차 지역의 문화진흥으로 이어지는 취미 · 교양의 실기 지도, 평생학습의 장으로 이용하는 시대로 바뀌면서 현재의 사용방법은 실로 다양하다. 실습 내용을 대략 회화, 공예, 화도(華道, *역주 : 꽃을 이용한 예술)로 크게 나누어 보아도 회화(파스텔, 유채, 수채, 서양화, 동양화, 탱화, 레터링, 톨 페인팅, 스케치, 초상화 등), 공예(금세공, 조금(彫金), 목공, 가죽공예, 등공예, 목조, 공판, 인쇄, 유리공예, 도예, 칠보공예, 점토공예, 표주박공예, 클래식인형, 나무

인형, 패치워크, 전각(篆刻 *역주 : 도장새김), 하리가미(*역주 : 종이를 바르는 세공), 조소, 치리멘(*역주 : 견직물의 한 가지. 바탕이 오글오글하게 된 평직의 비단)세공, 주름종이공예, 로우케츠(臈纈・蠟纈)염색(*역주 : 무늬 염색법의 한 가지. 천에 백랍과 수지(樹脂)를 섞은 방염제(防染劑)로 무늬를 그려서 염색한 다음, 방염제를 제거하여 무늬만 남도록 하는 것. 밀랍염색(batik공예)), 압화 공예, 타일 모자이크, 종이접기, 줄꼬기(締縄 注連縄・七五三縄・標縄), 일본종이공예 등), 화도(생화, 원예, 꽃꽂이, 조화, 플라워 바스켓, 블리자드 플라워-Blizzard Flower 또는 Preserved Flower- 등)와 실기학습이 즐비하다. 공민관 제도 초기에는 실습실이 이렇게 다양하게 사용될 줄은 아무도 예상치 못하였을 것이다. 그야말로 평생학습이 활발하게 이루어지고 있다.

그 중에서도 PC 조작 기술 습득을 목표로 한 실습실의 사용은 특별한 사례라고 할 수 있다. 2001년 PC정비를 위한 설비 보조금 제도가 문부성에 창설되고 마찬가지로 IT강습회 실시를 위한 교부금 제도가 자치성에 창설되었다. 이에 따라 전국 공민관은 PC를 구입하고 IT강습회를 실시하게 되었다. PC설치관수는 8,849개소, PC설치대수는 45,689대이다. 전용 시설 공간은 없었으므로 회의실 · 연수실 · 실습실 등을 병용 · 겸용하는 PC실습실이 공민관 내에 출현하였다. 이것은 대체적 보완적인 사용법의 한 사례라고 할 수 있다.

4 실습실의 비품과 공간

1. 면적 · 정원 등

실습실 넓이에 기준은 없지만 집단학습의 장으로의 면적은 50~100m²가 적당할 것이다. 예를 들면 카나가와 현의 실습실만의 넓이는 26~ 154m²로 일률적이지는 않지만 평균 91.3m²로, 정원은 20~40명 정도이다. 공민관 내의 실습실의 설치 위치는 정적인 환경이 필요한 회의실 · 강의실 등에서 다소 떨어진 장소가 바람직하다. 이는 소음 · 진동 · 냄새 등을 배려해야 하기 때문이다. 또 위생관리 측면에서 병용 · 겸용이 아닌 별도의 공간으로 정비해야 할 것이다.

2. 시설 · 설비

실습실의 시설 · 설비는 명칭이나 사용법에 맞는 대응이 바람직하다. 조명 · 채광, 통풍 · 환기, 방음 · 방진, 급배수, 바닥재(플로어링, P 타일, 나무벽돌), 벽재(요판 · 벽판 20mm이상),

사진② 봉제대 겸용 작업대(아이치(愛知) 현 신시로(新城) 시 공민관)

기구 준비실, 기재반입 출구 등은 기본적인 설치이다.

또 목공용 공작대, 금세공용 공작대, 작업대(봉제대 겸용)(사진②) · 작업의자, 수도 · 개수대, 가스대, 정리선반, 물품창고(도구 · 공구 · 작품의 수납 · 보관) 등은 기본적인 설비라고 할 수 있다. 칠보를 굽는 가마, 전기요(사진③), 전기화로 등 개별 실습 수요에 대응하는 설비도 적지 않다. 또한 위에서 서술한 바와 같이 시책에 따라, 시급하게 PC실습실에 전원설비(릴러콘센트플러그), 인터넷용 케이블 배선 설비 등도 필요하게 되었다.

또 실습에 따른 나무 조각들, 금속 부스러기들, 분진 등이 실외로 날리는 것을 방지하고 흙 묻은 신발 등 실외에서 오염물질이 들어오지 못하도록 실의 관리(위생 · 청소)상 실습실에는 신발을 갈아 신을 만한 공간 설치가 필요할 경우도 있다. a. 신발을 벗어놓을 공간이 있음(*역주 : 현관 등) b. 실외에 신발장이 있음 c. 실내에 신발장이 있음 d. 신발을 갈아 신을 위치만 지정하는 4가지 형식이 있다.

사진③ 전기요(窯)(치바 현 우라야스 시 토우다이지마 공민관)

그 밖에 실습실을 사용하기 불편한 탓에 시민의 불만 · 진정으로까지 발전될 가능성이 있는 점에도 유의할 필요가 있다. 예를 들면 물건을 놓아두는 곳이나 창고 설치의 문제가 그것이다. 실습에 필요한 자료 · 재료 등을 놓아둘 장소를 실내에 확보하여 실습작업에 필요한 공간이 협소해 질 경우가 있다. 이러한 경우, 사용이 불편한 대표적인 예로 이용자들의 입장에서는 불만이 표출될 수 있다. 또한 작품, 도구, 활동 기록, 이용 단체의 짐 등 보관 장소도 반드시 필요하다. 또 일본식 방의 붙박이장 · 전용 창고 등의 실내 수납뿐만 아니라 로비 · 복도에 수납 라커가 필요하게 된다. 그 위치나 규모가 건설계획 시점에 고려되었다면 별다른 문제가 발생하지 않을 것이다. 이것은 실습실에 국한된 문제가 아니라 공민관 시설 전체의 문제로 보아야 할 것이다.

3. 실습실의 비품

여기에서는 앞에서 설비로 다루었던 것 이외의 소규모 물품을 비품으로 다루어보기로 한다. 실습실에 필요한 설비(비품)로 '공민관의 설치 및 운영에 관한 기준'(문부성 고시 1959년)에는 '실험 · 실습에 관한 기재기구'라고 되어 있다. 정비 상황, 사용 방법에서 본 실습실은 지역 · 시대와 함께 변화하여 왔다. 실습실에 구비된 비품도 그 영향을 크게 받고 있다. 실험용 기구, 제반 산업용 기구(목공, 금공, 농공 각종기구, 가공기), 책상, 의자, 걸상에서부터 바이스(*역주 : 공작 작업 등에서, 재료를 끼워 움직이지 않게 고정시키는 기구), 다리미, 다리미대, 수동대패, 자동대패, 선반(旋盤 *역주 : 각종 금속 소재를 회전 운동을 시켜서 갈거나 파내거나 도려내는 데 쓰는 공작 기계. '갈이판', '돌이판'), 볼 반, 연삭반(*역주 : 회전 숫돌을 회전하여 공작물의 면을 깎는 기계, 회전식 연마기(研磨機Grinder)), 띠톱, 둥근톱, 실톱, 이젤(Easel), 녹로(*역주 : 도르래,Winch)(사진④), 픽처 레일 등이 있다. 공통비품으로는 시계, 게시판, 스크린, 화이트보드 등이 있다. 실습에 필요한 비품의 구입경비는 예산조치가 상당히 어렵다. 따라서 될 수 있는 한 1년 단위만이 아닌 3년, 5년 구입계획을 작성하여 집행하는 것이 좋다.

사진④ 녹로(轆轤) (치바 현 우라야스 시 토우다이지마 공민관)

5 다양한 조리 실습실

조리 실습실은 앞에 나온 실습실과는 기능과 성질이 다르다. 공민관 제도 초기에는 생활개선이나 산업지도 등의 실습을 위한 실로써, 산업실(공작실, 산업실습 지도실, 연구실)과는 별도로 생활실(재봉실, 주방)이 있었다. 공민관의 주방은 생활개선, 회식, 자연에서 채취한 것으로 요리, 무료급식봉사 등의 시설 공간으로 기능하고, 조리 실습실이 일본식 · 서양식 재봉의 복식 실습실로 전용되는 예도 보였다(히로시마(広島) 현 후츄우(府中) 시 남부(南部) 공민관). 현재는 주로 조리 · 요리 교실 등으로 식생활 개선은 물론, 취미 · 교양 · 문화교류를 위한 실습공간으로 이용되고 있다. 카나가와(神奈川) 현에서는 공민관 194개소의 62.4%가 조리실을 정비하고 있는 상황이며, 실습실과 조리실을 겸용하고 있는 곳은 겨우 2개소에 불과하다. '조리실'은 전용 시설 공간으로 이용되고 있음을 알 수 있다. 면적은 10~201m²이며 평균 61.1m²이다. 실습실이 위생관리 측면에서 병용 · 겸용이 아닌 별도의 공간으로 정비되는 것이 바람직하다는 것은 이미 말한 바와 같으나 특별히 조리 실습실은 전용공간이어야만 하며 신발을 따로 갈아 신을 수 있는 공간 설치가 불가피하다고 생각한다. 공간을 구분하여 위생, 청결을 유지할 필요가 있기 때문이다.

사진⑤ 덤웨이터(Dumbwaiter *역주 : 식당용 리프트)
(치바 현 키미츠 시 코이토(小糸) 공민관)

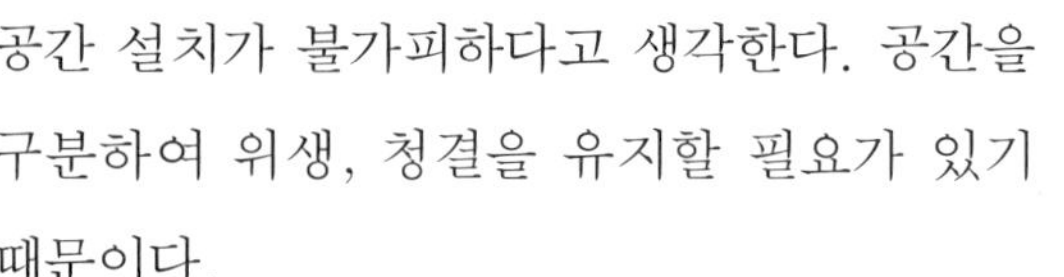

설비에 관해서는 조리대, 가스레인지, 오븐, 후드가 부착된 환풍기, 식기선반, 조리용구선반 등을 기본적으로 설치하지만 특별히 덤웨이터(사진⑤)를 설치하는 경우도 있다. 또 최근의 조리대는 시스템키친이나 전자조리기(사진⑥)가 부착되어 있거나, 어린이들이나 휠체어용으로 승강식 조리대도 등장

사진⑥ 전자 조리기(치바 현 후나바시(船橋) 시 세이부(西部) 공민관)

사진⑦ 일본식 방(和室)으로 연결된 조리실
(오키나와(沖縄) 현 공민관)

사진⑧ 벽에 붙인 조리대와 가변식 테이블
(치바 현 우라야스 시 토우다이지마 공민관)

하고 있어, 조리 실습실을 신설할 때에는 이런 것들을 고려해 볼 필요가 있다. 조리 비품에는 청소용구선반, 전자레인지, 냉동냉장고, 믹서, 액즙기(Juicer), 푸드 프로세서(Food Processor *역주 : 분쇄절삭기), 조리기구 등이 있으며 공통 비품으로는 시계, 게시판, 스크린, 화이트보드 등이 있다.

사진⑨ 시식 · 파티회장
(치바 현 우라야스 시 히노데(日の出) 공민관)

조리 실습실에는 다양한 고안과 아이디어가 엿보이는 예가 많다. 지역의 부업 · 가사실, 연회 요리나 지역 행사에 필요한 대조리실, 개방적인 조리실, 일본식 방과 연결된 조리실(사진⑦), 독거노인 급식 서비스, 조리실 인접 탁아실, 벽에 붙인 조리대(가변식 테이블)(사진⑧), 시식(파티회장)(사진⑨) 등이 있다.

사진⑩ 남성참가 요리교실
(카와사키(川崎) 시 미야마에(宮前) 시민관)

시대와 더불어 조리 실습실의 이용 상황이 변하게 된 것은 남성들이 이용을 시작한 후부터일 것이다. '남자의 프라이팬' ,'여자와 남자의 쿠킹 교류 공간', '아버지의 요리솜씨', '여자와 남자의 간단요리', '바로 도움이 되는 남자 요리', '남자요리 첫 교실', '남자가 자랑하는 요리', '남자의 요리', '남자의 시간을 즐기는 요리', '남자도 챌린지 쿠킹', '봄부터 트라이! 남자 쿠킹', '팔을 걷어 붙이고! 남자 요리', '남자의 요리입문', '취미와 실익, 남자 요리', '즐길 수 있는 남자 요리'("활동 보고서", '성인학교', 가와사키시 교육위원회, 1993~2001년) 등의 남성 참가 요리교실(사진⑩) 등이다. 조리실습의 큰 특징은 식재료를 취급하는 점과 작품은 모두 함께 만들어서 공유한다는 점일 것이다. 음식을 만드는 즐거움, 재미가 거기에 있고 남성들에게 인기를 끌고 있는 이유 중 하나라고 하겠다.

6 실습실의 가능성

그림편지, 키리에(*역주 : 종이자르기 공예, 종이를 여러 가지 모양으로 오려 대지에 붙여서 만든 그림), 서예, 펜글씨, 유화, 수채화, 수묵화, 색연필, 목조(木彫), 사진, 손뜨개질, 퀼트 등. 어느 공민관에서 일 년에 한 번 여는 서클제(*역주 : 페스티벌) (주2)의 전시부문 작품들이다. 어느 작품을 보아도 일 년간의 학습 성과 발표에 걸맞은 손수 만드는 기쁨과 즐거움이 넘쳐나는 개성이 있고 매력적인 작품들뿐이다. 실습에는 작품 제작이 따르기 마련인데다가 새롭게 처음으로 만드는 작품이다. 지금까지 만들어 본 적이 없는 작품이 완성되고 점차 솜씨와 기량도 늘어 Step Up, Version Up이다. 창작 · 창조의 기쁨과 즐거움도 거기 있다. 지식 · 기술 습득만이 아니다. 친구가 생기고 서로 영향을 주고받게 된다. 결과적으로 지도자를 중심으로 활동그룹이 만들어진다. 대표자가 결정되고, 각자의 역할이 정해진다. 정례적인 모임을 가지게 되고, 새로운 친구들도 가입한다. 실습실이라는 공민관의 일개 시설 공간이 지역의 문화 활동 · 문화 창조의 거점으로 바뀌어 간다. 작품발표 · 전시의 기회는 서로에게 감상, 평가, 격려의 기회도 된다. 시설이용에 관한 평소의 정보교환을 목적으로 하는 실습실 이용자 간담회 (주3)나 조리 실습실 청소간담회 (주4)는 공민관 직원과 이용자의 협동 학습장이 된다. 실습실에서 보내는 시간 동안 작품 제작만이 아니라 작업의 막간에 가족이나 인생에 관한 이야기를 꽃피운다. 단순한 지식 · 기술 습득에 머무르지 않고 어느새 한 사람의 인간으로 서로 성장해 나가고 있다. 실습실은 배움의 장이자 모임의 장이고 친구를 만드는 장이며 교류의 장이 되어 규모가 점점 확대되고 거기에 모이는 남성들이 활기를 띠며 성격도 활발해지고 마을 전체가 생기가 넘치게 된다. 실습실은 지역 문화 창조의 공간이자 동시에 지역 살롱 · 사교장으로써 사람과 사람을 이어주는 기능을 아울러 가지는, 인간 성장을 목적으로 한 시설 공간으로 그 가능성은 끝이 없다.

고바야시 유우스케(小林 雄介)

1) 사회교육법 제5조 시정촌 교육위원회는 사회교육에 관해 해당 지역의 필요에 따라 예산 범위 안에서 사무를 본다. 3. 공민관의 설치 및 관리에 관한 것.

2) 공민관에서 활동하는 다양한 서클이 '서클 연락회'를 조직하여 평소의 학습 성과를 발표하는 연간행사 · 페스티벌.

3) 공민관의 실습실을 이용하는 단체가 공민관에 대한 요망이나 이용 상의 문제점 등을 공민관 직원과 정보 교환하는 간담회.

4) 공민관의 조리 실습실을 이용하는 단체가 공민관 직원과 함께 조리설비 · 비품 · 기구 등을 청소하고 이용 상의 문제점 등 정보 교환을 하는 간담회.

《인용 · 참고문헌》

1) 코와다 타케노리 편저, "공민관도해(公民館圖說". 이와사키(岩崎)서점, 1954년.
2) 일본공민관학회 편, "공민관 · 커뮤니티시설 핸드북", 에이델연구소, 2006년.
3) 문부과학성, "2008년도 사회교육 조사보고서".
4) "공민관의 실태조사"(2009년도), 카나가와현 공민관 연락협의회.

[Column]

내 이름은 '시민 홀'

내 이름은 '시민 홀'…… 면적 겨우 87m^2의 공간에 불과하지만 이 공민관의 1층 정중앙에 앉아있다.

현관에 들어오는 사람도 안뜰이나 테라스를 거쳐 후문으로 출입하는 사람들도 반드시 여기를 통과한다. 사무실에 용무가 있는 지역 사람도, 집회실이나 조리실에서 강좌를 듣는 사람도, "놀이학교"에서 강당에 집합하는 어린이들도, 자원 봉사실에서 미팅을 갖는 서클 멤버들도, 2층 실을 이용하는 클럽활동을 하는 남녀노소 모두……. 화장실에 가는 사람도, 탕비실을 사용하는 사람도 이곳을 반드시 통과하게 된다.

옛날, 강제징용으로 한반도에서 키타큐슈(北九州)의 공장으로 연행되어온 남편이나 아버지를 좇아 이 땅에 정착하게 된 어머니, 할머니들의 '공부하고 싶다', '내 이름 좀 쓸 수 있으면 좋겠다'는 소원을 들어서 시민의 손으로 개설한 "청춘학교"가 개교한 17년 전 어느 날 모국어로 '우리 학교 만세! 만세!'를 외치면서 읽기 · 쓰기 교실의 탄생에 온 몸으로 기쁨을 나타냈던 할머니들이 노래하며 춤추었던 곳도 이 홀이었다. 시민들의 작품 전시가 있을 때에는 나는 미니 갤러리로 변신하기도 한다. 작품들이 많은 사람들에게 보여줄 수 있어서 행복하다고 말하는 것을 귀에 딱지가 앉을 정도로 많이 들어 왔다.

'난생 처음 내 작품을 남에게 보여 줄 수 있었다'고 흥분했던 마을의 '숨은 화가'도 있었다. 공민관에서는 그런 사람에게 우선적으로 장소를 제공했던 것 같다.

언제나 계절의 꽃과 풀을 장식해 주는 사람도 있었고, 역시 이곳은 발표의 장 · 만남의 장이었다. 그런 내가 가장 슬픈 것은 왠지 이곳이 텅 비었을 때이다. 역시 공민관 홀은 시끌벅적하게 활기찬 교차점이자 만남과 교류와 배움의 광장이었으면 좋겠다.

야마시타 아츠오(山下厚生) …… 전 북큐슈 시립 아노오(穴生) 공민관 관장 · 북큐슈 시립대학 비상근강사.

제 7 절 일본식 방(와시츠(和室))의 다용도성을 살린다

북 스타트(Book start)에서의 한 장면

"그러면 여러분, 지금 제가 읽어드린 것과 같이, 여러분들도 자녀분들과 읽고싶은 책을 골라, 자유롭게 장소를 선택하여 실제로 책 읽어주기를 시도해 보십시오."

"다다미가 있는 곳이라도, 테이블과 의자를 사용해도 좋습니다."

대부분의 사람들이 평평한 장소(다다미가 깔린)를 고른다. 이를 의아하게 생각한 리더는, 종료 후, 참가자들에게 물었다. "여러분, 자녀분에게 책을 읽어 줄 장소로 다다미, 카펫, 책상과 의자 중 어느 곳을 선호하십니까?" 48명의 참가자 중 20명 이상이 다다미라고 대답했다. 그러나 집에 다다미방이 있느냐는 질문에는 약 반 정도의 인원 밖에 긍정하지 않았다. 자녀와 오랜 시간을 같이 하는 일이 많은 부모들의 의외의 반응이 놀라웠다. 하지만 이러한 결과는 안심하고, 어린이와 접할 수 있는 공간을 무의식적으로 고르기 때문일 것이다. 이것은 K시의 공민관에서 열린 소위 '북 스타트'의 한 장면이다. 북 스타트는 '어린이가 처음으로 책을 만나는 사업'으로서 전국적으로 전개되고 있다.

최근 공민관 설계에서, 와시츠(和室 *역주 : 다다미방, 일본식 방) 혹은 니혼마(日本間 *역주 : 일본 전통식 방)의 비율은 현저히 감소하고 있는 것 같다. 이것은, 공민관이 전체적으로 대형화하는 가운데 많으면 2실, 보통 1실 밖에 점하지 않는 경향 속에서 나타난 현상이 아닌가 생각된다. 새삼 일본의 전통 문화인 와시츠가 갖는 의미와 사용 방법, 그 다용도성에 관해서 생각해 보고 싶다.

1 '일본식 방'이 갖는 이미지

'일본식 방'이란? 이라는 질문에 대부분의 사람들은 '다다미가 깔려 있는 방'이라고 대답한다. 공민관에는 각각의 이용 목적에 맞는 시설 공간이 있고 필요에 따라 그 명칭이 붙여진다. 그러나 목적별인지 시설 형태인지는 명확하게 구분되어 있지는 않고 혼동하여 불린다. 일본식 방은

그 대표적 예라고 할 수 있다. 일본식 방에도 '마루방'이나 토방처럼 다다미가 깔려있지 않은 방도 있다. 본래 '일본식 방'은 토코노마(床の間 *역주 : 일본식 방의 상좌에 바닥을 한층 높게 만든 곳), 란마(欄間 *역주 : 문, 미닫이 위의 상인방과 천장과의 사이에 통풍과 채광을 위하여 교창을 붙여 놓은 부분), 다다미, 후스마(襖 *역주 : 일본식 방의 공간을 나누는데 사용하는 건구이며 보통 맹장지를 사용), 쇼오지(障子 *역주 : 일본식 방에서 빛을 통과할 수 있도록 문이나 창문에 사용하는 건구, 창호지문) 등으로 이루어진 '일본 전통식 방'의 생략형을 일컫는 말이겠다. 혹은 공민관 등 공공시설에서는 신발을 갈아 신을 필요가 있는 방이라고도 할 수 있다. 반드시 무엇을 하는 방이라고 정해진 것은 아니다. 공민관에 따라서는 지역에 따라 회의실, 강의실, 부인단체실, 노인회실, 봉제실, 대기실, 보육실 등 여러 가지 이름이 있으나 실제로는 일본식 방의 형태인 경우도 많다.

(공민관의) '일본식 방은 무엇을 하는 곳인가?'라는 질문에는 다도회, 기모노 맵시교실, 거문고, 샤미센(三味線 *역주 : 일본의 현악기, 3개의 현을 갖고 있음)이나 퉁소 등 일본악기를 연습하는 곳이라고 답할 수 있겠으나, 의외로 현재로서는 특별한 것이 떠오르지 않는다. 그러나 실제로 이용되는 것을 보면 극히 보통 회의, 소집회, 강습회는 물론 유아 건강 진단, 영유아교실, 엄마와 함께 하는 놀이교실, 혹은 영유아 보육실(가정교육 학급이나 각종 영유아를 가진 부모 대상의 학급 강좌, 서클 활동 시 실시), 식사나 음료수를 나누면서 하는 소집회, 조리실습 후의 시식회, 휴식실, 홀 · 강당에서 열리는 발표회 등의 대기실이나 탈의실 등 매우 다양한 용도로 사용되고 있다. 최근 들어서는 요가나 건강체조 등에 대한 수요도 크게 늘고 있다. 반대로 일본적 전통문화의 하나인 '꽃꽂이'를 공민관에서 강습할 때 일본식 방은 거의 사용하지 않고 오히려 공예실, 작업실, 실습실 등을 이용하는 경우가 많다. 이것은 화병 등 무거운 것을 취급하거나 물이 필요한 점, 가위 같은 날카로운 물건을 사용하고, 크기가 큰 꽃 재료를 취급할 때의 작업성 등 때문에 필연적으로 평범한 작업대와 의자가 있고 물을 사용하기에도 편리한 방을 필요로 한 결과이다. 바둑 · 장기도 예전에는 일본식 방에서 하는 것이 일반적이었으나 최근에는 다리가 달린 바둑판이나 장기판을 사용하는 격식이 있는 대국이 아닌 강습회나 정기회 등에서는 의자에 앉아서 즐기는 경우가 많아졌다. 또 고령자들이 많은 모임에서는 최근 당연한 것처럼 의자에 앉는 좌석을 요구한다. 최근 들어 다다미방용 의자도 고안되고 있다.

이용자가 일본식 방을 선택할 것인가 다른 방을 선택할 것인가는 시대와 더불어 변화하고 있다. 일본식 방이 갖는 융통성과 편안함과 안락함, 그리고 안전성 등의 선택지에서 오는 다용도성, 그리고 일본식 방 본래의 이용 목적(다도회, 키모노 맵시교실, '토코노마'의 족자나 꽃꽂이 등의 장식, 매무새나 작법의 강습 외)에 따라 선택할 수 있다. 시설은 이를 위해서 어떠한 공간을 준비할 것인가가 과제이다. 기본은 일본식 방 본래의 목적을 위해 고안하는 것이 결과적으로 일본식 방의 융통성이나 다용도성을 더욱 발전시키게 되는 것이 바람직하다.

2 공민관은 모두의 다실…내 집에서 공공의 장소로

1960년대까지는 도시의 일부를 제외하면 각 가정은 그야말로 일본식 방에서 지냈다. 생활 그 자체가 일본 양식을 기본으로 하고 있었다. 그 연장선상에서 공공시설 · 공민관의 일본식 방은 조금 다른 일상의 공간이며 극히 당연하게 존재하였다. 그 무렵의 시내 · 마을의 시설 실정에 대해서 살펴보자.

1. 내 집에서 공공의 장소로 취락 · 정내(町内) · 정내(丁内) 단위의 시설

사람은 살아가면서 반드시 이웃사람들과 상담이나 대화, 공동행사 수행 장소, 친목교류의 장으로 그 집단마다의 규모에 따라 집회시설을 만들어 오고 있다(독자적인 시설이 없거나 만들 수 없는 경우에는 신사의 사무소 일부, 절의 창고 뒷마당이나 집회시설을 사용하였다). 이른바 집회소, 정내(町内 *역주 : 우리나라의 '마을'에 해당)회 집회소, 정목(丁目 *역주 : 우리나라의 '동(洞)'에 해당)집회소, 공회당, 공민관, 공민관 분관, 자치회관 등 다양하다. 이러한 것들은 전후 대부분 공민관 분관, 취락공민관 등으로 자리 잡아왔다. 이러한 시설들은 그야말로 각 가정 · 민가의 연장으로 집회 기능을 특화한 방 배정이었으나 대부분은 다다미방 소1실, 대1실, 또는 마루방 1실로, 경우에 따라 2개의 방을 합하여 사용할 수 있도록 고안되기도 하였다.(그림①② 참조) 또한 접이식 좌탁과 방석을 필요한 만큼 마련해 놓기만 하면 회의장, 오락장, 연회장, 페스티벌의 피리나 북 · 춤 등의 연습장으로 다양하게 사용되어 왔다. 이것이야말로 공민관 및 일본식 방의 원점이라고 할 수 있다. 현재도 이러한 많은 시설이 남아 있는데, 장소에 따라서는 지역산업 진흥을 위한 공동작업소의 시설을 갖추고 있는 곳도 있다. 현재도 이러한 시설이 많이 남아있다.

구정촌 단위의 시설

촌락들을 결집시켜 1890년, 행정 정(行政 町) · 촌(村)이 성립되고 그 단위에 관공서와 초등학교가 들어서고 그 중 하나가 사람들이 집회를 갖거나 협의, 교류하는 시설로써 기능하여 왔다. 1935년대 청년학교의 제도화와 더불어 정촌 단위로 청년학교 전용의 시설이 초등학교 부지내 등에 만들어 지는 예도 있었다. 이러한 시설은 야간에도 이용할 수 있었기 때문에 집회 · 학습시설로 기능하였고 전후에는 공민관의 제창과 더불어 공민관으로 전용되는 예가 많아졌다.

전쟁 전에는 1910년대 초기부터 공회당(농촌부 · 도시부), 사회관, 인보관(隣保館), 시민관(도시부) 등의 구상이 시기에 맞추어 잇달아 나왔으나, 일부 지역을 제외하고는 전국적인 전개를 보이는 일은 없었다. 그렇지만 이러한 시설들에서도 일본식 방을 설치하는 것은 당연한 것으로 여겼다.

2. 공민관은 모두의 다실…

전후 10년, 1925년의 대합병 무렵의 공민관 건설 사례는 코와다 타케노리(小和田武紀)의 편저인 "공민관 도해"에 상세하게 나와 있다. 이보다 조금 늦지만 사회교육법의 대개정(1954년)으로 문부성이 강력하게 공민관 건설을 추진한 시기의 사례를 촌과 정의 두 가지 예를 들어 살펴보고자 한다.

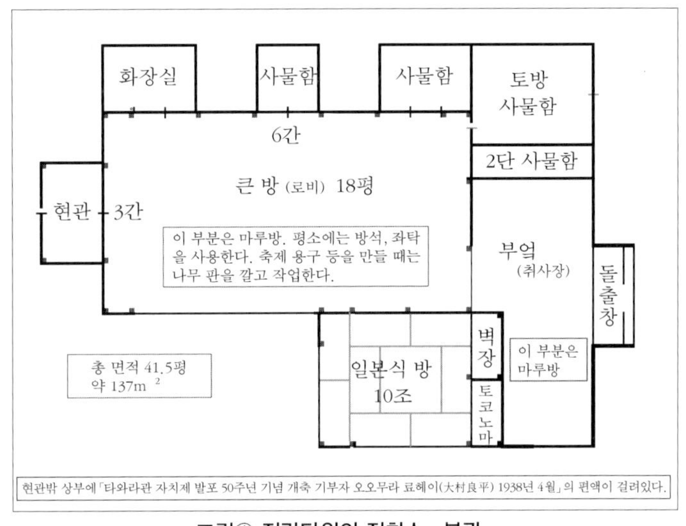

그림① 집락단위의 집회소 · 분관
(치바 현 키미츠(君津) 시 타와라다(俵田) 타와라(田原)관)

쇼우와(昭和 *역주 : 1925~1989**)의 합병정촌의 공민관과 일본식 방–집회 · 회의실은 일본식 방 중심**

치바 현(千葉県) 미네가미무라(峰上村) 공민관 1962년 건설, 목조 2층 건물, 총면적 782 m² (1950년 2개 촌이 합병하여 미네가미무라가 성립되고, 건설 당시 인구 약 5500명, 공민관 건설 이듬해, 아마하마치(天羽町)로 편입되었다. 현재 훗츠 시(富津市) 미네가미 지구 공민관). 그림③과 같이 미네가미무라 공민관은 197 m²의 무대가 있는 강당을 가지고 있으며 당시 급속하게 발전하였던 '유선방송전화'기지국을 병설하고 조리실, 실험실, 도서실, 대회의실(현 아동실), 회의실(일본식 방)이 2개 있다. 회의실(일본식 방) 2개는 모두 12.5조(畳 *역주 : 다다미의 크기는 지방에 따라, 또는 방의 대소에 따라 조금씩 다

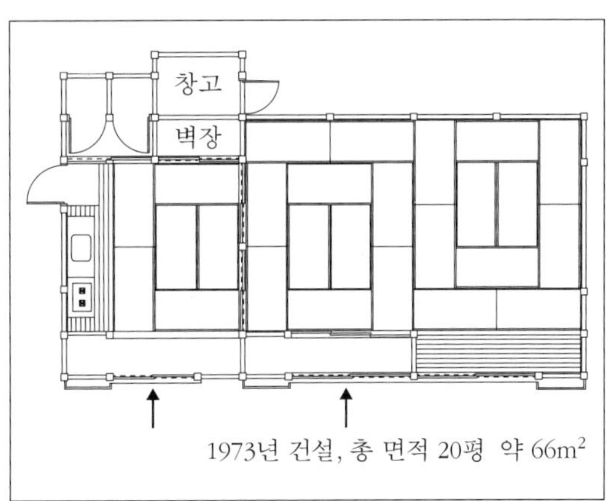

그림② 집락단위의 집회소 · 분관 2
(치바 현 키미츠 시 토자키(戸崎) 제3자치회 공민관)

르지만, 일반적으로 다다미 한 장의 크기는 180×90cm)이며 양쪽 모두 '토코노마'가 있고 '후스마'를 제거해 버리면 큰 방 하나로 이용할 수 있다. 일상적인 회의는 마루방으로 되어 있는 대회의실과 일본식 방 2곳을 편의에 따라 잘 사용하고 있다.

생활개선 · 공민관 결혼식과 일본식 방

치바현 키미츠마치 중앙 공민관 키미츠마치 합병 10주년 사업으로 1964년에 건설되었다. 철근 콘크리트, 일부 2층 건물(건설 당시 인구 약 12,000명 · 합병 후는 키미츠시 키미츠 중앙 공민관=지구관)로, 공민관 로비에는 개관 이래 '공민관은 모두의 다실'이라는 편액이 걸려있다. 초대 공민관장의 공민관 건설에 대한 신념이 집약된 편액이다. 평면약도(그림④)에 나타나 있듯이 당초 938m² 중 2층 부분은 265m²이고, 도서실, 화장실을 제외하고는 전부 일본식 방이었다. 이곳은 당시로서는 획기적인 냉난방시설을 완비한 공간이었다. 관장은 "공민관은 철근으로 된 근대적 건물이지만 주민들이 내 집 다실(*역주 : 안방)처럼 마음 편히 이용해 주었으면 좋겠다. 그리고 공민관 방식의 결혼식을 올려 생활개선의 결실을 맺었으면 좋겠다."고 강조하였다.

당시 대부분의 농가에서는 결혼식을 집에서 올렸는데, 8조(*역주 : '조'(畳)는 다다미를 세는 단위. 일반적으로 방의 크기를 다다미의 장수로 계산. 따라서 8조=180 × 90㎝ × 8), 10조 크기의 일본식 방 두 칸을 터놓고, 피로연을 밤이 새도록 화려하게, 장시간에 걸쳐서 하는 경향이 있었는데 이것은 생활개선의 큰 과제로 대두되었다. 따라서 공민관 결혼식이라는 방침은 주민들에게 크게 호응을 얻어 연간 최대 57쌍, 개관 후 5년 동안 200쌍 가까운 공민관 결혼식 · 피로연이 40명~70명 규모로 이루어지게 되었다. 공민관 결혼식은 생활개선 사업의 일환으로서 주최 사업으로 종교색을 배제하고 관장이 주례를 맡아 공민관 주사의 사회로 진행하였다. 신헌법이 명시하는 혼인은 양성의 합의만

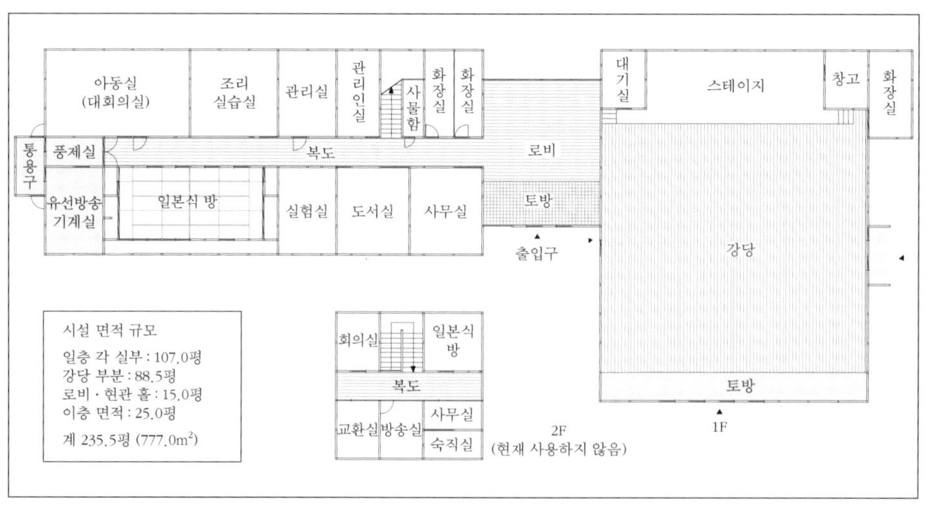

그림③ 치마 현 미네가미무라 공민관(현 치바 현 훗츠 시 미네가미지구 공민관)

을 기초로 성립한다'는 정신으로 혼인 당일 바로 관공서에 혼인신고서를 제출하였다. 상담실(다다미 10조 넓이)을 결혼식장으로, 소회의실 2실을 신랑측 대기실, 신부측 대기실로, 복도를 사이에 두고 반대 쪽 강의실(다다미 39조 면적의 스테이지가 딸려 있는 마루방)을 피로연장으로 사용하였다. 피로연 전에 강당의 무대를 이용하여 신랑신부를 둘러싸고 참가자 일동이 기념사진을 촬영하였다. 1층 조리실은 마을 내의 생선가게, 정육점, 야채가게, 술 전문상점, 과자점 등으로부터 맞춤 주문 배달 음식의 상차림 준비실이 되고 일인분씩으로 되어 있는 큰 축하 상이나 따끈하게 데워진 술은 덤웨이터(리프트)로 2층 피로연 회장으로 올려져 화려한 장을 연출한다. 공민관은 신랑신부의 새 출발의 장이자 마을의 후계자의 출발 장소로도 되었다. 더불어 마을 내의 상공업자들도 요리, 음료, 의상대여, 답례품, 기념사진 등으로 수입이 생겨 경제 진흥에도 공헌하였다. 공민관 버스(전국에 앞장서서 운전수가 딸린 공민관 전용버스 40인승을 배치)는 사람들을 각 취락에서 공민관으로 운송하는 발이 되었다. '공민관은 모두의 다실'은 마을 주민들에게 있어서 문자 그대로 마음속에 '다실'을 그릴 수 있게 하였으며 이용 실체로서도 내 집에서 공공의 장으로 잇는 가교 역할을 해 주었다.

이 경험은 후에 건설된, 카즈사(上總) 공민관(1969년 개관), 코이토(小糸) 공민관(1970년 개관), 세이와(清和) 공민관(1971년 개관), 스나미(周南) 공민관(1972년 개관), 오비츠(小櫃) 공민관(1974년 개관)(전부 현 키미츠 시 지구관)에서도 활성화되었다. 특별히 카즈사 공민관(RC(Reinforced Concrete *역주 : 철근강화콘크리트) 3층 건물, 1609m² 스테이지가 딸려 있는 다다미 39조 크기의 일본식 방. 그 밖에 일본식 방 3개)에서는 1969년 개관부터 1985년까지 약 16년 동안 518쌍이 결혼식을 하여

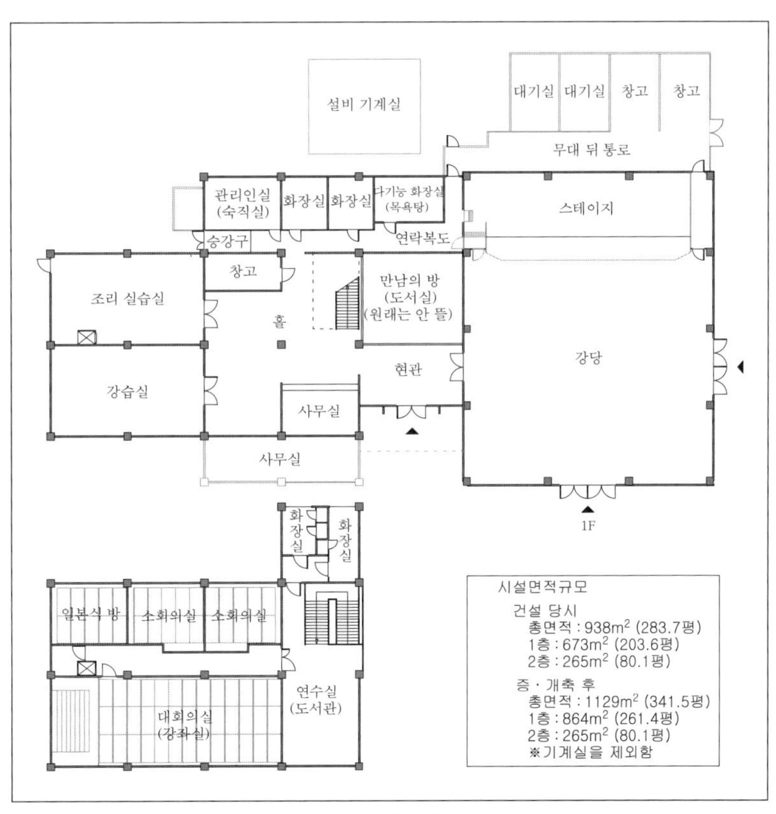

그림④ 치마 현 키미츠마치(당시) 중앙 공민관 평면약도

지역경제의 활성화에 크게 기여하였다. 이것은 키미츠 시에만 국한된 일이 아니라 많은 지방도시의 공민관들이 경험한 일이다. 그러나 시대가 바뀌면서 급속하게 호텔이나 민간 결혼식장으로 사람들이 옮겨갔다. 한 때는 결혼식에 이용되었던 이 일본식 방들이 다시 일상의 회의, 집회, 강의, 강습실로 이용된 것은 말할 나위도 없다.

또한 1970년(재해구조법 적용)에서 1972년까지 3년 연속된 집중호우로 산사태가 일어났을 때 카즈사 공민관은 일시 피난장소로 이용되었을 뿐만 아니라 구조대나 복구작업을 하는 작업원들의 숙소로도 장기 이용되었다. 그 때 일본식 방이나 조리 실습실이 크게 유효하게 이용되었음을 명기한다.

3 일본식 방의 기능과 시설 공간

일본식 방은 일본 고유의 건축문화이며 일본인의 생활양식을 만들어 왔다. 일상생활, 손님 접대, 행동거지, 휴식과 안락 그리고 다도, 화도, 서도로 대표되는 생활문화, 바둑, 장기 그 밖의 국민적 오락, 민요, 무용, 가요 등의 예능 활동(주1)도 그 속에서 연마되고 발전되어왔다. 지금 국민과 시민들에게 가장 가까운 곳에 존재하는 공민관이 근본적으로 이러한 과제를 해결하기 위한 기본적인 시설을 준비하는 것은 매우 중요하다. 주택 등 가정환경, 사회 환경이 변화하고 있는 가운데 인근에 있는 공공시설에 일본건축의 전통적 양식을 다른 시설 공간과의 조화를 도모하면서 적극적으로 도입하는 것이 필요하다. 또한 이것은 나아가 일본 건축문화의 미래와도 연결되는 일이기도 하다.

기존의 공민관에서 일본식 방을 어떻게 활용할 것인가, 신축이나 개축시 일본식 방을 어떻게 생각하여 그 기능과 이점을 염두에 두고 시설을 어떻게 구상 건설(개축을 포함하여)하고 이용자의 기대에 부응할 것인가를 고려하여 기본적인 유의점을 정리한 것이 그림⑤의 일본식 방의 기능과 시설 공간이다.

그림, 좌측 위에서부터 왼쪽에 다(茶)·화(花), 회화, 봉재, 옷(기모노)맵시교실, 일본악기 연습 등 일본식 방의 기본적 기능, 왼쪽부터 왼쪽 아래에 걸쳐서는 일본식 방이 갖는 융통성, 안전성에서 오는 다용도성을 살린 기능, 아래에 이용상 필요하다고 생각되는 기능을 배치하고 이러한 기능에 대한 시설이 갖춰야할 내용을 오른쪽 대칭 부분에 표기한 것이다. (타원으로 그린 부분의 크기는 기능의 크기와 중요도를 나타내는 것이 아니라 단순히 설명이나 서술의 많고 적음에 있다는 점에 주의. '회합·총회·소회의……'라고 작게 표시되어 있는데 여러 회의, 강의, 좌

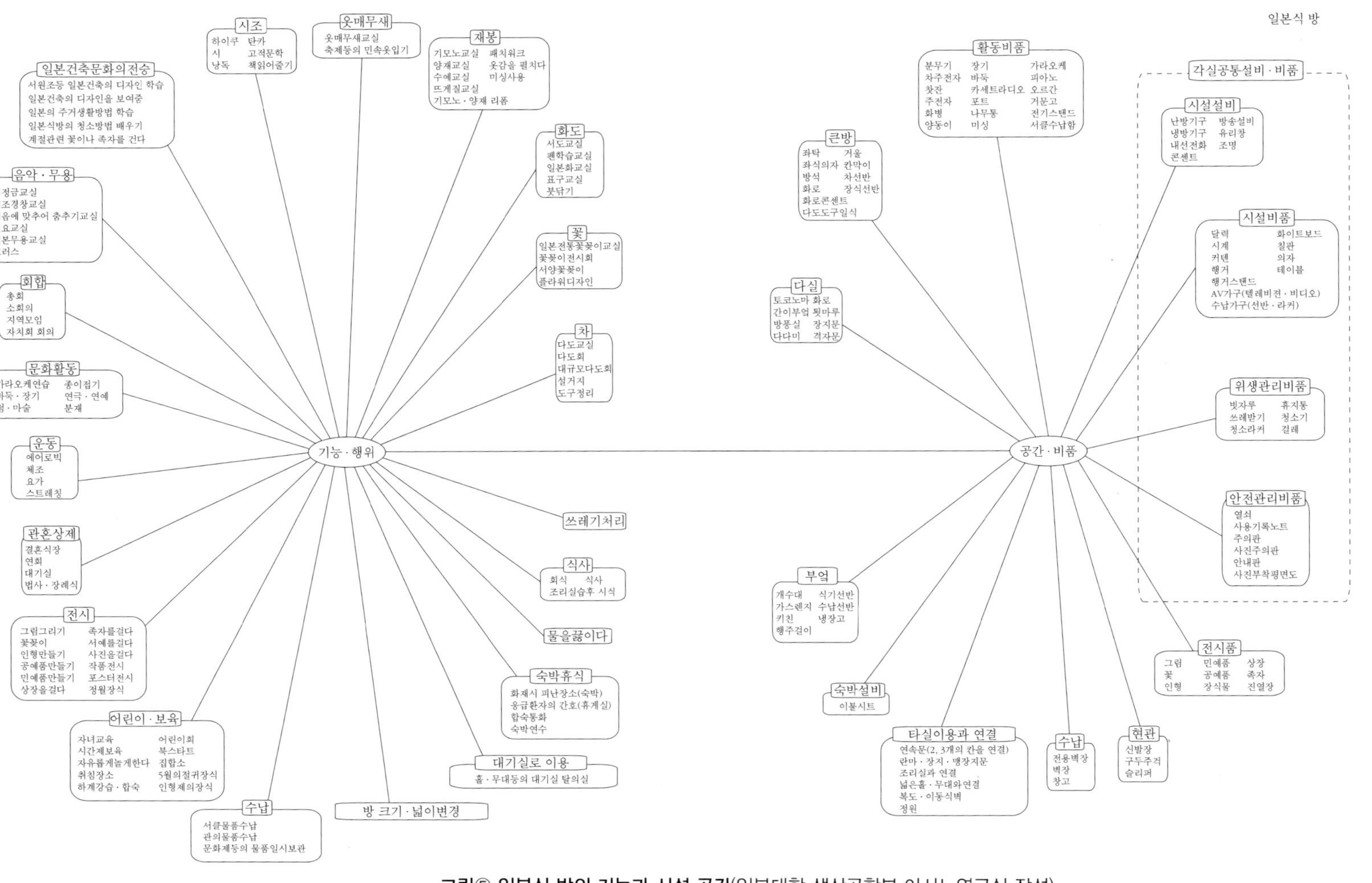

그림⑤ 일본식 방의 기능과 시설 공간(일본대학 생산공학부 아사노연구실 작성)

담회 등 범용성이 있는, 일반적으로 가장 많은 이용 형태를 상정한 것 등이다.) 또한 일본식 방 이용방법의 대부분은 1에서 이미 언급하고 있으므로 반복하지 않겠다.

여기에서 주목하여야 할 것은 '일본 건축문화의 전승'이라는 기능이다. 지역에 사는 사람들(특히 청소년)은 물론이고, 지금 주목되고 있는 국제교류 등에서도 '일본 건축의 의장 · 일본의 주거와 생활방식 · 계절에 따른 벽 장식(족자)' 등에 대한 학습은 빼놓을 수 없는 과제이며 일상생활권에 존재하는 공민관 또한 일본식 방이 있어야 할 의미는 크다고 하겠다. 철근 콘크리트 건물의 공공시설인 공민관이라고는 하지만, 그 안에 일본의 건축 양식을 살린 공간이 있어 살아있는 교재로 존재하는 것은 불가결한 일이다.

또 당연한 일이지만 물 끓이기, 쓰레기 처리 등의 기능은 해당 시설 속에 또는 같은 층에 공통된 공간이 있다면 그 기능과 관련해서 생각하면 좋을 것이다.

4 일본식 방의 배치상의 유의점

일본식 방을 배치할 경우의 유의점을 그림⑤ 이외에 열거해 보고자 한다.

1. 2실 이상을 연속 배치…2실을 하나로 사용할 수도 있고 분리해도 쾌적하게

다다미 8조 · 10조 크기의 방을 후스마를 사이에 두고 2실, 3실 연속 구조로 만드는 것은 일본가옥(민가)의 특징이기도 하다. 일상적으로는 다른 공간으로 각각의 용도에 따라 사용하고, 후스마를 열거나 떼어 내면 쉽게 넓은 공간을 만들 수 있어, 많은 사람이 모이거나 비일상적인 접객 등에 사용할 수 있다. 이 2실을 툇마루나 복도를 통해 정원으로 나갈 수 있게 한 것도 큰 특징이다. 일본식 방을 배치할 경우 해당 시설(공민관)의 전체 면적과도 상관이 있겠지만 이러한 지혜를 빌려서 1실이 아닌 2실 이상을 연속하여 배치하고, 적어도 그 중 2실은 넓혀서 하나로도 사용할 수 있도록 하면 좋겠다.

본격적인 일본식 방에서는 방과 방 사이에 사야노마(鞘の間, *역주 : 본당을 보호하기 위해 초당과 잇는 통로)를 두어 3실을 잇는 예도 많다(쯔즈키마, 続き間 *역주 :'연결 방'). 이러한 방 배치는 사생활을 배려하는 차원에서 호응을 얻지 못하던 시대도 있었으나, 이용방법의 자유로움은 그것을 상회한다. 토코노마가 있는 방을 주요 실로 이용하여 행사를 하고, 후스마를 사이에 둔 방은 대기실

이나 준비실 등으로 사용한다. 주요 실의 분위기를 가늠하여 후스마를 열고 출입한다. 이 방은 예의범절 같은 연수 등에도 매우 적합하다. 또 평소에는 큰 방에서 엄마들이 육아교육을 연수하는 동안 후스마 저편에서 아이들이 보육교사의 보호 하에 자유롭게 논다. 전체 연수는 후스마를 열고 사용하고, 개별 또는 그룹으로 이루어지는 연수는 후스마를 닫아 2실로 사용하는 등 사이를 둔 공간이 있음으로써 사용 폭을 무한하게 넓혀나갈 수 있다. 2실을 하나로 사용하는 것을 전제로 하면서도 2실로도 사용이 가능하도록 하는 고안이다. 더욱 2실이 연결되어 있으므로 후스마나 카모이(鴨居 *역주 : 건축에서 장지·맹장지 등을 끼우기 위한 윗미닫이틀, 문미(門楣)), 란마, 복도 등을 잘 배치한다면 쯔케쇼인(付書院 *역주 : 건축에 있어서 토코노마(床の間) 곁의 마루로 내민 책상 높이 정도의 선반. 아래는 벽장으로 하고, 앞의 마루 쪽으로 채광 미닫이를 단 것. 선반을 책상삼아 독서할 수 있음) 등의 설계상의 고안도 확대되어 일본건축의 의장(意匠)이 더욱 풍성하게 전개될 수 있을 것이다.

2. 동선을 중시하고 풍습에서 배운다

동선을 중시하는 것은 일본건축에 한정된 이야기는 아니지만 다다미가 깔려 있는 일본식 방을 포함한 방 배정은 특히 주의할 필요가 있다. 토코노마의 위치·방향, 방의 정면을 어디로 할 것인가, 옆방과의 관계 등 배려할 사항이 아주 많다. 손님은 우선 현관에서 신발을 벗고, 신발과 의복을 정리해서 입구에 앉아, 후스마나 장지문을 열고 인사하고 방에 들어간다. 들어가서 어디로 가서 어디에 앉을 것인가 등을 고려한 토코노마의 위치, 다다미의 까는 방식, 기둥의 위치 등을 생각하지 않으면 안 된다. 이것은 다다미가 있는 공간을 인식하는 방법과도 관련이 있다. 또 다다미의 크기도 기본적으로 3종류가 있으며(주2), 같은 8조, 10조라고 해도 크기는 현격히 다르고 걸을 때의 보폭 등 행동에도 영향을 준다. 방에 관한 구전(口傳)이나 관습, 관례, 암묵의 양해사항 등도 많고, 널리 식자들의 지혜를 빌리는 배려도 필요하다고 하겠다.

3. 정원과의 관련을

일본식 방이 1층에 배치된다면 정원과의 관련은 중요한 테마이다. 일본식 방에서 정원으로 바로 내려갈 수 있고 특별한 손님을 정원에서부터 안내하여 주요 실로 모시는 등 다양한 가능성이 있기 때문이다. 특히 다실과 정원은 뗄 수 없는 관계이다. 만약 다층 건물에서 2층 이상에 일본식 방을 마련하는 경우에라도 차경(借景 *역주 : 집 밖에 보이는 먼 산이나 수목 등을 정원을 형성하는 배경으로 이용하는 일. 또는 그런 조원법(造園法).)적 발상에서 밖과의 연계나 경관을 끌어들이는 것 등을 배려하여 정감이 넘치는 공간이 연출되도록 하는 연구가 요망된다.

4. 공공다실을 함께 만드는 지혜를

'다다미를 새로 들이는 것을 보니 여름이 왔는가 보다' 오오와타 쿄우코(大和田鏡子) 작(하이쿠(俳句 *역주 : 문학 5 · 7 · 5의 3구 17음절로 된 일본 고유의 단시(短詩).)통신 2001년 7월호). 이것은 입하(立夏)를 맞이하여 로가마(炉釜: *역주 : 풍로에 얹어서, 차 달이는 물을 끓이는 솥. 다다미의 일부를 들어내고 화로를 놓고 그 위에 솥을 놓고 물을 끓임)와 그 다다미도 걷어내고, 새로운 것으로 교체하여 새로운 계절을 맞이하는 상쾌한 계절감을 노래한 유명한 시조다. 그렇다고는 하지만 차와 친분이 없는 사람에게는 이해하기 힘들지도 모르겠다. 차는 입동에서 입하까지가 로가마(炉釜), 입하에서 입동까지는 후로(風炉 * 역주: 다다미 위에 풍로를 놓고 솥보다 작은 주전자를 놓고 물을 끓임)로 정해져 있고 여름에서 가을까지는 전용다실이라도 화로를 놓기 위해 자른 부분이 없는 보통 다다미를 까는 것이 풍습이다. '화로를 치우고 한 장의 푸른(*역주 : 일반적으로 새 '다다미'를) 두견새('봄'에 우는 새)'라는 죠우신사이(如心齊)(주3)의 하이쿠도 있다. 그러나 많은 공공시설의 다실 등에는 이러한 한 장의 다다미조차도 준비되지 않은 채, 일 년 내내 '화로를 놓을 수 있도록 잘려진 다다미가 깔린 채로' 둔 곳이 많다. 이에 대한 이용자들의 항의의 목소리는 좀처럼 공민관이나 교육위원회, 관공서에는 들리지 않는 것 같다.

다실은 4조반을 기준으로 그 이하를 코마(小間, 작은방), 이상을 히로마(廣間, 큰방)라고 한다. 공민관 등의 강습회나 연습용으로는 일반적으로 8조가 사용하기 편하다고 한다. 다실을 독립시켜 마련할 수 있으면 다행이지만 앞에서 서술한 일본식 방(다른 이용도 상정하여) 속에 끼워 넣는 경우도 많다. 마루, 다다미 까는 방식, 화로, 입구(사도우구찌 茶道口*역주 : 다실에서, 차를 대접하는 주인의 출입구), 물간(水屋*역주 : 손을 씻거나 다기 등을 수납하는 곳)은 그야말로 동선에 지배되므로 합리적으로 배치하지 않으면 안 된다. 건축가는 해당 일본식 방 이외(복도, 다른 방과의 관계, 비상대피 유도, 채광, 환기)의 제약 속에서 다실과 와시츠(和室*역주 : 일본식 방)의 배치, 방에 구비되어야 할 설비 등을 검토해야 한다. 한편 다도 관계자는 다도의 지식경험으로부터 기대를 갖고 다실의 설치를 요청하게 된다. 그러나 건물이 지어지고 내장 단계에서야 처음으로 다도 관계자의 구체적인 희망을 청취하는 경우가 많다. 이러한 상황이다 보니 질문을 받는 다도 관계자도 당황하게 되고 마루 위치나 물간의 위치도 움직일 수 없어 결과적으로 관계자들의 의견은 거의 반영되지 못하고 "다실을 요망하기는 했으나 이래서는 사용하기가 불편해서……"라는 불만이 남게 된다. 건축 관계자는 "다실이 필요하다고 해서 애써 만들었는데……"라며 또한 불만스럽게 된다. 이러한 경우에는 완성된 건물 그 자체가 제일 불행하다. 모처럼의 공공시설이 기쁜 마음으로 사용되지 못하기 때문이다.

이와 같은 상황은 공민관에서 만드는 '다실'에 대해서 다도관계자(A), 공민관(B), 건축주(C, 교육위원회의 사회교육행정 담당자) 및 자치체내 기술담당자(D), 설계자(E, 외부위탁 · 컨설팅이 많음), 시공업자(F) 의 모두에게 공통인식이 결여되었음을 보여주는 것이다.

따라서 적어도 다음의 4단계에서, 독립된 다실을 설치할 것인가, 일반 일본식 방과 겸용으로 할 것인가, 독립된 다실과 일반 일본식 방 모두를 만들 것인가를 비롯하여 어떠한 다실을 공민관에 배치하고 구체적으로 어떻게 이용될 것인지에 대한 공통인식을 확인하면서 각 담당자들이 서로 머리를 맞대고 공동 작업을 할 필요가 있다고 하겠다.

제1단계…구상단계, 제2단계…예산화와 사업규모 결정, 제3단계…설계, 제4단계…시공. 이러한 각 단계에서 ABCDEF의 관계자가 협의할 기회를 만들고 특히 A의 요구사항의 진의를 파악하여 요구사항 중 무엇이 실현가능하고 무엇이 불가능한가, 어디를 어떻게 강구해야만 더 만족할 것인가 등에 대하여 B~F의 관계자가 끝까지 긴장을 풀지 않고 협동하여 풀어나가야 한다.

5. 공공다실의 구상에서 건설까지 관계자의 협동 요점(공민관 건설 전체에서도 동일한 검토과제)

제1단계 … 구상단계

B, C는 공동으로 A(당연히 지역에 관계되는 많은 사람들 또는 단체)와 협력하여(A로부터 요구가 있을 경우도 포함하여) 시 전체적인 또는 지역적인 다도나 일본건축에 관한 환경을 조사하여 어떠한 다실 및 일본식 방을 만들 것인가에 대한 예산을 계획하고, 공민관의 규모 속에서 구상을 만들어 간다.

1) 시 전체적으로는 다도나 예법의 전문시설이 있는가?(사례, 야치요(八千代) 시립 문화전승관, 사쿠라 시(佐倉市) 죠우시(城址) 공원 다실 '산케이테이(三逕亭)', 치바 시 이나게(稲毛) 기념관 다실 '카이세이안(海星庵)', 마쿠하리 카이힝(幕張海浜)공원 '쇼우라이테이(松籟亭)', 후나바시 시(船橋市) 다화도(茶華道) 센터 등). 그러한 것을 조사하고 해당 공민관의 다실이나 일본식 방의 방도를 생각할 필요가 있다.
2) 다른 공공시설에 다실은 있는가? 있다면 그 내용을 해당 공민관의 대상지역만으로 국한하여 생각하면 되는가?
3) B · C로서 이용 형태, 다도교실 등의 실시 형태를 검토해야 한다.

4) A로서, 이용하는 시민으로서 어떠한 이용 형태를 예상하고 있는가?

또 ~류, ~파, ~사 등에 구애받지 않고 공공시설 속의 다실일 것이 요망된다. 각자의 경험만을 내세우지 말고 이것을 기회로 해당 지역의 다도 관계자의 공통의 장을 만들려는 노력이 필요하다고 하겠다.

5) 다도의 연습 형태는(다수의 교실식인지, 개별적인 지도인지), 또 다도회 형식은(격식을 차린 풀코스 다도인지 아니면 다수의 다회인지) 등에 대한 공통 이해가 필요하다.

제2단계 … 예산화와 사업규모 결정

제1단계의 검토를 거쳐 C와 D의 협의로 비용의 대략계산, 재정 당국과의 절충과 예산화, 독립된 다실을 설치할 것인지 일반 일본식 방과 겸용할 것인지 그 둘을 모두 만들 것인지 등 기본적인 사항은 여기에서 결정된다. A와 B에게도 당연히 납득과 양해를 받을 필요가 있다.

제3단계 … 설계

B, C가 E에게 다실의 규모와 사용형태를 설명하고(이때, E는 적극적으로 A, B로부터도 본심을 청취해 둘 필요가 있음) 건축 전문가와 다도 관계자의 제휴와 그것을 잇는 B, C, D가 제휴하여 일해야 한다. A, B, D 등은 도면을 보는 것만으로는 이해할 수 없는 경우도 있고 반대로 B C, D, E는 격식을 차린 풀코스 다도나 견습 내용은 이해하기 힘들다. 따라서 어떻게 사용될 것인지에 대한 부분은 잘 모르기 때문에 긴밀한 연계와 서로의 신뢰관계가 중요하다. 마지막 단계에서의 약간의 고안이 이용자들에게는 큰 효과를 가져다주는 일도 많기 때문에 끝까지 포기하지 않고 긴밀하게 협의하는 일이 필요하다.

제4단계 … 시공

시공관리를 하면서도 정보를 서로 교환하고 A나 B에게 최초에 생각했던 대로 제대로 시공되고 있는지에 대한 중간 확인이 필요하다. 즉, F의 역량이 발휘되는 부분이다. 또 완성단계에서도 바닥의 완성도, 다다미가 제대로 깔렸는지, 화로의 위치나 전원의 위치(공공시설에서는 기본적으로 숯은 불가), 물간이 편리하게 되었는지, 후스마나 장지, 꽃을 거는 못, 솥을 매달아 놓는 못 등 각종 못 종류 등의 소재와 위치를 확인할 필요가 있다.

아라이 타카오(新井 孝男)

1) 문화예술진흥 기본법(2002년 법률 제148호) 제2조 제3항에서 문화예술을 창조하고 향수하는 것이 사람들이 태어나면서부터 갖는 권리라고 한다. 또 제11조에서 '생활문화(다도, 화도, 서도 그 밖의 생활에 관한 문화), 국민오락(바둑 · 장기 그 밖의 국민오락)'이라고 정의하고 이것들의 진흥을 명시하고 있다.

2) 다다미의 규격은 크게 나누어 서일본과 동일본에서 다르다. 관서에서는 6척3촌(약190cm)을 기본 규격으로 하는 다다미를 기본으로 하여 방 크기를 정하지만 관동에서는 기둥과 기둥 간격을 일정한 기본 규격으로 하여 기둥을 기본으로 다다미의 규격을 정한다. 주요 규격은 쿄오마(京間)(혼마(本間)・칸사이마(関西間-191cm×95.5cm), 이나카마(田舎間) (에도마(江戸間)・칸토우마(関東間)-176cm×88cm), 츄우마(中間) (츄우쿄우마-182cm×175cm) 길이 여섯자, 폭 석자로 하는 칸살잡기) 규격도 사용되고 있다.

3) 오모떼센케 시치세미 죠신자미소우사(表千家七世如心斉宗左), 오모테센케(表千家) 중흥(中興)의 시조(1751년寛延4年没, 47세)

《인용・참고문헌》

코와다 타케노리 편저, "공민관 도해", 이와사키(岩崎)서점, 1954년.
일본공민관 학회편, "공민관・커뮤니티시설 핸드북", 에이델연구소, 2006년.
아사노 헤이하치 저, "지역 집회시설의 계획과 설계", 이공학사, 1995년.
石田傳吉 저, "이상적인 마을", 大倉書店, 1914년.
菅原亀五郎 저, "이상적인 고향 건설 5형태", 南光社, 1932년.
"개관 20주년 기념지 비상", 키미츠시 키미츠 중앙 공민관 개관 20주년 기념사업 실행위원회, 1984년.
"20년의 역사", 키미츠시 카즈사공민관 개관20주년 기념사업 실행위원회, 1989년.
千宗左 저, "茶の湯 表千家", 主婦の友社, 1966년.
나카무라 마사오(中村昌生)외 저, "공공다실 : 中村昌生의 작업", 건축자료 연구사, 1994년.
中村昌生 저, "中村昌生의 작업 數奇の空間 I 공공다실", 탄코우샤(淡交社), 2000년. (*역주 : 스키야(數寄屋)—다실풍의 건물)

제 8 절 홀의 기능을 어떻게 생각할 것인가?

1 지역 배치와 교육기관으로서의 홀

공민관의 시설 규모나 기능은 주민의 학습요구 반영에 따라 시대마다 그 역사적인 시설관(施設觀)을 엿볼 수 있다. 패전 직후의 초기 공민관은 취락공민관처럼 회의실이 2~3실에 부엌이 딸린 소규모의 공민관과 집회장, 공회당을 이어 촌락공동체의 대집회, 영화상영, 전통극, 연극 등을 할 수 있는 강당이 중심이고, 부속시설로 회의실, 사무실이 설치되어 있는 정촌(町村) 단위의 공민관이 일반적이었다. 이러한 공민관은 단순한 영조물의 시설 개념에 머무르고 있었다고 할 수 있다.

1959년 문부성은 '공민관의 설치 및 운영에 관한 기준'(이하 '공민관 설치 기준'이라고 함)을 정하였다. 이 규정에서 정한 기준은 시설 규모, 구조의 고정화, 설치자에 대한 국가의 개입 염려 등 불충분한 요소들이 지적되었으나 '공민관의 설치 및 운영에 관한 기준'의 취급에 관해서는 사회교육국장 통달(이하 '설치 기준의 취급'이라고 함)에서는 '이상적인 수준을 규정한 것은 아니다', 설치자는 '적극적으로 수준향상을 도모하도록 노력할 것'이라고 하고 있다. 공민관 설치 기준이 공민관의 설치자인 기초 자치체의 장에게 최저한도의 조건정비의 틀을 만들어 준 것은 역사적으로 의미가 있다. '기준 공민관'이라는 말이 사용되고 시설건설 보조금과 맞물려 공민관 정비는 이 기준을 상회하는 방향으로 진행되었다.

'설치기준의 취급'에서는 공민관 사업의 주된 대상이 된 지역에 관하여 "시에서는 중학교의 통학구역, 정촌에서는 초등학교의 통학구역을 고려하는 것이 실태에 맞다…."라고 쓰여 있다. 이 사업의 대상지역 규정은 공민관의 지역 배치를 의미한다. 실증적으로는 기초지자체의 규모, 면적, 인구, 교통 흐름 등에 따라 다르지만 아동, 학생이 통학할 수 있는 범위의 초등학교 또는 중학교 구역, 되도록이면 유아에서부터 고령자들까지 걸어서 다닐 수 있는, 직선거리로는 800m에서 1,000m의 범위 내에 배치하는 것이 바람직하다고 되어 있다. 또 이 공민관 설치 기준에서는 시설에 관하여 공민관에서는 강당(홀) 이외에 회의실, 도서실, 아동실, 전시실, 실습실, 사무실, 나아가 체육과 레크리에이션에 필요한 광장을 구비하고 면적은 330m^2 이상(강당을 설치할 경우는 그 외에 별도로 230m^2 이상)으로 되어있다.

공민관은 큰 홀을 구비한 시민회관, 공회당 등의 시설과는 다르게 학습실, 실습실, 보육실 등의 학습기능을 구비한 실과 학습설비 · 비품이나 학습교재가 정비되고, 교육전문직이 배치된 시설로 학교와 같은 교육기관이다. 교육기관인 공민관의 홀은 특정한 대상지역을 가지고, 지역주민과 단체, 서클의 학습요구나 학습권을 보장하는 기능을 갖춘 실(공간)로 자리매김해야 한다. 이 원칙에서 공민관 홀의 존재 방식에 관해서 생각해 보고자 한다.

2 공민관의 홀 개념에 관하여

음악, 연극 등의 고품격 전문 홀 · 연극을 제외한 일반적인 '홀'의 개념은 도도부현 권역, 시구

정촌(市区町村) 권역 등에 자치체가 설치한 현민회관, 시민회관, 복지회관, 사회교육회관, 공회당 등의 대형 홀을 지칭하며 800석에서 1,500석 정도의 고정석과 고규격(高規格)의 무대, 조명, 음향기능을 갖춘 실(공간)을 의미하는 것으로 생각된다.

공민관의 설치 목적에 따라서 지역에 배치되는 공민관 홀은 지역 주민의 학습, 문화 활동을 지원하며 공적으로 보장하는 공민관 안에 가장 큰 크기를 가지고 다목적으로 이용되는 공간으로 자리매김하고 있다. 강연회, 콘서트나 무대를 사용하는 연극, 무용, 민요, 음악 등의 일상적인 연습이나 발표회 등의 문화 활동, 평평한 플로어에서 행해지는 민속무용, 포크댄스, 훌라댄스 등의 각종 댄스, 에어로빅, 태극권, 요가 등의 유산소계의 신체운동, 화도, 회화, 도예, 분재 등처럼 전시발표 등의 광범위한 활동이 가능한 공간이 필요하다. 또한 단체, 서클 · 그룹의 집회나 이벤트, 각종 파티 등 다양한 학습이나 활동 형태에 대응할 수 있는 시설기능을 가지고 활동내용에 맞는 교재나 비품이 정비되어 있을 것도 요구된다. 현실적으로도 이러한 다양한 학습활동, 학습형태에 대응할 수 있도록 실(공간)기능이 정비되어 있기 때문에 그밖의 전문 홀과는 다르게 폭넓은 이용이 가능하다. 한편 이용단체, 이용형태에 따라서는 마룻바닥의 성질 때

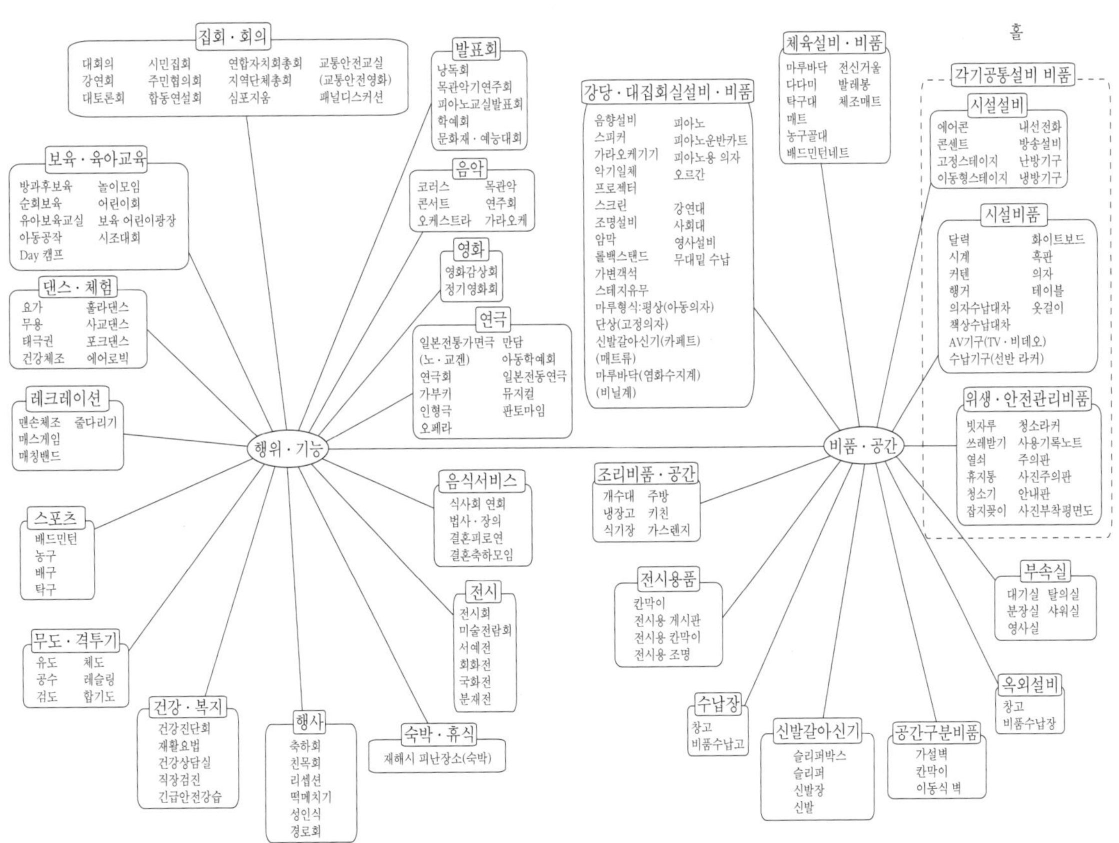

도표 홀의 기능과 시설 공간(일본대학 생산공학부 아사노연구실 작성)

문에 불충분하거나 불편한 경우가 생길 수도 있다. 불편한 부분을 공유하면서 각 단체, 서클 · 그룹의 학습, 문화 활동이 협조하거나 부딪히게 된다. 이것은 공민관 홀이 이용자의 배움과 교류의 공간을 넓히는 중요한 역할을 가지고 있다는 것을 증명하는 것이기도 하다. 이용자나 단체의 개성을 서로 인정하면서 공통 과제를 발견하고 일치점을 찾아서 협동하는 것도 공민관 활동에서는 중요한 일이다. 이상의 개념을 기초로 하여 공민관 홀을 중심으로 '홀의 기능과 시설 공간'을 도표로 나타내본다.

3 공민관 홀의 명칭과 갖추어야 할 요건

1. 홀의 명칭에 관하여

시설 내에서 가장 큰 실 공간을 가지고 있으며 다기능의 다양한 학습형태에 대응하기 위해 대집회실, 대형 홀, 레크리에이션 홀, 다목적 홀, 강당 등의 실 명칭이 현존하고 있다. 건설 규모, 이용 형태, 다른 실의 명칭 등과의 관련, 이용자, 지역의 요청 등을 고려하여 명칭이 붙여지고 있다. 이름은 신체를 나타내는 것이므로 이용자, 시민들이 직접 가장 어울리는 명칭을 생각하는 것도 공민관 활동의 일환이다.

2. 실(홀)의 규모에 관하여

초등학교구, 중학교구 또는 지역이라는 일정 구역 내의 지역 주민을 대상으로 하기 때문에 그 지역의 규모에 맞게 200~500명 정도의 수용 정원수를 갖는 200~400 m^2 정도의 연면적이 요구된다. 그 밖에 무대, 음향 조명 조정실, 창고, 대기실, 준비실, 탈의실 등의 관계시설 설비를 정비하고 원칙적으로 방음사양이 바람직하다(공민관은 비교적 주택 밀집 지역에 있는 경우가 많기 때문에 특별히 중요한 조건이다).

3. 무대(스테이지)에 관하여

무대(스테이지)에는 다양한 기능이 복잡하게 배치된다. 여기서도 전문적인 기기설비를 어디까지 갖출 것인가가 과제가 된다. 무대의 폭은 될 수 있는 대로 깊게 하고, 무대 뒤에는 출연자,

출장자(出場者)들이 좌우로 오갈 수 있는 통로를 반드시 확보해 둔다. 조정실과 연동하는 음향장치, 조명장치, 스크린, 배튼(Batten *역주 : 무대에서의 '배튼'은 무대 메커니즘의 일종으로, 무대 조명기구(LED형) 및, 음향 스피커, 막, 예술 오브제 등을 매달아 승강하는 막대기(파이프) 또는 상자형의 덕트(duct)이다.) 등의 적물(*역주 : 무대의 매다는 도구의 총칭으로 그 무게는 약100kg~1t, Rigging System)조작반(吊物操作盤)과 각종 막(幕)의 개폐 장치 등은 필수이다. 각종 조작관계 기기는 무대 왼쪽에 집중하여 하중의 감소를 꾀할 필요가 있다. 조명 비품, 그랜드 피아노, 악보대, 강연대, 의자, 책상 등을 수납하는 수납고 등을 정비한다. 음향 반사 효과 판의 부착도 중요하다. 돈쵸(緞帳 *역주 : '막'의 일종, a thick drop Stage Curtain, 무게가 무거운 것은 약 1t정도, 상하로 움직임)에 지역의 역사 문화를 상징하는 그림을 넣는 것도 생각해 볼만하다. 무대를 승강할 수 있도록 가동식으로 하는 것도 좋지만 이용자가 조작해야 하는 것을 고려하여 안전대책에 만전을 기할 필요가 있다.

4. 관객석에 관하여

홀을 평평한 평면으로 할 것인지, 고정 관객석을 마련할 것인지는 그 홀의 존재 방식을 결정하는 것이다. 공민관 홀을 그 활동 형태와 시설 전체의 규모와의 관계에서 보았을 때, 지구 공민관이라면 계단식의 고정 관객석을 마련하기는 어렵다. 바닥을 평평하게 하여 유용하게 활용할 수 있도록 전체적인 규모 측면에서 고려할 필요가 있다(시 전체를 대상으로 하는 이른바 중앙 공민관은 별개). 이러한 애로사항을 없애기 위해서 평평한 플로어의 전부 또는 일부에 관객석을 가동할 수 있는 이동관객석이나 벽면에 수납 가능한 전동식 이동관객석(Step Floor식 Roll Back Stand)이 보급되고 있다. 그러나 이것은 설비비와 유지관리라는 점에서도 과제가 되고 있다. 또한 관객석이 계단 형태가 되기 때문에 제일 뒤(상부)에 출입문을 설치할 필요가 있다.

사진①② 이동관객석
(사이타마 현 토고로자와(所沢) 시 중앙 공민관)

5. 플로어에 관하여

원칙적으로 바닥은 평평한 것이 바람직하다. 평평한 바닥은 기본적으로 목재로 스프링 기능을 갖추도록 해야 한다. 그래야만 댄스나 스포츠 등을 할 때 견딜 수 있다는 점에 유의할 필요가 있다. 댄스, 에어로빅, 요가, 신체조(新體操), 민속무용 등 다양한 형태로 이용되기 때문에 바닥재가 활동 형태에 맞지 않을 경우도 있다. 예를 들어 댄스나 탁구에서는 정반대의 요구가 나올 수 있다. 이러한 때에는 관계자와 협의하여 쌍방이 신발 등을 고려하는 등 지장이 없도록 하는 것이 중요하다. 벽면에는 개폐할 수 있는 대형 거울, 전시용 액자걸이, 전시 패널, 이동식 조명장치 등을 설치해두면 이용 폭이 훨씬 넓어질 것이다.

또 유용하게 이용할 수 있도록 무대 아랫부분에 의자 수납공간을 만드는 경우가 있는데 이러한 경우 관객석에서 무대가 너무 높아 압박감을 줄 수도 있기 때문에 바닥의 면적과 무대의 높이를 고려할 필요가 있다. 또 끌어내는 수납대의 길이에 따라 책상, 의자 등 수납할 물건을 일단 뒤로 운반한 다음 다시금 끌어낸 수납대에 올려 수납하게 되므로 안전성이나 효율성에서도 한번 고려해 볼 필요가 있다.

6. 대기실 · 분장실, 탈의실, 준비실에 관하여

본래 대기실과 탈의실, 준비실은 별도로 만드는 것이 좋다. 그러나 홀의 규모를 생각하여 겸용할 수 있도록 조금 넓게 여유를 가지고 배치하는 것도 한 가지 방법이다. 거울, 전면거울, 세면설비를 설치하고, 될 수 있으면 공간을 구분할 수 있는 간이 스페이스 디바이더(Space Divider)를 준비하는 것도 좋겠다. 준비실은 리허설 실도 겸하는 경우가 있어 설계 단계에서 방음실로 준비하는 것이 좋다. 홀을 이용하여도 대기실이나 준비실을 사용하지 않는 경우가 있으므로 방음 효과를 이용하여 소그룹의 음악활동에 이용할 수 있도록 하는 것도 한번 생각해볼 만하다. 대기실 · 분장실 등은 문을 잠글 수 있도록 하고 준비실 등에도 탈의실, 수하물을 수납할 수 있는 라커를 설치하는 것도 중요하다.

7. 조정실에 관하여

조정실에는 음향, 조명 적물조작 탁상반(吊物操作卓上盤)을 설치하고, 본래 전임 기술자가 조작하는 것이 바람직하다. 고규격(高規格)의 조명, 음향, 무대 장치는 설치비도 막대하고 조작에도 전임기술자 등을 필요로 함에 따라 관리운영도 어렵고 경제적으로도 부담이 많다. 그래서 공민관 직원 배치의 현실을 감안하여 일반이용자가 관리자에게서 일정한 강습을 받으면 조작이 가능한 설비기능으로 설치하는 것이 일반적이다. 사용 중에는 특별히 무대와의 연계가 중요하다. 필요에 따라서 무대에서도 조작이 가능하도록 하고 녹음 · 녹화 기록을 할 경우를 감안하여 완전 방음으로 한다. 조정실에서 홀 안으로 출입이 가능하도록 독립된 출입구가 필요하다.

8. 창고 · 반출입구(搬出入口) · 신발장 등에 관하여

창고는 몇 개로 나누어 책상, 의자의 수납만이 아니라 학습활동에 수반되는 교재(비품)도 수납할 수 있도록 한다. 무대로 반입하기 위한 출입구는 진입로에서부터 효과적으로 배치하고 소도구, 비품 등의 반입 반출에 지장이 없도록 유의하여 고안한다.

플로어와 외부를 잇는 방풍실(*역주 : 일본에서는 '風除室'이라 한다)은 방음사양으로 하고 장애인을 배려하는 차원에서도 널찍하게 한다. 또 공민관 외부만이 아니라 공민관의 다른 방으로도 소음이 새어나가지 않게 설비할 것을 권한다.

9. 공동비품에 관하여

회의용 책상, 의자는 상시 이동을 생각하여 안정성, 조작성(操作性), 내구성을 고려하고 동시에 이동식 수납 카트(台車)도 잊지 않도록 한다. 최근 들어 의자는 사용성(앉았을 때의 안락함), 내구성, 보관성(간편하고 부피를 차지하지 않고 안전)이 좋은 스태킹 채어(Stacking Chair)가 많이 사용된다. 회의용 책상 대신에 메모판이 부착된 의자로 대체하는 것도 가능하지만 책상이 필요한 학습활동도 많기 때문에 모든 기능을 대체할 수는 없다. 실의 기능, 구조, 부착비품에 따라 차이가 있으나 이동식 화이트보드, 16mm영사기, 텔레비전, DVD, Over Head Projector, 이동식 마이크세트 등이 필요하다. 더불어 PC등과 접속하여 기능하는 프로젝터나 전용 탁상 등도 필수품이다.

10. 홀의 조명에 관하여 … 학습 스타일에 맞는 즉시 대응 가능한 광원을

무대조명에 신경을 쓰는 것은 당연하지만 플로어 조명이야말로 학습기능을 갖는 홀에서는 빠뜨릴 수 없는 과제이다. 강연회나 학습회, 보고회 등에서는 프로젝터를 이용한 투영화상이 자주 사용된다. 영화 상영에서도 그렇지만 무대 활동 시에도 홀을 어둡게 하는 것은 당연하다. 한번 조명을 끄면 스위치를 다시 켜도 좀처럼 불이 들어오지 않아, 강사가 "들고 계신 자료를 보아 주십시오."라고 했을때 조명이 금방 들어오지 않아서 곤란한 경험을 한 분들이 많을 것이다. 만약 비상사태가 일어나서 급히 밖으로 피난하려고 하여도 금방 조명이 들어오지 않으면 위험하다. 이것은 홀을 초 · 중학교 체육관과 마찬가지로 생각하여 '큰 방에는 수은등'이라는 고정관념에 따른 설계에서 비롯된 것으로 보인다. 다운라이트와 병용한다거나 할로겐램프, LED 등의 즉시성이 있는 새로운 광원을 이용하는 등 개선할 필요가 있다.

11. 전문 · 세분화하는 학습비품에 대하여

홀을 이용하는 단체, 학습내용에 따라 다르지만 유산소 운동, 태극권, 댄스 등에서 요청이 많은 이동식 전신거울, 전시 용도를 넓히는 전시패널, 카트(Cart), 픽처 레일이나 그 부속품, 방음실 용도일 경우는 일본식 북이나 관악기, 악보대 등 음악 관계의 교재 비품, 그 밖의 이용자에게 필요한 학습교재용 비품도 정비해야 한다.

12. 홀과 학습실을 연결하는 것

건설지, 부지 면적, 예산 등의 제약도 있으나 공민관의 각 실과 이용자의 동선을 중요시하여 유효하면서 효과적으로 배치해야 한다. 홀은 많은 사람들이 모이고 이용하는 중요한 공간이다. 만남의 장소로서 로비, 입구 홀, 음료 코너 등이 필요하다. 이러한 것은 홀과 각종 학습실, 활동실을 연결하는 동선 상에 위치하여 사람들을 연결하고 유혹하는 위치에 있다. 이러한 위치 관계는 배치, 설계의 최대 과제이자 묘미이기도 하다. 예를 들어 화장실을 어디에 어떻게 배치할지는 홀의 수용 인원을 어느 정도로 예측하는지 다른 시설과 겸용할 수 있는지를 그 위치와 더불어 유의할 필요가 있다.

또 공민관 속에서 홀은 가장 많은 인원을 수용해야 하므로 안전상으로도 활동 전개상(밖의 광장과 연계된 활동전개 등)으로도 1층에 배치하는 것이 바람직하다.

홀의 건설에 있어서 공민관 본체는 물론이지만 입안, 계획, 설계단계에서 이용자, 지역 주민의 참가가 중요하다. 이것은 지역 주민, 이용자가 지역 만들기와 공민관의 주인공이 되는 첫걸음이기도 하다. 그 과정이 그 후의 운영을 좌우하는 것으로, '진정으로 환영받는 시설이 될 수 있는가'라는 공민관 건설의 생명선이라고도 할 수 있는 것이다.

4 중앙 공민관의 대형 홀

공민관은 학교, 도서관, 박물관과 마찬가지로 독립된 교육기관이다. 하나의 자치체에 복수 배치하는 것을 전제로 하여, 대상 구역을 정한 '지역주의' 원칙에서 보아 각 공민관이 병립(그야말로 초 · 중학교와 같은 의미로)하는 교육기관으로, 독립관 병립이 본래의 모습이다. 한편, 행정권역의 차이, 최근의 시정촌 합병, 효율적 운영 등에 따라, 복수 존재하는 공민관의 '연락조정관'으로서 '중앙 공민관'을 설치하여 대형 홀이 있는 대규모관을 건설 배치하는 자치체도 있다.

교육위원회가 관할하는 교육기관으로서의 공민관의 대형 홀은 수장(首長)이 직접 설치 주체가 되는 대규모 시민회관 등의 대형 홀 등과는 본래 설치 목적 설계내용, 시설기능, 사용용도, 비품구성 등에서 유사성, 동일성을 가지고 있으므로 중앙 공민관의 대형 홀의 경우는 그 설계와 운영에 대규격의 홀의 설계 자료나 운영 방법도 참조할 필요가 있다.

또한 공민관 이외의 대형 홀의 설치에 대하여 몇 가지 유의할 점이 있다. 일반적으로는 시민회관, 문화 홀 등은 시설 운영을 독립 채산제로 하고 있으나(그렇다고는 해도 소위 러닝코스트 범위 내이기는 하지만) 사용료가 고액이기 때문에 감세, 할인 제도를 이용한다고 하더라도 공민관의 이용 단체가 단독으로 이용하기에는 어려운 실정이다. 이러한 시설들은 입지조건에도 따르지만 간선철도역에서 도보 20분 이상, 원거리에 있는 경우는 가동률이 20%~30% 이하가 된다고 한다. 이용자(사업 주재자)는 새로이 사업을 일으키는 민간사업자가 대부분으로 주민이 주체적으로 관계하는 것은 어려운 현실이다. 대형 홀의 설치에 있어서는 그 사회적 역할, 공공성을 충분히 인지하고 효율성, 유효성 그리고 입지조건, 재정상황을 유의하여 건설계획에 넣을 필요가 있다.

5 공민관 홀을 공민관 활동의 가교로

홀, 로비, 입구 홀, 음료 코너 등을 각종 학습실을 중심으로 하는 다른 공민관 기능의 활동과 어떻게 공존시킬 것인지는 건물배치상의 문제만이 아니라 해당 공민관의 활동에 있어서 아주 중요한 문제이다.

지역 문화제, 공민관 문화제, 공민관 페스티벌, 문화페스티벌 등(이하 '문화제 등'이라고 함)의 이름으로 많은 공민관에서 일 년에 한 번씩 진행되고 있는 대사업을 생각해 보자. 평소에는 각 방에서 활동하고 있는 단체 · 서클 · 그룹들도 발표의 장, 활동 소개의 장으로 홀이나 로비 혹은 옥외 광장까지 이용하여도 비좁을 만큼 무대 발표, 전시 활동, 실연(実演) 등이 펼쳐진다.

문화제 등은 한 해에 한 번 있는 사업으로, 지역 주민, 공민관 관계자의 손으로 총력을 다해 전개된다. 일반적으로 문화제 등은 ① 서클 · 그룹 활동의 성과 발표의 장 ② 시민, 그룹 · 서클의 교류와 재발견의 장 ③ 새로운 교육 문화 활동이 싹트고 자라는 장 ④ 공민관 주최 사업의 성과와 소개, 새로운 과제 창출의 장 ⑤ 지역 전체의 교류와 연대감 창출의 장 등으로 인식되고, 전개된다. 이 때 홀 및 로비는 일상을 넘어선 교류의 장으로 활기를 띤다. 대형 홀이 공민관을 둘러싼 여러 활동의 가교가 되는 것이다.

또 문화제 등을 준비하는 과정에서 각각 개개의 집단만으로는 경험할 수 없는 실행 체제의 역할을 분담하게 되면서, 시야를 넓히고 공민관 이용자로서 뿐만 아니라, 한 시민으로서도 경험을 통해 '주체 의식이나 당사자 의식'을 획득하고, 지역에 산다는 사실을 실감하게 된다.

마츠자키 요리유키(松崎頼行) · 아라이 타카오(新井孝男)

제 9 절 보육실이 가져다주는 배움의 장 -치바 현 우라야스 시(千葉県浦安市)의 경우-

1 시(市) 개요

우라야스 시는 도쿄만 안쪽에 위치하며 인구 163,431명, 세대수 71,972세대(2010년 2월말)로 구성된다. 원래 어업 중심이었던 마을이었는데 해면 매립사업으로 지역이 약 4배로 확대되어 면적은 16.98㎢이다.

에도가와(江戸川)를 사이에 두고 도쿄 도에 인접해 있다는 편리성 때문에 1981년의 시제(市制) 시행 이후, 인구가 점차 증가하여, 지금은 당시의 약 3배 이상이다. 고령화가 진행되고는 있지만 연령층은 아직도 생산 연령 인구인 30대에서 40대의 비율이 높고 그에 따라서 연소자 인구도 많다. 인구동태는 전출입이 많은 것이 이 시의 특징이다. 출산율은 전국 평균을 밑돌고 있

으나 육아세대의 전입이 많아 저출산인 상황은 아니다.(2009년 현재)

2 공민관 보육실 정비의 발자취

매립사업으로 택지개발이 추진되고 지금까지와는 생활 스타일이 다른 새로운 육아세대 주민의 전입이 증가하고 있는 가운데 시의 사회교육 시책에서는 젊은 엄마를 위한 학습기회를 만드는 것이 과제가 되어왔다. 1975년 이후부터 유치원이나 초등학교, 중학교의 PTA 성인교육부를 중심으로 한 가정교육 학습 과정이 교육위원회 사무국(사회교육과)을 중심으로 학교나 공민관에 개설되었다.

그러나 이전에는 육아 중인 여성이 아이를 맡겨 놓고 무엇인가를 배운다는 발상이 없었기 때문에 당시 공민관은 한 곳뿐이었다. 하지만 마을의 성장과 더불어 새로운 마을 만들기 계획이 책정되어 1981년 시제(市制) 시행 이후, 공민관 건설이 추진되고 학습 환경이 정비되어 갔다. 이미 보육부대 주최 사업을 전개하고 있었던 도쿄 3타마지구의 공민관 보육사업의 영향도 받아 젊은 엄마들에 대한 학습보장의 중요성을 인식하면서 보육실이 설계에 추가되었다.

사진① 치바 현 우라야스 시 호리에(堀江) 공민관 보육실 전경

우라야스 시의 공민관 보육실 정비는 젊은 엄마들의 배움을 지원하는 뜻에서 먼저 가정교육학급의 개설사업을 시작하고 공민관 건설 사업과 더불어 추진시켜 나갔다.

현재는 모든 공민관에 보육실이 설치되어 있다. 각 공민관의 규모와 보육실의 개요는 다음과 같다.

모든 관이 거의 남향으로 배치되어 창문을 크게 유리블록 벽으로 하고 또 복도 측도 유

사진② 치바 현 우라야스 시 미하마(美浜) 공민관 보육실 전경

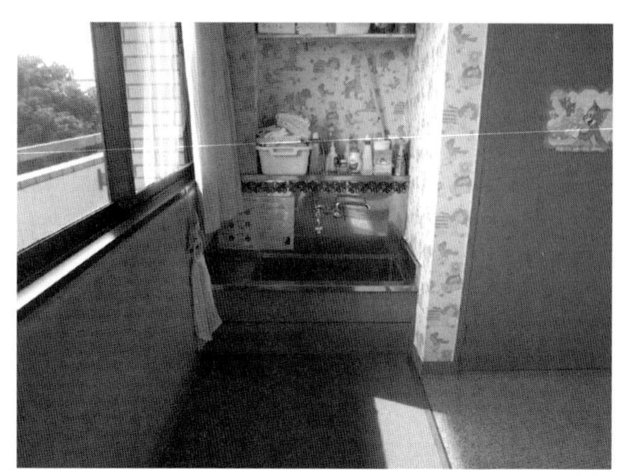

사진④ 치바 현 우라야스 시 호리에 공민관 보육실 아동용 세면장

사진③ 치바 현 우라야스 시
히노데(日の出) 공민관 보육실 어린이 화장실

리로 하는 등 채광을 배려하고 있다. 또 공민관의 신설이 늘어남에 따라, 면적은 넓어지고 부대 설비에도 많은 연구를 거듭해 왔다. 1990년대 이후에 건설된 공민관에는 아동 전용 화장실을 두고, 바닥을 카펫에서 나무로 바꾸고, 또 마루에 난방을 설치하는 등 위생면 · 환경면에도 많은 배려를 하여 어린이들이 쾌적하게 지낼 수 있도록 시설 환경을 정비하고 있다.

표① 공민관의 규모와 보육실 설비의 개요

관 명	개관년도	보육실 면적(m^2)	총 연면적(m^2)	주요설비				
추우오우(中央)	1985년	43	3,732	아동용 세면장	붙박이장	카펫 바닥		
호리에	1982년	32	2,089	아동용 세면장	붙박이장	콜크 바닥		
토미오카(富岡)	1983년	32	2,082	아동용 세면장	붙박이장	우드 플로링		
미하마	1987년	65	2,409	아동용 세면장	붙박이장	우드 플로링		
토우다이지마	1996년	50	3,679	아동용 세면장	붙박이장	우드 플로링	아동용 화장실	전용마당 · 바닥난방
히노데	1998년	104	4,700	아동용 세면장 전용부엌	붙박이장	우드 플로링	아동용 화장실	전용마당 · 바닥난방
타카스(高洲)	2010년	72	7,005	탕비실	창고	우드 플로링	아동용 화장실	유모차공간 · 바닥난방

※ 타카스 공민관은 복합시설

3 공민관 사업에 있어서 보육 부대사업에 대한 생각

공민관 보육실이나 육아 중에 있는 젊은 부모에 대한 학습원조에 대해서는 공민관 운영심의회 답신이나 사회교육위원회의 답신에서 보육실의 정비나 교육의 기회 균등이라는 관점에서 학습권의 보장과 지원을 기본 자세로 한다고 명기되어 있다. 또 시의 기본 계획에서는 각 연령대에 있어서의 학습 기회의 충실을 기하고 양육하는 부모의 능력과 지역의 힘을 향상시킨다는 시책의 추진을, 공민관 주최 사업 운영 방침에서는 부모의 학습을 위해서 육아지원 사업, 현대적 과제(평화 · 인권 · 남녀공동참가, 환경, 복지 등)를 중점 과제로 삼고 있다. 또한 공민관 경영방침에는 "공민관의 보육실은 영유아를 키우는 엄마들의 학습을 지원하기 위해서 설치하고 있으나 특히 주최 사업의 경우는 영유아 자신의 학습의 장이 되는 방향으로 그 비중을 두고 있다. 그러기 위해서 연수를 받은 전임 보육교사를 배치하고 보육료에 대해서는 지금처럼 무료로 한다"고 명기되어 있다.

4 공민관 보육실의 인적 배치

가정교육 학습이 시내의 유치원, 초 · 중학교에 정착되고 또 육아세대의 여성의 학습적 관심이 다방면으로 확대되어 보육의 수요가 높아지고 있는 가운데 보육자의 확보도 공민관의 증설에 따라 확충되어 갔다. 우라야스 시의 경우 보육자는 자원봉사자가 아닌 시의 비상근 직원이라는 신분으로 보육자 임금이 사회교육비로 예산 조치되어 있다. 초창기에는 사회교육과의 소관이었으나 현재는 공민관비에 배정되어 있다.

보육자의 자격 요건은 유치원 교원면허나 보육교사 면허의 유자격자로 한정짓지 않고 육아경험이 있고 의욕이 있는 자로 하고 있다. 보육자의 연수에서는 공민관의 설치 목적이나 이념, 공민관 보육의 목적, 보육자의 역할 등 기본적 사항을 재확인하고 있다. 앞으로 실천상의 역량강화로 이어지는 학습의 심화가 과제라 하겠다.

근무 내용과 시간은 보육부대 공민관 주최 사업에서의 보육 업무로 하고, 주최 사업의 개최시간 전후 각 15분을 더한 시간으로, 임금의 시간 단가는 시의 비상근 직원의 임금 규정에 준하고 있다. 보육 활동 중에 일어난 어린이들의 상처와 같은 사고나 배상책임 등에 대해서는 공민

표② 2008년도 보육부대 사업 수

관명	보육부대 사업	전체 사업수
추우오우	14	56
호리에	13	52
토미오카	13	48
미하마	5	53
토우다이지마	13	56
히노데	13	61
계	71	326

사진⑤ 치바 현 우라야스 시 호리에공민관보육실 보육풍경 '간식시간'

관 종합보장제도에 가입하여 대응하고 있다.

각 주최 사업에서 보육자의 안정된 확보와 보육자의 연대의식의 양성, 공민관 직원과의 의사소통을 원활하게 하기 위해 각 공민관에 6명~8명 정도를 전속하여 배치하여 소속 공민관에서 보육에 전념할 수 있도록 하고 있다.

보육자는 일상적으로 상주하지는 않고 주최 사업이 개최될 때마다 보육을 희망하는 어린이들 수와 연령에 따라 배치하고 있으며 근무 체제는 부정기적이다. 연령별 영유아에 대한 보육자의 배치 수는 보육원의 보육 대상수를 참고하고 있으나 보육원과는 다르게 1회당 보육시간이 짧고 일상적인 보육이 아니므로 보육 대상수는 조금 넉넉하게 짜여져 있다.

5 공민관 보육실의 모습

보육 부대 사업은 엄마들의 생활 스타일, 어린이들의 생활 리듬을 배려하여 평일 오전으로 설정하는 경우가 많다. 보육 대상은 생후 6개월에서 미취학아동까지이다. 보육시간은 강좌 개시 10분 전부터 강좌 종료 후 10분간을 마중 시간으로 정하여고 아이들이 보육실에서 보내는 시간은 대략 2시간 반 정도이다.

어린이들이 안전하게 보육실에서 지낼 수 있도록 보육자와 수강생인 부모의 의사소통이 중요하다. 이를 위해 보육신청을 할 때 어린이가 보육실에서 보내기 위해 필요한 사항을 설문 형식으로 묻고 답한다. 보육자는 어린이 개개인에 대해 유의해야 할 사항을 파악한다. 또 그날 아침 어린이들의 모습이나 보육실에서의 모습을 보호자와 보육자가 전달받는 '보육노트'(그림①),

매회의 보육 상황을 사무실에서 파악하기 위한 '보육일지'(그림②) 등을 고안하여 어린이들에게 편안한 보육환경이 만들어지도록 노력하고 있다.

또 공민관에 따라서는 연속 강좌일 경우 첫 회의 보육개시 전에 보호자를 대상으로 오리엔테이션을 한다. 자녀들을 맡기고 배우는 것의 의미를 이야기하고 보육자 · 모자의 상호 자기소개, 보육실의 생활이나 지참물 등의 유의사항을 확인한다. 어린이들에게 있어서의 양질의 보육환경은 보육자 · 보호자 쌍방의 연계가 중요하다는 것을 이해시키고 모자 모두 안심하고 보육실을 이용할 수 있도록 하고 있다. 또한 같은 강좌에 따른 보육은 동일한 보육자가 일관하여 담당하고 어린이들과 보호자와의 신뢰관계가 커질 수 있도록 인적 배치를 계획적으로 조정하는 등 많은 노력을 하고 있다.

일상적인 보육의 흐름은 다음과 같다. 그 밖에 연간 2회 정도, 보육자와 보육담당인 공민관직원이 회의를 열어 보육환경에 대한 의견 교환이나 보육실의 환경정비(장난감 정리 · 실내장식)를 하고 있다.

표③ 보육의 흐름

강좌 시작 15분전	보육자 출근 아이들의 결석 상황, 장난감 소독 등을 한 후 맞아들일 준비
강좌 시작 10분전	아이들 맞이 시작 보호자로부터 당부 사항 확인(알레르기 · 화장실 · 건강상태 등)
보육 시작 (대략 2시간)	· 자유놀이(좋아하는 장난감이나 그림책 등으로) 혼자 놀거나 집단 놀이하는 아이들을 보육자는 안전하도록 지켜보거나 유도 · 간식시간(간식과 음료는 지참) · 자유롭게 놀면서 부모가 오는 것을 기다림. 보육노트에 기록
강좌 종료	· 부모 맞이(보호자에게 아이들의 모습을 전달) · 뒤처리 · 청소 · 보육일지를 기재하고 업무 종료 · 공민관 사무실에 보육일지를 제출하고 보육 상황을 보고

6 육아세대를 위한 학습체계

이상과 같이 보육체계를 정비하여 사업을 전개하고 있는데, 구체적인 예로 호리에 공민관의 실천 예와 참가자의 의견을 소개한다.

이 지역은 시 전체의 경향과 마찬가지로 핵가족인 육아세대가 많고 거주 기간이 얼마 안 되는 것이 특징이다. 육아에 답답함을 느끼는 부모들이 많으므로, 부모들끼리 교류하고 육아에 대한 방법을 습득할 수 있는 강좌나 리프레시 강좌, 육아 지식이나 생각을 배우며 자신의 육아를 되돌아보거나 확인하고 나아가 사회의 여러 문제(인권 · 여성의 삶)에도 눈을 돌릴 수 있을 만한 강좌 등을 도입하여 자립된 주민의 육성에 조력할 수 있도록 노력하고 있다.

■ **수강자의 앙케트 · 감상으로부터**

○ **육아 지원 강좌에서**

• 전업주부이자 엄마인 나는 '완벽하게 해야 한다'는 강박관념으로 아이들과 함께 있는 것이 힘들어져, 조금이라도 현 상황에서 벗어나고자 강좌에 참가하였다. 강좌를 들으며 아이들을 위해서 해왔던 것들이 과연 옳았던 것인가를 다시 한 번 생각하게 하는 주제나 이야기를 할 수 있어서 고마웠다. 지금까지 다양한 보육시설에 아이를 맡겨보았는데 아이는 계속 울기만 했었다. 이번에도 처음에는 울었지만 나중에는 즐겁게 놀며 아이가 먼저 "보육원(보육실을 말한다)에 가고 싶으니까 엽서(강좌신청)써주세요."라고 말할 정도가 되었고, 집에 돌아와서도 무슨 놀이를 했는지 이야기를 많이 하였다. 우리 모자에게 정말 도움이 많이 되었다.

○ 가정교육 학급의 총정리 앙케트에서

• 전문가의 강의를 듣기도 하고, '나만이 아니구나!', '이런 방법도 있었구나!'하면서 깨닫기도 하고 토론도 항상 해오던 친구가 아닌, 다양한 사람들과 할 수 있었다. 이러한 기회가 아니면 만날 수 없었던 사람들과 함께 할 수 있어서 뜻 깊은 1년을 보낸 것 같다. 항상 함께 있는 아이와 떨어져서 오랜만에 나 자신에게 집중할 수 있어서 좋았고 어떤 의미에서는 스트레스 해소도 되었다. 아이는 처음에는 울기만 했지만 점차 얼굴을 익힌 보육사도 생기고 사전에 상황을 말해주면 납득하면서 "엄마 공부하러 가야지."하며 먼저 말해 주기도 했다.

○ 여성문제 강좌(여성의 시를 감상하는 강좌)의 앙케트에서

• '내가 가장 아름다웠던 시절'(이바라기(茨木) 노리코 작)에 공감하였다. 전쟁을 겪어보지는 않았지만 가장 아름다웠던 시절, 소중한 시기, 즐거운 때를 날려버리는 전쟁은 두 번 다시 일어나지 말아야 한다는 것을 간절히 소망하게 되었다.

• 아이를 키우다 보면 지나쳐 버리기 쉬운 분야 · 감각인데 시를 접할 수 있어서 좋았다. 또 평소에는 자신을 위해 생각할 시간이 없으니까 이러한 기회를 또 이용하고 싶다.

○ 오카다 쿄오코(岡田京子)와 노래하는 모임

오랜만에 이렇게 큰 소리로 노래를 불러 육아로 생긴 피로도 날아갔다. 오늘 집에 돌아가면

아이와 남편에게 '사랑하리'(주 : 한국의 동요)를 들려주고 싶다. 상대방을 똑바로 바라보아 주고 귀 기울여 주는 것이 얼마나 소중한 것인지를 배웠다.

표④ 호리에 공민관의 육아세대를 위한 사업(2008년도)

사업명	대상	횟수	내용	총참가 인원수
해님 클럽 I	6개월~2세 유아 부모&자녀	연중(월2회)	책 읽어주기 · 동요 · 손놀이 · 엄마 학습회 등	654명
해님 클럽 II	3 · 4세 유아 부모&자녀	연중(월2회)	책 읽어주기 · 동요 · 손놀이 · 엄마 학습회 등	458명
개구쟁이 클럽	2 · 3세 유아 부모&자녀	전6회×2기	부모&자녀 체조	302명
아빠와 아이클럽	2 · 3세 유아와 아빠	전 2회	부모&자녀 체조	44명
이야기시간-부모와 함께 동요 · 동화	0~3세 유아 부모&자녀	연중(월1회)	책 읽어주기 · 동요 · 손놀이(사전신청 없음)	500명
즐거운 여름 모임	영유아 부모&자녀	1회	인형극 · 패널 영화 상영	108명
크리스마스 회	영유아 부모&자녀	1회	인형극 · 패널 영화 상영	72명
봄 모임	영유아 부모&자녀	1회	영유아 부모&자녀를 대상으로 한 미니 페스티벌	280명
육아지원강좌 '아빠 · 엄마응원!-아이들 시간이란?	3세까지의 자녀를 가진 부모 등(부부가 함께 참가 가능)	전 5회	강의와 의견교환 '아이들이 자라는 환경조건에 대하여' '소아 치과의사가 본 아이들의 발육과 현상' 등	101명
식사양육 강좌 '처음 만드는 도시락 강좌'	시민	전 3회	강의 '식품의 안전성' '자녀들의 생활리듬을 위한 식사' · 조리실습	59명
인권강좌 '어린이와 인권-살아가는 힘을 생각한다'	시민	1회	강의	23명
인권 영화회 '야간중학 기록영화"안녕하세요(Good Evening)"'	시민	1회	영화회	28명
여성 문제 강좌 '여성시를 음미하자'	시민	전 4회	강의와 워크숍 '이바라기 노리코 · 이시가키(石垣)린의 작품을 중심으로'	57명
오카다 쿄오코와 노래하는 모임	육아중인 분	3회	아코디언의 반주로 노래와 이야기	50명
손바느질을 즐기자(옷 만들기 교실)	육아중인 분	전5회×2기	부모&자녀의 일본식 남녀 실내복 제작 실습	62명
건강 체조 교실	건강 체조 교실	전7회×2기	비디오와 스크린을 이용한 에어로빅	108명
생활사 강좌	시민		강의와 실습 '생활을 쓴다 · 나를 말한다'	58명 보육희망자 없음

자녀분에 관해서

자녀분의 애칭	
자녀분의 생년월일	____년 __월 __일

○ 자녀분에 관해서 여쭙니다. 될 수 있는 대로 자세하게 기입해 주십시오.

1. 알레르기나 핸디캡이 있습니까?

2. 보육하는 데 특히 주의해야 할 것이 있습니까?
   * 예를 들어 자녀분의 특징 · 안는 법 · 재우는 법 · 기분이 좋아지는 방법 등을 알려 주십시오.

3. 좋아하는 놀이 · 좋아하는 캐릭터는 무엇입니까?

4. 그 밖에 보육사에게 전할 것이 있으시면 기입해 주십시오.

오늘의 모습

이름 ________ 생년월일 : ______년 ___월 ___일

가정에서의 모습 * 될 수 있는대로 자세하게 기입해 주십시오.

○ 수면은 충분히 취했습니까?
  1. 충분히 취했다 2. 보통 3. 수면 부족

○ 아침식사는 했습니까?
  1. 많이 먹었다 2. 보통 3. 안 먹었다

○ 오늘 용변을 보고 왔습니까?
  1. 보고 왔다 2. 안 보았다.

○ 화장실은 스스로 알릴 수 있습니까?
  1. 알린다 2. 기저귀를 사용 3. 시키면 한다

○ 혼자서 보행이 가능합니까?
  1. 가능하다 2. 불가능하다 3. 붙잡고 서는 정도

평소와 비교하여 다른 점은 없습니까?

보육실에서의 모습(보육자로부터)

그림① 보육노트 서식

관장 담당

보 육 일 지

년 월 일( )		기록자	
사업명		보육자	인
탁아수	인(남 인 · 여 인) 0세아(인) 1세아(인) 2세아(인) 3세아(인) 4세아(인)		
보육의 흐름(보육실의 모습 · 보육내용 등)			
	준비 받아들임		
	놀이		
	정리 간식		
	놀이		
	배움		
	정리 반성		
☆ 특기사항(곤란했던 점 · 기뻤던 점) 그 대처		☆ 전달사항	

그림② 보육일지

강좌수강에 대한 감상을 모은 글이나 보육 부대사업에 모이는 젊은 엄마들에게서 열심히 아이들을 키우는 모습이 보인다. 잠시 아이들에게서 떨어져 자신만의 시간을 가질 수 있다는 것에 기쁨을 느끼는 모습은 육아의 폐쇄성을 느끼게 한다. 전입해오는 이 세대는 스스로의 힘으로 네트워크를 만들고 있다. 생활 속에 뿌리내린 육아 기술을 전수받을 만한 부모가 가까이에 없기 때문에 다양한 육아정보에 당혹해 하며 고군분투하고 있다. 참가 동기는 '보육실이 있어서', '육아정보를 얻고 싶어서' 등 다양하며 보육 부대사업에 대한 참가나 높은 관심이 있음을 말해 준다. 부모라는 역할, 엄마라는 역할에 충실해야 한다는 것이 무의식적으로 자신을 속박하고 있는지도 모르겠다.

이렇게 참가의 동기는 다양하지만 아이들에게서 떨어져 자신만의 시간을 가지고, 배우는 것은 자신과 마주 앉아 스스로를 돌아볼 기회가 되고 있는 것 같다. 그리고 이러한 자신만의 시간은 공민관이라는 공공의 장에서 새로운 사람과의 만남, 사회와의 만남을 가져다주는 시간이다.

각 학습 과제에 대한 관심도 높아져서 육아 과제에서 현대적 과제, 교류 사업으로(혹은 그 반대로) 확대해 나가는 모습을 보이는 엄마들도 많다. 하나의 강좌에 참가한 것이 계기가 되어 공민관으로 걸음을 옮기게 되고 그곳에서 새로운 과제와 사람 · 자신과도 만난다. "토론도 항상 해오던 친구가 아닌 다양한 사람들과 할 수 있었다. 이러한 기회가 아니면 만날 수 없었던 사람들과 함께 할 수 있어서 뜻 깊은 1년을 보낸 것 같다.", "아이를 키우다 보면 지나쳐 버리기 쉬운 분야 · 감각인데 시를 접할 수 있어서 좋았다." 이러한 말들은 내 아이의 육아 과제에서 새로운 사람과의 만남이나 사회적 과제로 관심의 눈이 넓어졌음을 나타내는 것이다. 그것은 자립한 인간으로서 성장해 나가는 과정이라고 할 수 있다.

한편 아이들은 부모와 떨어져서 부모 이외의 어른, 다른 연령의 아동 집단 속에서 지내게 된다. 엄마와의 좁은 세계와는 다른 세상과의 만남이다. 불안과 당혹감을 안고 엄마 이외의 어른과의 관계를 만들고 신뢰라는 것을 배워간다. "보육원(보육실을 말한다)에 가고 싶으니까 엽서(강좌신청) 써주세요."라는 엄마의 글에서 아이들이 자신을 보살펴 주는 곳이 있다는 것을 체험적으로 배웠음이 나타나 있는 것을 볼 수 있다.

핵가족화가 진행되고 아이들의 교육을 지역이 지지한다고 하지만 공민관의 보육실에서 자란 아이들이 성장하여 공민관 청소년 사업에 참여하는 모습을 볼 수 있다. 공민관 보육은 '지역에서 아이들을 키운다'는 일에 일익을 담당하고 있다고 말할 수 있다.

저출산 · 고령화 시대 속에서 육아지원 시책이 다양하게 논의되고 있다. 공민관 보육실 사업은 부모의 학습권 보장과 아이들의 성장 권리보장을 기본 자세로 부모를 위한 종합적인 사업기획임을 의식하고 보육실을 어른에게만 편리한 장소가 되지 않도록 환경정비에 마음을 써야 한다. 공민관은 모자가 함께 성장할 수 있는 장소이기 때문이다.

타카나시 마사코(高梨 晶子)

[Column]

지역의 박물관과도 같은 공민관

요전 날 어느 공민관에서 강사를 맡았다. 참가자는 기본적으로 60~70대 분들이었다. 서로가 자유롭게 대화를 끌어낼 만한 장치로 16미리 영사기를 이용하여 1960년대 뉴스를 수 편 보여 드렸다. 거기에 비친 사건이나 사물에 관해 이야기하면서 그로부터 넓혀 가려는 의도였다. 결과적으로 이러한 의도는 효과가 있었다. 이를 계기로 당시의 사회상황이나 개개인의 경험 등을 들을 수가 있었기 때문이다.

그러나 구체적인 이야기 속에서 나온 물건을 실제로 보려고 했을 때는 거의가 이미 처분되어 없거나 혹은 행방을 알 수 없다는 반응이었다. 민구(民具)와 같이 특별히 가치를 찾지 못했기 때문일지도 모르겠다. 예를 들어 카메라처럼 수집가에게 가치가 있는 복잡하고 정밀한 기구의 기종은 완전한 상태로 보존되어 있는 면도 있으나 일반 서민들이 사용하였던 값싸고 단순한 것은 그것이 대량 생산이 되었더라도 손안에 보존되고 있는 일은 드물다.

최근 공민관의 재건축이나 통합 등으로 옛 자료(기록)의 소재를 알 수 없는 것들이 있다고 한다. 그것들은 각각의 강좌나 서클의 성과이며 동시에 그 지역 사람들의 기억을 상징하는 것이라고도 말할 수 있다. 복잡하고 정밀한 기구를 가진 물건은 아니지만 사람들에게 기억으로서의 가치는 다르지 않을까? 따라서 이러한 자료를 각 공민관에서 보존해 나가는 것은 매우 중요하다고 생각한다.

물론 현실적으로는 보관 장소의 문제도 있고 또 그 자료에 대한 해설을 할 수 있는 직원이나 주민도 교체될 경우를 생각한다면 디지털 아카이브(Digital Archive)화와 같은 최신 기술을 이용하는 것도 염두에 두고 생각할 수 있다. 지역의 박물관은 반드시 '박물관'이라고 이름을 붙이지는 않아도 된다. 왜냐하면 오히려 공민관에 그 지역의 역사가 배어 있다고 볼 수도 있기 때문이다.

와카조노 유우시로우(若園 雄志朗) …… 와세다(早稲田)대학 대학원 교육학연구과 박사과정 취득. 와세다대학 교육학부 비상근강사, 현재 홋카이도대학 아이누 · 선주민연구센터 박사연구원

제 10 절 도서실 기능을 살리는 안출

1 공민관 도서실의 현황

도서실을 가지고 있는 공민관 수는 "2008년도 사회교육 조사보고서"(문부과학성)에 따르면 6,228관이고, 이는 전국의 공민관 15,943관 중 약 39.1%이다(유사 시설은 제외).

과연 이 숫자는 40%의 공민관에 도서실이 있다(의외로 많다)고 보아야 할 것인가, 아니면 반 이상인 60%의 공민관에는 도서실이 없다(적다)고 보아야 할 것인가?

이 6,228관의 공민관을 시정촌별로 살펴보면 시는 4,817관(설치율은 41.6%), 정(町)은 1,243관(동 32.7%), 촌(村)은 168관(동 30.4%)으로 시와 정촌 간에는 큰 차이가 있음을 알 수 있다.

한편, 이 조사에서 공공도서관의 시정촌 설치율을 보면 시는 98.0%, 정은 59.3%, 촌은 22.3%이다. 이것으로 보아 다음과 같이 추측해 볼 수 있다. 첫째, 시에는 거의 모든 공공도서관이 설치되어 있고 또 공민관의 40% 이상에 도서실이 있다. 둘째, 정의 과반수에 공공도서관이 있고 도서관이 없는 곳에는 마을의 많은 공민관에 도서실이 있다. 셋째, 촌에는 약 과반수가 공공도서관도 공민관 도서실도 없다.

데이터가 부족하기 때문에 추측에 불과한 부분도 있다고는 생각하지만 공민관 도서실의 실정을 생각해 볼 때 각 시정촌마다 그 설치 상황이나 기대되는 역할에 너무나도 큰 차이가 있다고 생각된다.

본 절에서는 공민관 도서실의 기능을 단순히 공공도서관의 보완이나 '책이나 자료를 빌려주는 시설 공간'으로서가 아니라 '공민관 활동의 진행을 위해 없어서는 안 될 시설 공간'이라는 입장에서 현 실태와 앞으로의 모습에 대해 알아보기로 한다.

2 공민관 도서실은 '미성숙한 공공도서관'인가?

공민관 시설 공간의 하나로 도서실을 설치하는 법적인 근거는 1949년 제정된 사회교육법 제

22조 3항에 "도서, 기록, 모형, 자료 등을 구비하고 그 이용을 도모한다."고 명시되어 있는 부분이다. 다시 말해서 법으로는 공민관 사업의 하나로 도서 등의 자료를 이용하는 것을 말하고 있을 뿐으로 시설 공간으로서의 도서실이라는 개념은 나타나 있지 않다. 또 1959년에 제출된 문부성 고시 제 98호 '공민관의 설치 및 운영에 관한 기준'(구)에서는 공민관에 설치되는 시설로 '자료의 보관 및 그 밖의 필요한 시설(도서실, 아동실 또는 전시실)'을 들고 있으며 시설 공간으로서의 도서실이 예시되고는 있으나 그 구체적인 의의나 목적은 공민관의 목적(사회교육법 제20조)에 포함되어 있다고 할 수 있다.

역사적으로는 1946년 7월 5일 문부차관 통첩 '공민관의 설치운영에 관하여'에 의해 공민관의 역사가 시작되었다. 여기에서는 공민관에 설치될 시설 공간의 하나로 도서실을 예시하는 것에 그치지 않고 도서부를 공민관 사업을 실시하는 전문부의 하나로 다루고 있으며 도서실을 활용한 구체적인 활동이 예시되고 있다.

한편 1950년에 제정된 도서관법에서 도서관이란 '도서, 기록 그 밖의 필요한 자료를 수집, 정리, 보유하여 일반인들에게 이용하도록 제공하고 그것을 교양, 조사방법, 레크리에이션 등에 활용할 수 있도록 하는 것을 목적으로 하는 시설'이라고 되어, 그 중 '지방 공공단체에서 설치하는 도서관을 공립도서관'(도서관법 제2조)이라고 하고 있다.

'3타마 테제'라고 하는, 후에 전국 공민관의 하나의 목표로까지 된 '새로운 공민관상을 지향하여'(도쿄 도 교육위원회 사회교육부, 1974)에는 'Ⅳ 공민관의 시설'로 도서실도 들어, "도서실은 공민관 주최 학급, 강좌나 주민의 자주적인 학습활동에 필요한 도서나 각종 자료를 제공하는 역할을 하는 곳입니다. 개가식 서가나 자료를 진열하여 자유롭게 열람할 수 있고 실내에서도 조사할 수 있는 코너를 마련하고 대출도 할 수 있도록 할 필요가 있습니다. 또한 지역 도서관과 항상 연계를 가져 상호 협력해 나갈 필요가 있습니다."라고 기술되어 있다.

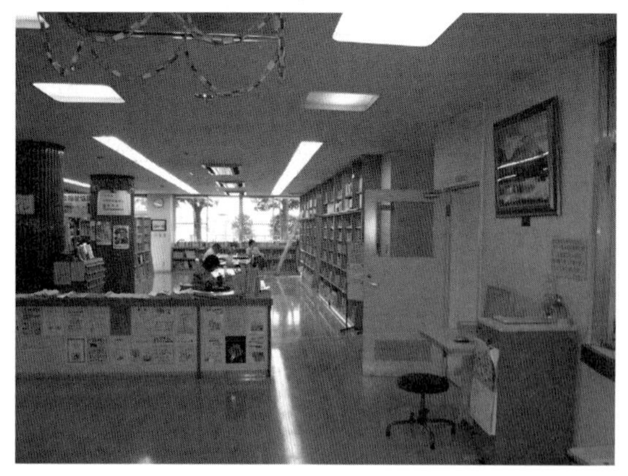
사진① 치바 현 후나바시 시 미사키(三咲) 공민관 도서실

현실에 있어서 공민관 도서실은 공공도서관을 건설할 수 없는 정촌에서 도서관을 대체, 또는 도서관 기능을 갖는 시설 공간으로 간주되어 주민들로부터는 도서관이라고 불리는 경우가 많다. 또 거의 모든 시에는 공공도서관이 있고, 그 40% 이상이 공민관 도서실을 가지고 있다. 그리고 그러한 공민관 도서실은 도서관 서비스 네트워크를 갖추고 공공도서관의 분관과 같은 기능을 하고 있는 경우

가 많다. 예를 들어 실제로 홋카이도 아사히카와 시(北海道旭川市)에 있는 14지구 공민관 중에서 8곳의 공민관에 있던 공민관 도서실은 1995년 이후 '중앙도서관 ○○분관'이라고 명칭을 변경하였다. 또한 어느 마을 가까이에는 새로운 공공도서관이 건설되어 그때까지 공민관 도서실에 있던 서적 · 자료를 모두 공공도서관으로 옮겨 공민관 도서실은 폐지되고 그 자리는 일반 회의실이 되었다고 한다.

이렇게 보면 공민관 도서실이란 장래 공공도서관으로 발전하는 중간 단계, 즉 '미숙한 공공도서관'인 것처럼 느껴진다.

과연 이래도 좋은 것일까? 필자의 답은 'NO'이다.

3 공민관 도서실이 아니면 할 수 없는 기능

히로세 타카히토(広瀬隆人)는 공민관 도서실의 의의를 도서실을 이용한 학습 사업의 전개 도서관 서비스로서의 의의, 마을 만들기 자료실로서의 의의 등 세 가지를 들고 있으며, 특히 마을 만들기 자료실로서의 의의를 공민관 도서실 고유의 기능이라고 파악하여 그것에 의해 주민의 자치능력의 형성에 기여해 나가는 것이, 공민관의 존재 의의를 보다 명확하게 해 나가는 일이라 하고 있다(주1).

필자는 히로세의 생각 중 도서실을 이용한 학습사업의 전개 및 마을 만들기 자료실로서의 의의를 공민관 도서실의 기능으로 자리매김하는 것에는 찬성한다. 그러나 도서관 서비스로서의 의의를 공민관 도서실의 기능으로 자리매김하는 것에는 찬성할 수 없다. 왜냐하면 그것은 어디까지나 미성숙한 공공도서관으로 공민관 도서실을 도서관의 역할을 보완시키는 것에 불과하다고 생각하기 때문이다.

물론 공공도서관 자체가 존재하지 않는 정촌이나 광역 지역이 있는 시 등에서는 공민관 도서실 기능의 일부로 도서관 서비스가 포함되는 것은 부정하지 않는다. 또한 홋카이도에는 공민관이 설치되어 있지 않는 시정촌이 많기 때문에 특히 정촌에 가면 '○○홀 도서실'이나 '○○센터 도서실' 등 공공도서관을 보완하는 시설을 많이 볼 수 있다. 이러한 것들은 공민관 도서실은 아니지만 주민들로부터는 '도서관'으로 불리면서 친숙해져 있고, '도서관 서비스'를 하는 시설이다.

따라서 특히 공공도서관이 있는 시의 경우는 아사히카와 시처럼 그 위치도 공민관 도서실이 아니라 도서관분실 · 분관 등으로 하여야 마땅하지 않을까 생각한다. 또한 공공도서관이 없는

사진② 오카야마 현 오카야마 시 공민관 도서실

정촌의 공민관 도서실의 경우도 다른 시정촌이나 도도부현의 공공도서관과 네트워크로 도서관 서비스를 제대로 하여야 하고 조례상은 도서관이 아니더라도 우리 마을의 도서관으로 시정촌의 사회교육계획이나 도서관 정비 계획 속에 포함시켜야 하지 않을까 생각한다.

그러나 그것은 어디까지나 공민관 도서실의 기능의 일부이며, 이를 위해서 공민관 도서실이 존재하고 있는 것은 아님을 잊어서는 안 된다. 그곳에는 고유의 기능이 있을 것이다. 그것이 공민관 활동을 추진하는 데에 없어서는 안 될 시설 공간으로서의 공민관 도서실의 기능이다.

그렇다면 그것은 무엇인가? 히로세가 지적한 바와 같이 일반적으로는 도서나 도서실이라는 공간을 이용한 공민관의 학습 사업의 전개를 들 수 있다. 예를 들어 낭독회의 개최나 독서회 등이 떠오른다. 그러나 그러한 활동도 역시 공공도서관에서 하고 있는 문화 활동의 하나로, 공민관 도서실이기 때문에 가능한 연유는 아니겠다.

또한 전쟁 직후의 '아오조라(青空 *역주 : 푸른 하늘, 따라서 '노천'의 의미) 공민관'시대에는 트럭이나 소형 화물겸용차 등에 도서나 영사기를 싣고 공민관 직원이 지역을 돌면서 도서나 학습활동을 추진하는 '움직이는 공민관'(홋카이도에서는 '달리는 공민관'이라 불렀다)이 있었다. 그 시대는 사람들이 학습을 하기 위한 정보를 얻기 위해서는 도서나 영화를 보는 것밖에는 없었다. 또 교통도 불편해서 그러한 움직이는 공민관은 중요한 학습 기능을 담당하고 있었다. 그러나 매스컴의 발전과 자동차의 대중화 그리고 최근의 인터넷 보급은 사람들의 정보 수집을 용이하게 하여 도서나 영화를 매개로 한 공민관 사업을 감소시키고 있다.

따라서 발상의 전환이 필요하다. 여기에서는 히로세가 공민관 도서실 고유의 기능으로 평가한 '마을 만들기 자료실'이라는 사고를 기초로 검토해 보기로 한다. 필자는 공민관 도서실이 '마을 만들기 자료실'의 기능을 발휘하기 위해서는 우선 다음의 3가지가 공민관의 시설 공간으로 대전제가 되어야 한다고 생각한다.

첫째는 공민관의 다른 시설은 그룹 · 서클 단위로 이용하는 것이 원칙이고 주최 사업이라도 그 곳은 집단학습의 장이다. 그러나 공민관 도서실은 기본적으로는 개인 단위로 이용하며 누구에게나 오픈된 시설 공간이다. 당연하게도 이것은 공민관 도서실의 고유의 기능을 생각할 때의 대전제가 된다.

둘째는 첫째와 관련된 것이지만 최근 전국적으로 공민관 시설 이용의 유료화가 추진되고 있는데, 예를 들어 기능의 일부라고는 하지만 도서관 서비스의 일익을 담당하고 있는 공민관 도서실은 무료로 사용할 수 있는 시설 공간이다. 아마도 유료원칙으로 감면규정의 유무에 관계없이 도서실은 사무실이나 인쇄실 등과 마찬가지로 사용요금표에 오르지 않는 시설 공간일 것이다.

셋째는 다른 회의실이나 조리실 · 공예실 등과는 다르게 도서실에는 상시 도서나 자료, 지도 등을 놓아둘 수 있는 점이다. 일반적으로 회의실 등은 사용 후 원상복귀가 요구되어 비품 이외는 개인물건으로 간주되기 때문에 그곳에 놓아두면 안 된다. 그러나 공민관 도서실은 자료수집의 일환으로 가져온 도서 · 자료를 정리 · 보관할 수 있는 시설 공간이다. 따라서 기본적인 비품으로 서적 서가는 물론 잡지 · 자료 등의 서가나 자료의 보관에 관련된 비품 · 소모품 등이 상비되어 있다.

이와 같이 공민관 도서실이란 누구에게나 오픈되어 있는 시설 공간, 무료로 사용할 수 있는 시설 공간, 가져온 도서 · 자료를 정리 · 보관할 수 있는 시설 공간인 것을 원칙으로 하여 마을 만들기 자료실로 새로운 전망을 생각해 보고자 한다.

4 '마을 만들기'를 위한 공민관 도서실을 살리는 방법

1. 정기적으로 포럼을 개최하자!

물론 명칭 따위는 무엇이든 상관없다. 다만 공민관을 이용하는 다른 그룹 · 서클 등과는 다르게 어디까지나 공민관 도서실을 '마을 만들기 자료실'로서 기능하도록 하는 모임인 것을 잊어서는 안 된다. 지역 주민, 공민관 이용자, 지역 유지는 물론 공민관 직원이나 자치체 직원도 모두 개인의 입장에서 참가하는 것이 원칙이다. 평소에는 마을 만들기 연구회 등으로 부르는 그룹이 모체가 되어도 좋지만 누구에게나 열린 모임일 것이 전제이다.

공민관 도서실의 평소 대출시간은 공공도서관과 같은 아침부터 저녁까지가 일반적이므로 야간 대출업무는 아마도 없을 것이다. 따라서 평일 야간에 개최하면 된다.

"우리 도서실에는 의자도 책상도 없어!"라고 한다면 포럼으로서의 맨 처음 작업은 도서실에 비품으로 의자와 책상을 들여놓는 것이다. 이용자 간담회나 운영 심의회를 통해서 제안해 가도록 하자. 포럼에서의 내용은 당면한 문제 중 어떤 것이라도 상관없다. 정기적으로 정해진 시간,

정해진 장소에서 개최하고 모인 사람들의 자기소개로부터 시작하여 평소 각자의 '마을 만들기'에 관한 생각이나 실천 등 먼저 서로가 이야기 해보는 것으로 시작한다.

히로세는 공민관 도서실을 마을 만들기 자료실로 삼아 "주민자치 추진에 관한 자료(통합계획 등 각종 계획, 플랜, 계발 자료)와 해당 지역에서 간행된 방언이나 역사 조사, 학교나 단체의 정기간행물이나 기념지, 간행물 등의 그 고장의 출판물을 수집하고 열람을 공유한다(주2)."고 하고 있다.

포럼에서 이야기가 진전되어 가면, 멤버들은 이러한 자료들을 수집하고 싶다고 생각하게 될 것이다. 마츠모토 시(松本市) 중앙 공민관에는 공민관 자료실이 있다. 첫 번째 책꽂이에는 시의 기본 계획이나 교육요람 · 사회교육요람 등의 행정 자료가, 두 번째 책꽂이에는 각 지구 공민관의 "공민관보"를 철해 놓은 것이나 축쇄판, "나가노 현(長野県) 공민관 활동사"를 비롯한 현 내의 각 시정촌의 "공민관사"가 있다. 세 번째 책꽂이에는 사회교육에 관한 전국적인 여러 문헌이 있고, 네 번째 책꽂이에서는 지금까지 마츠모토 시민이나 직원이 만들어 온 조사보고서, 리포트, 책자, 서적, 주사회 활동이나 주민운동자료를 볼 수 있다. 다섯 번째 책꽂이에는 "월간 사회교육", 나가노 현 공민관 대회의 자료집, 사회교육전국 집회 리포트 집을, 여섯 번째 이하의 책꽂이에는 어린이, 청년, 여성, 정내 공민관, 복지, 평화, 동화교육 · 인권, 환경, 공민관 연구집회, 시민예술제… 등 테마별로 지금까지 공민관이 실시해온 제반 사업의 학습기록이나 사무문서를 철해 놓은 것(주3)이 놓여 있다. 그야말로 이것들은 '마을 만들기 자료실'에 마땅히 있어야 하는 자료이며 이러한 자료를 수집해 나가기 위해서라도 다양한 연령 · 직업 · 계층 · 지역 등의 주민들이 포럼 멤버로 참가하는 것이 중요하다.

이러한 방법으로 포럼이 본격적으로 전개해 나가게 된다면 마을 만들기 자료실로서 마을 만들기 정보를 수집하다는 기능을 공민관 도서실이 제일 먼저 담당할 수 있을 것이다.

2. '마을 만들기 정보'의 발신 기지로

그러나 모여진 정보를 발신하지 않으면 보물을 썩히는 셈이 된다. 또 활용하지 않으면 진부해져 버리는 정보도 생길 것이다. 그렇기 때문에 공민관 도서실 기능의 다음 단계인 마을 만들기 정보의 발신기지로 발전시켜 나가지 않으면 안 된다.

정보를 발신하는 매체로 공민관보나 공민관 홈페이지 등이 있으나 이러한 것들은 기존 공민관의 홍보의 수단으로 자리매김 되어 있어 공민관의 이른바 '얼굴'이라 할 수 있다. 물론 이러한 것도 활용하여야 하겠지만 여기서는 공민관 도서실의 독자적인 정보발신을 생각해 보고자 한다.

앞에서 제안한 포럼은 조례나 규칙으로 설치하는 것과는 전혀 다른 임의적인 모임이다. 굳이 말하자면 공민관의 내부 규칙 같은 것으로 개최할 수도 있다는 정도의 모임이다. 멤버의 출입도 자유롭고 멤버도 확정되어 있는 것이 아니다. 따라서 정보를 발신하는 것도 여러 가지 방법을 생각할 수 있다.

예를 들어 포럼 개최가 그렇듯이 야간의 정해진 시간, 정해진 장소에 '마을 만들기 살롱'을 개최하여 일반 시민들에게 포럼을 통하여 공민관 도서실이 수집한 정보를 공개하여 전할 수 있다. 이 때 포럼 멤버는 정보에 대한 안내자 역할을 맡는다. 여기서는 모아진 정보를 그대로 직접 전달할 수 있다. 이 경우 살롱에서는 매회 마을 만들기에 관한 메인 테마가 설정되어(예를 들면 마을의 재정문제, 쓰레기 문제, 상점가의 활성화, 학교 통폐합 문제 등) 그 문제에 대해 잘 알고 있는 포럼 멤버가 직접적인 정보제공자가 되어 참가자 상호간의 이해를 돕는다. 그야말로 이 프로세스가 정보공유의 장이 되는 것이다.

이것은 살롱에 참가자 뿐만 아니라 일상적인 대출 업무가 이루어지고 있는 시간대에 일반 도서를 빌리러 온 시민들을 대상으로도 할 수 있다. 이 때 마을 만들기 정보 등으로 이름을 붙인 종이(게시 또는 배포)로 우선 알리는데 이 홍보 리플릿을 포럼 멤버가 직접 배포하면서 정보에 대한 '안내자'의 역할을 할 수도 있고 혹은 공민관 직원에게 맡길 수도 있다.

또한 포럼 멤버도 해당 지역의 주민이며 그 지역에서 일하거나 배우는 사람들이다. 따라서 스스로 알고 있는 정보를 자유롭게 언제 어디서라도 다른 사람에게 전해 줄 수 있다. 따라서 포럼 멤버 자체를 늘려가는 것은 마을 만들기 정보를 널리 모으는 일뿐만 아니라 마을 만들기 정보를 널리 전할 수 있는 기회이기도 하다.

다음으로 위에서와 같이 직접 전할 수 없는 사람들이나 해당 지역 이외의 사람들과의 정보교환으로 정보를 활용하기 위해 인터넷을 활용하는 것도 필요하다. 먼저 생각할 수 있는 것은 포럼이나 살롱을 개최하는 동안 멤버의 누군가가 랩톱 컴퓨터로 트위터(Twitter)를 이용하여 바로 토론을 하거나 이야기의 내용을 소개해 나가는 것이다. 이렇게 하면 주제에 대해 바로 그곳에 참가하지 못했던 지역 주민이나 전국에서 이러한 내용을 읽은 사람들도 트위터에 직접 의견이나 정보를 보낼 수 있어서 포럼 참가자들과의 정보교환이 가능해진다. 또 인터넷 상에 게시판이나 블로그를 만들어 포럼이나 살롱에서 나온 정보나 의견을 올려 참가하지 못했던 사람들이나 전국에 있는 사람들에게 정보를 발신해 나가는 것도 필요하다. 이렇게 함으로써 새로운 정보 수집이나 정보 교환이 이루어지고 거기에서 연결된 사람들이 직접 공민관 도서실을 방문하여 정보 공유를 하게 되는 일로 발전해 나갈 수도 있을 것이다.

여기에 홈페이지나 정기 간행 뉴스 등을 제안하지 않은 것은 앞에서도 서술한 바와 같이 포럼은 멤버의 출입도 자유롭고 멤버가 누구인지도 확정하지 않는 느슨한 모임으로 생각하여, 역할이나 책임이 명확하게 되어 있지 않다. 따라서 지속적인 관리나 일정한 내용 수준을 유지해나가야 하는 홈페이지나 정기 간행 뉴스 등의 매체는 어울리지 않는다고 판단하였기 때문이다.

3. 새로운 기능을 불러일으킬 비품과 공간

마지막으로 이러한 공민관 도서실에 마을 만들기 자료실을 위한 포럼을 창설하고 마을 만들기 살롱을 개최하는 등 마을 만들기 정보의 발신기지로 발전시켜 나가는 제안을 실현시키기 위해서는 다음과 같이 비품과 공간을 새롭게 정비할 필요가 있다.

우선 첫째로 포럼이나 살롱을 개최할 수 있는 공간 확보이다. 책상은 둘째치고라도 의자는 어느 정도 확보해야 한다. 공민관 도서실의 공간에는 한계가 있어서 의자는 접이식이 좋고, 일상 도서의 대출 업무에 지장을 주어서는 안 된다.

둘째, 종이로 만든 마을 만들기 정보를 위한 게시판이나 배포 자료를 놓아둘 책꽂이가 필요하다. 게시판은 도서실 입구 밖이라도 상관없으나 책꽂이는 도서실 내 공간에 확보할 필요가 있다.

셋째, 포럼이나 살롱에서 랩톱 컴퓨터를 사용하려면 인터넷 접속이 필요하다. 따라서 도서실 내에 무선 LAN을 설치할 필요가 있다.

5 활달한 토론에 기대를 건다

필자는 지금 이대로라면 공민관 도서실은 미숙한 공공도서관에 불과할 것이라는 위기감이 있다. 공민관 수가 다른 부, 현에 비해 적은 홋카이도에서는 특히 미숙한 공공도서관으로서 ○○홀(센터) 도서실을 많이 보아 왔기 때문에 아무리 공민관 도서실이라고 하여도 도서관 서비스 이외의 기능은 거의 의식하지 못하고 있다.

본 절에서는 공공도서관에서는 결코 이룰 수 없는, 공민관 도서실이기 때문에 가능한 기능으로 마을 만들기 정보의 수집 · 발신 · 공유를 제기해 보았다.

이 제안을 계기로 공민관 도서실에 대한 활발한 토론이 이루어지길 기대해 본다.

우치다 카즈히로(內田 和浩)

1) 히로세 타카히토, '도서관 · 공민관도서실 · 사서', 일본 공민관학회 편, "공민관 · 커뮤니티시설 핸드북", 에이델 연구소, 2006년, p.290을 참조.

2) 전게서, p.290.

3) 테즈카 히데오(手塚英男), '자료의 수집 · 기록 · 제공', 일본 공민관학회 편, "공민관 · 커뮤니티시설 핸드북", 에이델 연구소, 2006년, p.217.

제 11 절 옥외 공간의 기능을 높인다

주민이 편하게 이용할 수 있는 공민관 등의 커뮤니티 시설에서는 다양한 이벤트가 기획되고 많은 서클 활동으로 지역의 교류를 도모하고 있다. 그 중에서도 옥외 활동은 지역 주민에게 시각적으로도 오픈되어 있으며 건물 내의 면적 부족을 보충하는 데에도 효과적이다. 따라서 시설 내부의 계획에 그치지 말고 커뮤니티 시설에 옥외를 이용하도록 촉진하는 시설 계획이 중요하다. 본 절에서는 커뮤니티 시설의 옥외 공간에 주목하면서 이용 실태에서 이용 향상으로 이어질 수 있는 계획적 지침을 언급하고자 한다.

1 공간 속성의 차이로 보는 옥외 공간의 분류

옥외 공간은 건물과의 위치나 주변 환경과 밀접한 관계가 있으며 공간 속성에 차이가 있다. 이러한 공간 속성의 차이에 따라 커뮤니티 시설의 옥외 공간은 ① 앞뜰 ② 중간 뜰 ③ 뒤뜰 ④ 광장 ⑤ 옥상 ⑥ 테라스 ⑦ 산책로 ⑧ 필로티(Pilotis *역주 : 건축물의 1층은 기둥만 서는 공간으로 하고 2층 이상에 방을 짓는 방식. '건축의 기초를 받치는 말뚝'이란 뜻) ⑨ 운동장 ⑩ 인접공원의 10종류로 분류할 수 있다. 옥외 공간의 분류를 표(4 정리)에, 분류된 옥외 공간의 예를 그림(4 정리)으로 나타냈다. 표에서 옥외 공간에는 앞뜰이나 광장 등 비교적 건물 형태와 상관이 없는 것과 중간 뜰이나 산책로, 필로티 등 건물 형태에 따라 생기는 것이 있음을 알 수 있다.

2 옥외 공간의 공간 속성과 이용 상황의 관계성

1. 공간 속성의 차이가 개최 이벤트에 미치는 영향

① 옥외 공간의 '설치율'과 '이용률'

옥외 공간의 설치는 외부 공간으로 독립된 형태로 조성하기 쉬운 앞뜰, 광장, 인접공원 등의 설치율이 비교적 높고, 중간 뜰, 산책로, 필로티와 같이 건물 형태에 영향을 받는 것은 설치율이 낮은 경향이 있다. 설치율과 이용률의 상관성은 낮은데, 이를 살펴보면 필로티는 설치율이 낮고 '이용률'이 높다. 반대로 옥상은 설치율이 높고 '이용률'이 낮은 공간이라고 할 수 있다. 설치율, '이용률'이 모두 높은 앞뜰은 주차장과 일체로 정비되고 있어 이벤트 시에는 주차장도 포함한 일체의 공간으로 이용되는 경우가 많다.

② 옥외 공간의 이용에 관련된 시설 내 공간의 유효한 이용

이벤트와 관련하여 이용하는 시설의 내부 공간으로서는 요리실이 가장 많다. 이벤트에서 모의점(模擬店)을 열 때 재료의 밑 준비를 위해 요리실을 이용하는 경우가 많다. 요리실은 옥외 활동을 고려하여 옥외 공간과의 동선을 짧게 하거나 외부에 직접 나갈 수 있는 문을 만들면 편리성이 향상된다. 회의실은 이벤트에 관련한 강의실이나 관계자 대기실 · 준비실로 이용되는 경우를 많이 본다. 그 외에는 시설내의 전원이나 수도를 이용하는 경우가 있는데, 전원이나 수도 등의 설비는 미리 외부에도 마련해 두면 옥외 활동으로 편하게 이어지는 중요한 요소이다. 또 옥외를 이용한 이벤트에서는 옥외뿐 아니라 실내도 유효하게 이용함으로써 기능이나 공간을 상호 보완할 수 있다.

2. 옥외 공간의 이용 향상으로 이어지는 설치 집기

옥외 공간에는 휴식을 위한 벤치나 아이들을 위한 놀이기구 등 옥외 이용으로 이어지는 다양한 집기가 설치되어 있다.

① 옥외 공간에 대응한 설치 집기

앞뜰에 많이 설치하는 집기로는 벤치, 재떨이, 자판기, 의자, 테이블 등이 있으며 휴식 장소나 음료가 있어서 이용자들끼리 교류가 가능한 공간이 되는 경우가 많다. ② 중간 뜰, 뒤뜰, 광장에는 농구대나 미끄럼틀, 정글짐 등의 놀이기구가 설치되어 아이들의 놀이터가 되기도 한다. 이것은 어느 곳이나 사람들의 유동이 적은 옥외 공간이다. 바비큐 세트를 구비해 놓은 사례도 있어 주민들에게 인기가 좋은 교류 공간이 되어있다.

② 설치 집기의 변천

집기의 설치 수는 그 종류와는 상관없이 감소하는 경향이다. 그 중에서도 '벤치'의 감소 경향이 크다고 할 수 있는데, 부랑자 대책이나 벤치의 도난 사건이 그 요인이다. '재떨이'는 최근 들어 금연 구역화, 금연화로 재떨이를 철거하는 사례도 보인다. 폐관 후에 벤치 · 재떨이 등의 집기를 시설 내에서 치우는 사례도 있으며 집기의 설치나 관리 방법과 함께 사람들의 공공심이 저하되고 있는 사회성도 과제로 남아있다.

3 옥외 공간의 이용 실태로 본 계획적 과제

1. 건물 내외의 연속성에 의한 과제

① 인접하고 있는 옥외 공간과 개방 상황

일반적으로 옥외 이용의 비율이 높은 앞뜰, 뒤뜰, 광장, 산책로, 필로티는 입구와 인접하고 개관 시 개방으로 되어 있는 사례가 많다. 이러한 옥외 공관은 시설에 대한 접근 공간으로 기능하고 있으며 사람의 흐름이 많기 때문에 옥외 이벤트에 적당한 공간이라고 할 수 있다.

옥외 이용의 비율이 낮은 옥상은 일부를 테라스로 이용하는 사례가 많고 다양한 옥내 공간과 연속하고 있으나 상시 잠금이나 이벤트 시 개방이 많아서 이용자가 언제나 자유롭게 출입할 수 있는 공간이 아니다. 그 원인으로는 추락할 위험이 있다거나 장난칠 가능성이 있다는 등 안전성과 보안면의 문제들이 지적되고 있다. 옥상 이용을 고려하여 지상에서 직접 접근 가능한 바깥 계단이나 옥상에 스테이지를 구비해 두고 있는 사례도 보이나 유용하게 활용하기 위해서는 보안성과 안전의 문제를 해결할 필요성이 있다. 또 방수층이 노출되어 있는 사례가 많고 이용 빈도에 따라 콘크리트나 타일로 보호층을 마련하는 것도 중요하다.

테라스는 로비나 도서 코너 등과 인접해 있으나 '상시 잠겨 있음'으로 되어 있는 사례도 보인다. 이는 주민 교류를 위한 옥외 공간이라기보다는 개인의 휴식이나 녹색 관상용 공간으로 기능하고 있기 때문이다. 광장, 운동장, 인접공원 등은 일상적으로 아이들이 운동을 하는데 이용되고 있다. 그러나 이러한 옥외 공간의 대부분은 모래나 자갈이 깔려 있기 때문에 내외의 이동에 따라 시설의 바닥이 더럽혀지기 쉽고 청소 비용이 증가하는 등의 문제가 지적되고 있다. 현실적으로는 간단하게 신발을 닦고 들어올 수 있는 매트 등으로 대응하고 있는데 출입구 주변의 사양이나 바닥을 어떻게 완성할 것인지는 과제로 남아 있다. 이와 마찬가지의 문제는 중간 뜰이나 테라스 등 바깥 바닥이 흙이나 잔디인 공간에서도 나타난다. 옥외 이용을 촉진하기 위해서는 건물 내외의 연속성이 중요하며 보안이나 안전성, 옥내・외 공간의 바닥마감 등을 과제로 꼽을 수 있다.

② 오픈 공간(OS)과 폐쇄 공간(CS)의 개방 상황의 차이

OS에는 입구, 로비, 도서 코너 등이 있고, CS에는 플레이 룸, 요리실, 체육실 등이 있다. 개관 시에 옥외 공간에 인접해 있는 OS의 70% 이상이 시설 내외를 자유롭게 왕래할 수 있도록 개방되어 있는 것에 반해 CS는 20% 정도만 오픈하고 평소에는 개방되지 않는 경향이 있다. 그러나 이벤트 시에는 CS도 50% 정도까지 외부에 대해 오픈하여 시설 운영상의 대응을 볼 수 있다. 이벤트와 관련하여 이용되는 CS는 계획 단계부터 옥외 공간과의 연속성을 고려하여 배치하는 것이 필요하다.

2. 옥외 공간과 사무실의 위치 관계에 따른 과제

앞에서 말한 대로 시설 내외의 개방 상황에는 보안 문제가 크게 영향을 주고 있다. 특히 최근 증가하고 있는 복합 사례의 경우에는 관리자에게 시설 내부의 관리만으로도 부담이 크다. 거기에 여러 곳의 옥외 공간 관리까지 하게 되면 사무실과의 위치 관계만의 대응으로는 곤란하다는 것은 쉽게 추측할 수 있다. 사무실에서 옥외 공간을 눈으로 확인 가능한 비율은 평균 15% 정도로 많은 사례에서 옥외 공간을 눈으로 확인할 수 없는 상황이다.

사무실에서 관찰할 수 없는 옥외 공간에 방범카메라를 설치하여 대응하는 사례가 있다. 방범카메라의 설치율은 현재 10% 정도로 관찰 불가능한 비율과는 커다란 차이가 있다. 때문에 안전한 시설 운영을 위한 방범카메라의 설치가 필요한 경우가 많고 보안 측면에서 대응책이 필요하다. 특히 면적이 크고 건물에서 떨어진 곳에 위치하는 운동장이나 광장 또는 인접공원, 건물 형태상 사각지대로 남기 쉬운 필로티 등은 관찰이 불가능한 비율이 다른 곳 보다 높아 방범카메라의 설치가 절실하다고 할 수 있다.

3. 유모차 보관소의 필요성

옥외 공간의 각 사례에 공통적으로 제기된 문제점으로는 입구 부근에 유모차가 방치되는 일이다. 우천 시에는 비에 젖고 여름철 맑은 날에는 유모차의 금속 부분이 고온이 될 위험성이 있다. 시설 내부에 유모차 전용 보관소를 마련하는 사례는 드물고 입구나 로비 등에 방치되어 있어 옥외 공간과 마찬가지로 이용자의 이동을 방해하고 있다. 시설의 안전상, 이용자의 편리한 이동이나 출입을 방해하는 행위를 해소하기 위하여 유모차 보관소 설치가 급선무이며 옥외에 마련할 경우는 직사광선을 차단하는 지붕이나 차양이 필요하다.

4. 개수(改修)에 의한 옥외 공간의 변화

옥외 공간의 개수는 실 · 설비의 증설, 주차장의 확대, 보안강화의 세 가지로 분류할 수 있다. 그 중에서도 실 · 설비의 증설의 경우가 많으며 옥외 공간으로 증축하거나 차양이나 EV의 증설이 포함된다. 또 최근 들어서는 광장이나 벤치 등이 놓인 옥외 교류공간을 주차장으로 바꾸는 사례도 보인다. 자동차의 보급, 이용 지역 권역 외로부터의 이용자들이 증가하는 등의 이유로 주차장이 협소해지는 일이 많기 때문이다. 그 밖에 보안 관련 개수로는 벽이나 펜스 · 네트 · 장대(POLE) 등을 설치해서 안전과 방범 강화를 도모하는 예가 있다. 옥외 공간 개수는 시설의 관리 운영상의 요청에 의한 것이 많고 지역 주민의 교류를 고려한 사례는 적다.

4 정리

이하에 옥외 공간의 실태와 그 이용 향상을 위한 계획적인 고안을 설명하기로 한다.

1. 커뮤니티 시설의 옥외 공간의 실태

(1) 커뮤니티 시설의 옥외 공간에는 공간 속성의 차이로 ① 앞뜰 ② 중간 뜰 ③ 뒤뜰 ④ 광장 ⑤ 옥상 ⑥ 테라스 ⑦ 산책로 ⑧ 필로티 ⑨ 운동장 ⑩ 인접

옥외 공간의 분류

분류	옥외 공간 명칭	옥외 공간의 정의
①	앞뜰	메인 입구 앞에 있는 옥외 공간
②	중간 뜰	건물에 둘러싸인 옥외 공간
③	뒤뜰(후정)	건물 옆 또는 뒤에 있는 옥외 공간
④	광장	독립된 다목적 광장
⑤	옥상	이용 가능한 옥상(옥상층 이외도 포함)
⑥	테라스	건물에 부속하여 내부에서 접근 할 수 있는 옥외 공간
⑦	산책로	부지 내에 있는 통로형 옥외 공간
⑧	필로티	필로티로 되어 있는 옥외 공간
⑨	운동장	게이트 볼장 등 운동을 목적으로 한 옥외 공간
⑩	인접공원	부지에 인접하여 있는 공간

공원의 10종류가 있다.

(2) 이용률은 높지만 설치율이 낮은 옥외 공간이나 설치율은 높지만 이용률이 낮은 옥외 공간이 존재하며 수요와 공급의 균형에 차이가 있다.

(3) 옥외 공간의 개수에는 실 · 설비의 증설, 주차장의 확대, 보안 강화 등을 들 수 있는데, 주민 교류를 의도한 경우는 드물다.

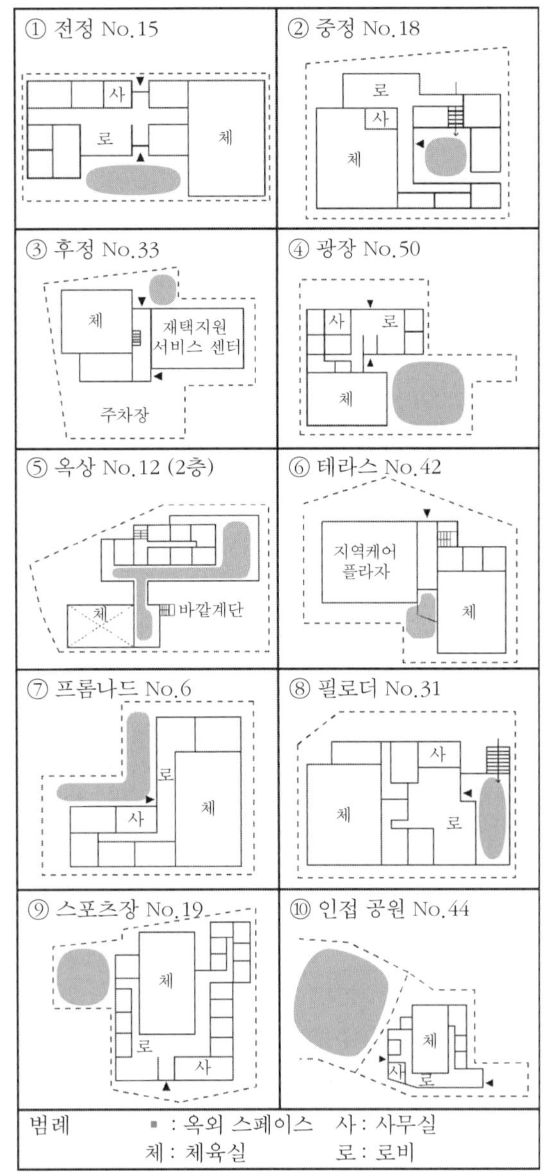

옥외 공간과 시설 배치 관계

사진① 테라스에 식재(植栽)를 배치한 사례

사진② 광장에 설치되어 있는 방범카메라

2. 옥외 공간의 이용 향상을 위한 계획적 요인

(1) 이벤트와 관련해서 이용되는 'CS'는 옥외 공간과 일체적인 이용을 고려하여 배치하는 것이 바람직하다.

(2) 요리실은 옥외 이벤트 시의 이용을 고려하여 외부와의 동선을 짧게 하고 옥외로 직접 나갈 수 있는 문을 설치함으로써 편리성을 향상시킬 수 있다.

(3) 옥외 공간의 바닥 마감에 따라서는 시설 내의 바닥이 더러워지기 쉬울 수 있으므로 출입구 주변의 바닥 사양을 고려할 필요가 있다.

(4) 옥외 공간의 설치집기는 주민들끼리 교류의 장을 만드는 데에 유효하나 방범 상, 설치나 관리 방법에 검토가 필요하다.

(5) 전원이나 수도 등의 설비를 외부에도 마련해 두면 옥외 공간에서 편리하게 이용할 수 있다.

(6) 사무실에서 관찰할 수 없는 옥외 공간에는 방범카메라 설치가 유효하며 사무실에서 옥외 공간이 근접할 경우는 시야를 확보할 수 있도록 개구부(開口部) 집기의 위치에 유의할 필요가 있다.

히로타 나오유키(広田 直行)

제 12 절 활동을 촉진시키는 부대 설비

공민관에는 이용의 주요 대상인 제반 실 외에 시설 이용을 높이고 쾌적한 활동을 유발시키기 위한 부대설비가 있다. 이 모든 부대설비는 이용자가 공민관을 방문했을 때 잠시 들르거나 활동을 촉진시키기 위해 존재하는데, 누구나 자유롭게 사용할 수 있는 공간과 관리 공간이 있다.

이러한 부대시설을 다음의 4가지 관점에서 살펴보도록 하겠다.

1 접수카운터 · 접수창구는 커뮤니케이션의 장

접수카운터, 접수창구는 공민관의 시설 공간 전체에 대한 부대설비라고 할 수 있다. 여기에서는 이용자와 접수창구 담당자의 커뮤니케이션이 이루어진다. 구체적인 커뮤니케이션 내용은 다음과 같다.

- 시설 이용 시 서명
- 실을 빌리기 위한 이용 수속
- 기구 사용법 문의
- 분실물에 대한 문의
- 게임이나 비품 대여
- 잡담
- 입 · 퇴관 시 인사

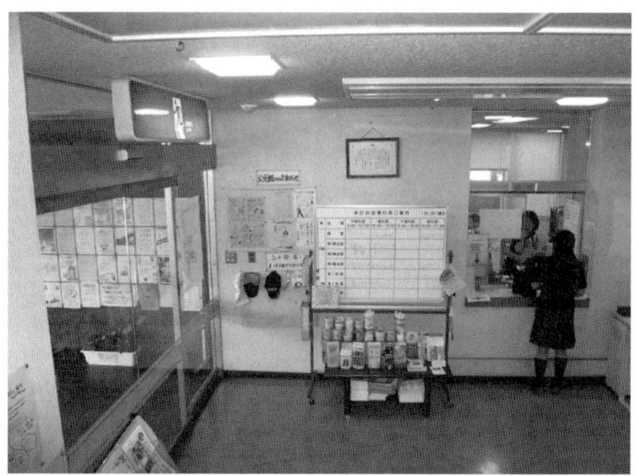

사진① 시설 현관 옆에 설치된 접수창구 예

인사나 잡담 등 이용자와 공민관 직원과의 커뮤니케이션에서 공민관 활동의 다양한 계기가 생긴다. 그러면 이용자가 이용하기에 더욱 편리한 창구란 어떠한 것인가? 그 설치 위치와 형상부터 살펴보자.

창구의 위치는 공민관 현관 옆, 또는 시설 내의 사무실 입구 옆에 있어서 내방자들의 진입 방향과 정면으로 마주하지 않는 것이 대부분이다. 그 형상으로는 사무실과 일체로 되어 있는 곳이 많고, 창구 안쪽에 직원의 사무 공간이 있다. 또 로비 공간의 일부로 존재하는 로-카운터 형식의 접수 안내대가 있다. 이것은 사무실의 일부로 설치된 것과 프런트 오피스로 독립된 것이 있다. 그 밖에 행사장에서 임시로 테이블을 놓고 마련하는 경우도

사진② 로비 공간의 일부로 존재하는 카운터 형식의 접수안내대 예

있다.

접수카운터나 창구는 내방자를 정면에서 맞아들이는 위치는 너무 위압적이고 그렇다고 해서 내방자가 바로 알 수 없는 위치라면 불편하다. 접수 카운터나 창구 위치는 이용자의 심리적 영향에 크게 좌우한다고 할 수 있으므로, 적당히 직원의 시선이 갈 수 있고 이용자에게도 눈에 띄기 쉬운 위치가 적당하다. 입구 정면에 접수창구를 설치하지 않거나 유리로 된 칸막이를 거두는 등 효과적인 방법을 안출할 필요가 있다.

사진③ 개관 후 개수공사에 의해 칸막이를 철거한 접수창구 예

개관 후의 개수공사로 칸막이를 철거한 시설도 있다. 시설 관리자의 설명에 따르면 이용자들의 요구로, 이용자가 보다 창구에 접근하기 쉽도록 하기 위한 조치로 개수공사를 실시했다고 한다. 이를 통해 접수 카운터나 창구의 위치, 형상이 이용자의 심리에 크게 영향을 주고 있음을 알 수 있다.

물론 이러한 위치나 형상도 중요하지만 시설 서비스를 높이기 위해서는 접수창구를 담당하는 인재를 어떻게 할 것인가, 시설의 운영방침을 어떻게 할 것인가 하는 문제까지 총체적으로 생각할 필요가 있음을 덧붙이고 싶다. 왜냐하면 이용자의 시설 이용 편리성에 대한 평가는 접수창구 담당자의 대응에 따라서도 큰 영향을 받기 때문이다.

2 서클 라커 · 공민관 창고는 계획적으로

공민관의 라커나 창고에는 아래와 같은 형태가 있다.

- 이용자의 소지품을 맡기는 코인 라커
- 공민관을 거점으로 활동하는 서클 · 단체의 자료나 활동기록, 도구 등을 보관하고 연락자료 등을 놓아 둘 수 있는 서클 라커
- 공민관의 연례행사를 위한 도구나 비품의 수납고

사진④ 계단 빈 공간에 넘치는 하물. 대피경로에 장해가 되는 등 문제를 일으킬 수 있다

• 공민관 활동기록 등을 보관하는 창고

• 지역의 페스티벌 행사를 위한 도구 보관소

공민관 직원이 사무나 사업에 이용하는 수납공간도 있으나 여기에서는 특히 이용자를 위한 하물(荷物) 보관 장소로 라커나 창고에 초점을 둔다.

이러한 라커나 창고는 처음부터 계획되지 않은 곳이 많고 계획 단계에서 요구 조건에 들어 있지 않는 곳도 많다. 시설 이용이 활발해진 후에 비품이나 도구 등의 '하물'이 늘어나서 수납공간 확보가 문제되는 일이 많고, 수납공간이 없어서 복도에 널려있는 '하물'은 재해가 일어났을 경우 대피경로에 방해가 되고, 안전하지 않은 상태를 만든다.

사진⑤ 임대실 내의 붙박이장이 서클, 단체 수납으로 이용되고 있는 경우

대부분의 공민관에서는 개관 후에 이러한 하물, 비품, 도구 등의 수납공간에 곤란을 겪으며 기존 공간을 대체하여 설치하는 예가 많다. 한 예로 실습실 창고의 일부나 일본식 방의 붙박이장 등을 서클 창고로 하는 공민관도 있다. 서클, 단체 수납설비를 실내에 설치한 경우는 다른 단체가 그 실을 이용할 때에 거기에 수납한 단체가 하물이나 비품을 사용하는 것이 어려운 상황이 벌어질 수 있다. 또 기존의 창고를 개수하거나 옥외에 별도의 창고를 설치하여 서클이나 단체가 수납할 수 있도록 하는 사례도 있다. 로비 공간이나 복도에 수납공간을 설치하 곳도 있으나, 귀중품의 도난이 우려되어 열쇠 관리도 중요한 문제가 되고 있다.

사진⑥ 복도에 설치된 서클, 단체용 라커

시설 계획자는 이러한 수납공간이 공민관 활동, 지역 활동에 반드시 필요한 지원 설비라는 점을 인식하여야 하며, 시설계획 단계부터 이러한 공간의 설치를 고려하는 것이 바람직하다. 여기서 문제가 되는 것이 적정한 규모, 설

치 위치, 운용 방법인데 이들에 관해서는 향후 의 조사연구 결과를 기다리지 않으면 안 된다.

더욱 일본대학 아사노연구실에 의한 도쿄 도내 근교의 도시 조사에서는 라커, 창고의 면적은 연면적에 대해 2~8%로, 가장 많은 것은 3%였다. 그 설치장소는 지금까지 서술한 것처럼 주실 내에 설치, 창고를 개수 공사하여 설치, 복도 · 로비에 설치하기도 하고 이러한 것들이 한 시설에 복수 설치되어 있는 예도 있었다. 주민단체의 요구에 의하여 설치되거나 이용자가 물건을 주실 내의 수납장에 두기 시작한 것을 시정하기 위해 설치된 경우도 있어, 설치장소가 변경된 시설이나 설치장소가 추가되는 시설도 있다. 한번 허가한 서클, 단체용 수납 공간은 그 단체의 기득권이라고 생각하기 쉬워 신규 이용자와의 절충이 과제가 되므로 운용상 규칙이 필요하다.

사진⑦ 서클, 단체용 라커가 구비된 서클 실

또한 이 조사에서 보이는 운영방식으로는 다음과 같은 네 가지 방식이 있었다.

① 시설 측이 허가한 서클이 이용

② 이용 서클 연락 협의회에 가맹할 필요가 있다.

③ 이용 서클 연락 협의회가 허가한 서클이 사용(비가맹 단체도 사용 가능)

④ 이용단체가 관리하고 시설 측은 운용에 관여하지 않는다.

시설의 면적에는 한계가 있고 당연히 수납의 설치 공간에도 한계가 있다. 유연하게 운용 방식을 발전 · 변경해 나가는 것을, 시설 측과 이용자 측이 상호 이해하면서 시설마다 시대마다 상응한 운용을 도모해 나가는 것이 중요하다. 관리 · 운용 방법까지 꼼꼼히 생각하여 계획을 실행해 나갔으면 좋겠다.

3 급탕 · 물 끓이는 설비의 설치가 실의 기능을 확대한다

공민관에서는 원칙적으로 시설 내에서의 음식을 금지하는 경우도 있으나 이러한 행위를 인정하거나 묵인하는 자치체도 있다. 이러한 행위로는 자동판매기 등에서 구입한 음료수를 마신다거나 집회 시에 차를 마시는 것 등을 들 수 있다. 또한 운동 중의 수분 보충, 점심 식사, 조리

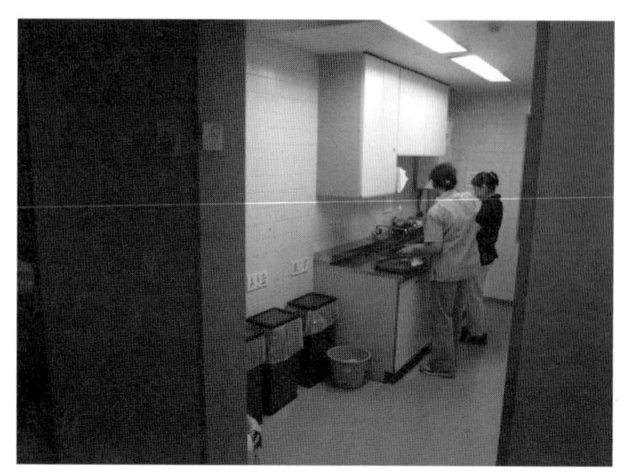

사진⑧ 탕비실의 예

실습 시간에 만든 요리를 먹거나 건배하는 정도의 약간의 술을 마시는 등 다양하다.

그 중에서도 집회 시에 차를 마시는 것은 회의 분위기를 부드럽게 하고, 휴식 시간을 가질 수도 있게 하므로 습관적인 관례로도 되어 있다. 공민관에서는 그 때문에 다기(茶器)를 준비하고 뜨거운 물을 제공할 수 있도록 하여 왔다. 가스레인지에 주전자를 올려 물을 끓이거나 순간 급탕기(*역주 : 순간온수기)를 사용하거나 급탕포트를 사용하는 등의 변천이 있어 화기가 있는 장소가 탕비실로 설치되었다. 그러나 최근에는 페트병이 보급되어서 그 이용 빈도가 줄었다.

탕비실은 차나 커피를 위해서 물을 끓이는 것뿐 아니라 개수대와 배식대도 내장되어 있다. 조리 실습실처럼 칼이나 도마, 양푼 같은 조리 기구는 구비되어 있지 않으나 간이 부엌, 배식실(Pantry)로도 기능하고 있다. 이곳에 식사나 음료를 위한 공간은 확보되어 있지 않기 때문에 다른 실과의 연결이 중요해진다. 넓이는 1.5~2m² 정도이다.

이 방의 위치는 다음과 같은 장소에 설치되어 있는 것을 볼 수 있다.

- 각 층의 편리한 장소에 한 곳씩 설치
- 복도에 면해서 적절하게 여러 곳에 설치
- 일본식 방 인접한 곳에 설치
- 로비 공간 구석에 설치
- 사무실 옆방에 설치
- 사무실 내에 설치

이 중, 사무실 내의 설치는 시설 이용자가 탕비실을 사용하는 것이 힘들다.

또 조리 실습실을 탕비실 대용으로 사용하는 것도 가능하지만 조리 실습실을 특정 이용자가 사용하고 있을 경우는 다른 이용자가 물을 끓일 수 없는 불편함도 발생한다.

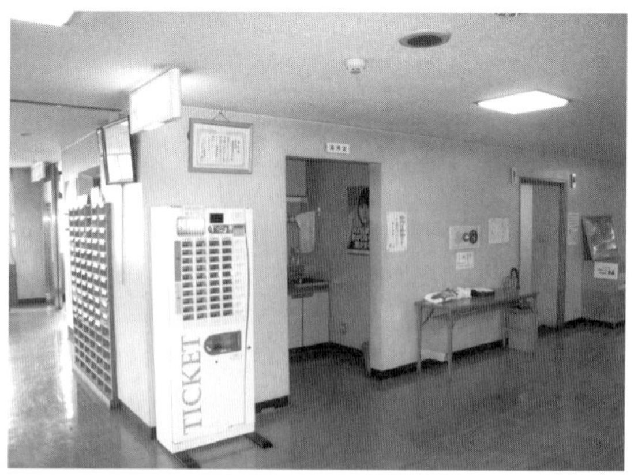

사진⑨ 로비 공간의 구석에 설치된 탕비실

탕비실은 누구나 자유롭게 이용할 수 있고 셀프 서비스를 원칙으로 한다. 따라서 청결을 유지하고 방화에 조심하며 개인적인 물건을 두지 않는 등 운용에 대한 이용자의 이해가 필요하다.

식사는 사람들의 교류에서 없어서는 안 될 행위이다. 그러므로 시설 내에서의 식음을 가능하게 하기 위한 이용규칙의 정비는 중요하고 탕비실 등은 정비해두어야 할 부대설비이다. 특히 시설 내 오픈 공간에서의 식음행위는 시설이용자를 장시간 머무르게 하여 공민관에 활기를 불어 넣는다. 사람을 시설로 불러들이는 기능으로도 중요시하고 싶다.

4 음식 교류를 가져다주는 다방 · 식당 · 레스토랑

공민관에서 식음행위는 금지 사항은 아니지만 운영방침에 관련하여서는 관리자의 판단, 재량에 따라 상황이 다르다.

1960년대까지는 공민관 결혼식도 진행되었고 공민관이 결혼피로연장이 되기도 하였다. 현재 공민관에서의 음식은 활동 전후에 교류하면서 활동을 원활하게 진행하는 역할을 비롯하여 행사 마지막을 장식하는 연회에 이르기까지 한다. 또 주민들의 휴식 공간으로, 민간 음식업자가 들어와 있는 곳도 있다. 때문에 공민관 이용을 목적으로 하지 않고 음식 · 음료만의 이용도 가능하기 때문에 지역 주민이 그 장소를 이용하기도 한다. 공민관의 입지 관계로 간이 음식, 음료 코너부터 본격적인 레스토랑의 출점까지 보인다. 몇 가지 구체적인 사례를 들어 보고자 한다.

사진⑩ 사무실 내에 설치된 탕비실 시설 이용자의 이용이 어렵다

1. 청년실에 인접한 음료 코너를 설치

음식 서비스 설비를 가진 시민교류 로비가 마련된 사례가 있다. 어느 시설에서는 청년실에서 활동하는 청년들의 활동으로 청년실에 인접한 시민 로비에 음료 코너를 설치하여, 20대를 중심으로 한 학생이나 사회인 스태프가 음료 코너를 운영하고 있다.

예를 들어 쿠니타치 시(國立市) 공민관 시민교류 로비 '찻집 와이가야'등이 있다.

사진⑪ 청년실에 인접하여 설치된 찻집 와이가야
(도쿄 도 쿠니타치 시 공민관)

2. 장애인의 취업의 장으로 카페를 개설

매장에서 손님을 맞이하고 음식을 나르며 회계를 보는 일을 장애인이 하는 카페를 개설한 사례가 있다. 이곳은 신체, 지적, 정신적 장애가 있는 사람들이나 난치병을 가지고 있는 사람들이 모두 협력하여 일하는 장소로 기능하고 있다.

어떤 시설의 카페에서는 장애인을 지원하는 직원과, 또 다른 장애를 갖고 있는 스태프가 한 조가 되어 작업을 분담하고 있다. 장애인들만이 아니라 이용자도 자연스럽게 작업의 마무리를 도와주는 등 가정과 같은 분위기를 형성하고 있다.

예를 들어 쿠니타치 시 공민관 시민 교류 로비의 '찻집 와이가야', 코쿠분지 시 혼다(國分寺市本多) 공민관의 '음료 코너 혼다', 우라야스 시 토우다이지마(浦安市當代島) 공민관 '카페 · 데 · 아이랜드' 등이 있다.

사진⑫ 치바 현 우라야스 시 토우다이지마 공민관 '카페 · 데 · 아이랜드'는 장애인의 취업의 장으로 기능하고 있다
(*역주 : '카페에서 사랑의 나라'의 뜻)

3. 민간업자의 출점에 의한 음식서비스

공민관 내 혹은 공민관에 병설하는 형태로 민간업자가 음식점을 개점한 사례가 있다. 주변에 음식점이 없는 지역의 공민관에 설치된 식당 · 레스토랑에서는 공민관 이용자만이 아니라 주변 주민이나 지역의 내방자도 이용할 수 있다. 공민관 이용자들에게는 편리하지만 민간시설이기 때문에 음주 서비스의 시비가 문제가 된다.

예를 들어 모리오카 시(盛岡市) 중앙 공민관 등이 그러하다.

이러한 사례 외에도 로비 공간 내의 한 곳에 카운터 형식의 음료 코너를 설치하고 시설 측 스태프가 커피 등을 제공하는 시설 사례도 있다. '3 급탕 · 물 끓이는 설비의 설치가 실 기능을 확대한다'는 항목에서도 서술한 바와 같이 적극적으로 식음행위를 받아들임으로 시설에 활기를 불어 넣을 수 있다. 가벼운 마음으로 이용할 수 있는 시설로 주민들에게 인식되기 위해서는 이러한 부대설비를 설치하는 것이 효과가 크다. 공민관에서의 식음행위를 어떻게 가능하게 할 것인가, 어떠한 형태로 실현시킬 것인가에 대한 문제는 계획 단계에서부터 검토하는 것이 바람직하다.

이상과 같이 시설의 서비스를 높이기 위해서 중요하다고 생각되는 대표적인 부대시설에 관하여 살펴보았다. 그 밖에도 특히 중요한 부대시설로 로비공간이 있으나 이것에 관해서는 본장 제2절을 참고하기 바란다.

사진⑬ 모리오카 시 중앙 공민관에는 민간업자가 하는 레스토랑이 있다

사진⑭ 치바 현 인자이 시(千葉県印西市 사우전플라자(Southern Plaza)에는 '살롱'이라고 불리는 로비공간에 음료 카운터가 있고, 커피나 일본차를 유상으로 제공하고 있다.

공민관은 지역이라는 '주실(主室)'을 활성화시키기 위한 부대설비인 동시에 지역 활동 그 자체의 장이다. 그것을 지탱하게 하는 공민관 내의 부대설비도 마찬가지로 공민관 활동, 주실의 이용을 활성화시키기 위해 필요불가결한 것이다. 따라서 공민관마다 시설상(像)을 구상하는 단계에서부터 염두에 두고 검토해야 할 중요한 요소라 하겠다.

후지 시게카즈(藤 繁和)

참고문헌

1) 후지 시게카즈, '커뮤니티센터의 접수창구 상태와 이용자의 접촉 회수에 대하여 -최소단위 권역에서의 지역적 거점시설에 관한 연구 (그 6)-', 일본 건축학회 대회 학술강연 경개집(梗概集 *역주 : '개요집'), 1999년 9월.

2) 타다 유타카(多田 豊), '시설 건설 후의 이용단체의 '하물보관소'의 설치장소와 그 운용-후나바시시의 지역시설의 정비과정에 관한 연구 (그 2)-', 일본대학 생산 공학부 제40회 학술강연회 경개집, 2007년 12월.

3) 오오카와 히카루(大川 輝), ('공민관에서의 음식교류에 관한 연구', 2008년도 석사논문(일본대학 생산공학 연구과).

4) 카네코 토오루(金子 徹), '공공문화 홀의 대형 홀 미사용 시의 시설 공간 이 · 활용 방법', 2005년도 석사논문(일본대학 생산공학 연구과).

제Ⅲ장 공민관 만들기의 지표

'공민관 만들기'란 무엇을 만드는 것일까? 이 장에서는 공민관의 계획 · 설계 · 건축에서부터 운영 · 유지 · 발전까지를 일관된 것으로 파악하여 공민관을 탄생시켜 육성해가기 위한 모델을 크게 3가지 관점에서 제시하고 있다.

첫째는, 공민관 건설 프로세스에서의 관점이다. 계획에서 설계 · 준공에 이르기까지 전 단계에 있어서 지역 주민 · 행정 · 업자의 협력 과정 그 자체에 공민관이란 무엇인가를 발견해가는 학습을 짜 넣음으로 주민들에게 보다 좋은 공민관 시설의 본보기가 탄생하여 간다. 그리고 그렇게 지어진 공민관에서는 그 후의 관리 · 운영 방식에 있어서도 참가와 협동의 자세가 관철된다.

둘째는, 공민관 사업으로부터 본 관점이다. 주최 사업의 기획 · 실시, 홍보 · 정보 제공, 학습상담 · 단체지원, 시설제공 등의 사업이 사회사업법 제20조의 목적에 준하여 실시되는 과정과 원칙을 가리킨다. 그중에서도 시설제공 사업에 관해서는 관료주의적인 자세에 빠지기 쉽다는 염려에서 수익자 부담, 사회사업법 제23조, 이용자 자치를 키워드로 지역의 열린 공민관으로 육성해 간다는 과제가 정리되어 있다.

셋째로, 지역과 더불어 있는 시설 공간이라는 관점이다. 여기서는 우선 지역에 있어 공민관의 존재의식이나 고유성이 어떻게 인식되어 왔는지에 관해서 도쿄 타마(多摩) 지역의 사례, 공민관 3층 건물론, 새로운 공민관을 지향하여, 그리고 공민관과 커뮤니티센터와의 차이를 뚜렷이 한 '에구치(江口) · 신토(進藤) 왕복서간 등의 검토를 통해 나타낸다. 더욱, 공존하는 모습으로 지역이나 주민의 실상에서 배우고자 하는 공민관의 대응, 거기에서 탄생하는 주민과 직원에 의한 상호 평가력을 상향시킴(질이 높은 모델 찾기)에 있어서 현대적 의의를 나타내고 있다.

헤이세이(平成 *역주 : 일본연호 2010=H22)의 대합병에 의한 지역의 병폐, 빈곤이나 생활 격차와 같은 생활이나 복지에 궁핍한 사람들 사이에서는 공민관의 필요성이 점점 더 증가하고 있다. 공민관 만들기의 지표는 그러한 필요성을 헤쳐 나오는 가운데 탄생하는 것이다. 이 장에서는 어떻게 그것을 실현해 공민관을 디자인해 갈 것인가를 세 가지 관점에서 살펴볼 것이다.

(우치다 준이치(内田純一) · 이토오 세이이치(伊東靜一))

제 1 절 지역과 함께하는 공민관 지표

1 생활문화 진흥과 사회복지 증진

본 장에서는 공민관 만들기의 지표에 대해 생각한다. '사업 만들기의 지표'와 '시설 만들기의 지표'가 주된 골격이 되는데, 제1절에서는 그 기본이 되는 지역과 공민관의 관계에 관하여 검토해 보고자 한다.

말할 나위도 없이 공민관은 지역과 더불어 존재한다. 더불어 존재한다는 것은 상대가 있어 자신이 성립하는 관계이다. 즉 상대의 일을 생각하는 것이 자신의 일을 생각하는 것이 된다. 이러한 의미에서 상대는 나의 성장에 없어서는 안 되는 필수불가결한 존재이자 함께 자라나는 관계가 그 기본이 된다고 할 수 있다. 이와 같이 생각하면 예를 들어 지역 입장에서 공민관을 생각한다는 것이 공민관에 관해서 생각하는 것 같아도 사실은 지역에 관해서 생각하는 것이고 반대로 공민관 입장에서 지역을 생각한다는 것이 공민관에 관해서 생각하는 것이라고 할 수 있다. 물론 양자가 표리일체의 관계인 것은 두 말할 것도 없지만 공민관 이용의 편리함 같은 주민 앙케트 결과가 그대로 공민관 만들기 지표에 반영되는 듯한 현상을 엿볼 수 있었다. 이에 대해서는 다시 한 번 심층적인 결과를 분석하여 지역 주민들의 생활의 새로운 변화에 대한 바람에 어떻게 대처해 나갈 것인가를 통해서 공민관의 존립 방식(시설, 관리 · 운영, 사업전개)이 논의되는 지표 만들기가 검토의 대상이 될 것으로 생각한다.

원래 이러한 이해는 자기교육 · 상호교육을 골자로 하는 사회교육의 본질, 그 중요시설로서의 공민관에 요구되었던 것이다. 사회교육법 제20조에 명시되어 있는 공민관의 목적이 "생활문화의 진흥, 사회복지의 증진에 기여하는 것"이라는 것은 이미 알고 있는 바와 같으나 여기에서는 예를 들어 주민의 생활문화가 활성되었는가, 사람들의 생활의 행복도가 증진되었는가 등의 질의응답 중에서 공민관 활동의 지표가 만들어진다. 그리고 이를 바탕으로 새로이 공민관 활동이 충실해져 간다는 견해가 있다. 이런 의미에서 사회교육법 제20조는 공민관의 목적 규정임과 동시에 공민관 발달의 조건 규정이기도 하다고 말할 수 있겠다.

생활문화의 진흥과 사회복지의 증진이 인간의 성장 · 발달에 열쇠가 된다는 교육관은 사회교육법이 토대를 둔 1947년 교육기본법에 있다는 것을 확인할 수 있다. 그 중에서도 그 제2조(교육 방침)에 주목한다. 거기에는 제1조에 있는 교육의 목적(인격의 완성)을 달성하기 위하여 "학문의 자유를 존중하고 실제 생활에 준하여 자발적 정신을 기르고 자타의 경애와 협력에 의해 문화의 창조와 발전에 공헌하도록 노력해야한다"고 명시되어 있다. 이 조문의 주어가 영문에서는 'We'로 되어 있는 것을 보아도 판단할 수 있듯이 우리들 자신이 평소에 문화 창조와 발전을 적극적으로 해 나가는 것이 사람을 키우며 교육의 목적을 달성하는 것과 연결된다는 교육관이 여기에는 깔려 있다. 1947년 교육기본법 전체로 보아도 이 제2조는 교육의 목적을 실현하기 위해 이루어지는 교육 활동에 특히 필요하다고 생각되는 방침을 미리 나타냄으로써 교육자는 물론이고 모든 국민에게 그 방침, 즉 "교육의 창조 · 발전과 문화의 창조 · 발전을 통일적으로 파악한다."는 것을 요구한 것이라고 되어 있다(주1). 바꿔 말하면 사회교육법 제20조에 언급된 생활문화의 진흥과 사회복지의 증진은 공민관의 목적인 동시에 공민관을 발전시켜 나가는 지표라고도 할 수 있다.

2 참가형 학습 이론이 핵심

교육기본법은 2006년 12월에 개정되었다. 최대의 문제점은 앞에서 서술한 제2조의 대폭적인 개정에 따른 교육 개념의 축소일 것이다. 제1조(교육의 목적)도 '필요한 자질을 갖춘'이라는 법적 개입의 여지를 내포한 문구가 되었다. '문화의 창조와 발전에 공헌'하자고 강조한 제2조(교육의 방침)는 '교육의 목표'로 개정되어 '교육은 그 목적을 실현하기 위하여 학문의 자유를 존중하며 다음에 게재하는 목표를 달성할 수 있도록 행해지는 것'이라고 5항목의 달성 목표가 제시되었다. '자발적 정신'은 '자주 및 자율의 정신'으로 변경되고 '실제생활에 맞추어'라는 문구는 소실되었다. 이번 개정에서는 교육을 미리 준비된 목표 달성의 수단 · 지도로 확실하게 파악되었다. 그러므로 상대방과의 쌍방향의 부단한 성장을 기본으로 한 창조적인 영위로서의 교육 이해는 후퇴했다고 말할 수밖에 없다.

공민관에 대한 '평가'가 강조되고 있는 배경에 '성역 없는 구조 개혁' (2002년)하에서 진행되었던 자치체 재편이 있었다는 것은 많이 회자되고 있는 바이다. 그것과 병행하여 교육기본법 개정에서 보이는 교육 개념의 의도적 변경은 지역의 붕괴와 재편에 어쩔 수 없이 휘말리는 공민관의 위치과 그 지표를 사회 통합의 수단으로 강조해 나갈 우려가 있다는 점에 유의할 필요가 있겠다.

공민관의 현대적 역할과 가능성을 탐구하는 스에모토 마코토(末本誠)는 공민관의 근대화론을 단순한 학교화론이 아닌 지역의 어른을 위한 학교로 확립시켰다. 동시에 전통적인 지역의 유대에서 해방된 자유로운 주민에 의한 새로운 지역성을 지지하는 생활 연대의식의 확립을 다시금 과제로 삼은 것을 정리하였다. 이것을 바탕으로 "공민관 초기의 미분화된 복합성이나 종합성이 전문화로의 움직임을 내포하면서 전체적으로 새로운 종합성과 다원성을 획득해가는 과정에는 '행동함으로 배운다'는 참가형 학습이론의 발전이 있고, 여기에 공민관의 독자적인 '비지도적 교육'론이 형성되고 있다."고 서술하고 있다. 그리고 그 특징으로 다음의 4가지를 들고 있다(주2).

첫째는 장소 제공에 관한 교육적 배려의 존재이다. 구체적으로는 건물이 하나의 공간으로 수용적 분위기를 가지는 것에 주목한 점이나, 자율적인 시민이 새로운 교류를 만들어가는 장으로서의 광장의 이미지, 관심을 공유하는 장으로서의 '광장'의 역할을 강조하는 등의 논의에서 장의 창조가 제기된 점이다.

둘째는 연결하기에 관한 교육적 배려의 존재이다. 여기에서는 공민관의 전문 분화된 각종 기능 속에 파고 들어가 복잡하게 얽히기 쉬운 인간관계를 중재하고 공민관에 들어온 다양한 과제를 종합하여 조직화하는 직원의 역할이 강조되었다는 점이다.

셋째는 가져오기에 관한 교육적 배려의 존재이다. 시설 만들기 운동을 배경으로 하는 주민참가론이나 학습 내용 편성의 조직 과정에 주민의 요구나 지역의 과제를 포함시켜야 한다는 문제 제기가 있었다는 점이다.

넷째는 되돌려주기에 관한 교육적 배려의 존재이다. 공민관에서 이루어낸 학습의 성과나 인간관계를 지역이나 각자의 생활에 되돌려주는 것이 공민관의 역할이라고 논의된 점이다.

그리고 그 과정은 지역 주민의 운동과 공민관이 연결되는 가져오기와도 밀접하게 관련이 있으며 가져오기, 되돌려주기라는 공민관과 지역 주민의 주고받기는 직원의 간접적인 교육적 배려가 개재할 것과 주민참가제도의 발전에 의해 유지되는 성질의 것이다. 이러한 참가형 학습이론의 발전을 핵심으로 한 유연한 교육론의 존재야말로 공민관이 거점이 되어 마을 만들기의 활발한 전개를 가능하게 하며 새로운 과제에 대한 대응을 가능케 한다고 말하고 있다.

교육 개념이 축소되고 사회통합을 위한 수단화를 강조하는 현대에서 공민관이 비지도적 교육이라는 유연한 교육론을 갖추고 만들어 낸다는 데에 큰 의의가 있다. 이에 관하여 스에모토 자신도 주목하고 있으나 공민관의 비지도적 교육의 원점은 "공민관에서의 교육은 가르치는 자와 배우는 자가 교단의 상하로 대립하는 모습이 아니고 상호 융합 일체화하여 서로 스승이자 제자가 되어 이끌어 주는 상호교육의 형태를 취하고 있다. 즐거운 담론, 활발한 토의, 부드러운 분위기의 간담회 중에 스스로가 매개체로 교육 작용을 하는 것이 바람직하다. 이를 통해 서로 체험을 교환하고 견해를 나누고 화기애애한 분위기속에서 서로의 교양과 지식을 쌓아간다. 공민관 안에서는 마을주민 모두가 스승이자 제자이다."(주3)라는 초기 공민관론의 복합성이나 종합성에 근거를 두고 있다. 또한 이것이 참가형 학습이론의 발전을 수반하면서 '전체로서 새로운 종합성과 다원성을 획득'해오고 있다는 점에 새삼 공민관 만들기 지표의 근거로 삼고 싶다.

3 공민관에 대한 기대 고조

거듭 말하지만 공민관의 목적은 문화생활의 진흥과 사회복지의 증진에 기여하는 것이다. 격차 · 빈곤 문제를 끄집어 내지 않더라도 주민의 생활과 복지가 이렇게까지 곤궁에 처하는 상태가 된다면 공민관의 목적이 달성되고 있다고는 도저히 말할 수 없다. 그렇다고 해서 공민관이 필요 없어졌다는 의미는 아니다. 오히려 지역 일이나 활동을 하고 있는 사람들은 실제생활에서 여러 가지 다양한 모순에 직면하는 가운데 지금보다 더 공민관의 필요성을 느끼고 있는 것은 아닐까? 여기에서는 두 가지 예를 들어 살펴보도록 하겠다.

첫째, 최근에 지역학을 제창한 유우키 토미오(結城登美雄)는 다음과 같이 말하고 있다(주4).

> 본인 스스로 그것을 하려고 하지 않는 사람이 생각한 계획이나 사업은 아무리 진지하고 훌륭해 보여도 생활현장의 사람들을 설득할 수는 없지 않을까하는 생각이 든다. 이와는 반대로 아무리 생각은 미숙하고 계획은 부족한 것이 많더라도 해보려고 결심한 사람들의 행동에는 사람을 납득시킬 만한 무엇인가가 있다. 적극적으로 하고자 하는 사람들이 하는 것이며 하고자 하는 의지가 없는 사람들이 몇 명 힘을 합한다 하여도 현실과 현장은 바뀌지 않는 것이 아닐까? 지역이란 여러 가지 마음이나 생각 그리고 다양한 삶의 방식과 희로애락을 가진 사람들의 집합체이다. 누구나 마음속 어딘가에서는 우리 생활, 우리 지역을 좋게 만들고 싶다는 생각을 하고 있으나 그러한 마음과 생각을 내놓고 얘기할 만한 장소가 거의 없다는 것도 지역의 현실이다. '지역학'이란 그러한 서로 다른 사람들의 각각의 마음과 생각을 공유할 수 있는 장소를 만드는 것을 첫 번째 테마로 한다. 이념의 정당성을 주장하고 억지로 떠맡게 하는 것이 아니라 아무리 번거롭더라도 천천히 많은 사람들과 생각을 나누는 것이다. 생활의 현장은 단번에 갑자기 바뀌는 것이 아니라 천천히 바뀌어 가는 것이다.

사설 공민관 · 나고미앙

공민관을 알고 있는 사람들이라면 "지역을 좋게 만들려는 마음과 생각을 서로 가져와서 모이는 곳이야말로 공민관이다", "사람들의 의지를 북돋아 주는 것이 공민관 활동의 기본이다", "빠르게 변화하는 세상 속에서 여유 있게 많은 사람들과 생각을 나눌 수 있는 곳은 공민관 정도가 아닐까" 등 실제와 상관없이 이러한 감상을 갖고 싶어 할 것이다.

두 번째 예는 헤이세이의 대합병에 따라 피폐한 지역에서 다시 공민관 활동에 대한 기대가 고조되고 있다는 것이다. 2005년 코우치 시(高知市)에 합병된 구 토사야마무라(土佐山村)에서는 합병 후 그때까지 독자적으로 해왔던 공민관 활동이나 지역 활동의 대부분이 폐지 · 축소되었다. 합병 후 3년, 토사야마 쇼우부(土佐山菖蒲) 지구에서는 지역 존속에 위기감을 느낀 유지들이 지역 재생의 거점으로 '사설 공민관 · 나고미앙(和庵)'을 건설하였다. 건물은 지역의 목재를 사용하여 직접 만들었고 40㎡ 단층 중앙에는 이로리가 있으며 취사장도 갖추고 있다.

코우치 시의 수원(水源)이기도 한 토사야마는 농약이나 화학비료의 유입을 최대한 억제하여 유기농 야채를 재배하고 있다. 주민들은 이것을 마을 만들기의 하나로 자부하고 있다. '나고미앙'의 기본적 활동도 유기농 야채를 재배하는 마을 만들기로, 평소에는 지역 주민의 집합소이자 흙(퇴비)만들기부터 유기농 야채의 판매촉진, 나아가 무농약으로 재배한 메밀 국수 만들기, 곤약 만들기, 두부 만들기 같은 체험활동 등을 실시하고 있다.

지역학의 제안이나 사설 공민관 만들기의 예제에 그치지 않고 지금 피폐한 지역의 재생을 위한 많은 움직임이 시작되고 있다. 서두에서 말한 바와 같이 공민관에서 지역을 어떻게 받아들일 것인가 하는 과제는 곧바로 지역과 더불어 있는 공민관의 지표를 결정해 나가는 중요한 작업이 된다. 지역을 둘러싼 오늘날의 정세(情勢)는 지금 어떠한가. 이하에 지역 만들기 운동 전국교류집회에서의 논의를 소개하고 공민관으로서 지금 지역을 어떻게 파악해갈 것인가를 생각하는 관점을 제시해 본다.

지역 만들기 운동 전국교류집회는 2010년 4월로 제7회를 맞이한다. 농림 어업이나 보건의료, 개호복지나 보육, 교육 등 지역 주민의 생산이나 생활에 직접 관련된 일에 종사하는 사람들이 주요 구성원인 이 집회에서는 지역 만들기를 사람과 사람의 관계 만들기로 이해하고 그 관점에서 오늘날의 지역정세를 다음과 같이 파악하고 있다(주5). ① 빈곤이나 격차 등 위헌(違憲) 상태에 놓인 사람들이 늘어나는 한편에서 제도나 틀을 넘어선 곳을 극히 소수의 개인적 노력으로 어떻게든 견뎌 나가고 있는 상태 ② 복지나 의료분야를 중심으로 공공적 성격을 가진 일에 종사하는 노동자가 급증하고 있는 상태. 그리고 그 일의 내용은 '상담 · 조사', '지원', '계획'에 관한 것 또는 그러한 것을 파악할 필요가 있는 내용의 일 ③ 그러한 공공적 성격을 가진 일이나 진행과정 속에서 서로 함께 성장하는 대등한 인간관계가 생기고 있다는 것 ④ 사람들이 서로 연대한다는 것은 전체를 재편성하는 것 등이라는 이해가 전반적으로 이루어지고 있다는 것이다.

지역의 정세를 이상과 같이 파악하여 보았을 때 공민관은 자신이 가지고 있는 다양한 기능을 어떻게 최대한 전개시켜 갈 수 있는가. 이런 일도 할 수 있다, 저런 일도 할 수 있을 것 같다며 스스로 아이디어가 떠오르지 않겠는가. 그만큼 공민관의 기능이란 다채로운 것인데 문제는 그것을 어떻게 살릴 수 있는가이다. 그런 의미에서 공민관이 지역을 어떻게 파악하는가가 중요하다. '지역 만들기 운동 전국교류집회'의 지역 파악에서 볼 수 있듯이 정세란 '파괴하려는 것과 창조하려는 것이 서로 싸우는 상태'(스즈키 아야키, 鈴木文熹)를 말하며 공민관에 있어서의 지역 파악이란 이러한 지역의 동태를 파악해 나가는 것이기도 하다. 이러한 움직임 속에서야 말로 공민관에 대한 기대, 지표 만들기의 방향성을 찾을 수 있는 것이다.

4 직원과 주민의 수준 향상 시도

지방자치 · 지방재정학의 미야모토 켄이치(宮本憲一)는 "신기술자 선언"속에서 "국수장이는 자신의 솜씨를 연마할 뿐만 아니라 지역에서 맛있는 국수를 먹고 싶어 하는 주민을 만들어 낼 수 있어야만 한다. 장인 목수는 좋은 집에 살고 싶고 좋은 가구를 사용하고 싶다고 생각하는 주민과 함께 살아간다."고 말하고 있다.(주6) 공민관이 진정한 공민관이기 위해서는 지역에 이러한 공민관이 있으면 좋겠다, 좋은 공민관 활동을 하고 싶다고 생각하는 주민이 늘어나야 한다. 즉 공민관을 통하여 지역의 이해를 낳은 직원과 주민들의 수준향상은 직접적인 실천을 통해서 높아져가는 것이기도 하다.

이와 같이 수준 향상을 이해한다고 하면 원래 공민관 활동은 공민관 운영심의회를 비롯하여 다양한 주민 참가의 형태를 가지고, 아울러 '학급강좌의 보고서' 만들기나 '공민관 소식' 발행, '공민관 만들기'의 개최 등 주민 스스로가 공민관에 대하여 생각할 수 있는 기회나 정보제공의 장을 만드는 일을 적극적으로 해왔다고 말할 수 있다. 1977년 1월에 '치가사키(茅ヶ崎)에 공민

오카야마 시 공민관 프로젝트팀 보고서

관을 만드는 모임'으로 시민이 발행하기 시작한 "이부키(息吹, *역주 : '호흡'이라는 뜻)"는 2010년 5월에 300호를 맞이하였고 지역의 사회교육 · 문화 활동을 생각하며 창조하는 장으로 오랜 기간 자리매김하고 있다. 또한 도도부현(都道府県) 레벨의 연락협의회 등의 활동에서도 기초 자치체간의 연구교류 기회를 확장하고 공민관 활동에 대한 평가력을 서로 향상해 가려는 시도를 하고 있다. 예를 들어 나가노 현(長野県) 공민관 운영협의회에서는 1982년 이래 현 하의 공민관 활동 · 사회교육 활동의 실천 사례집으로 "신슈우(信州)의 자연에 살고 그리고 배운다"를 매년 개최하는 나가노 현 공민관 대회 시기에 맞추어 발행하고 있다. 그곳에서는 과제나 문제 제기를 포함하여 직원들과 주민 자신들이 실천한 것을 생생하게 글로 쓰고 있다. 이와 같이 공민관 활동은 공민관의 바른 모습을 위하여 부단한 노력을 하고 있으며 또 그것이 오늘날까지 공민관 활동을 발전시켜온 원동력이 되었다고 할 수 있다.

마지막으로 최근 특히 주목할 만한 시도를 하고 있는 오카야마 시(岡山市)의 공민관 프로젝트팀의 실천을 소개한다(주7). 이 시도의 특징은 본질적이며 복합적인 지역 과제에 맞서서 공민관 직원의 실천력 역량을 높이려는 데에 있다. 직원 스스로가 주민의 생활방식이나 지역 과제를 통찰하여 무엇을 어떻게 하는 것이 필요한지를 따져보고, 과제를 해결하기 위해 과학적인 관점에서 장기적인 안목으로 공민관 사업을 추진하려는 데에 그 중점을 두고 있다.

공민관 프로젝트팀의 발족은 2005년이나, 오카야마 시에서는 2000년 9월에 시민참가에 의한한 오카야마 시 공민관 검토위원회의 답신이 제출되어 이듬해 5월 사회교육 주사보 6명을 시작으로 2005년부터 2008년까지 지구 공민관 전관에 전문직원 배치가 이루어져 왔다. 공민관 직원에 의한 프로젝트팀은 답신의 구체화를 2001년부터 시작은 하였으나 2005년의 정규직원 배치를 계기로 본격화되었다. 구체적인 활동으로는 전문가와 지역관계자 등과의 학습회나 간담회, 사례 연구나 각 관의 활동사례 발표와 검증 등이고 매년 테마를 정해 활동하고 있다. 그 활동내용은 보고서로 정리되어 홈페이지에 공개되고 있는데 2009년도 테마는 육아지원, 중장년 남성의 활약지원, ESD(*역주 : Education for Sustainable Development 지속가능한 개발을 위한 교육-'지속발전교육'), 지역복지(고령자), 자치마을 만들기, 장애인과 공생 등의 6가지였다. 운영은 테마별로 팀

회의를 월 1~2회 개최하고 팀별로 사회교육 주사가 리더십을 발휘하여 운영하고 있다. 사회교육 주사들끼리도 서로의 팀 상황을 알리는 기회를 갖는 등, 사회교육 주사에게도 프로젝트 팀을 운영하는 것 자체가 직장을 통해 역량을 높이는 계기가 되고 있다.

매년 총정리 되는 보고서와 관련하여 이 프로젝트의 관점과 방법에 관해서는 다음의 4가지 사항을 나타내고 있다. 이것은 개별적으로 존재하는 것이 아니라 유기적으로 연동하고 있는 것이 특징이다.

첫째, 시내 전 관에 보급하여야 할 내용이 정리되어 있는 점이다. 선진적인 사례를 골라 직원의 관여방법을 중심으로 실천방법과 주민의 엠파워먼트(Empowerment *역주 : 문제 해결의 방법으로서 자기 내부에 힘을 길러 적극적인 자신을 창출하는 일), 지역으로의 파급효과 등을 분석하고 있다. 실천의 성과나 교훈을 헤아려 그 중 공유화할만한 것을 제시, 제안하고 있다.

둘째, 공민관이 나아가야할 방향을 가늠할 때 필요한 정보수집이나 학습회가 열리고 있는 점이다. 자치체의 육아지원정책 전반의 분석이나 과제의 추출, 재난방지 마을 만들기 학교의 수강이나 재난방지행정에 관한 지역에서의 대책내용 분석, 장애인 시책의 분석 등을 실시하여 시(市) 시책과 관련지어 공민관의 방향을 제시하고 있다.

셋째, 전 관 공통 작업으로의 권유나 공민관 상호 네트워크를 만들어 가고 있는 점이다. 예를 들어 육아지원 프로젝트는 육아지원에 관한 주변 정보를 전하는 소책자를 발행하는 등 프로젝트 성과를 시(市) 전체로 확대해가는 역할을 하고 있다.

넷째, 관련 분야의 행정담당과나 NPO와의 연계를 적극적으로 하고 있는 점이다. 관련되는 부서의 직원을 프로젝트팀 회의에 참석케 하거나 공민관으로 출장 나가 이야기를 듣게 한다. 이것은 자치체 시책 측에서도 스스로를 되돌아볼 수 있는 기회가 되어 자치체 발달의 내부적 계기로 공민관 프로젝트 팀이 자리매김하고 있다고 생각한다.

오카야마 시 공민관 프로젝트 팀 활동의 특징은 직원들이 집단적으로 서로의 사업을 재검토하면서 공민관의 일체적인 자세를 창조해내고 있는 것에 있다고 할 수 있다. 그리고 그곳에서는 적극적으로 끊임없이 주민이나 지역 상황과 마주하여 스스로 비판적인 검토 대상으로 삼고 또 그 짜임을 다시 짜기도 하고 서로 디자인하는것이 가능하도록 역량을 기르고 있다. 이 작업은 아카데믹한 정통화된 전문지식에 대해 비정통화(Informal)한 지(知)를 생성해 가려는 시도이자 지역과 더불어 있는 공민관의 지표 만들기이기도 하다(주8).

우치다 준이치(內田 純一)

1) 나가이 켄이치(永井憲一) 편, "교육관계법"(기본법 논평), 일본평론사, 1992년.
2) 末本誠, '현대 공민관과 지역적 공동의 창조- '비지도형 교육'의 발전', 일본 사회교육학회 편, "현대 공민관의 창조", 동양관출판사, 1999년, pp.28-43.
3) 寺中作雄, "공민관 건설"공민관 협회, 1946년 (복각판 1995년), p.193.
4) 結城登美雄, "지역학에서 출발", 農文協(*역주 : 사단법인 농산어촌문화협회(社團法人 農山漁村文化協會)의 약칭으로 일본 출판사의 하나), 2009년, p.14.
5) 본고, '지역 만들기와 사회교육 실천을 둘러싼 동향과 과제', "월간사회교육", 2010년 7월.
6) 宮本憲一, "신 · 기술자 선언", 후키노토우(ふきのとう)서방, 1999년(*역주 : ふきのとう는 '머위의 꽃대'의 뜻).
7) 우치다 미츠토시(内田光俊) · 타나카 준꼬(田中純子), '오카야마 시의 공민관 프로젝트팀~그 성과와 과제', "일본 공민관학회 연보"제5호, 2008년, pp.94-96.
8) 본고 집필 후에 오카야마 시에서 공민관을 시장부국(市長部局)인 안전 · 안심 네트워크 추진실로 이관하자는 제안이 나왔다. 교육 이해의 왜소화 · 극단적인 수단화에 위기감을 느낀 사람들이 공민관의 충실을 추진하는 시민회를 결성하고 평생 교육을 할 수 있는 지역에서의 공민관의 의의와 역할에 대한 학습회가 시내 전역에서 전개되고 있다.

[Column]

무관심과 배움

"오키나와를 반환하라고 노래하며, 지금 태양이 떠오르고 있을 때, 오키나와는 오키나와에 돌려주어라."(아사히 가단(朝日歌壇))라고 후쿠이 시에 사는 여성이 시를 지었다. 이 시를 지은 세대도 오랫 동안 오키나와를 잊고 살았다. 나도 그런 사람들 중 하나이다. 전후 65년간 정부의 명에 따라 사람을 죽이는 일도 없었다고, 나는 평화의 소중함을 말하고 헌법에 보호받아 온 것을 말해왔다. 그러나 오키나와에 대해서는 언급하지 않았다. 미군 후텐마(普天間) 비행장 이전 문제로 많은 국민들이 오키나와를 상기하였다. 오키나와에 살면서 전후에도 평화를 실감하는 일은 없었다고 나이 든 여성이 중얼거리는 것을 텔레비전에서 보았다.

미 · 일 안보조약 반대 데모 중에 칸바 미치코(樺美智子) 씨가 죽었을 때 나는 5학년이었다. 여자가 데모하다가 죽었다는 것이 시골 아이인 나에게는 대단한 충격이었다. 칸바 미치코 씨의 유고집(遺稿集) "남모르게 미소 짓는다"는 내게 의연한 여성상을 각인시켰다. 베트남 전쟁 당시 미군이 베트남 사람을 죽였던 그 군화를 신은 채로 후지산 기슭에 들어가 살인 연습을 하고 있었다. 이에 대해 관심을 나타내는 어른들은 적었다. 그리고 또 미국이 시작한 이라크 전쟁에서 많은 생명이 빼앗기고 풍요로운 국토도 초토화되어 버렸다. 전쟁을 일으키게 만든 것이 잘못이었다고 한다. 영국도 검증에 나섰다. 그러나 그 일로 아무도 심판 받지 않았다. 제일 먼저 지지를 표명한 당시의 고이즈미(小泉) 총리로부터도 지금껏 반성의 말은 없다. 그것을 추궁하고 따지는 국민도 없다. 전쟁과 평화, 보도와 사실, 불확실한 대량 정보 홍수에 빠져 그것이 의도적일 경우 아주 간단하게 조작되어간다. 그러한 어른들의 무관심이 아이들의 미래를 한층 더 위태롭게 한다.

그러한 어른들과 사회교육에 관여하는 사람들로부터는 배우는 것은 세상을 바꾸는 일이라는 말을 듣는 일이 너무도 적었다. 배움이라는 놀이를 아무리 장려한들 역사의 주인공인 아이들의 주체적인 개인의 확립 같은 것은 바랄 수도 없다는 생각이 든다.

와타나베 요우코(渡辺庸子) …… 전 후쿠이 현 공민관 연합회 사무국장

제 2 절 사회교육 장소가 되는 시설 공간 지표

1 변용해가는 사회교육 시설

2009년 8월 중의원 의원선거 결과, 자공(*역주 : 自由民主黨 · 公明黨)연립정권에서 민주당으로 정권이 교체된 일은 기억에 아직 새롭다.

선거 전인 2009년 7월 27일에 발표한 민주당의 정책항목을 보면 국가의 책임과 시정촌의 역할을 명확하게 한 교육제도를 구축하고 그 위에서 "현행 교육위원회제도를 근본적으로 검토하여 자치체의 장이 책임지고 교육행정을 해나간다."고 되어 있다. 그리고 "학교는 보호자, 지역 주민, 학교 관계자, 교육 전문가 등이 참가하는 학교 이사회 제도로 주체적 · 자율적인 운영을 합니다." 라고 되어 있으며 평생학습에 대해서는 "기술의 고도화, 전직 · 재취직의 준비, 지역 활동의 리더 양성, 교양강좌 등 다양한 교육의 필요에 대응하는 평생학습 사회를 실현합니다. 아이들부터 어른까지 이용하기 쉬운 시설의 정비, 공민관 활동의 활성화, 공립도서관을 한층 더 충실하게 만들도록 도모합니다. …중략… 배움의 기회를 줄 수 있도록 도모합니다."라고 적혀 있다(주1).

또 경단련(경제단체 연합회), 자공 정권과 민주당 정권이 함께 추진해오고 있는 도주제(道州制) 도입이 있는데 도주제 도입의 목적은 국가의 권한을 주에, 도도부현의 권한을 시정촌으로 이관하는 것이라고 하므로(주2) 현 정권하에서 지금까지 시정촌 교육위원회에 절대적인 영향력을 가져온 도도부현 교육위원회가 폐지되고 그 권한을 시정촌의 수장이 쥐게 될 것이라고 생각하면 자치체마다 대단한 변화가 일어날 것이라고 예상된다. 그리고 향후 15년 이내에 도주제가 도입된다고 가정하면 헌법에 명기되어 있는 국민주권을 명확하게 하고 교육이 부당한 지배에 굴복당하는 일이 없도록 새로운 교육행정의 틀과 공민관상을 적극적으로 제안할 필요가 있다.

오늘날 공민관이 과거의 공민관 만들기 역사의 연장선상에 있다는 점에서 공민관 및 공민관 만들기 역사로부터 배우는 것은 매우 중요하다. 동시에 공민관 · 사회교육의 현실을 파악하고 장래를 전망하며 공민관이 사회교육 활동의 거점이 될 수 있도록 시설 공간의 역할이나 위치를 생각할 필요가 있다.

이 절에서는 공민관상 및 공민관 만들기 운동의 실천 사례 속에서 엿볼 수 있는 주민의 학습 성과를 통하여 공민관이라는 시설의 지표를 찾아보는 기회로 삼는다.

2 다양화한 학습 환경

도쿄 도 23구 이외의 26개의 시에서 주민이 이용할 수 있는 학습시설은 매우 다양하다.

현재 26개의 시 중 16개의 시에 공민관이 설치되어 있는데, 커뮤니티센터를 설치하고 있는 자치체, 평생학습센터를 설치하고 있는 자치체, 공민관과 더불어 평생학습센터나 문화센터를 병설하고 있는 자치체도 있다. 또 지역회관이라는 명칭의 소규모 집회시설을 설치하고 있는 자치체도 다수 있다.

현재 3타마 각 자치체 내에서 생활하는 주민들은 가까운 생활권 내에 공민관이나 평생학습센터, 문화센터, 커뮤니티센터 등과 같은 학습시설이 있다. 그리고 자치체에 따라서는 역 앞에 민간기업이 운영하는 각종 교실이나 문화센터가 있고 다양한 시설이 가까이에 있음을 알 수 있다.

학습내용에 관해서도 일상생활권 내에서 발생한(발생 중에 있는) 공공과제를 당사자 의식을 가지고 있는 주민들의 상호학습으로 해결을 꾀하는 학습내용 외에 자신들의 취미 · 관심에 따라 예산이나 각자의 편의로 각종 준비된 메뉴(학습프로그램)에서 선택하여 학습 할 수 있는 환경도 있다.

또 각 자치체 내에서도 예전에는 학습조건의 정비나 사업은 교육위원회나 교육기관 및 사회교육시설이 점유하는 영역이라고 생각했었으나 오늘날에는 수장부국에서도 다양한 학습정보 제공으로부터 실제 학습회나 강연회 등을 실시하는 등 학습을 담당하는 부문, 사람, 조직이나 체제가 다양화되고 있다.

다양한 시설이 배치되고 자치체의 체제도 교육위원회를 비롯하여 수장부국에 의한 사업 실시까지 다양한 학습 환경이 구비되어 있다.

이러한 현 상황에서, 다양한 시설과 다양한 사업주체에 의한 사업이 전개되고 있는 가운데 공민관의 존재 의의나 고유성을 명확히 해 둘 필요가 있다. 구체적으로는 훗사 시(福生市)와 같이 미군 기지를 안고 있는 마을 특유의 지역 과제, 시대의 변화와 더불어 개개인의 흥미나 관심에 따른 집단구성과 사업이나 학습 지원 혹은 협동의 활동 내용, 그리고 인터넷의 보급에서 볼 수 있는 정보입수 방법이나 커뮤니케이션 형태의 변화 속에서 공민관이라는 시설의 기능이나 역할을 지표로 생각할 필요가 있음을 알 수 있다.

다음 절에서는 3타마의 공민관 및 공민관 만들기의 사례를 역사적으로 되돌아보면서 과제를 더 명확히 하고 이를 통한 지표의 안을 제시해보기로 한다.

3 과거의 공민관상을 돌아본다

오늘날 3타마 각 자치체 내에 설치되어 있는 공민관의 과제를 파악하려 할 때 1974년에 도쿄도 교육청이 발행한 "새로운 공민관상을 지향하여(이하 '3타마 테제'로 한다)"를 빼고는 생각할 수 없다. 그리고 3타마 테제가 만들어진 배경에는 '공민관 3층 건물론'이 있었다는 것은 이미 알고 있는 사실이다.

지금부터 45년 전의 공민관 3층 건물론, 36년 전의 3타마 테제, 그리고 30년 전의 에구치·신도우(江口·進藤) 왕복서한에서 볼 수 있는 공민관의 과제 파악과 분석에서 오늘날의 3타마 공민관이 안고 있는 과제를 되돌아보기로 한다.

1. 공민관 3층 건물론

공민관 3층 건물론이란 "3타마의 사회교육(1965년 2월)"에 게재된 '도시 사회교육론의 구상'을 지칭하며 그 중에서는 집필자인 오가와 토시오가 3타마의 자치체 노동자 등으로 구성되었던 '3타마 사간(三多摩社懇'에 참가하였던 추억을 서술하면서 도시형 공민관에 관하여 구체적인 제안을 한 것이다. 그 밖에 공민관 3층 건물론과 나중에 서술할 3타마 테제를 낳게 된 당시의 사회적 배경과 내용에 관해서는 '제1장 제3절 "나의대학"으로서의 학급·강좌 실시'를 참조하기 바란다.

공민관 3층 건물론은 당시의 주민의 문화적 동질성, 지연(地緣)의 논리 등에서 생각할 수 있는 지역이나 지역 주민이었던 것으로부터 도시에 사는 조직노동자나 부인노동자의 학습을 중심으로 생각하여 도시부에서의 공민관·사회교육의 바람직한 형태를 제안한 것이라고 생각되었다.

당시의 쿠니타치 시(國立市) 공민관 직원이었던 토쿠나가 이사오(德永功)는 오가와 토시오(小川利夫)가 생각했던 이미지를 쿠니타치 시 공민관의 사회교육실천 속에서 실천으로 관련지었다. 또 "도시화 상황 속에서 고립화되고 있는 새로운 지역 주민을 위해 한 사람이라도 마음 편히 갈 수 있는 쉼터, 여러 사람들과 연대를 맺을 수 있는 사교의 장, 문화요구를 충족시킬 수 있는 교양의 장 등 다면적 시설을 풀어서 설명한 것이다."라고 서술하고 있다(주3).

공민관 3층 건물론은 오가와 토시오가 원고를 썼던 1964년 12월 당시, 새로운 도시 생활자가 된 3타마의 주민이 요구한 학습 시설론으로, 도시주민으로서의 학습 요건을 명시한 것이었다.

2. 3타마 테제

3타마 테제에서는 공민관 시설론과 직원론을 기술하고 있으나 사업론이나 평가에 대한 관점은 거의 명시되어 있지 않다. 또 3타마 테제라 불리고는 있으나 작성에 관계하였던 사람들은 대부분이 당시 북타마에 위치했던 직원들이 중심이었다. 그리고 오늘의 시점에서 보면 '새로운 공민관상'을 목표로 하였던 당시의 사회적 배경도 있어 사회교육행정을 염두에 두고 있었던 것은 아니었음을 알 수 있다.

3타마 테제 작성자의 한 사람이기도 했던 코바야시 분진(小林文人)은 1994년에 다음과 같이 지적하였다.

① 3타마 테제는 전체적으로 이념적이고 구체적인 부분은 조건 정비론으로 기울어진 내용이다.
② 3타마 테제는 전체적으로 이상론으로 지침에 그치고 있으며, 구현하기 위한 운동론이 제시되어 있지 않다.
③ 3타마 테제의 이념 속에는 주민자치, 주민 주체의 활동에 대한 원조와 같은 시각이 약한 것이 아닐까라는 지적이 적지 않다.
④ 3타마 테제는 사회적 · 교육적으로 불리한 입장에 놓여 있는 사람들의 학습권 보장에 대해 거의 다루지 않고 있다.
⑤ 3타마 테제는 말할 것도 없이 3타마라는 지역에 뿌리 내린 도시형 공민관의 구상이다. 때문에 "지역"과의 관계에 있어서 반대로 이 공민관 구상의 약점이 드러나고 있다.

3타마 테제는 분명히 도시주민의 학습요구를 배경으로 탄생한 공민관 시설론의 양상이 짙은 것으로, 사회교육 행정론까지는 언급하고 있지 않다. 당연하다면 당연하다고 생각되나 오늘날의 주민이 주체가 되어 새로운 공공을 짊어진다는 인식이 당시는 약했다고 생각된다.

3. 에구치 · 신도우(江口 · 進藤) 왕복서한

1980년 7월호 지방자치통신에는 미타카시(三鷹市)직원의 에구치 세이자부로우(江口淸三郞)와 코쿠분지 시(國分寺市) 직원인 신도우 후미오(進藤文夫)사이에서 커뮤니티센터와 공민관의 차이를 부각시킨 '에구치 · 신도우(江口 · 進藤) 왕복서한'이 기사화되었다. 이 속에서 에구치는 신도우에게 10가지 질문을 하고 신도우가 답하는 형식이 되어 있다.

우선 에구치는 공민관 사업의 내용과 기능의 독자성이 보이지 않는다는 등 존재가치에 대한 질문을 하고 있다. 특히 민간시설과 공민관의 차이를 공민관의 사업내용으로서의 지역 과제의 유무를 들고 운영은 주민참가로 이루어져야 한다고 지적하고 현재의 공민관으로는 충분하지 않다고 말하고 있다. 다음으로 공민관은 사회교육 관련단체와의 관계를 중시하여 강좌나 사업 성과를 공표하지 않는 까닭에 공민관을 특수한 시민이나 단체를 위한 시설이라고 여긴다고 지적하고 있다. 또 공민관의 전문직을 너무 중시하는 탓에 주민의 주체성이 사라지고 있다고 한다. 그리고 공민관은 타 공공시설과의 연계는 전혀 언급하고 있지 않은데 타 시설에 대한 원조나 유대 속에 공민관의 존재 의의가 있는 것이 아닌가라고 하고 있다.

공민관에서의 학습 스타일에 관해서 살펴보면 집단학습에 치우쳐 있어서 다양한 주민의 학습요구에 대응하지 못한다. 그리고 공민관에서는 학습뿐이고 행동에 관해서는 무력하다고도 지적하고 있다.

그 밖에 공민관에 대한 의문점으로 지방자치에서 주민의 주체성을 어떻게 확보할 것인가, 주민주체의 자치행정을 어떻게 추진해갈 것인가, 행정의 역할은 어떻게 진행시킬 것인가, 주민자치에 뿌리를 내린 자치체의 혁신을 어떻게 추진해 나가야 하는가와 같은 기본적인 관점에서 질문한다고 하고 있다.

더욱 에구치는 도시에서의 공민관의 재생에 대해 다음과 같이 제안하고 있다.

① 공운심의 시민화, 지역화와 권한 강화
② 생활과제를 중심으로 한 자치적 과제의 추구
③ 학습과정의 공개와 성과의 시민화, 지역화
④ 공민관의 시민 두뇌집단(Think Tank)화
⑤ 기획, 실시, 평가의 전 과정에 대한 주민참가 추진
⑥ 직원 양성과 교류촉진 등

이러한 질문에 대해 신도우는 공민관이 지금까지 유일한 만능시설로 군림하였다는 평가와는 인식이 다르다고 전제한 다음 향후 도시주민에게 있어서 공민관은 사업이나 기능의 독자성에 관해 중요한 시설이라고 하였다. 자치시설의 타당성에 관해서는 사회교육법을 어떻게 이해하느냐에 달렸다고 한 뒤 현재는 지역의 자유재량으로 운영되고 있기에 문제는 없다고 하였다. 사업내용에 관해서는 예전에는 교양주의적인 사업이 있었으나 오늘날의 도시 공민관에서는 지역 과제나 주민자치에 관한 사업이 중요한 테마라고 하였다.

다음으로 민간 교육산업과의 비교에서는 주민참가의 실행위원회나 준비회 방식 등 이외에 지방자치 강좌나 지역 과제를 테마로 하는 사업을 실시하고 있다. 또한 현재 공민관에서 강좌

나 사업의 성과를 공표하지 않는 것에는 사업의 기록은 공민관 소식이나 홍보로 전역에 안내하고 있고 비밀주의적인 공민관이 존재할 수 없다고 하였다. 공민관에 전문직이 있다는 의미는 적어도 3타마에서는 주민의 요구에 응하여 원조한다는 취지 원칙으로 공민관과 각 시설과의 연계는 향후에도 중요하므로 추진하고 싶다고 하였다. 그리고 공민관에서의 학습내용에 관해서는 최근에는 공해나 복지의 문제에서도 헌법학습 등과 관련하여 학습하고 있다고 하였다. 공민관은 학습뿐이고 운동으로 전개하지 않는다는 지적에 관해서는 공민관이 특정한 운동단체를 조직하는 것에 대한 문제를 지적하고 공민관은 그러한 주민들에 대해 학습이나 자료, 정보제공 등의 원조를 요구에 맞추어 대응해주는 기관이라고 설명하고 있다.

이 왕복서한 속에서 분명해진 것은 공민관 사업의 나아갈 방향, 지역의 공공과제를 해결(해소)하기 위한 학습에 시민을 참가시키는 형태의 유무, 공민관 직원의 전문성과 역량 형성, 그리고 당시 급속하게 보급되기 시작한 공민관이 지역의 주민자치를 형성하는 본래의 역할을 다하고 있는 지의 여부 등이었다.

4. 홋사 공민관을 만드는 시민 모임의 활동

제3장 4절 '주민 주체의 공민관 만들기'에 상세한 사례가 있으므로 여기에서는 공민관 만들기 중에서 중요한 지표가 될 수 있는 실천 사례를 소개하고 지표화에 이르는 관점을 명확하게 하고자 한다.

1972년 여러 청년 서클이 '홋사 시 청년단체 연락협의회(이하 '청연협'이라 한다)'를 구성하여 서클 간의 커뮤니케이션을 확대해 나가려고 하였다. 그 청연협 속에 "문화시설 연구회"를 발족시켜 공민관에 관한 기본적인 학습을 시작하였다.

이듬해 1973년 5월에는 청년 서클과 부인 그룹을 중심으로 한 '홋사 공민관을 만드는 시민 모임'을 발족시켜 인근의 공민관을 견학하는 등 정력적으로 학습을 전개하기 시작하였고 그 때 이용한 학습 자료가 3타마 테제였다.

1974년 6월에는 공민관 건설의 서명 운동을 전개하여 단기간에 1,180명의 서명을 받아 홋사 시의회에 청원서를 제출하였는데 9월 의회에서 채택되어 이듬해 1975년에는 공민관 건설 예산이 계상되었다. 이에 따라 '홋사 공민관을 만드는 시민 모임'에서는 '언제라도 누구라도 어디서라도'라는 공민관 이용 이미지를 만든 팸플릿을 작성하여 시내에 배포하였다.

1976년 3월에는 '홋사 시 공민관의 "직원배치 및 운영"에 관한 요망'을 사회교육과에 제출하고, 기관지 "우리들의 공민관"을 제5호까지 발행하였다. 그리고 7월에는 공민관 이용 무료화를 위한 팸플릿도 발행하였다.

1976년 9월 의회에 1,259명이 제출한 4가지 항목의 진정서에 대해 1977년 3월 의회에서 공민관 활동에 대해서는 사용료를 무료로 한다고 가결시켰다.

훗사의 공민관 만들기의 특징은 청년 서클이 중심이 되어 활동을 전개해갔다는 점이다. 당시 활동 중심인물이었던 무라노 마사요시(村野雅義)는 도쿄의 공민관 50년지 편찬 과정 중의 인터뷰에서 "공민관이 없어도 직원의 원조나 동지들 사이에서 '이것이야 말로 학습이다'라고 실감했습니다. 그리고 이 활동을 통해서 젊기 때문에 자신을 바꿀 수 있었다고 생각합니다. 공민관 만들기 운동 속에서 과제해결에 직면했던 경험이 지금 지역에서 활동을 하는 밑거름이 되었다고 생각합니다."고 말하고 있다.

훗사 공민관을 만드는 시민 모임 팸플릿

당시의 청년들은 공민관의 의의나 공민관 만들기도 잘 모르는 단계에서 사회교육의 연구자나 훗사 시 사회교육 주사의 지원을 받아 사회교육 전반에 관한 체계적인 학습을 반복하고 당시 공민관에 관심이 적었던 주민들을 대상으로 설명회를 여는 등 공민관의 이해를 돕기 위한 실천적인 학습을 꾸준히 해왔다.

이러한 활동을 통하여 공민관을 설치하는 것은 지역 주민이라는 강한 당사자 의식을 가질 수 있었고 서명운동이나 청원에 이르는 활동을 통해 스스로의 학습효과로 비전을 명확하게 하고 의회에서의 청원 등을 통해 정책 제안을 할 수 있는 역량을 형성해 나갔다.

사회교육 추진 전국협의회가 작성한 '팸플릿 공민관'에 "공민관 만들기 운동은 본질적으로 마을 만들기 운동이 될 수밖에 없고 이것은 필연적으로 통치능력 · 자치능력을 갖춘 주권자에 의해서만 이루어질 수 있는 운동이며 이러한 운동 자체도 주권자를 키우는 작용을 하고 있다."(주5)고 기록되어 있다. 그러나 훗사 공민관을 만드는 시민 모임의 실천은 주민들이 공민관의 본질에 이르는 실천적인 배움을 축적하고, 다양한 이해관계자와의 합의 형성에 이르는 행동을 통해 정책 제안 능력과 행동력을 갖춘, 그야말로 주민에 의한 거버넌스의 형성에 이르는 사회교육 실천이었다.

훗사의 공민관 만들기에서 볼 수 있는 '거버넌스(Governance)'는 그 후의 공민관 유료화 문제속에서도 큰 의미를 가지고 있다. 그것은 시의회 의원으로부터 유료화에 관한 질문이 나왔으나 주민의 의사를 반영하여 의회에서 의결한 무료화의 경위를 설명하는 것으로 시의회 의원도 주민 의사 실현에 이해를 보이고 있다.

4 시설 공간으로서의 공민관의 지표

사회교육행정의 역할을 대략적으로 표기해 보면 지역 주민의 학습조건의 정비라고 할 수 있다. '학습'과 '조건'을 나누어 생각하면 학습부분은 문자 그대로 주민 자신이 학습해가는데 필요한 정보(오늘날에는 인터넷 등의 조건 정비도 포함된다)의 입수, 이용 등의 환경 정비이고 그 가운데에는 당연히 전문성이 있는 직원이나 동지를 얻을 수 있는 계기가 될 만한 주최 사업이 자리잡으면 좋다. 또한 조건 부분으로는 지역의 공공과제를 함께 해결하고자 하는 당사자 의식을 가지는 동지와 함께 모여서 의견을 교환하고 때로는 강사를 초빙하여 강의를 듣는 장소이기도 하다.

공민관 만들기의 경위나 오늘날의 공민관 이용실태를 살펴보는 것으로 행정과 주민의 의사가 어떻게 구현되었는지, 아래와 같은 점을 오늘날 공민관의 필수불가결한 지표로 삼아 보는 것은 어떨까?

(1) 주민참가와 협동의 관점이 있는가? → 공민관 만들기의 과정 중에 주민들이 어느 단계부터 어떻게 관여하였는가? 현재도 주민자치를 향한 진행형인가?

(2) 공민관 조례나 시행규칙에 주민이 관여하였는가? → 시설의 구체적인 이용방법 등에 주민의 의사가 반영되어 있는가?

(3) 공민관의 기능에 맞게 직원이 배치되었는가? → 직원 배치나 직원에 관한 요구사항 등이 이용자로부터 계속 들어오는가?

(4) 공민관 사업에 대한 요구 → 주민참가에 의한 사업방향에 관해 언급하고 있는가?

(5) 단순한 학습의 거점으로 되어 있지 않은가? → 이용자 교류회나 공민관의 모임 등 이용자가 적극적으로 공민관 운영에 참가하여 공민관을 학습하고 있는가?

이토우 세이이치(伊藤靜一)

1) 민주당 정책 요항(http://www.dpj.or.jp/news/files/INDEX2009.pdf)

2) 江口克彦, "지역 주권형 도주제(道州制)를 잘 알 수 있는 책", PHP연구소, 2009년, p.4.

3) 德永功, '공민관 3층 건물론', "도쿄의 공민관 30년지", 도쿄도 공민관 연락협의회, 1982, p.185.

4) 小林文人, '3타마 테제 20년-경과와 그 후의 발전-', "전후 3타마의 사회교육의 역사(VII)", 도쿄 도립 타마 사회교육회관, 1994년.

5) 사회교육 추진 전국협의회 편, '팸플릿 공민관', 1980년, pp.40-41.

제 3 절 시설 만들기의 지표

1 보다 좋은 공민관을 만드는 포인트

시설 만들기에는 아래 표에 제시한 것처럼 7가지 단계가 있다. 각 단계에서 행정, 주민 · 지역단체, 사업자 등 많은 관계자가 참여하여 적절한 의사결정을 하지 않으면 시설 만들기는 할 수가 없다.

단, 그것만으로는 단순한 상자 곽이 되어버릴 가능성이 있다. 따라서 공민관을 만드는 의사결정은 다음과 같은 이념에 기초를 둘 필요가 있다.

① 지역의 일은 지역 사람들이 결정한다 (지역주권)

② 전원이 참가하여 결정한다 (직접민주주의)

③ 지역을 표현한다 (지역성)

표 안에서 이러한 이념을 각 단계마다 좋은 공민관을 만드는 포인트로 정리하고 아울러 사회교육 실천과의 연결방법을 제시하였다. 이 표는 현재, 공민관의 신축이나 개 · 보수, 용도변경용 등에 관여하는 분들이 해당 지역의 실정에 맞게 시설 만들기의 지표를 세우는데 일조하리라 생각한다.

2 행정계획 단계

1000 m² 정도의 공민관을 신축하려면 설계 · 시공 단계에서 1~3억 정도의 비용이 필요하다(용지비용은 제외). 현재는 공민관 설치에 국가 및 도도부현(都道府県)으로부터의 보조가 없으므로 전액을 시정촌이 지출한다. 때문에 시정촌은 공민관을 세우는 일을 명확하게 행정계획으로 정하여 의회나 지역 주민의 승인을 받아야만 한다.

행정계획에서 가장 상위에 놓이는 것이 종합계획이다. 종합계획 속에서 공민관은 교육행정뿐만 아니라 복지행정, 커뮤니티행정 등의 분야와도 관련된다. 종합계획에 기초한 행정 분야별

계획에서는 평생학습 추진계획이나 도시계획 마스터플랜 등에도 관련된다. 또한 최근에는 자치체 내의 공공건축 재배치 계획이 책정되어 시설의 명칭 변경, 소관·서비스의 통합, 장기 개수 계획 등을 검토하게 되었다. 그것은 행정구 내에 있어서 균일한 공민관 사업을 전개하기 위해서는 모든 중학교구 혹은 초등학교구를 단위로 한 공민관 배치가 목표이기 때문이다. 그러나 지금까지 각 성청(省廳)으로부터 보조를 받으며 자치체 내에 공민관 이외에 다양한 소관·명칭의 공공건축이 난립하고 있는 자치체가 존재하는 것이나 학교의 통폐합으로 빈 교사(校舍)를 공민관으로 대체하는 등, 용도 변경의 요구도 많아졌기 때문이다. 공공 공익시설의 유지관리비 절감을 위한 행정·재정 개혁 마스터플랜에서도 공민관의 지정관리위탁 등의 방침이 논의되고 있다.

이러한 큰 흐름 속에서 공민관의 시설 만들기를 생각해 볼 필요가 있다.

이를 위해서는 각 계획에서 실시되는 워크숍이나 지역간담회에 공민관 직원, 공민관 이용자가 적극적으로 참가하여 공민관의 있어야할 모습에 관해 적극적으로 논의하기를 바란다. 이러한 계획으로 공민관의 필요성이나 시설의 배치계획이 제시된다면 보다 좋은 공민관 만들기의 기점이 될 것이다.

종합계획이나 도시계획 마스터플랜 등에는 시(市) 전체적인 계획뿐만 아니라 지구별 계획이 있다. 이것은 중학교구 정도의 범위를 대상으로 한 계획으로 역전광장, 주택지, 초등학교, 공민관 등의 존재 방식이나 실현화 방책이 논의된다. 몇 개의 구 정도를 대상으로 하여 지구계획(도시계획법 제12조 4항)이나 건축협정(건축기준법 제69조), 마을 만들기 가이드라인(비법정(非法定))을 정한 지역도 늘고 있다. 이러한 일상생활에 밀접한 계획에서도 지금까지의 공민관을 통한 배움의 축적이나 지역에서 해온 역할을 정리하여 지역의 특성을 살린 공민관의 미래상을 지역 주민과 함께 만들어 나가기 바란다.

3 건축기획 단계

상위계획에 근거하여 공민관의 신축 또는 개축 방침이 의회에서 결정이 되었다고 생각해 보자.

공민관은 주민생활에서 밀접한 시설이자 교육뿐 아니라 복지, 시민활동지원 등 여러 행정부국이 관계한다. 그 때문에 관계부국에 계획안을 설명하고 기존 시설과의 관계나 시책의 정당성을 조정하는 회의가 마련된다. 이 회의에서는 소관이나 도입기능의 가부가 큰 토론으로 번져

협의가 정체되는 일도 있다. 이 때문에 시설건설 추진실을 설치하여 실장(부장급)의 권한으로 결정하는 일과 청내(廳內) 조정회의에서 판단하여야 할 일을 분담하여 의사결정 방법을 명확하게 하는 것이 바람직하다. 이러한 체제를 제도화하여두면 설계 · 시행단계에서도 신속한 의사결정을 할 수 있다.

주민 요구 수집에는 앙케트, 워크숍, 의견공모(Public Comment *역주 : 행정기관에서 시민의 의견모집. 행정기관이 새로운 정책을 세운다든지 제도를 변경하려고 할 때에, 그 내용을 사전에 공표하고, 안(案)에 대해서 널리 시민, 사업자 등으로부터 의견이나 정보를 듣는 기회를 마련하는 것) 등의 방법이 있다. 이러한 것들은 행정이 지향하는 바(타협점)에 주민들 대부분이 찬성하고 있다는 증거를 만들기 위해서 실시할 수도 있다. 예를 들어 설문조사라면 질문을 자의적으로 조작하고, 워크숍이라면 동의 의사를 얻어내기 쉬운 단체, 개인밖에 참가할 수 없는 시간대에 모임을 개최하는 등의 방법이 있다. 또한 의견공모나 보고서에 있어서는 행정의 의향에 따른 의견 위주로 정리할 수도 있다.

정말로 좋은 공민관을 만들고 싶다면 노인, 어린이, 샐러리맨, 노숙자 같은 다양한 참가자와 함께 토론하는 워크숍을 실시할 수 있는지가 하나의 지표가 된다.

여기서 다양한 관계자들이 모여 토론을 하기 위해서 낱말 정의 노트와 사용법 포스터를 만들고 싶다. 낱말 정의 노트란 사회배경이 다른 관계자들이 공통의 인식을 가지기 위한 정의집이다. 예를 들면 도시계획 용어에서는 공공시설이란 도로, 공원, 하수도를 의미하고 공민관은 공익시설이라 부른다. 이와 같이 행정 내에서도 부서에 따라 낱말의 사용법이 다르다. 따라서 다양한 관계자가 모였을 때 우선 낱말을 정의하는 것부터 시작하는 것이 바람직하다.

사용법 포스터란 지금까지의 시설 사용방법을 각 세대의 이용자로부터 청취하여 서클 로커의 열쇠를 잠그지 않는 이유나 문화제를 개최하였을 때 조리실에서 카레를 운반하면서 실내가 더러워졌다 등 공민관의 사용방법의 역사를 포스터 풍으로 정리한 것으로 시설마다의 특징이 표현되어 있다.

이러한 낱말 정의 노트나 사용법 포스터에 더하여 사진이나 도면, 모형을 사용하여 새로운 공민관에 필요한 기능이나 공간에 관하여 구체적인 이미지를 논의하기 바란다. 이를 위해서는 지역에 뿌리내린 뜻 있는 건축가(Community Architect)의 협력을 얻고 싶다.

또한 워크숍을 계기로 장래의 시설운영에 대한 주민의 협력을 구하고, 시설의 설계, 시공을 진행하면서 활동의 활성화를 추진해 나가는 것이 바람직하다. 왜냐하면 재정난이 이어지고 있는 가운데 공민관을 유지해 나가기 위해서는 지역과의 협동은 불가결하기 때문이다. 지역과의 협동은 주민부담으로 이어지기 때문에 논의가 깔끔하게 끝나지 않고 대립되는 일도 있으나, 속마음을 털어놓고 이야기하는 것이 장래의 협동체제로 이어진다고 믿고 싶다.

워크숍 등을 거쳐 주민 요구와 행정 방침을 조정하여 새로운 공민관 건축개요로 정리한다. 이것이 설계자 선정단계의 Competition(이하 경쟁) 실시 항목 등에도 반영된다.

4 설계자 선정 단계

설계자 선정방법은 크게 입찰과 경쟁으로 나눠진다. 좋은 건축을 하기 위해서는 입찰보다도 경쟁이 바람직하다. 경쟁방법에는 지명 또는 자유응모, 프로포절 등 다양한 종류가 있다. 지역 상황에 맞추어 상응하는 경쟁이 있기 때문에 여기에서는 어느 방법이 바람직하다고 말하기는 어렵다.

가장 중요한 것은 설계자 선정 과정이 모두 주민들에게 개방되는 것이다. 심사위원을 외부 대학교수에게 의뢰하여 중립성을 유지하려 해도 응모하는 설계자에 대해 어떠한 지원을 하고 있는 지도 모른다. 행정 내에 대학 연구실 OB가 있어 채점기준에 배려가 있을 수도 있다. 시공 수탁을 바라는 업자가 친분 있는 설계자를 투입했을 수도 있다. 건축은 큰돈이 움직이는 만큼 여러 가지 소문이 끊임없이 따라다닌다.

앞서 서술한 바와 같이 이러한 소문이 나는 것 자체가 공민관 건축으로는 바람직하지 않기 때문에 심사위원의 선임이유, 심사방법, 심사과정 등 모든 것을 공표하고 설계자 선정을 진행하는 것이 원칙이다. 심사위원으로 워크숍 참가자도 선임하여 시민의 눈으로 공평성을 확인하기 바란다. 또 심사 위원회와는 별도로 설계안에 관해 많은 주민들이 열람할 수 있도록 현재 공민관이나 역 · 상점가에 경쟁안의 모형과 도면을 놓아두고 주민들의 의견을 구하는 방법도 공민관 시설 만들기로서 바람직하다.

5 기본설계 단계

경쟁 결과, 어느 건축가의 제안이 선정되었다고 가정하자. 행정은 건축가와 기본설계, 실시 설계에 관한 계약을 체결한다.

기본설계란 건축가가 시설에 대한 기획이나 의도를 기본설계도서로 정리하는 단계이다. 경쟁에서 제안된 안은 계획, 구조, 전기 · 설비, 외구(外構 *역주 : 건축의 바깥 면의 구조)의 각 계획에 관해 일정한 조건하에서 검토, 제안된 것이지만 상세한 검토가 필요하다. 경쟁 안이 행정 및 주민 · 단체의 각종 요구사항을 정말로 만족시키고 있는지, 평면계획, 동선계획, 피난계획, 구조계획, 수 변전 설비, 공조방식, 소방 설비 등 다양한 면에서 계획의 타당성을 검토할 필요가 있다. 이 검토에 관해서는 행정 및 시민 워크숍 참가자와의 협동의 장을 마련하여 진행하는 것이 바람직하다. 검토하는 내용으로는 사회교육을 실천하기 위해 필요한 공간구성, 시설을 안심하고 안전하게 이용하기 위한 안전 성능, 화재 등에 대비한 피난 성능, 지역 방재 거점시설로서의 기능 등을 들 수 있다. 이러한 점과 행정의 시설에 대한 기획이나 의도, 지역 주민의 시설에 바라는 요구사항이 전략적으로 융합함으로 좋은 공민관 만들기의 첫걸음이 될 것이다.

이러한 과정을 거쳐 시설의 전체적인 상이 구체화되고 경쟁 안이 기본설계도서로 정리된다. 기본설계도서는 건축 개요서 · 면적표 · 내외부 완성표 · 평면도 · 단면도 · 입면도 및 내외 이미지 패스(Image Perspective, *역주 : 투시도)가 있으며 또 모형도 제작된다. 특별한 설명이 필요로 하지 않을 경우에는 구조계획이나 전기 · 설비계획, 외구계획 등의 도면이 추가된다. 또 이 단계에서 개산(概算) 견적서도 작성하는 것이 바람직하다.

기본설계가 다음 절에서 말할 실시설계의 단계에서 이루어지는 기둥이나 들보 등의 주요 구조부의 크기, 전기 · 설비 등의 기계실의 면적 등과 비교하여 눈에 띄게 다를 경우 시설 전체의 계획에 영향을 줄 수도 있다. 때문에 실시설계에 들어가기 전에 기본설계가 현실적인 설계인지 전문적으로 검토하는 공정이 필요하다. 이것을 '디자인 디벨럽먼트(디자인 개발)Design Development(이하 D.D)'라고 한다. 이 D.D의 단계를 거쳐 기본설계 도서를 한 세트로 정리해 놓는 것이 바람직하다.

이상과 같은 공정을 거쳐 기본설계의 내용이 승인되면 다음에서 말하는 실시설계가 진행된다.

6 실시설계 단계

실시설계 단계는 기본설계도서를 보다 구체적으로 나타낸 것이며 ① 시설의 공사에 필요한 도면, 그리고 공사비용 산출에 필요한 도면을 작성하는 단계와 ② 완성된 실시설계 도서를 기초로 해서 산출하는 공사견적 및 공사비를 조정하는 단계이다.

단계 ①에서는 건축가가 중심이 되어 기둥이나 들보 같은 주요 구조부의 크기나 시설을 구성하는 모든 방의 바닥 · 벽 · 천장 · 건목(巾木)의 각종 부위 · 부재를 정하고 외장재 등을 결정한다. 또 그 결정에 따라서 건구(建具)・가구 같은 조작재(造作材)를 포함한 다양한 부위・부재의 사양이나 치수를 결정하고 상세하게 도면화한다. 더불어 이 단계에서 결정된 상세 계획에 따라 각종 조례나 요강의 합의 및 건축 확인 신청과 소방 동의 수속도 한다.

단계 ②에서는 시공을 하는 공사업자가 공사견적(적산(積算)업무)을 내고 건축가나 행정은 산출된 공사비에 관하여 예산공사비와 비교하여 조정한다.

최종적으로 결정된 각종 부위・부재에 대한 사양의 일부는 건축기준법을 기초로 하여 결정한다. 여기에서 주의해야 할 점은 건축기준법에 표시된 기준은 어디까지나 최저 기준이며 법을 충족시키고 있기만 하는 공민관은 최저 안전기준밖에 확보하지 못한 것이 된다. 누가 이용하는 시설인가, 어떻게 이용할 것인가 나아가 화재 등 피난 시에 장해는 없는가, 등 모든 상황을 상정하여 건축기준법이 제시하는 그 이상의 사양으로 해야 한층 안전성이 높은 시설이 된다.

7 시공 단계

공사는 관계자가 생각해왔던 것이 실제 건축으로 완성되어져 가는 단계이다. 공사기간은 6개월에서 2년 정도로 건물의 구조, 종류나 규모에 따라서도 다르다.

시공 단계에서 건축가는 공사감리자로서 시공업자에 의한 시공이 설계도서대로 이루어지고 있는지를 확인한다. 시공자는 설계도서에 나타나 있는 각종 사양・성능을 유지하는 것을 전제로 그 가설방법・시공방법・재료를 선정하고 실제로 시공한다. 그리고 행정은 설계 도서대로 시공되고 있는지를 검사한다. 이들 3자에 공통되는 역할로는 제3자 재해 방지가 있다. 건설현장에는 많은 위험이 따른다. 공사현장에서 다루는 중장기나 건설자재는 사고와 연결되면 그 피해는 이루 말할 수 없는 것이다. 이 때문에 건설현장에서 사고로 이어질 만한 것을 사전에 방지하기 위해서도 공사에서는 매력 있는 시설 만들기의 최종공정으로 재해 방지에 신중을 기할 필요가 있다.

시공이 시작되면 건축 관계자만으로 공정이 진행되고 시민이 관여하는 일은 거의 없다. 가설벽(가설재(仮設材))로 둘러싸인 건설현장에는 평소에는 볼 수 없는 다양한 건축자재가 넘치고 건축물이 실제로 지어지는 현장이다. 이 건설현장을 견학하는 것은 건축에 관하여 학습하는 기회가 된다. 현장견학은 시설에 대한 마음을 간절하게 하고 건설과정을 기록하여 남기는 일은 시설준공 후의 관리운영 단계에서 유지관리로 이어진다. 따라서 공사단계에서 정기적으로 현장견학을 실시하는 것은 사회교육의 실천으로도 이어지며 향후 더욱 확대되어 갈 것으로 생각되는 주민 참가형 시설 만들기에 필요불가결한 과정이 된다.

8 유지관리 단계

시설 만들기는 시설 준공 후부터 시작된다고 하여도 과언이 아니다. 시설 관리자나 이용자가 어떻게 시설을 이용하고 유지해나가는가에 따라 시설의 상태는 달라진다. 유지관리(Maintenance)에는 운전, 점검 · 진단, 보수, 수선(修繕), 청소, 보안 등의 업무가 있고 이를 일정한 기간마다 실시한다.

그 중에서 수선 이외의 업무는 건축물 보전에 관련된 것들이므로 계획적으로 일상이용 중에 실시한다. 이러한 하드부분의 유지관리에 관해서도 주민이 협력해가는 시스템이 필요하므로 이를 위해 워크숍 초기부터 준공에 이르는 기간 중에 주민과 함께 협력체계를 이루어가는 것이 바람직하다.

수선은 고장이나 파손 등 건축물의 일부에 결함이 보일 경우 그 때마다 바로 실시하는 경우와 수선할 시기를 미리 결정하여 계획적으로 실시하는 경우가 있다. 수선에 관한 공사는 수십 종류에 이르고 수선에 드는 비용이나 기간도 다르다. 따라서 수선 공사를 하는 시기를 계획적으로 집약하여 실시하는 '장기수선 계획'을 세우는 것이 한정된 예산을 유효하게 사용하는 일이기도 하므로 중요한 점이다.

또한 수선 공사를 하는 시공업자 또는 점검보수회사에 건축가나 행정, 주민 · 단체가 짜 놓은 시설계획의 의도가 바르게 전달되지 못할 경우 의도와는 다른 변경공사가 태연하게 행해지는 경우도 있다. 따라서 시설 관리자나 이용자는 물론 개수공사를 하는 공사업자 등이 공통된 의지를 가지고 시설 준공 시의 상태를 유지해나가는 시설 만들기 및 의사전달이 가능한 시스템을 만드는 것이 매력 있는 시설 만들기로 이어진다.

타다 유타카(多田 豊)

* 본 글은 설계, 시공에 관해 와카타케 마사히로 씨(若竹雅宏, 일급건축사, 스즈키 에드워드 사무소)의 지도 조언을 받았습니다. 다시 한 번 감사의 말씀을 드립니다.

공민관의 시설 만들기

단계	개 요	관계자			좋은 공민관을 만드는 포인트	사회교육실천과의 연결방법
		행정	주민·단체	사업자		
1 행정계획	관계되는 행정계획에서 자리매김을 하는 단계 ① 종합계획-② 분야별계획(평생학습추진계획,지역복지계획, 도시계획 마스터플랜,방재계획 등)-③ 공공시설 재배치계획-④ 행정·재정개혁마스터플랜 등-⑤ 지구별 계획(지구계획, 건축협정, 마을 만들기 가이드라인 등)	삼역(三役)/기획/세무/재무/도시계획/공원/녹화/관재(官財)/교육/평생학습/복지/시민활동지원/문화/기타	시민/NPO/시민단체/자치회/PTA/상공회/사회복지협의회/사회교육위원/기타	교육컨설턴트/건설컨설턴트/IT컨설턴트/재무컨설턴트/변호사/세무사	① 시 전체적으로 토론하면서 공민관에 관계된 사람들이 적극적으로 참가하여 공민관의 바른 모습에 대해 심도있게 토론한다 ② 시 전체적 레벨과 커뮤니티 레벨의 의견의 합일을 이룬다	① 지금까지의 공민관을 통한 배움의 축적이나 지역에 해온 역할을 정리한다 ② 지역의 장래상을 지역 주민과 함께 만들어가는 거점이 된다
2 건축기획	용지의 취득 및 시설계획에 대한 주민요망사항의 정리, 청 내 조정회의 단계 ① 용지(부속하는 건축물)의 취득 또는 대차계약-② 청내조정회의(관계각과에 대한 계획개안(概案)의 설명, 의견수집, 정리, 시장설명)-③ 주민의 요망사항의 수집과 정리(앙케트, 워크숍, 퍼블릭 코멘트)-④ 기획서의 작성과 공개	시설건축추진실/청내 조정회의/기타	시민/시민워크숍참가자	마을 만들기 컨설턴트/건축가(커뮤니티 건축가)	① 시설건설 추진실을 설치하여 의사결정방법을 명확하게 한다.-② 주민의 요망사항을 수집할 때 대상자를 자의적(恣意的)으로 편중시키지않고 워크숍 등을 행정적 결정에 대한 근거로 삼지 않는다-③ 워크숍에서 시설기능뿐 아니라 간단한 건축계획에 관해서도 개요를 설명해간다.	① 지금까지의 시설의 사용법을 각 세대의 이용자로부터 청취하여, 지역 속에서 공민관의 위치를 정리(사용법 포스터)-② 누구나가 공통 인식을 가질 수 있도록 낱말정의노트를 작성-③ 새로운 공민관에 필요한 기능이나 공간에 관해 사진이나 도면, 모형을 이용하여 구체적인 이미지를 토론한다.-④ 운영관리를 주민참가체제로 만든다(건축과 아울러 발전해 나갈 수 있도록 지원한다)
3 설계자선정	건축 협의 심사와 설계자 선정단계 ① 경쟁실시 항목작성-② 심사위원 선정, 심사방법 결정-③ 설계자의 지명 또는 공모결정-④ 심사위원회 및 주민에게 열람-⑤ 심사과정 공표	시설 건축추진실/평생학습/영선(營繕)/기타	시민/시민워크숍 참가자	마을 만들기 컨설턴트/건축가(커뮤니티 건축가)	① 심사위원의 선임이유, 심사방법, 심사 과정 등 모든 것을 공표하고 설계자 선정을 추진한다	① 심사위원회와는 별도로 설계안에 관해 많은 주민이 열람할 수 있는 시간과 장소를 마련하여 주민들의 의견을 구한다
4 기본설계	경쟁에 의해 선정된 건축가의 경쟁안을 기초로 시설에 대한 기획이나 의도를 기본구상으로 정리하는 단계 ① 행정·시민과 함께 경쟁안을 재확인-② 기본설계 도서(圖書) 작성(공정표/건축개요서/면적표/내외부완성표/각층평면도/단면도/입면도/이미지패스(투시도)/모형/개산(概算)견적서/구조가정(仮定)단면도/공조계획도/약전(弱電)설비도/그 외의 특수설비도-③ Design·Development (DD)실시	시설건축추진실/건축확인/도로/도시계획/환경보전/녹화/공원/상하수도/개발/소방/경찰/보건소	시민워크숍참가자/인근주민	건축가/구조설계자/전기설계자/설비설계자/적산(積算)사무소/랜드스케이프 디자이너(조경)/라이팅디자이너(조명디자이너)/메이커	① 사용방법을 충분히 고려한 공조계획-② 사용방법을 충분히 고려한 조명계획-③ 사용방법을 충분히 고려한 전기용량-④ 동선계획-⑤ 방재계획-⑥ 피난계획-⑦ 외구계획-⑧ 이동식 가구의 설치를 고려한 공간계획	① 사회교육을 실천하기 위해 필요한 실(室)의 배치 ② 사회교육을 실천하기 위해 필요한 시설규모·실 규모의 계획 ③ 사회교육을 실천하기 위해 필요한 집기·비품의 추출(抽出)과 설치위치를 확보하는 계획
5 실시설계	공사 시공자가 공사 및 공사비용을 산출하기 위해 필요한 설계 도서를 작성하는 단계 ① 설계 도서 작성(특기(特記)시방서/건축개요서/면적표/내외부완성표/각층평면도/단면도/평면상세도/구계도(矩計圖)/입면도/천정복도(天井伏圖)/전개도(展開圖)/건구표(建具表)/건구도(建具姿圖)/조작가구도(造作家具圖)/부분상세도/각종메이커도면/이미지패스(완성예상도)/모형/구조도 일식/전기도 일식/설비도 일식)-② 공사비의 견적과 조절(공사견적서/공정표/가설계획도)	시설건축추진실/건축확인/도로/도시계획/환경보전/녹화/공원/상하수도/개발/소방/경찰/보건소	시민워크숍참가자/근린주민	건축가/구조설계자/전기설계자/설비설계자/적산사무소/랜드스케이프디자이너(조경디자이너)/라이팅디자이너(조명디자이너)/메이커/시공 관리자	① 안전성을 충분히 고려한 계획 ② 유니버설 디자인	① 세세한 부위에 대한 비품 등에 대한 계획
6 시공	공사 시공자에 의한 건설공사단계이며 건축가는 설계도서대로 공사가 이루어지고 있는지를 수시(隨時) 확인하는 단계 ① 중간검사-② 완료검사	시설건축추진실/건축확인/도로/경찰	시민워크숍참가자/인근주민	상동(上同)+공정종류별 시공업자(목수·미장공 등 다수)	① 시공자에게 설계사상을 전달 ② 시공자로부터 안전성이나 사양에 대한 설계감리자에의 적절한 의견	① 현장 견학회 실시(건물이 만들어 지는 과정을 학습)
7 관리운영	시설을 효율적으로 효과적으로 사용·이용하며 성능을 유지하여 가는 단계 ① 운전, 점검·진단, 보수, 청소, 보안-② 일상적인 수선-③ 수선 계획 책정, 대규모수선	조영(造營)과 수선(修繕)/Facility Management/교육위원회/공민관 직원	시민/유지관리협력시민단체	시공자/경비/빌딩관리회사/건축가	① 시공자·빌딩보수회사에게까지 철저하게 시설 만들기 건축에 대한 사상을 알린다.	① 건물 관리에 대해 주민들의 협력 체제를 구축

제 4 절 주민 주체의 공민관 만들기 -아이차 현 이누야마 시 가쿠덴(愛知県犬山市樂田) 지구의 경우-

1 지역 주민 참가에 의한 공민관 시설 디자인

사진① 가쿠덴 교류센터 전경

공민관 시설 디자인은 공민관의 관리 · 운영에서 중요한 관심사임에도 불구하고 설계 · 시공업자(민간기업)나 행정담당자에게 일임해 버리는 경우가 많아 지역 주민에게 사용하기 불편한 공민관 시설이 만들어지는 경우가 적지 않다. 지역 주민을 끌어 들인 공민관 시설 디자인 과정은 시설 설비의 유효 이용이라는 점에서도 중요도가 높으나 지금까지 간과되어 왔다(주1). 이와 같은 문제 해결을 위한 방법으로 이 절에서는 아이차 현 이누야마 시 가쿠덴 지구가 추진한 '지역 주민 참가에 의한 공민관 시설 디자인'에 관하여 보고한다.

아이차 현 이누야마 시 가쿠덴 교류센터(애칭 : '시로야마'(*역주 : '백산'))는 지역 주민의 참가 프로세스를 거쳐 설립된 공민관 시설(단독 시설)이다. 철근콘크리트구조(일부 철골구조), 지상 2층, 대지면적 4,134.24㎡, 건축면적 1,188.17㎡, 연면적 1,513,57㎡의 건물이다. 지역 주민이 워크숍을 거듭하여, 설계업자(민간기업)와 함께 건축설계를 다듬어 가는 작업을 거치고 시설 완공 후에도 지역 주민의 참가에 의한 자주적인 운영을 실현시켰다. 가쿠덴 지구에서는 공민관 시설의 건설을 위하여 지역 주민 참가 하에 '모두 함께 생각하자 가쿠덴 공민관'을 테마로 워크숍이 개최되었다. 워

사진② 지역 주민이 직접 만든 공민관 현판

크숍에서는 행정관계자・설계업자(민간기업)와 지역 주민이 하나가 되어 토론을 진행시켜 ① '시설에서 이런 것을 할 수 있으면 좋겠다'는 아이디어가 나오고 ② 시설을 '누가・언제・어떻게 사용할 것인가'에 관한 스토리를 만들어 진행하고 ③ 참가자 전원이 고심하여 한 장의 종이에 시설에 필요하다고 생각되는 방이나 설비 등의 그림을 그려, 도면에 붙이는 작업을 진행하여 ④ 마지막으로 첫 회부터 생각한 구상을 이어 맞추어 완성 도면을 만들었다. 지역 주민은 워크숍 참가를 통해 자신들의 의견 등을 시설 디자인에 반영하였을 뿐 아니라 시설 공사 개시 후에도 시설의 관리체제나 각 실 공간의 활용계획 등에 관하여 토론을 계속하였다.

아이차 현 이누야마 시 가쿠덴 지구의 '지역 주민 참가에 의한 공민관 시설 디자인'은 공민관 시설 건설 시 대체로 소외되기 쉬운 지역 주민의 의견을 최대한 적극적으로 받아들이고 워크숍 형식을 통해 지역 주민・행정・설계자(민간기업)의 협력에 의해 보다 좋은 공민관 시설의 디자인을 지향하였다는 점에서 그 적극적인 가능성을 보여주었다고 할 수 있다.

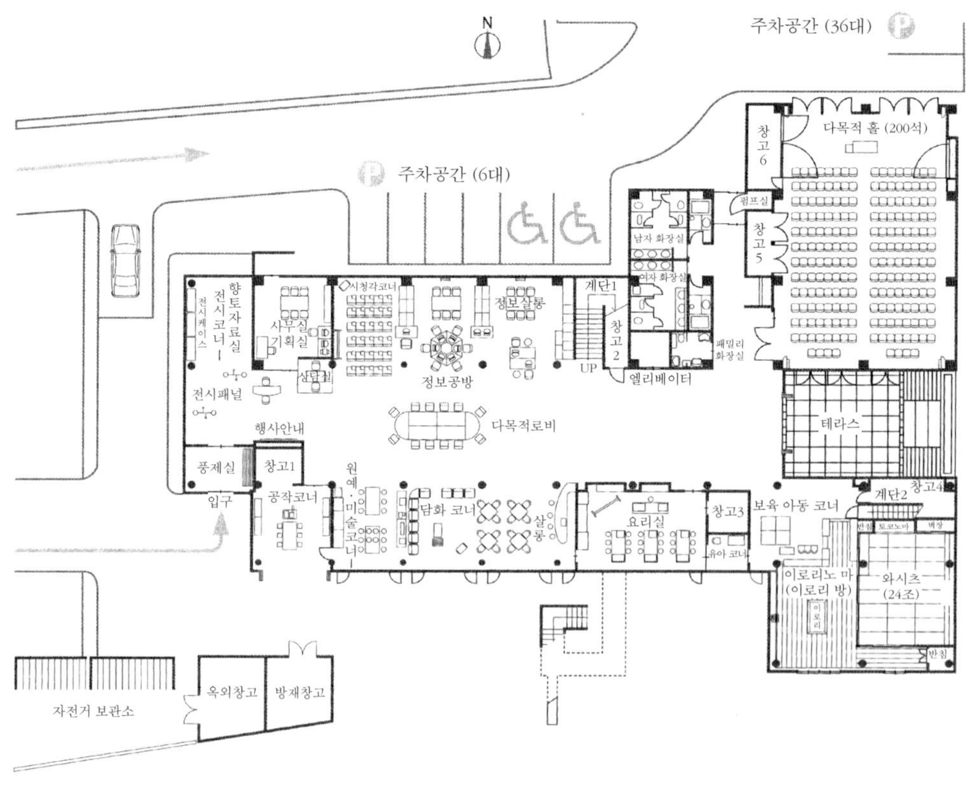

도표① 평면도 1층

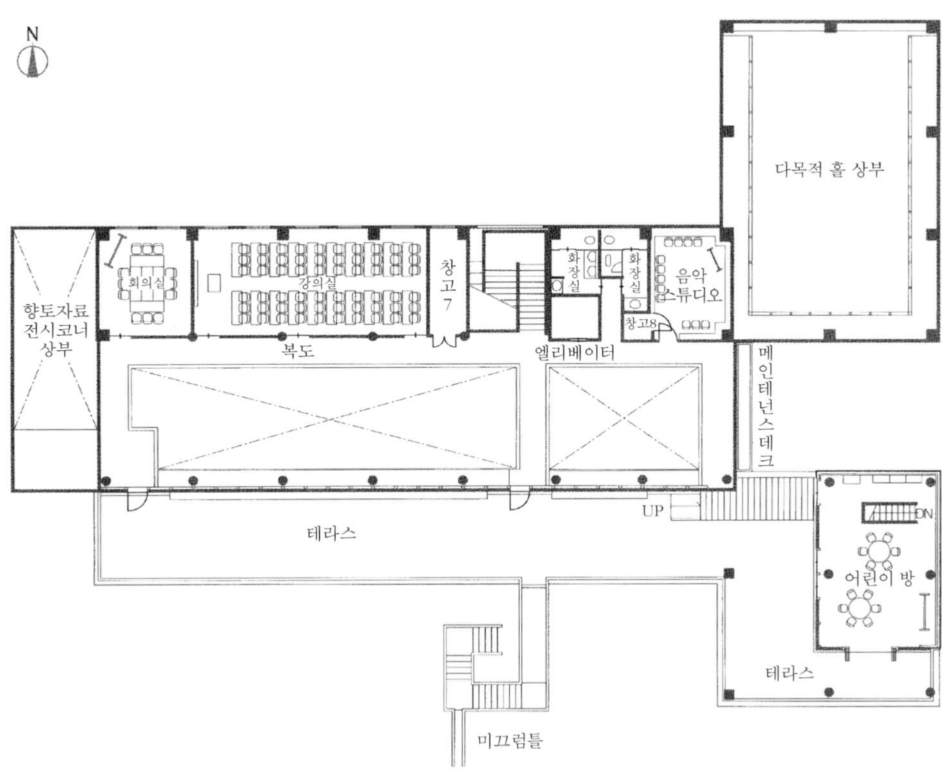

도표② 평면도 2층(①②모두 가쿠덴 교류센터 팸플릿에서 옮김)

2 지구에서의 학습활동 · 커뮤니티활동

이누야마 시의 최남단에 위치한 가쿠덴 지구는 2009년 10월 1일 현재 지구면적 10.85㎢에 13,377명, 약 3,800세대가 살고 있으며 시립 가쿠덴 초등학교의 교구이다. 교구 내에는 국가 지정 문화재인 아오츠카 고분(靑塚古墳)이 있다. 가쿠덴 지구는 구가쿠덴 촌을 중심으로 한 지구로 전후 부흥기에 지역 주민 · 청년단 · 부인회 등이 하나가 되어 펼친 공민관 활동이 전국적으로 주목을 받은 지역이었다(주2). 그러나 1954년의 시정촌 합병으로 이누야마 시가 되었을 때 공민관은 폐지되어, 지역 주민이 학습활동 · 커뮤니티 활동을 전개할 수 있을 만한 시설은 이누야마 시 가쿠덴 출장소에 있는 50명을 수용할 수 있는 회의실이 고작일 뿐이었다. 지역 주민 누구나가 모여 대화를 나누고, 활동할 수 있는 시설이 없어져 버린 것이다.

그러나 현재의 가쿠덴 지구에서는 지역 주민이 건설 과정에 참가하여 그 관리 · 운영도 지역 주민이 담당하는 가쿠덴 교류센터를 거점으로 활발한 학습활동 · 커뮤니티활동이 전개되고 있다. 가쿠덴 지구에서 학습활동 · 커뮤니티활동이 다시 활발하게 된 계기는 1996년에 개시한 '여

름축제 민속춤(夏祭り盆踊り) 대회'였다. 이 해, 지구의 마을(町)회장회의 회장으로 취임한 양과자 제조업을 경영하는 K씨가 마을회장직의 모습에 의문을 가져 "마을 회장은 무엇 때문에 있는 것인가? 홍보지 배포나 기부금 모금을 위해서인가? 그렇다면 행정의 심부름꾼밖에는 되지 않는다. 이래서는 주체성이 없다. 우리들 스스로 주체적인 사업을 하자."며, '여름축제 민속춤 대회'를 계획하였다(주3). 대회 당일은 좁은 공터를 이용한 개최였으나 많은 지역 주민이 참가하여 매우 좋은 반응이었다고 한다. 또한 행사를 즐기는 것만이 아니라 사람과 사람의 마음의 교류와 성취감, 보람 등도 느낄 수 있었다고 한다. 그래서 "한 번으로 끝나는 것은 아쉽다. 지역 주민끼리 연대감 등 지역 주민의 고리가 될 만한 커뮤니티 조직으로 확대해가자."고 하여, 이누야마 시가 당시 추진하고 있던 '교류와 지역 주민 참가의 마을 만들기'시책의 하나이던 커뮤니티 추진 사업의 보조를 받아 1997년 6월에 K씨를 회장으로 한 '가쿠덴 지구 커뮤니티 추진 협의회'(이하, 커뮤니티 추진 협의회)가 설립되었다. 커뮤니티 추진 협의회의 목적은 '장래의 가쿠덴 지구를 이끌어 갈 어린이들의 건전한 육성과 지역 주민 상호의 화합(고리)의 육성'에 두었다. 세대별 연회비는 300엔이고, 2009년 1월 현재 가쿠덴 지구 58정회(町會) 중 56정회가 가입해 있다(미가입 2정회는 별도의 초등학교구).

3 주민의 협의에 의한 시설 건설

커뮤니티 추진 협의회가 설립되었을 무렵, 이누야마 시에서는 가쿠덴 지구로부터 지역 시설 건설의 요청을 받고 공민관 건설 방침을 내세워, 용지의 매수 및 시 관공소 내 관계 각 과와 조정함과 동시에 담당부국인 교육위원회 평생학습과를 중심으로 각 방면과의 협의를 진행시켰다. 이 협의에서는 가쿠덴 지구의 각종 단체 대표로 구성된 '가쿠덴 공민관 건축 추진 협의회'(이하, 건축 추진 협의회)도 참가하였으나 시의 생각과 지역 요청 사이에 큰 차이가 있어, 상호 재검토·조정이 반복되었다. 그래서 커뮤니티 추진 협의회의 K씨들도 건축 추진 협의회에 참가하여 1999년 5월에 개최된 협의회에서 '지역 주민이 자주적으로 모여, 시설에 관해 모두가 함께 생각하고 의논하자'와, '가쿠덴 공민관에 대하여 함께 생각하자'를 테마로 워크숍을 개최하기로 결정하였다. 거기에는 '공민관 시설 만들기를 지역의 손으로 추진하게 되면 "마을 만들기"경험이 될지도 모른다'라는 생각도 있었다고 한다.

워크숍은 건축 추진 협의회나 커뮤니티 추진 협의회의 멤버를 중심으로 한 13명의 실행위원과 지역 주민, 교육위원회 평생학습과, 도시 계획부 마을 만들기 추진과 등의 협동으로 진행되어 1999년 7월에서 10월까지 4차례 개최되었다. 지역 주민과의 협의 과정은 두 단계를 거치게 되었는데, 첫째는 지역 주민이 일상적으로 느끼고 있는 시설 설비에 관한 희망이나 문제점을 제출하는 단계로, 시설 디자인의 전체상에서 본다면 매우 사소하다고 생각되는 사항까지 빠짐없이 제시하는 단계이다. 둘째는 공동 학습 프로세스이다. 지역 주민이 제출한 희망 · 문제점을 실현 · 극복할 수 있는 식견을 전문가 측에 조언을 받으면서 행정 · 설계자(민간기업) · 지역 주민이 의견을 교환하는 작업이다.

제1회 '시설에서 이런 것을 할 수 있으면 좋겠다'(7월11일)에서는 중학생부터 고령자까지 지역 주민 65명이 참가하여 6반으로 나누어 토론을 진행하고 '시설에서 이런 것을 할 수 있으면 좋겠다'에 대한 550개의 아이디어가 나왔다. 제2회 '어떻게 사용할 것인가?'(8월22일)에서는 제1회 워크숍에서 나온 550개의 아이디어를 여섯 항목으로 나누어, 시설을 누가 · 언제 · 어떻게 사용할 것인가라는 스토리 만들기를 하여 235가지의 스토리가 나왔다. 제3회 '형태로 만들자'(9월12일)에서는 참가자 한 사람 한 사람이 시설에 필요하다고 생각되는 실 공간이나 설비 등을 한 장의 종이에 정성껏 그림으로 그려 도면에 붙이는 작업을 하였다. '오픈 로비가 좋겠다. 이로리(*역주 : 화로(농가 등에서) 방바닥의 일부를 네모나게 잘라 내고, 그곳에 재를 깔아 취사용 · 난방용으로 불을 피우는 장치. 노(爐))가 있으면 좋겠다. 등교를 거부하는 아이들이 오고 싶어지는 장소가 있었으면 좋겠다'라고, 도면에 넘칠 정도의 그림이 붙여졌다. 제4회 '공민관을 만들어 보자'(10월17일)에서는 1회 때부터의 구상을 연결하여 3반으로 나누어 도면 만들기가 이루어져 각 반이 완성된 도면을 프레젠테이션하였다. 더욱 워크숍에서는 시설의 내 · 외장의 소재나 색 등에 관해서도 전문가의 의견 등을 참고하여 지역 주민들이 결정하였다. 워크숍에서 토의된 내용은 매회 '가쿠덴 워크숍 소식'으로 지구 내에 있는 각 가정에 알렸다. 또 워크숍과 병행하여 프로포절 방식(주4)에 의한 시설 설계자(민간기업)의 선정도 진행하였다. 프로포절에 참가한 6개의 건설회사는 워크숍에도 제2회부터 참가하여 지역 주민의 생각을 각각의 제안에 반영시켰다. 그리고 1999년 10월 13일의 심사위원회에서 H설계가 선정되었다. H설계의 담당자는 워크숍을 되돌아보면서 다음과 같이 말하였다.

> "활기가 넘치는 아저씨들"은 잇달아 과제를 제출하고, 발표를 재촉하면서 분위기를 끌어올렸습니다. 지역 주민들은 실로 진지하게 자신들의 희망이나 꿈을 이야기하여 그 열의에 어떻게든 동지가 되어 준공까지 같이 가야겠다는 의욕이 불일 듯 일어났습니다. … (선정 후의 워크숍이) 끝난 뒤 교류회에 초대를 받았는데 마치 대가족의 식사모임과 같은 분위기로 저는 완전히"가쿠덴 사람"이 되어 있었습니다.(이누야마 시 교육위원회 평생학습과 2001, 7항)

사진③ 이로리의 공간

이렇게 지역 주민과 행정, 설계자(민간기업)와의 협동 하에 이루어진 워크숍에 의해 지역 주민의 여러 가지 뜨거운 희망이나 꿈이 모아졌다. 그 후로도 선진 지역에의 시찰이나 기관지 "가쿠덴의 바람"의 발행 등과 함께 지역 주민의 희망과 꿈을 설계에 반영하기 위해 건축 추진 협의회를 중심으로 한 지역 주민과 H설계와의 협의가 반복되었다. 그리고 2000년 1월에는 기본설계, 3월에는 실시설계가 발표되고, 7월 2일의 기공식 개최로 공사는 순조롭게 진행되어갔다. 설계에는 워크숍에서 제안되었던 이로리나 아이들 방도 포함되었다. 어디에 있어도 모든 방을 볼 수 있고, 같은 눈높이에서 커뮤니케이션을 꾀할 수 있는 아케이드와 같은 공간을 특징으로 하는 설계가 이루어졌다. 사업비(설계 · 감리 위탁료 779,100엔, 건축공사비 29,203,650엔)는 현의 보조를 받지 않고 전액을 시의 경비로 충당하였다.

공사가 순조롭게 이루어지는 가운데, 워크숍에 참가한 지역 주민을 중심으로 2000년 4월에 조직된 '가쿠덴 공민관 기획 운영 위원회'(이하, 기획 운영 위원회)에서는 매월, 위원회나 전체회를 개최하여 공사 진척 상황의 설명을 받고, 관리체제나 각 실 공간의 활용계획 등 완공까지 결정해야 할 모든 사항에 관하여 토론하였다. 기획 운영 위원회에서는 방마다 부회(시청각 · 정보부회 · 일본식 방 · 이로리의 방 부회, 요리실 · 살롱 부회, 음악 스튜디오 부회, 다목적 홀 부회, 도예 · 미술 · 공작공방 부회, 향토자료 · 전시 부회, 어린이 방 부회의 합계 8부회)를 두고, 전체 오프닝 이벤트에 관하여 모두가 기획하고 참가하고자 전 위원을 2부회로 나누어, 오프닝 부회와 수제품 참가 부회를 조직하였다. 오프닝 부회에서는 오프닝 행사에 관하여 세레모니 담당과 이벤트 담당으로 나누어 기획, 입안이 진행되었다. 또 수제품 참가 부회에서는 공사 때문에 세워둔 임시 패널에 가쿠덴 초등학교 5 · 6학년생이 그린 그림을 전시하거나 화단 만들기나 화단 벽돌쌓기, 관 현판에 사용할 스탠드글라스 작성 등 손수 만든 작품으로 공사에 참가하였다. 수제품 참가 부회의 활동 모습을 지켜보아 온 H설계의 담당자는 "벽돌쌓기, 눈이 내리는 날도, 바람이 강한 날도 묵묵히 벽돌을 쌓는 모습에 감동을 받았습니다. … 공민관 현판의 스탠드글라스, 평소에는 목소리가 크고 시끄러운(?) 지역 주민들이 묵묵히 스탠드글라스를 만들고 있었습니다. 작업이 끝나자마자 또 다시 여기는 이렇고, 배색이 나쁘다는 등 시끌벅적해졌지만 모두 만족스러운 모습들이었습니다."(이누야마 시 교육위원회 평생학습과 2001, 8항)라고 당시를 회고하고 있다. 또 방별 부회에서도 각 방의 활용에 관해 반복 검토하고, 방의 안내판도 직접 작성하였다. 예를 들어 커뮤니티 추진 협의회 회장인 K씨가 참가한 음악 스튜디오 부회에서는 완전한 방음설비와 고가의 드럼세트의 설치를 결정하였다. "아이들이 불량해지는 데에는 원인이 있다. 어른들이 이야기를 들어주지 않고 이해가 부족하다."는 K씨는 마을 안에서 할 일없이 몰려 있는 젊은이들과도 스스럼없이 이야기를 나눈다고 한다. 그 중에서 록(Rock)을 하고 싶은 젊은이들의 연습장소가 없다는 것을 알고 반대하는 주위 사람들과 논의 끝에 음악 스튜디오 설치를 실현시켰다.

이러한 기획 운영 위원회의 토론이나 활동 상황, 공사의 진척상황은 기관지 "가쿠덴의 바람"이나 계발 홍보지로 가쿠덴 지구 전역에 알려져 지구 내에서는 큰 호응을 얻었다고 한다. 그리고 2000년 10월 3일, 1월부터 모집한 시설 명칭을 '가쿠덴 교류센터(애칭 : 시로야마)'로 결정하였다. 또한 시설의 관리 · 운영업무는 '가쿠덴 교류센터의 설치 및 관리에 관한 조례'(2000년 12월 25일 조례 제33호) 제 3조에 규정되어 있는 대로 '센터의 운영은 이용하는 시민에 의해 구성되는 조직의 자주적인 운영을 기본으로 한다'는 취지에 따라 커뮤니티 추진 협의회가 시로부터 위탁을 받아 실시하기로 하였다. 이로써 전례가 없는 지역 주민에 의한 관리 · 운영체제가 실현되게 되었다. 커뮤니티 추진 협의회는 2000년 8월부터 시(市)와 함께 협의하여 교류센터 관리 위원회를 설치하고, 일반 공모에 의한 13명의 지역 주민을 관리인으로 선출 · 고용하여 설명회나 연수회를 개최하고 관리 · 운영체제를 갖추어갔다.

그리고 2001년 4월 1일, 가쿠덴 지구의 평생학습 거점으로 어린이부터 고령자에 이르기까지 언제나, 누구라도 함께 배울 수 있는 기회를 제공하고 지원하였다. 더불어 오늘날의 지역 사회 환경 속에서 세대를 넘어선 연계를 유지하기 위하여 필요한 지역 커뮤니티 구축의 추진에 기여하는 장으로, 가쿠덴 교류센터 시로야마가 개관하였다. 당일에는 완공을 축하하기 위한 가쿠덴 지구의 지역 주민이나 시내 전역에서 몰려든 많은 사람들로 북적거렸으며, 직접 구상한 오프닝 행사가 밤 9시가 넘도록 성대히 치러졌다. 예를 들어 어린이들도 포함한 지역의 많은 사람들이 참가하여 나루코 오도리(鳴子踊り *역주 : 농민들의 민속춤)를 성대히 추었다. 기획 운영 위원회의 위원들은 개관 당일과 그 때까지의 과정을 회고하며 다음과 같이 말하고 있다.

사진④음악스튜디오

되도록 많은 사람들이 와 주셨으면 합니다. "훌륭한 센터 오프닝이었다"고 평가받고 싶습니다. 참가 위원 전원이 바라는 바입니다. 보는 것만이 아니라 참가할 수 있도록 "나루코 오도리"를 지역의 모두가 추기로 했습니다. 연습장인 초·중·고등학교에 가서도 처음에는 보고만 있었던 어린이들도 오프닝에서는 춤을 출 수 있었습니다. … 스태프나 참가자 전원이 혼연일체가 되어 감동적인 오프닝이었습니다. 평생 기억에 남을 만한 추억의 한 페이지가 되었습니다.(이누야마 시 교육위원회 평생학습과 2001, 11항)

…때로는 의견이 부딪치고 감정적이 될 때도 있었지만, 그럴 때에도 "마음은 하나"로 보다 강한 결속을 다져 멋진 오프닝을 맞이할 수 있었습니다.(이누야마 시 교육위원회 평생학습과 2001, 12항)

…오픈을 앞두고 1년 수개월, 여러 가지 토론도 하고 실시·행동한 것들이 좋은 추억으로 지금도 주마등처럼 내 머릿속을 맴돌고 있습니다. 고생도 많았지만 그것을 잊게 해줄 만한 일들이 많았습니다. 그것은 교류센터 완공에 참가함으로 많은 분들과 만날 수 있었고 실로 많은 것을 배운 까닭입니다. …(이누야마 시 교육위원회 평생학습과 2001, 9항)

…참가한 여러분들의 정말 몸을 아끼지 않는 그 모습에 마음이 찡했습니다. 많은 것을 배웠습니다. 교류의 중요성을 재인식하였습니다. 오픈까지의 프로세스를 통하여 지역 여러분들과 마음의 교류가 생긴 것은 제게 귀중한 경험이 되었습니다. 앞으로도 될 수 있는 대로 많이 돕고 싶습니다. …(이누야마 시 교육위원회 평생학습과 2001, 10항)

이와 같이 가쿠덴 지구에서는 지역 주민과 행정, 설계업자(민간기업)와의 협동으로 이루어진 워크숍에 의해 지역 주민의 다양하고도 열정적인 희망과 꿈을 모아 그것을 가쿠덴 교류센터 '시로야마'로 실현시켰다. 그 과정에는 하나의 목표를 향해 서로 배우며 행동하고 때로는 부딪치면서 축적된 지역 주민 상호간의 끈끈한 유대가 보인다.

덧붙여서 말하자면, 거리에 녹아든 가쿠덴 교류센터 시설디자인은 '아이차 현 거리 건축상'을 받았다. 이하는 수상 이유이다(주5).

시민참가에 의하여 만들어진 공민관 시설이다. 지역 주민이 누차에 걸쳐 워크숍을 거듭하여 설계업자(민간기업)와 함께 건축설계를 짜나가는 엄청난 시간과 노력이 필요한 작업을 거치고 게다가 완성 후에도 지역 주민의 자주 운영이라는 형태를 실현하였다. 이와 같은 프로세스는 앞으로의 지역 시설 계획으로 하나의 좋은 방향을 제시하고 있다. 참가형 설계에서는 건축가는 설계자로서만 아니라, 다양한 지역 주민의 의견을 조정하는 조력자(협력자, Facilitator)로서의 역할을 해야 하므로 종래형 공공시설 설계와 비교하면 몇 배의 노력이 필요할 것이다. 그러나 이러한 역할을 건축가는 이제부터 적극적으로 맡아야 할 것이다. 그리고 사회적으로는 설계 보수의 산정 등 그것을 평가하고 지원하는 체제도 생각하지 않으면 안 된다. 하나의 건물을 설계한다는 것을 넘어, 마을 만들기의 관점에서 새로운 공공건축의 프로세스가 정착해 나갈 것을 기대하여 주로 소프트웨어의 관점에서 아이차 현 거리 건축상에 상당하다고 평가하고 싶다. 더욱 완성된 내외의 공간의 질도 기교를 부리지 않은 솔직한 것이어서 그 자체로서도 평가받을 수 있다. 이것도 참가형 설계에 의한 합의 프로세스가 이루어낸 기술이겠다.

4 공민관 실천을 지원하는 시설정비

가쿠덴 지구에서는, 가쿠덴 교류센터 시로야마를 거점으로 활발한 학습활동 · 커뮤니티활동이 이루어지고 있다. 센터의 관리 · 운영을 담당하는 커뮤니티 추진협의회에서는 관리위원회와 실행위원회 그리고 9개의 활동부회가 있다. 관리위원회에서는 매월 첫째 화요일에 커뮤니티 추진협의회의 대표자, 관리인의 대표자와 시의 직원이 모여 센터의 관리 · 운영에 대한 회의를 한다. 실행위원회는 여름 페스티벌이나 크리스마스 회 등, 센터의 행사 · 사업의 기획 · 입안과 그 실시 · 운영을 담당한다. 각 활동부회에서도 센터의 각 실에서의 행사 · 이벤트 개최 등을 담당하고, 저마다 학습활동 · 커뮤니티활동을 추진하고 있다. 9개의 활동부회와 그 담당은 다음과 같다.

커뮤니티위원 부회(일본식 방 · 이로리 공간의 활성화) · 홍보 섭외 부회(홍보활동) · 마을 만들기 부회(어린이 방의 활성화) · 환경안전 부회(정원 가꾸기) · 자치소방 부회(창고관리) · 사회복지 부회(요리실 · 살롱 · 정보공방(情 報工房)활성화) · 스포츠 부회(다목적 홀 활성화) · 커뮤니티추진 부회(향토자료 · 전시코너 활성화) · 문화교양 부회(도예실 · 공작실 · 음악스튜디오 활성화) 또한 매월 넷째 월요일에는 이러한 활동부회의 대표가 모이는 담당자회로 센터의 이용촉진에 관하여 토의가 이루어지고 있다.

센터의 주요 사업으로는 교류 여름페스티벌, 쓰레기 제로 운동과 어린이를 대상으로 한 사업으로 야도카리(*역주 : 소라게)공부방, 불놀이 교실 등이 있다.

학습활동 · 커뮤니티활동 추진의 계기가 되었던 교류 여름페스티벌(여름축제 민속춤 대회)은 크게 동서남북의 4개로 나누어진 지구 내의 균형을 생각하여 매년 회장(會場)을 바꾸어 개최되고 있다. 민속춤이나 가라오케 스테이지, 야시장, 뱀장어 잡이 등 다채로운 프로그램을 기획, 지구 내외에서 약 2만 명이 참가한다. 2004년에는 이누야마 시제(市制) 50주년을 기념하여 회장(會場)을 아오츠카 고분 공원 일대로 하여 '소리와 빛의 환상적인 판타지'를 테마로 음악에 맞추어 점멸하는 일루미네이션이 설치되어 참가자의 감탄을 자아냈다고 한다. 페스티벌에는 300만 엔 가까운 비용이 들지만 지구 내의 기업이나 상점을 돌면서 기부금을 모금하고, 또 단지 금전뿐 아니라 기업 · 상점의 종업원에게도 페스티벌에 참가하도록 권유하여 지역 주민과의 교류의 장이 되고 있다.

매년 5월 마지막 토요일에 개최되는 쓰레기 제로 운동은 약 2,000명이 참가하여 지구 내를 돌며 트럭 가득 쓰레기를 회수한다. 또 일상적인 환경미화운동도 활발한데 가정의 쓰레기양을 줄이기 위해 불필요한 쓰레기는 배출하지 않도록 홍보하여 현재 수거량을 반으로 줄이는데 성공하였다.

또 커뮤니티 추진 협의회가 설치된 목적이기도 한 장래의 가쿠덴 지구를 이끌어 갈 어린이들의 건전육성을 도모하고자 2002년부터 개최하고 있는 야도카리 공부방에서는 크리스마스 날을 중심으로 센터에서 1박2일로 합숙한다. 매년 초등학교 4학년에서 6학년까지 약 100명이 참가하고 자립심과 책임감을 키우기 위해 전원이 식사 당번이나 담력대회 당번, 청소당번 등을 담당한다. 눈이 내리면 눈싸움을 하거나 저녁을 만들어 담력대회를 열고 다음날은 마을 등산을 하거나 왁자지껄하게 떠들면서 보낸다. 이 2일간을 통해 아이들끼리, 그리고 후원하는 어른들과의 연대감 그리고 가쿠덴 지구에 대한 향토애가 생긴다고 한다. 또 2004년부터 시작한 사업으로 불놀이 교실이 있다. 그 해, 센터 주변에서 아이들의 장난으로 잔디밭과 플라스틱 장난감이 타는 사건이 7건 일어났다. 센터에서는 범인을 찾거나 불 취급을 금지하는 것이 아니라, 체험을 통해서 불놀이의 무서움을 가르치기 위하여 교류 여름페스티벌 시에 불놀이 교실을 개최하였다. 우선 불피우는 기구로 불을 피우는 어려움을 체험시키고, 바람의 방향이나 여름 식물과 겨울 식물의 타는 방법의 차이 등 올바른 불의 사용법을 가르쳤다. 그리고 잘못하면 위험하다는 것을 전하기 위해 소방서의 협력으로 인화한 냄비의 소화실습도 실시하였다. 예상을 뛰어넘는 참가율이었고, 그 후 원인 불명의 화재는 한 건도 발생하지 않았다.

센터의 특징은 개관 시간에도 있다. 기본은 휴관이 연간 7일(12월28일~1월3일)이고 9시부터 21시까지 개관하나, 휴관일이나 개관시간 외의 이용도 접수를 받고 있어서 365일 24시간 이용이 가능하다. 실제로 21시 이후에도 교류 여름페스티벌의 민속춤 연습 등 많은 이용자가 있다. K씨의 강한 희망으로 실현된 음악 스튜디오도 밤에는 젊은이들이 록 음악 연습에 열을 올리고, 낮에는 어른들이 가라오케 연습을 즐겨 좀처럼 예약을 할 수 없을 정도로 성황리에 이용되고 있다. 이와 같이 지역 주민의 입장에 서서 운영을 진행해 나가는 센터는 연 이용자 수가 연간 약 10만 명, 하루 평균 약 300명을 웃돌아 각지에서의 시찰이 끊이지 않고 있다.

5 주민참가의 3가지 의의

지역 주민과 행정 · 설계업자의 꼼꼼한 워크숍을 거쳐 설계 · 시공 · 준공된 이누야마 시 가쿠덴 지구의 공민관 시설 디자인 시도는 세 가지 중요한 의의를 가지고 있다고 생각한다.

첫째, 공민관 시설 디자인이 공민관의 관리 · 운영의 과제로서 자리매김할 가능성을 시사하고 있다는 것이다. 이누야마 시 가쿠덴 지구의 '지역 주민의 참가에 의한 공민관 시설 디자인'의 시도는 지역 주민의 학습활동 · 커뮤니티 활동을 재검토하고 재발견하는 계기가 되었다. 지역 주민의 요구에 부합한 환경 정비 실천이 되고 있고, 시설 만들기가 평소의 지역 주민의 학습활동 · 커뮤니티 활동을 염두에 두고 이루어져 있다. 공민관 실천을 지원하는 공민관 시설 환경 정비라는 점에서 행정 · 설계자(민간기업) · 지역 주민 등을 연결하여 공민관의 관리 · 운영과 공민관 실천을 지원하고 공민관 건설을 위해 개선된 방편을 준비한 시도였다고 할 수 있다. 지금까지 이러한 형태로 지역 주민의 요구에 부응하여 함께 고안하는 형태의 공민관 시설 디자인을 검토한 사례는 드물다.

둘째, 시설 공사 개시 후에도 지역 주민을 중심으로 시설의 관리 · 운영체제나 각 실 공간의 활용 계획 등에 관한 토의가 계속되고, 시설 완공 후에도 지역 주민의 참가에 의한 자주적인 운영을 실현하고 있다는 점이다. 실 공간의 실제 이용방법은 완공 후의 과제로 되는 일이 많으나, 이누야마 시 가쿠덴 지구의 지역 주민의 참가에 의한 공민관 시설 디자인 과정에서는 준공=완성이 아니라, 시설의 유효 이용을 발전적으로 고려하여 지역 주민의 참가에 의해 계속적으로 이용 개선되도록 강구되고 있다.

셋째, 시설의 건설 과정 및 그 관리 · 운영에 있어 지역 주민의 참가를 철저하게 보장하는 시스템이었다는 점이다. 지역의 학습활동 · 커뮤니티 활동의 중심 시설이자 지역에 뿌리 내린 시설로 다목적으로 이용되는 시설이라는 이유에서, 시 직영의 관리 · 운영형태를 취하면서도 지구 내의 대부분의 정회(町會)가 가입하고 있는 커뮤니티 추진 협의회 및 공모에 의해 선출된 관리인(교류센터 관리위원회)에 의해 시설의 관리 · 운영이 이루어지고 있다. 또한 지역 주민의 참가를 여러 차례 거치는 관리 · 운영의 시스템을 만들어 경쟁원리에 입각한 지정관리자제도에 의한 관리 · 운영체제와는 다른 형태에서 지역 주민에게 개방된 지역의 시민적 네트워크에 의한 시설의 관리 · 운영체제의 가능성을 보여주고 있다고 할 수 있다.

마스카와 고우이치(益川 浩 一)

1) 이러한 일은 학교의 건축 · 환경정비에 있어서도 지적되고 있다. 카사이 히사시(笠井尚), '학교경영과 학습활동을 지지하는 학교환경 정비', "일본교육 경영학회 기요(紀要)"제50호, 2008년, pp.91-100.

2) 가쿠덴 촌 공민관은 1947년 2월 10일에 설치되었다. 1949년에는 아이차 현 교육위원회의 우량 공민관 표창을 수상하고 있다. 수상 이유는 다음과 같다. "농촌 동 지회를 중심으로 한 농업연구회 및 청년을 중심으로 한 농학의 밤에서는 보수적이고 구 전통을 탈피하지 못하고 있는 농업경영에 관하여 새롭고 합리적인 경영에 의한 연구, 실시를 추진하고 있다. 특히 향후의 농촌 공황을 눈앞에 두고 농업 협동조합의 운영을 중심으로 한 농산가공수(殊)에 사육이용, 과수의 재배방면 의 진보는 현저하였다. 월 1회 정기적으로 이루어지는 아케보노(*역주 : '새벽') 독서회의 향학심에 불타는 뜻있는 청년층은 매달 공민관에 모였다. 진지한 독서와 의견교환은 청년층의 식견을 높이고 있다.". 마스카와 코우이치, "전후 초기 공민관의 실상", 대학교육출판, 2005년을 참조.

3) 이하, K씨 및 이누야마 시 교육위원회 평생학습과 고토(後藤) 과장보좌와의 인터뷰 조사 (2008년 11월 4일, 이누야마 시 가쿠덴 교류센터에서), 아누야마 시 지역 활동추진과 요시노(吉野) 과원(課員)과의 인터뷰 조사(2009년 11월 5일, 이누야마 시 가쿠덴 교류센터에서) 결과를 참조하여 논의를 구성하였다.

4) 프로포절 방식이란 건축설계를 위탁할 때 가장 적절한 사람(설계업자)을 기술력이나 경험, 프로젝트에 임하는 체제, 생각 등을 포함한 제안서(프로포절)의 제출로 공정하게 평가하여 선정하는 방식이다. 공평성, 투명성, 객관성을 가지고 발주자의 요구에 중점을 둔 선정 방식이라고 불린다.

5) 아이차 현청(愛知県庁) Web site : http://www.pref.aichi.jp, 2009년 6월21일 열람.

인용 · 참고문헌

이누야마 시 교육위원회 평생학습과편, 2001, "가쿠덴 교류센터 완성 기념지", 이누야마 시 교육위원회 평생학습과.

이누야마 시 교육위원회 평생학습과편 2001, "2002년도 이누야마의 평생학습", 이누야마 시 교육위원회.

________2003, "2003년도 이누야마의 평생학습"이누야마 시 교육위원회.

________2004, "2004년도 이누야마의 평생학습"이누야마 시 교육위원회.

________2005, "2005년도 이누야마의 평생학습"이누야마 시 교육위원회.

이누야마 시 교육위원회 문화재과 편 2002, "전시(全市)박물관 구상" 아이치(愛知) 현 아누야마 시 · 이누야마 시 교육위원회 이누야마 시 평생학습 추진본부 편 1998, "이누야마 시 평생학습 기본구상 · 기본계획", 이누야마 시 교육위원회.

카사이 히사시(笠井尚) 2008, '학교경영과 학습활동을 지지하는 학교 환경정비', "일본교육 경영학회 기요"제50호, pp.91~100.

[Column]

비상대피 안내도와 대피경로

시설 내의 게시판 등에 화재 시 등의 대피경로를 나타낸 그림을 붙여놓은 것을 볼 수 있습니다. 이것을 일반적으로는 비상대피안내도라고 부릅니다.

이 대피안내도는 일상적으로 시설이용자에게 대피경로를 나타내거나 시설의 이용 개시 전에 시설관리자가 대피안내도를 가리키면서 시설이용자에게 비상구 및 피난계단의 위치 등에 관해 설명을 하여 대피경로를 확인한다는 데에 그 역할이 있습니다. 또한 눈에 띄기 쉬운 위치에 게시하여 일상적으로 환기시키는 것으로, 대피를 원활하게 하는 효과도 기대할 수 있습니다. 그러기 위해서 대피안내도에는 비상구나 피난계단의 위치, 대피경로의 방향과 같은 비상시 대피에 관한 정보와 더불어 소화기 등의 소화설비가 놓여 있는 위치가 나타나 있습니다.

이와 같은 대피안내도입니다만, 공민관 등의 집회시설에서는 반드시 작성하여 시설 내에 게시하여야 한다고는 되어 있지 않습니다. 시설직원이 관할 소방서의 지도에 의거하여 혹은 자주적으로 작성하여 시설 내에 게시하고 있는 경우가 대부분입니다.
그런데 이 대피안내도에 나타나 있는 대피경로가 필자를 비롯한 연구조사에서 반드시 비상 시에 유효하다고 할 수 없음을 알았습니다.

대부분은 집기 · 비품 등이 대피경로인 복도나 계단 심지어는 비상구 부근에 놓여 있어서 대피경로를 막고 있는 상태입니다. 이러할 경우, 대피할 수 없어서 대피경로로 다시 되돌아오게 됩니다. 그 결과, 대피경로를 이용할 수 있다고 생각하여 대피하는 사람과 되돌아오려는 사람들이 서로 충돌하여 더 심각한 패닉 상태를 일으킬 수도 있습니다.

따라서 대피안내도에 나타나 있는 복도, 계단, 시설이나 거실의 출입구 등, 비상 시에 반드시 통과하는 부분의 안전이 확보되어야 하고, 또한 문제없이 이용할 수 있는 것이 안전하고 안심하며 이용할 수 있는 시설 만들기의 첫걸음이 되는 것입니다

와카타케 마사히로(若竹 雅宏) …… 스즈키 에드워드 건축설계 사무소. 일본대학대학원 수료(공학박사). 지역 집회시설의 피난안전문제에 관한 연구

제 5 절 공민관 사업과 시설지표

1 공민관 사업의 기본 원칙

공민관 운영은 가장 민주적이어야 한다라고 말한 것은 테라나카 사쿠오(寺中作雄)였다. 전후 테라나카가 목표로 삼은 것은 주민이 공민관을 통해서 민주주의를 내 것으로 만들고 민주주의로 나라를 재건하는 것이었다. 공민관을 통해서 사람들이 배우고 지역을 풍요롭게 해 나가는 것이며 이것은 현대사회에서도 공민관의 절실한 과제가 되고 있다. 공민관의 기본에 민주주의를 두는 일은 당연한 일이겠지만 이 당연한 일의 원칙을 현재 공민관에서 재확인해 둘 필요가 있다.

기본적으로 공민관에는 시설이 있고 학급 · 강좌 등의 사업이 이루어지며 그것을 준비하는 직원이 있다. 그렇다면 민주적인 공민관 운영이란 어떤 것인가? 이러한 시설운영, 사업운영의 방향 그리고 그것에 관계된 직원들의 업무 방향에 관하여 생각해 보자.

1. 지역에 대해서 안다는 것의 중요성

공민관에는 대상이 되는 '일정한 구역'(사회교육법 제20조)이 있다. 이러한 일정한 구역 곧 지역을 안다는 일에는 지역의 지형, 성립이나 산업구조, 인구, 연령구성, 여러 단체의 상황 등을 파악하는 일, 이를 위한 자료나 통계를 분석하는 일도 필요하지만 지역을 담당하는 보건사나 민생 · 아동위원 등에게서 정보나 의견을 듣는 것이 더 도움이 될 때가 있다. 또 내관하는 사람들과의 대화 속에서 깨닫거나 혹은 지역을 실제로 걸어보면서 알 수도 있다. 다시 말해서 그 지역에서는 어떤 사람들이 어떤 식으로 생각하며 살고 있는지를 느끼는 것이 중요하며 '지역을 안다'는 것은 지역 사람들에 대해서 배우는 것이기도 하다. 그리고 이 자세가 공민관 사업을 기획할 때 언제나 기본이 된다.

2. 주민과 함께 만드는 과정의 중요성

'공민관 사업'(사회교육법 제22조)이란 직원이 프로그램을 기획하여 참가자를 모아 초빙강사에게 강의를 듣게 하는 것만이 아니다. 사업을 실시하기 위해서는 충분한 사전 준비와 명확한 의도가 필요하다. 그것은 지금 지역의 문제와 그것을 이해하기 위해 필요한 학습에 대하여 주민과 함께하는 "생각하는 장"을 여는 것에서부터 시작한다. 그리고 학습하는 테마나 내용을 결정하고 그 사업을 주민과 공동으로 운영한다. 거기에 배움이 있고 또 거기서 만들어진 인간관계의 고리를 지역으로 넓혀가는 것까지를 공민관 사업이라고 한다. 또한 이러한 사업을 위해 조직된 주민 준비회나 기획위원회, 운영위원회, 실행위원회 등은 민주적으로 운영되어야만 한다. 예를 들어 준비회의 회의에서는 사업의 내용이 개인적인 요구 실현을 지역 사람들의 공통된 과제해결로 발전시키는 대화를 할 수 있도록 하는 운영이 필요하며 때로는 열띤 토론도 필요할 것이다. 또한 한 사람 한 사람의 발언이 존중받는 장을 보장하는 일이 중요하다. 이러한 토론을 거쳐서 기획된 사업이 공공성을 낳고 그야말로 주민과 함께 만드는 과정에서 학습의 본질을 찾을 수 있다.

3. 공민관 사업은 공동학습의 장

사회교육은 '조직적인 교육활동'(사회교육법 제2조)이라고 규정되어 있다. 조직적이라는 것은 집단적, 체계적, 계속적이라는 의미를 포함하고 있으며 거기에는 공민관에서 이루어지는 학급강좌 등의 연속적인 사업이나 단체·서클의 정기적인 활동도 포함될 것이다. 공민관 사업은 집단적으로 진행해 가는 것에 의미가 있고 그 질을 높여나가기 위해서는 대화를 통한 운영방법이나 학습전개에 대해 공부할 필요가 있다. 공동학습의 기본은 대화이다. 대화학습은 참가자가 서로의 생각의 차이를 인정하면서 새로운 발견이나 만남으로 이어지는 학습방법이며 공민관 사업운영의 기본이 되어야 한다.

또 공민관 직원들끼리는 담당 외의 사업상황을 파악하고 언제나 전 직원이 모든 사업에 대해서 내용을 공유화하려는 노력이 필요하다. 그를 위해서는 정기적인 직원들 간의 대화 즉 직원회의가 필요하며 이러한 회의를 통해서 각 각의 사업내용의 공유화가 직원 전체의 역량을 형성해 나가는데 도움이 된다.

2 공민관 사업의 분류와 과제

공민관은 단순한 건물이 아니라 사업을 진행하는 교육기관이다. 사회교육법 제22조에서는 제20조의 목적을 달성하기 위해 6가지 사업을 진행한다고 규정하고 있다.

공민관 사업이라고 할 경우 대부분은 공민관이 주최하는 학급·강좌 및 이벤트·행사를 지칭하는 경우가 많으나 여기에서는 단체 사무나 시설 제공도 사업에 포함시키는 것에 주목하고 싶다. 이것은 공민관이 단순하게 시설을 빌려주는 곳이 아니라는 의미를 생각할 때 매우 중요한 관점이 되기도 한다.

그러면 공민관에서 실제로 하고 있는 사업에 대하여 생각해 보자. 우선 이러한 6가지의 사업을 조금 현대적, 실제적으로 재구성하여 정리해 본다면 다음의 4종류로 분류할 수 있다. 그림 1은 토코로자와 시(所沢市)의 공민관의 사업 분류인데 이 분류를 기초로 현대 공민관에서의 사업내용과 과제에 대해 알아보자.

1. 주최 사업의 기획·실시

공민관 사업에서 가장 기본적인 것은 '정기강좌'(사회교육법제22조)일 것이다. 정기강좌는 참가자의 정원을 정하여 공모하고 강사를 초빙하여 계획적·계속적으로 학습하는 것으로 학급, 강좌, 교실 등으로 불린다. 여기에서는 일회성 강연회나 토론회 또는 정기 이벤트나 행사 등도 포함하여 '주최 사업'이라고 해두자.

그런데 주최 사업으로 일반적으로 이루어지고 있는 학급과 강좌의 차이에 대해서는 명확하게 구별할 만한 것은 없다. 학급은 종합적인 학습과 친구 만들기를 중시하는 것에 반해 강좌는 단일 테마로 학습하는 것에 중점을 두는 경향이 있다. 그렇기 때문에 학급은 비교적 많은 횟수로 개최되는 반면 강좌는 단기간으로 개최되는 경우가 많다. 그러나 오늘날에는 대학, 컬리지, 학교, 클럽, 세미나, 포럼, 살롱, 광장, 워크숍……등, 주최 사업의 명칭은 다채롭고 학습방법도 다양하다. 명칭과 관계없이 어디까지나 기본형은 정기강좌이다.

2. 홍보·정보제공

공민관 홍보활동의 중심은 "공민관 소식" 발행일 것이다. 공민관 소식은 전 가구 배포가 바람직하지만 돌려보기라도 충분하다. 공민관 소식의 역할은 공민관으로부터의 발신에 있으나, 내용이 주최 사업의 모집 안내만으로 좋은지는 검토해야할 부분이다. 현대는 인터넷 보급으로 홈페이지에서도 정보를 제공할 수 있으며 모집 안내만이라면 시의 홍보 또는 평생학습 정보지 등도 이용할 수 있다. 따라서 공민관 소식은 공민관의 일방통행적인 공지에서 지역 커뮤니케이션을 넓혀나가는 지역 정보지로서의 역할을 기대할 수 있을 것이다. 이를 위해 주민 참가의 편집위원회를 조직하여 기획을 짜고 지역을 취재하거나 지역을 재발견하며 지역의 사람과 사람을 이어주는 기사가 게재될 수 있도록 공민관 소식을 만들어 나가야 한다.

또한 주최 사업 이외에도 각종 행정자료, 학습문화에 관한 각종단체·서클·관계기관의 전단지나 포스터, 회보, 시청각 자료, PC를 이용한 정보 등도 있으나 이러한 것은 학습 정보로 수집하여 주민의 요청에 따라 소개할 수 있도록 정리해 둘 필요가 있다. 또 '서클안내'의 정보제공의 경우 주소, 전화번호 등 개인정보 보호에 각별한 배려가 필요하다.

3. 학습상담 단체 원조

학습상담은 공민관이 개인에게 대응하는 것을 말한다. 주로 서클 안내나 주최 사업을 소개하는 경우가 많은데 전화로 정보를 제공하는 것부터 시간을 요하는 면담까지 경우에 따라 다르다. 또한 많은 경우 공민관에 처음 온 사람에게 어떻게 대응하느냐에 따라 공민관 이미지가 만들어 지는 경우가 많다. 이제부터 무엇인가를 시작하려는 사람들에게 적절한 조언은 공민관이 해야 할 중요한 역할이다.

또 공민관의 단체·서클 활동을 하기 쉬운 환경을 양성(사회교육법 제3조)해야 한다. 서클 안내나 전단지 배포, 인쇄기의 사용 등의 원조 외에 서클 운영에 대한 상담이나 간담회·학습회의 실시, 또는 문화제 등 단체 상호의 교류발표회 등을 공동개최할 수도 있다. 때로는 공민관이 지역단체의 사무국이 될 수도 있으나 단체의 자립을 저해하는 일 없이 원조하는 것이 필요하다.

4. 시설 제공

시설 제공은 공민관의 주요한 일상 사업이다. 등록하고 있는 단체·서클 활동이 계속적으로 이루어지는 일은 물론 새로 생긴 단체·서클 활동도 동시에 보장되어야 한다. 한정된 공간 속에서 각 활동의 장을 보장하기 위해서는 여러 가지 조정이 필요해 진다. 시설제공 사무가 기계적인 추첨이나 선착순만으로 이루어지는 것은 혼란이나 도덕성 문제도 야기될 수 있다. 주민의 활동 거점으로서 공민관이 지역의 사회교육을 어떻게 추진해 나갈 것인가, 그를 위해 공민관의 시설 제공은 어떠해야만 하는가에 대하여 이용자들의 합의를 도출해 낼 필요가 있으므로 대화가 필요하다.

또 공민관에는 일반적으로 예약이 필요한 홀이나 학습실이 있으며 이에 대해 예약이 필요 없는 로비를 이용하는 경우도 있다. 로비는 처음 내관한 사람들이 마음 편하게 이용할 수 있으며 자유롭게 수다를 떨 수 있는 환경 만들기가 필요하다. 로비는 단순한 기다림의 장소가 아니라 그곳을 무대로 다양한 활동을 할 수 있으며 사람과 사람과의 만남이나 관계성을 확대시킬 수 있으므로 새로운 공민관 활동이 시작될 수도 있다. 또한 초중학생부터 고령자에 이르는 다른 세대 간의 교류가 형성될 수도 있어서 세대를 넘어서는 배움의 장으로도 중요하다.

3 주최 사업의 조직화를 위한 지표

여기에서는 공민관의 주최 사업에 실제로 임할 경우, 어디서부터 시작하면 좋은지, 어떠한 배움을 만들어 갈 것인지, 그리고 그것을 어떻게 평가하면 좋은지 등 조직화의 지표를 체계적으로 알아본다.

1. 주최 사업은 어디서부터 시작하는가

공민관 사업을 할 경우 대부분은 연간 사업계획에 따라 지속적 사업을 하게 되는데 담당이 정해지면 우선 올해의 테마를 무엇으로 할 것인가, 개최 시기나 준비회 등에 대한 대략적인 일정을 세울 필요가 있다. 또 미리 지난 해 참가자의 감상들도 반드시 알아둘 필요가 있다.

새로운 테마, 새로운 사업에 임할 때에는 테마에 관한 참가 자료의 준비, 선행 사례의 정보수집이 필요하고 개최의 의의에 대해서도 직원들 간에 토론이 필요하다. 또 참가대상 예정자의 사전조사, 전문가로부터의 의견청취 등을 토대로 문제를 정리해 두어야 한다. 또한 평소에 이러한 사업을 해주었으면 좋겠다는 주민들의 목소리를 귀담아 듣고 정리해 둘 필요가 있다.

2. 준비회에서의 협의가 심도 있는 학습을 만든다

주최 사업을 기획하고 준비하기 위한 준비회를 개최한다. 준비위원은 공모하지만 지난 회의 참가자나 상담을 할 수 있는 사람 등 필요한 인재는 미리 확보해두어야 한다. 더욱 관계 기관이나 관계 단체 · 서클 등의 협력을 받아두는 것도 중요하다.

준비회에서는 개최 항목(강좌의 테마, 일정, 내용, 강사, 회장 등)을 작성하는데, 회의 중에는 자유로운 토론이 가능하도록 분위기를 이끌어 나갈 직원이 있어야 한다. 10명 이내의 준비회가 가장 이야기를 나누기 쉽다. 먼저 사회자와 기록 담당자를 정하고 테마에 관해 심도 있게 토론하고 수차례의 회의를 거쳐 학습 프로그램을 완성시킨다. 때로는 준비회에서 이야기가 원활하게 진전하지 못하여 사업 개최조차도 어려운 상황에 놓이는 일도 있으나 토론을 거듭하는 일이 신뢰관계를 쌓고 자유로운 토론을 보장한다. 소수의 의견도 존중하는 민주적인 원칙에 입각한다면 반드시 활로를 찾을 수 있을 것이다.

3. 주민이 주체적으로 참가 가능한 학습 프로그램 만들기

학습 프로그램은 아무래도 강의를 듣는 형식이 되기 쉽다. 물론 강의를 듣는 것은 중요하지만 참가자들끼리 서로 대화를 나누거나 실제 조사를 위해 밖으로 나가는 일도 중요한 방법이다. 참가자 중에는 대화 시간을 갖는 것에 부정적인 사람이 많다. 처음에는 이야기를 나누어도 어색하므로 강의시간을 늘리는 편이 좋다던 사람들도 사업이 끝난 후 감상을 들어보면 "대화 시간이 너무 짧다"고 하는 경우가 많다. 참가자가 강의를 듣기만 하는 것이 아니라 이야기를 나눔으로 주체적인 배움으로 전환하고 그때부터 학습이 더 재미있어지는 모양이다. 이러한 것을 본다면 참가자의 상호학습이 인간관계를 더 긴밀하게 하기 위해서는 대략 10회 정도의 프로그램이 필요할 것 같다.

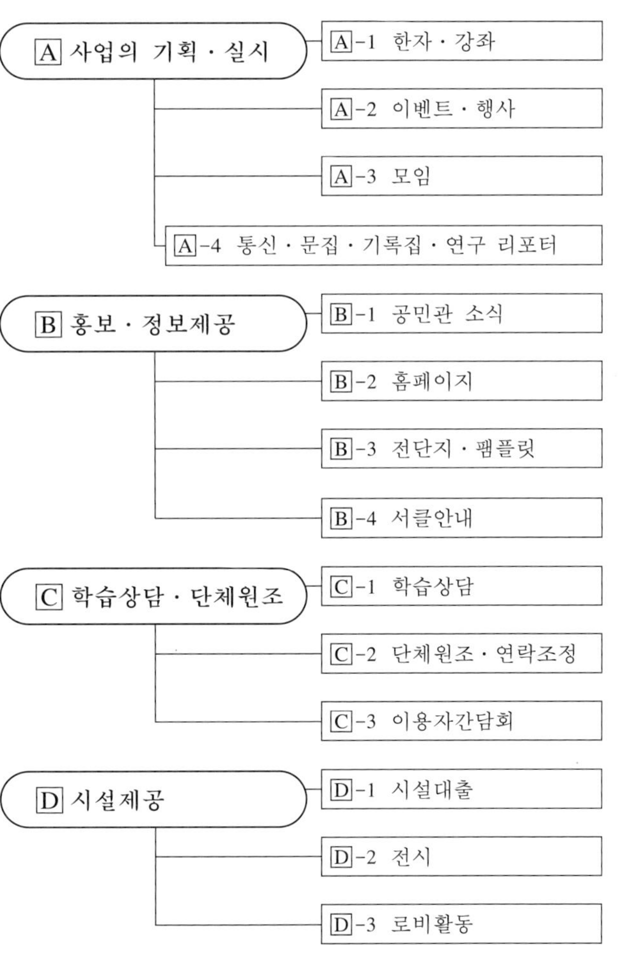

사업의 분류(사이타마 현 토코로자와 시 교육위원회)

4. 강사에 대한 요구

강사를 의뢰하는 방법은 어렵다고 하

지만 준비회 중에 후보자를 선발하여 왜 그 강사가 좋은지를 의논하여 결정하게 된다. 또한 강사와 만날 때에는 담당직원뿐 아니라 준비위원도 함께 동석하는 것이 좋다. 그렇게 하면 강사에게는 수강생이 어떤 사람들이고 어떤 요구사항을 가지고 있는지 알 수 있고 준비위원에게는 강사에게 가장 강의받고 싶은 내용이 무엇인지 직접 전할 수 있다. 사전협의를 포함하여 몇 차례 강사와 이야기를 나눌 기회를 가지면 강좌 후에 강사와 주민들과의 관계를 지속할 수도 있다. 그것이 지역에 새로운 배움의 가능성을 확대시키는 것으로 이어진다.

5. 사업 운영은 참가자들의 협력으로

사업이 시작되면 운영은 참가자들로 조직하는 운영위원회에서 실행한다. 운영위원회는 정기적으로 회합을 가지고 역할분담을 하면서 강좌를 진행시켜 간다. 또한 참가자를 소그룹별로 편성하여 대화나 작업을 추진하는 것이 학습효과를 높인다.

강의 외에 관외학습, 체험학습, 숙박학습 등 그룹워크도 도입하면 친구를 만들기도 쉽고 때로는 프로그램을 넘어선 자주 기획으로 이어지는 일도 있다.

더욱 사업개최 중에 '통신'을 발행하는 일도 있다. 이는 강의 내용의 이해를 돕고 참가자들끼리 교류를 도모하는데 도움이 된다. 내용은 강의를 정리한 기사, 참가자들의 감상이나 강사의 프로필 등 참가자들이 서로 전달하고 싶은 것이나 필요한 정보 등이다. 통신의 편집 발행을 위해 참가자들에게 권유하여 편집위원을 모집하기도 하고, 원고 작성을 위해서는 앙케트나 감상용지를 매회 준비해 둘 필요가 있다.

6. 사업의 마무리와 평가

사업의 마무리로 사업 목표를 어디까지 달성하였는가, 또 종료 후 참가자의 의식은 어떻게 변화하였는가 등 학습상 · 운영상의 성과와 과제, 나아가 지역에 대한 참가 의식의 확대 등을 구체적으로 점검할 필요가 있다. 이를 위해서는 매회 사업 내용을 기록하거나 출석상황을 파악, 앙케트 등으로 참가자 한 사람 한 사람의 반응을 파악해 둘 필요가 있다. 또한 이러한 자료를 바탕으로 사업 총괄에 대하여 운영위원이나 직원들이 함께 토의하는 것이 중요하다.

또 사업 종료 후에는 참가자들의 감상을 모아서 문집을 만들거나 유지들에게 서클을 만들어 지속적으로 학습을 하도록 권유할 수도 있다. 이때에는 참가자가 자주적인 활동을 시작할 때까지 직원이 적절하게 지원해줄 필요가 있다.

4 빠지기 쉬운 시설관리주의와 시설제공 사업의 과제

공민관의 시설제공도 공민관 사업의 하나라는 것은 전술하였으나, 여기에서는 공민관이 빠지기 쉬운 시설관리주의 문제를 다루고 이것을 극복하여 지역에 열린 공민관을 만들기 위한 시설제공 사업의 과제에 관해서 생각해 보고자 한다.

1. 사회교육 수익자 부담은 무엇을 초래하였는가

공민관의 유료화가 확대되고 있으나 그 문제는 심각하다. 자치체의 재정문제도 있으나 서클 · 그룹의 공민관 이용은 사적인 이용으로 수익자 부담은 당연하다는 논리에 짓눌린 감이 있다. 서클 · 클럽 활동의 공공성을 인정하지 않는다는 공(公)의 판단은, 서클 · 클럽 활동의 사사성(私事性)을 점점 조장하게 되어 서클간의 관계성을 저해하고 공민관 측도 고객주의에 빠지기 쉽게 한다. 사회교육을 적극적으로 추진하는 사람들이 공민관의 수입을 늘리려고 하는 것은 아무리 생각하여도 모순이 많다. 이 관계를 어떻게 바꾸어 갈수 있는가, 공민관에서 이용자도 끌어들여 사회교육의 공공성에 대한 논의를 일으킬 필요가 있다.

2. 사회교육법 제23조는 공민관을 이용하기 힘든 곳으로 만들고 있는가

공민관은 제한이 많고 사용하기 힘들다고 한다. 그것은 사회교육법 제23조의 규정에 특정한 영리사업, 특정 정당, 특정 종교를 지원하는 일을 금지하고 있기 때문이라고 생각한다. 이 조항에 대하여 각 자치체에서 여러 가지 해석을 하고 있으나 강연회에서의 저서 판매나 콘서트에서의 CD판매를 금지하는 곳은 많다. 그러나 저서나 CD는 참가자에게는 학습교재와 같은 것이라서 일률적으로 금지한다는 것은 납득하기 어렵다. 그리고 23조 규정은 공민관에서의 판매행위를 금지하고 있는 것은 아니다. 영리 목적으로 특정한 곳에 이익을 주려고 하는 것이 안 된다는 것이지 공민관의 목적으로 판매하는 것은 오히려 필요하지 않을까? 그렇게 하는 것이 학습효과를 올릴 수 있다고 생각할 수는 없는가?

또한 정당이나 종교에 대해서도 공민관이 특정 정당이나 종파를 지지하는 것을 금지하고 있는데 오히려 모든 정당이나 종파가 평등하게 이용할 수 있도록 하는 조건이라면 문제는 없다. 이처럼 23조의 올바른 이해가 자치체 레벨에서 합의할 수 있다면 아마도 공민관은 매우 사용하기 쉬워질 것이다.

3. 이용자의 자유와 자치를 저해하는 것들

공민관에는 '○○금지', '○○합시다', '○○주의' 등의 행위를 금지하는 안내문이 벽에 붙어있는 것을 종종 볼 수 있다. 금지사항이 너무 많은 것은 아닌가 하는 느낌도 있으나 거기에 합리성이 있는지의 여부를 검토할 필요가 있다. 예를 들어 홀 내에서의 음식반입금지는 음식이 연주를 방해하는 일이 있기 때문이지만 다목적 홀에서 회의 중에 차를 마시지 못하게 하는 음식금지는 과연 합리적인가? 또 쓰레기는 각자가 가져간다는 이유로 쓰레기통 하나 놓여 있지 않는 풍경은 누구에게나 이상하게 비칠 것이다. 이러한 것은 관리자 위주의 결정이며 공민관 본래의 자치를 키우는 교육이라는 관점이 결여된 계몽적인 "억지"밖에는 안 된다. 아무것이나 버려도 상관없다는 것이 아니다. 쓰레기를 가져가는 것보다는 주민들이 쓰레기 분리를 제대로 할 수 있도록, 공민관에서 실천하는 쪽이 의식형성에도 도움이 된다고 생각한다. 예전에 테라나카는 공민관에서 사람들이 교양을 쌓고 자주적 자립적인 자세를 키워나간다고 하였다. 안내문을 붙여서 해결될 문제가 아니라 시설이용을 통해 인간관계를 돈독하게 할 기회를 어떻게 만들어 나갈 것인가를 꼭 배려할 필요가 있다.

4. 공민관은 지역 활동의 거점이 될 수 있는가

전국적으로 공민관과 출장소를 통합하여 마을 만들기 센터로 만들어 나가려는 수장부국의 정책이 추진되고 있다. 이러한 정책을 새로운 커뮤니티 구축이라고 부른다. 이것은 정내회 자치회를 비롯하여 지역단체의 약체화에서 탈피하고 지역의 인간관계의 희박화 등에 위기감을 느낀 행정의 지역대책이다. 그리고 행정조직의 통합에 의한 인원 삭감책과 동시에 새로운 공공을 지지하는 NPO 등에 행정을 하청주려는 정책이기도 하다. 지역에 공헌하는 단체를 모아서 일괄적으로 예산을 주어 지역의 제반 문제에 대처해 줄 것을 바라는 것인데 과연 성과가 있을지 궁금하다. 문제에 대응해 나가기 위하여 행정의 편의상 주민단체가 조직화되어 가는 것에 과연 주민들의 합의를 이끌어 낼 수 있을지도 궁금하다. 또 직원들에게도 새로운 시도가 인원삭감을 가져오게 된다면 의욕을 잃게 되지는 않을까?

지역에 어떠한 문제가 있는지 행정은 진지하게 주민과 공동으로 조사할 각오를 하지 않으면 커뮤니티 재생도 탁상공론에 불과할 것이다. 급격한 고령화와 저출산 문제가 대두되고 있는 현대 사회에서 지역의 풍성하고도 훈훈한 인간관계 재생은 시급한 과제이고 지역에 대해 주민과 함께 사업을 추진해 나가는 공민관의 존재는 중요하다.

호소야마 토시오(細山 俊男)

[Column]

커뮤니티 비즈니스의 거점이 되는 공민관 -중산간지역의 재생을 바라며-

시마네 현(島根県) 서부의 중산간지역 지구에서 산업을 창출하는 작은 공민관이 있다. 여기 마스다 시 타네 지구(益田市種地區)는 1925년 정촌 합병 이전의 타네무라(種村)에 해당하는 구촌 지구이며 2010년 4월말 현재 인구는 330명, 세대수는 118세대이다.

지구에는 폐가나 폐허가 산재하고 유휴농지도 적지 않다. 잡초가 무성하게 자란 좁은 길을 안쪽으로 깊이 들어가면 고령 독거 세대만 있는 한계집락이 보인다.

타네 지구에서는 아동 수의 감소로 2007년 3월 타네초등학교가 폐교되었다. 학교가 없어진 지금 남아있는 지역시설이라고는 간이우체국 외에 주 2회 열리는 농업협동조합의 사무소와 주 1회 열리는 의사회 병원의 출장 진료소 정도이다. 따라서 지역 시설 기능을 가지고 있는 것은 이제는 공민관뿐이다.

이러한 지역시설의 마지막 보루가 된 타네 공민관도 그것을 지탱해줄 만한 제도 기반에 변동이 일어나고 있다. 마스다 시의 각 지구에는 설치조례에 기초한 교육위원회 소관의 지구 공민관이 있다. 그것들이 2004년부터 지역진흥과가 소관하는 지구 진흥센터로 공용되고 있다. 이른바 공만관에 2개의 간판이 걸린 것이다. 이에 따라 그 고장 출신의 촉탁관장이나 촉탁 직원은 공민관 직원인 동시에 지구 진흥센터 직원의 명함을 겸해서 가지게 되었다.

타네 공민관과 타네 지구 진흥센터의 간판이 나란히 걸려있다

그러나 초등학교 폐지나 공민관의 이중간판화라는 조건 속에서도 타네 지구에서는 이러한 변화를 오히려 지역 과제 해결을 위한 계기로 삼아 대처해 나가고 있다.

그 중에서도 대표적인 것이 타네 초등학교 폐교를 활용하여 지역에서 생산한 농산물을 가공하여 상품화하는 타네 배움터 공방이다. 그 운영에는 타네 공민관 직원이 적극적으로 관여하고 있다. 그곳에서는 공민관과 폐교 건물을 연계시켜 사업을 전개하고 있다.

당초 폐교 자리에서 농산물을 가공하는 사업은 정주(定住) 대책의 일환으로 시작되었다. 그것은 도시부로 일단 전출한 지역출신자에 대하여 농산물 가공품을 고향 택배로 보내어 유턴(U Turn)해 오는 자를 모으고자 하는 의도였다. 고향 택배에는 정주 의사를 묻는 앙케트나 지역 정보를 전하는 "타네 소식"도 함께 첨부하였다. 이에 더해 주택용지를 타네 공민관 앞에 조성하여 싼값에 제공한다는 등의 활동내용도 포함시켰다. 이러한 노력이 결실을 맺어 지역으로 유턴하거나 아이턴(* 역주 : I Turn. 특별한 연고가 없는 곳으로 귀농하는 현상)해 오는 사람들을 받아들이게 되어 지금은 모두 17명 10세대의 유턴 또는 아이턴 한 사람들이 이 지역에 살고 있다.

폐교 자리를 활용한 식품가공장 '타네 배움터 공방'

그 후 폐교 자리를 활용한 농산물 가공은 '타네 브랜드' 상품으로 생산하여 시장에 출하하는 커뮤니티 비지니스로 성공을 거두고 있다. 타네지구에서 재배하고 수확한 찹쌀, 곤약근, 무, 매실 등은 타네 공민관에서 생산자로부터 직접 회수한 후 폐교 자리의 식품가공장으로 운반된다. 식품가공장에서는 지구의 고령여성들이 조리, 건조, 포장 작업을 하고 이곳에서 가공된 '타네 브랜드'상품은 매주 마스다 시의 시가지에 있는 슈퍼마켓으로 출하되어 판매되고 있다. 식품가공장에서 작업에 종사하는 타네 지구 고령여성들도 자신들이 만든 것이 팔리면 기분 좋다고 이구동성으로 말하고 있다.

이와 같이 타네 공민관이 중심이 되어 생산, 가공, 판매 시스템을 지역에 구축하여 영농촉진, 유휴농지대책, 정주대책, 폐교 활용, 고령자의 삶의 보람 창출이라는 과제를 유기적으로 관련시켜 전개하고 있다.

타네초등학교 폐교 자리에서 식품가공을 하고 있는 지역 주민들

오늘날 자치체의 구조나 조직이 변혁해가고 있는 가운데 공민관의 재편이나 통합이 염려되고 있다. 고령화와 과소화로 허덕이고 있는 중산간 지역에서도 공민관을 지지하는 제도 기반은 안정되어 있지 못하다. 그러나 이러한 흐름 속에서도 중산간 지역에 세워진 작은 공민관이 공민관과 지구진흥이라는 2가지 간판을 의미

있게 운용하여 지구에서 산업을 창출하는 일에 매진하고 있는 모습을 볼 수 있다. 중산간 지역의 재생을 지향하는데 있어서 최후의 보루로 남아있는 공민관이 해 낼 수 있는 역할은 크다고 본다.

탄마 야스히토(丹間 康仁) …… 츠쿠바대학원 박사 후기과정에 재적. 학교통폐합을 계기로 한 지역 재생을 위한 방안에 대해 연구하고 있다.

제Ⅳ장 지역 재생을 지향하는 공민관의 뉴 디자인

전후 60년에 걸친 공민관의 실천적 운영은 오늘날 공민관의 형태를 형성하는 커다란 역할을 담당해왔다. 공민관의 모습이 그 출발에서부터 우리들 앞에 주어진 것으로 펼쳐진 것은 아니었다. 전후 60년 동안 국민의 지혜에 의해 쌓아올려진 모습이야말로 공민관 그 자체라고 할 수 있다. 공민관의 디자인은 지역이나 시대에 따라 다양한 고안을 담아 당시의 이념을 반영한다.

바야흐로, 공민관의 기반인 일본의 지역사회는 변모해 왔다. 또한, 공민관을 지탱해 온 지자체는 커다란 변혁의 소용돌이 중심에 있다.

이러한 가운데, 공민관의 새로운 디자인을 모색하는 과제를 검토해 보기로 하였다. 공민관의 디자인을 더욱 심화시켜 나가기 위해, 새로운 공민관의 모습을 각각 독립된 여러 각도에 따라 시설 공간과 관련지어 과제에 접근하도록 하였다. 특히, 이제부터 공민관의 개축이나 모습을 재검토해가는 과정에, 새로운 공민관의 모습을 논해 보고자 하는 편집계획으로, 집필자를 공모하기로 하였다. 그 결과, 참가를 표명해 주신 도전적인 논고가 잇따르게 되었다. 어쨌든, 공민관이 구상된 시점에서는 생

각지도 못했던 시설 공간의 출현으로 그에 어울리는 실천을 통하여 창출되어 온 것과 같이 새로운 공민관의 모습이 새로운 시설 공간을 창출하는 것으로 이어지기를 기대한다. 이에 따라 시설 공간이, 공민관 연구의 새로운 지평을 열어가는 중요한 발판이 될 것으로 기대한다.

우에다 유키오(上田 幸夫) · 마츠자키 요리유키(松崎 頼行)

제 1 절 21세기 공민관의 역할과 과제

1 가장 오래되고 가장 우수한(最古最優)–지금 되살아나는 공민관의 기원

1946년 12월 문부성 사회교육과장 테라나카 사쿠오는 그의 저서 "공민관 건설-새로운 정촌의 문화시설-"에서 '왜 공민관을 만들 필요가 있는가?'라고 물으며 다음과 같이 당시의 세태를 개탄하였다.

> 이러한 모습을 황량이라고 말하는 것일까?
> 이러한 마음을 삭막이라고 말하는 것일까?
> 눈에 비취는 상황은 검붉게 타버려 초토화된 모습, 가슴을 스쳐가는 마음은 바람처럼 덧없구나…
> 이대로 괜찮은 것일까?
> 일본은 과연 어떻게 되는 것일까?
> 무력을 포기하는 대신에 평화와 문화를 내세우고, 깎여버린 국토에 각고의 노력으로 경영의 괭이질을 해보지만…

그러면서 동시에 "우리 힘으로 교양시설을 만들어 보자!"고 국민들에게 제안하였다.

패전 직후, 전국 마을(町, 村)에 공민관을 건설하고 헌법이념의 보급과 민주주의를 기조로 한 향토의 부흥, 생활 향상을 민중의 배움과 교류의 장을 통해서 실현하기 위해 공민관을 내세웠다.

전후, 일본 재건은 지역 사회의 부흥에서 시작하였다. 그 후 60여년이 지나 공교롭게도 오늘날의 정치, 경제, 교육에 이르는 사회문제는 지역사회의 붕괴와 함께 나타나고 있다. 어린이, 노인, 장애자 등의 사회적 약자들이 학교, 의료분야, 지역이라는 생활의 원점에서 격차와 차별, 곤궁 등의 곤란한 상황에 놓여있다. 지금 테라나카가 이러한 일본을 본다면 무엇이라 하겠는가?

'최고최우'(最古最優)라는 말이 있다. 이것은 시행착오의 결과, 디자인의 형태가 완성되고 다양하게 전개되어 여러 가지로 확산되는데 그 지점에서 돌이켜 여러 각도로 조망해 보면 역시 가장 오래된 최초에 생각하고 완성했던 형태가 가장 뛰어났다고 하는 것을 의미한다. 그런 연유로 다시 원점으로 되돌아가 공민관의 발자취를 법제도를 중심으로 더듬어가 보편적인 공민관의 존재 가치를 찾아 내어 '21세기를 사는 공민관 시설의 역할'과 현대적 과제를 알리고자 하는 것이다.

2 역사를 새기며 사람들의 살아가는 모습을 투영하는 공민관

공민관은 지역사회의 부흥과 변모, 붕괴의 위기에 역사적인 상관관계를 가지면서 주민과 함께 지역의 재생에 힘써온 유일한 공공기관이다.

1949년 사회교육법이 공포되었다. 법 제정에 깊은 관련을 가지고 중심적 역할을 해온 테라나카 사쿠오는 같은 해 "사회교육법 해설"을 저술하여 사회교육 관계자뿐만 아니라 자치체, 의회, 지역의 일꾼 등 관계자들에게 큰 영향을 주었다. 서문에서 '국민의 자기교육이자 상호교육이고, 자유와 기동성을 본질로 하는 사회교육은 법제화함에 있어서 생각해야 할 수많은 문제가 존재한다', '법제화는 반드시 국민들에게 구속과 부담을 주는 것은 아니다. 크게는 국민에게 자유를 주기 위하여 자유를 거부하는 방면에 구속을 주어 자유에 대한 발전과 격려를 획책하는 것도 법제화의 하나의 사명이다', '사회교육의 자유를 획득하기 위하여 사회교육법은 탄생한 것이다'라고 기술하고 있다. 이러한 초기 사회교육, 공민관의 전체 상을 '테라나카 구상(構想)'이라고 일컫는다.

아시아 · 태평양 전쟁에서의 식민지 지배와 반민족적 교육, 국가의 정치전략 목표 실현을 위해 배우는 자유와 권리를 빼앗은 교화 교육. 일본국 헌법, 교육기본법, 사회교육법은 이러한 역사적 반성 위에서 제정되었다. 그리고 국가나 행정의 교육에 대한 간섭, 개입을 배제하고 교육의 힘으로 헌법이념의 실현과 국가의 재부흥에 대한 염원이 사회교육법을 탄생시켰다. 사회교육의 자유의 근간은 헌법의 사상 신조, 학문의 자유, 생존권, 사회권으로서의 교육권 · 학습권의 권리행사의 구현이다. 여기에 국민의 권리로서의 사회교육 조류 원점을 읽어 낼 수 있다. 사회교육법은 실질적으로 공민관법이라고 불릴 정도로 공민관에 관한 장(章)이 많고 조문의 제 규정이 법문 중에서도 두드러진다. 사회교육법의 제정 취지, 목적이 공민관에 법적 근거를 부여하고 재정적 지원과 사회교육체제의 영구화에 있다고 불리는 까닭이다. 그리하여 전국 각지에서 향토건설과 산업진흥, 전체 마을의 생활개선 운동이 역동적으로 전개되어 갔다. 오늘날 공민관을 재고하여 내일의 공민관상을 도출해 내는 원천이 여기에 있다. 역사를 읽어 현대와 미래를 논구(論究)할 때, 어떤 때는 필연적으로 혹은 정책적 · 권력적으로 은폐되어 보이지 않게 되었던 것이나 잊혀가던 소중한 것들을 되살려 가꾸어 나가는 작업 속에서야말로 새로운 지평이 열린다.

3 국민적 제언과 새로운 과제

1951년, 전국 공민관 연락 협의회(현 전국 공민관 연합회, 약칭 : 전공연)가 설립되어 공민관 독립법제나 공민관 직원의 전문직화가 제창되었다. 1959년 사회교육법의 대개정이 있었으나 그 염원은 이루어지지 않았고 반대로 사회교육 관계단체에 대한 공금지출의 법제화가 사회교육단체에 대한 공권력 개입의 위험성을 초래한다고 하여 일본청년단 협의회 · 청년단을 중심으로 반대운동이 각지에서 일어났다.

50년대 후반부터 시작한 고도경제성장은 60년대에는 본격화하여 수도권에 대한 지나친 집중은 도시를 비롯하여 농어촌의 산업구조, 생활이나 문화를 뿌리에서부터 변질시켰다. 이는 현대형 사회로의 급속한 변모이다. 이러한 와중에 1963년 문부성에서 '진전하는 사회와 공민관 운영'이, 1967년 전공연에서 '공민관의 존재방식과 오늘날의 지표'가 성안되어 고도경제성장 하의 공민관상을 제언하였다. 국책에 따른 제언이라는 비판은 있으나 특히 후자는 전후 공민관 진흥의 성과와 오늘날의 과제를 집약한 것으로 무엇보다도 공민관 관계자의 열의와 의욕이 엿보여 시정촌 행정의 공민관 구상 지침이 되었다. 1964년의 3타마 사회교육 간담회에서 '공민관 3층 건물론'이, 1965년에는 나가노의 이이다(飯田) · 시모이나(下伊那) 공민관 주사회에서 '공민관 주사의 성격과 역할'이 잇달아 전국의 사회교육, 공민관 관계자들에 의해 제기되었다. 특히 후자는 통칭 '시모이나 테제'라고 불리면서 공민관 주사의 전문성과 공무노동을 통일적으로 파악하여, 민중의 입장에서 공무노동자상(像), 공민관직원상(像)을 실천적으로 밝혔다. 주민자치와 권리로서의 사회교육의 수호자 · 담당자로서의 공민관 직원상을 제기하여 역사적인 역할을 해냈다.

70년대에 들어서자 사회교육에 주목할 만한 답신, 명제가 나왔다. 하나는 사회교육심의회 답신 '급격한 사회구조의 변화에 대처하는 사회교육의 존재방식'이다. 도시화의 진행, 지역사회의 생활구조의 변화, 학습요구의 다양화에 대응하는 사회교육을 평생교육체계 속에 자리매김하였다. 이는 일반 행정이 설치한 커뮤니티 시설 등과 공민관을 동일시하는 내용을 포함하고 있어 오늘날의 평생학습 체계화와 민간 활력을 도입하는 선도적 역할을 해냈다. 한편 도쿄 도 교육청 사회교육부가 제기한 '새로운 공민관상을 지향하여'는 교육기관으로 공민관을 역사적으로 고찰하고 학습권을 공적으로 보장하는 기관으로서의 역할을 재확인했다. 공민관의 건설, 운영, 역할, 전문직 배치 등에 대한 원칙적, 실증적인 이 제안은 '3타마 테제'라고 불리며, 도시형 공민관뿐만 아니라 전국의 공민관 관계자, 시민운동에 새로운 활력과 전망을 주었다. 이 시기는 공민관 건설, 직원의 확충, 다양한 시민 학습운동, 지역 만들기 등의 활동, 시설정비 양면에서 공민관이 비약적으로 발전하여 시대에 한 획을 그었다.

그러나 1980년대부터 2000년대 그리고 오늘에 이르는 사회교육, 공민관을 둘러싼 상황은 공민관 활동을 뿌리부터 흔들어 놓는 방향으로 나아가고 있다. 중앙교육심의회의 '평생학습의 기반정비에 관하여', 평생학습심의회의 '사회의 변화에 대응한 향후의 사회교육의 존재방식에 관하여'의 답신은 평생학습체계 속에서 하나의 시설로 공민관을 받아들이고 행정개혁, 구조개혁과 시장원리의 논리로 교육이나 공민관을 자리매김 시켰다고 할 수 있다. 현재, 공민관을 비롯한 사회교육시설의 민간 위탁, 지정관리자 제도의 도입, 수장부국으로의 이관 등이 일부 자치체에서 급속히 진행되고 있다.

테라나카 구상, 전공연의 사회교육개정에 대한 요망인 '진전하는 사회와 공민관 운영', 공민관 3층 건물론, 시모이나 테제, 공민관의 존재방식과 오늘날의 지표, 사회교육 심의회의 답신, 3타마 테제 등 공민관이라는 하나의 공공시설에 대하여 수많은 지침, 답신, 테제가 발표되고 있다. 이만큼 국민들이 주체적으로 관련한 사례가 다른 공공시설에 있는가? 공민관의 역사는 국민의 학습과 교류, 지역 만들기, 마을 만들기의 반영이자 삶 그 자체이다. 이 국민적 교육재산은 행정 · 재정개혁, 시장원리라는 논리와는 상반되어 맞지 않는 요소가 다분히 포함되어 있다. 지역의 재생, 마을 만들기라는 자치체가 짊어지고 있는 행정 과제는 공민관의 역사적 역할의 재평가, 재구축 속에서 전망이 열린다는 것을 재인식할 때 현실적으로 실현될 것이다.

4 교육행정과 시민참가, 그리고 공민관

임시 교육심의회의 교육개혁에 관한 제2차 답신(1985년)은 "교내 폭력, 음습한 집단 따돌림, 이른바 문제교사 등 일련의 교육 황폐에 대한 각 교육위원회의 대응을 보면, 합의제인 집행기관으로서의 자각과 책임감, 사명감, 교육에 대한 지방분권의 정신에 대한 이해, 자주성, 주체성이 결여되고, 국가에서 주어진 교육이라는 의식이 교육관계자 사이에 뿌리 깊게 잔존하며, 교육계,

학교관계자 사이에 자기식구 의식이 강해서, 문제를 공개하여 처리하지 않는 폐쇄적인 체질' 상부의 판단과 지지를 기다리는 획일적인 체질이 강하고, 개혁에 대해 소극적인 면이 보인다."고 신랄하게 지적하였다. 이 답신에 대해 찬반양론은 있으나 최근의 교육행정의 모습을 날카롭게 꼬집고 있다. 필자는 수도권 내의 T시의 교육장 직에 6년간 재직하였으나 현(縣)내의 교육장 회의에서 사회교육의 과제가 전체적으로 논의된 일은 거의 없었다. 현 내의 시정촌 교육장의 약 90%는 전직이 학교 관리직이었다. 학교교육은 커다란 문제나 새로운 과제를 안고 어려운 국면에 들어섰다는 것은 누구나가 이해하고 있지만 답신으로부터 25년 동안 이러한 과제에 어떻게 대응해 왔는가? 학교교육 중심의 교육행정이 재검토되고 주민참가, 국민 참가의 교육행정이 발전할 수 있는 시간적 유예가 없었던 것일까?

현의 사회교육 관계 부서나 사회교육 기관의 직원은 학교 교육에 적을 둔 교원이 사회교육 주사의 자격을 얻어 취임하는 사례가 대부분인 것이 현실이다. 또 파견 사회교육 주사가 학교 관리직으로의 등용문이 되고 있다는 지적도 현실이다. 최근 각 현 교육위원회가 공모로 사회교육 주사 자격이 있는 사람을 신규 채용한 사례는 전혀 없다고 해도 과언이 아니다.

그뿐만 아니라 시정촌의 교육위원회에서의 전문직 채용은 전국적으로 보아도 손에 꼽을 정도이다. 대학에서 사회교육을 배우고 사회교육 주사의 자격을 취득하여 사회교육 현장에 희망을 걸고 있는 젊은 세대의 미래는 막혀 있다고 할 수 있다. 본래 이러한 젊은이들의 꿈을 펼칠 수 있는 인적 체제의 정비는 취직문제도 포괄하고 있는 교육행정의 책무이다. 사회교육의 인적 체제 확립은 교육조건 정비의 일환이며 학교 교육의 그것과 마찬가지로 교육위원회의 책무이다.

이와 같이 행정 내외에서의 사회교육, 공민관에 대한 이해 부족의 한 요인은 교육위원회가 내포하고 있다. 사회교육과 학교교육은 자동차의 양쪽 바퀴와 같다. 학사 연대, 융합이라는 행정과제는 교육위원회 내에서의 사회교육에 관한 정책형성, 역량형성의 질적 전환에 달려 있다.

그리고 교육행정에는 또 한 가지 과제가 있다. 1996년 지방분권 추진위원회의 중간보고에서는 주민참가에 의한 주변 과제에 관한 지역 주민의 자기결정, 국가 및 지방공공단체에게는 정책형성 과정에서의 지역 주민의 광범위한 참가, 지역 주민에 대한 기대와 비판에 예민하고 성실하게 대응하는 책무를 요구하고 있다. 지역이나 집단에서의 자기결정은 주민참가와 주민자치의 원칙으로 정책형성에서 시책에 까지, 그리고 사업 진행관리까지의 주민 참가를 의미하고 있다. 행정의 성실한 대응의 핵심은 정보의 공개와 공유이다. 자치, 공개, 공유, 참가, 공동학습을 통하여 새로운 행정과 주민의 협동이 생기는 것이다. 이것은 사회교육위원, 공민관 운영심의회를 설치하고 시민참가를 법적으로 보장하여 온 사회교육법제와 공민관 활동의 역사와 실천 그 자체이며 전국의 공민관이 가지고 있는 보편적인 재산이다.

5 공민관 건설과 지역 만들기, 마을 만들기

사회교육법은 '공민관은 시정촌 그 밖의 일정 구역 내의 주민을 위해 실제생활에 맞는 교육(제20조)'을 기치로 '공민관은 시정촌이 설치한다(제21조)'고 되어 있으며 시정촌 주의, 지역주의의 원칙을 규정하고 있다. 공민관 설치는 시정촌에게 주어진 고유의 권리이며 국가 · 도도부현은 공민관을 설치할 수 없다.

공민관은 주민의 생활 가장 가까이에서 자치와 학습을 보장하는 공공시설이다. 공민관의 건설과 활동이 일상생활권 지역에서 어떠한 역할을 하면서 지역 만들기, 마을 만들기를 하고 있는가? 그 사례를 시간적으로 검증하여 본다.

T시는 수도권에 위치하고 인구 7만여 명, 17.7km^{2}로 급속히 도시화된 마을이다. 1983년 종합계획 · 실시계획에서 공민관의 설치를 결정하고 일상생활권 구역(원칙적으로는 초등학교구)에 1개의 독립관을 배치하기로 공민관 배치계획을 정하였다.

1. 시민요구와 행정 협동

1990년에 노후된 공민관의 폐관과 신축에 대한 학습회가 이용자를 중심으로 조직되었다. 1992년에는 해당 지역의 자치회장 연맹에서 시, 교육위원회에 공민관 건설에 대한 요망서를 제출했다. 1995년 관계 지구의 자치회, 어린이회, 아동보육 단체, 초 · 중 PTA, 노인클럽 이용자, 스포츠 단체, 신체장애인 단체, 독서 단체, 공민관 이용단체 등이 중심이 되어 공민관 등 건설정비 촉진협의회가 조직되었다. 또 재정을 고려하여 공민관 정비에 관한 기금조례의 제정을 청원하고 이것이 의회에서 채택되었다. 공민관이 있었으면 좋겠다는 이용자의 소박한 소망이 지역의 공통 염원으로 조직화되어 공동의 학습이 행정과 의회를 움직이려는 운동으로 발전되어 건설촉진 청원 채택이나 기금조례 제정을 실현시켰다. 재정상의 영향이 적은 중간 규모 공공시설의 건설 기금조례 제정은 보통 낯선 것이었지만 기금조례 제정을 실현시킴으로 인해 공민관을 반드시 건설한다는 행정의 약속어음을 받아낸 것이었다. 이는 주민의 지혜와 행동력이 행정의 좋지 못한 전례주의(前例主義)를 극복하고 지역 과제에 바로 대응할 수 있는 현장주의로 바꾸어간 예라고 평가받고 있다.

2. 공민관과 지역 만들기

구획정리 사업의 대규모 개발은 신흥주택 건설과 젊은 세대의 유입, 신구주민교류, 생활기반 정비 등 새로운 마을 만들기의 과제를 제기하였다. 1999년에 개발된 진흥주택에는 새로운 생활, 지역 과제가 생겼다. 단독적인 공민관 건설을 바랐던 것이 아동관, 취학아동 보육실, 도서관 분실, 장애인단체 운영 찻집을 병설한 복합시설 건설로 그 요구가 확대되어 갔다. 2000년 각종단체 관계자, 공민관 운영심의회 위원 등의 의견 청취를 거쳐 요망서에 따라 복합시설 건설을 위한 기본계획이 책정되었다. 부지면적 약 5,000 m^2, 연면적 2,862 m^2, 2층 건물인 공민관을 중심으로 한 복합시설이다. 설계업자 선정은 지명형인 공개제안 방식으로 하고 심사위원으로는 일반행정, 교육행정, 지역 주민, 이용자 대표가 선출되었다. 공민관에서 배우고 교류하고 싶고 유아나 아이들이 안심하고 놀 수 있는 시설이 있었으면 좋겠다. 여성들이 안심하고 일할 수 있는 시설이 필요하며, 지역 민속문화를 계승하고 싶다. 장애인이 안심하고 일할 수 있는 사회참가의 장이 있었으면 좋겠다. 이 지역에 뿌리내린 운동은 공민관 건설을 비롯, 지역백서 만들기로 발전하였으며 지역사회의 재생운동으로까지 발전하였다.

3. 시민자치와 행정 협동

2001년에 복합시설 이용자, 지역 주민과 일반 행정 · 교육행정 직원, 설계자가 쌍방향으로 약 6개월간에 걸쳐 학습하고 의논하여 기본설계, 실시설계가 완성되었다. 친환경적인 솔라 시스템을 도입, 부지 내에 시 순환버스 정류장 건설, 피난처 지정과 긴급용 우물, 외등 설치, 공민관 주변의 가로등 설치와 재점검, 쓰레기 집적장, 부지 내에 우체통 설치, 공민관과 인접한 초등학교 간의 도로정비와 도로의 컬러 포장화, 학교 개방에 따른 공동주차장 설치, 인접지에 공원을 설치하는 등의 다양한 요구가 나왔다. 시설 만들기는 마을 만들기의 일부이며 시민자치와 집단의 역량을 형성할 수 있는 학교이다. 일반 행정, 교육행정 직원이 부국의 틀을 넘어 주민과 협동하여 진행하였던 경험은 수직행정(폐쇄성)에 큰 반향을 일으킬 만한 일이었다.

4. 교류하며 서로 의지하는 자치 창조의 장

2002년에는 공민관, 도서관 분실, 아동관, 취학아동 보육실, 복지 찻집 등을 병설한 복합시설이 개관되었다. 공민관 이용단체, 자치회, 어린이회, PTA(Parent-Teacher Association, *역주 : 학부모교사회), 노인클럽 등의 단체가 실행위원회를 결성하여 손수 개관행사를 진행하였다. '서로 함께 배우고, 서로 함께 격려하며, 서로 함께 의지하여'를 표어로 한 개관행사는 어린이들로부터 노인들에 이르기까지 다수의 단체, 서클이 참가하여 수일간 전개되었다. 공민관에서 지역을 바라보고, 학습과 교류를 통해 지역에 대해서 알고 모두가 모여서 이야기를 나누어 결정해간다는 자치 확립이 생생하게 드러났다. 주민자치 없이는 지역 자치도 있을 수 없다. 글로벌시대는 사람들이 가정이나, 지역이라는 틀을 넘어서 서로의 차이를 인정하고 국경을 넘어서 세계를 바라보는 역량을 갖추어야 하는 시대라고 한다. 따라서 마을 만들기는 공민관 활동과 다양한 사람들의 쌍방 교류를 통해서 생활, 지역, 행정을 검토하고, 참가하는 스스로가 창조하여 다스리는 그야말로 자치 운영이다.

6 생활과 지역을 개발하고 내일을 위한 마을 만들기

오늘날 공민관의 상황을 보면 행정개혁, 재정위기, 효율화의 이름하에 공민관의 개폐(改廢), 민간위탁, 수장에 의한 보조집행, 유료화 등이 시도되어 어려운 정세이다. 수장으로의 권력집중은 교육 분권, 중립성, 독립성을 망가뜨릴 위험이 있다. 또 민간에게 위탁하는 것은 경제 원리와 시장원리의 틀 속에 교육, 사회교육을 자리매김할 수 있는 역할을 한다. 사회교육, 공민관 고유의 역할을 배제하고 일반 행정 속에 동화시키는 정책이라고도 할 수 있다. 현재, 전국에 16,566관의 공민관이 설치되어 있는데 연간 약 2억 3,600만 명의 이용자가 활용하고 있다(문부과학성 '2008년도 사회교육조사보고'에서). 이 공민관들은 각각의 개성과 지역성을 가지고 전후 공민관의 재산을 계승하고 있다. 오늘날 공민관을 둘러싸고 있는 고민은 역사 과정에서의 한 측면이다. 따라서 방관자적, 찰나적으로 받아들이지 말고 눈앞의 현실을 바라보며 극복하고 개척해 나가는 주체적인 활동이 요구된다.

첫째, 초기 공민관 구상의 이념, 사회교육법의 제정 취지로 돌아가 많은 사람과 지역 과제를 공유하는 것으로 그 중심에 공민관, 그리고 공민관 직원이 존재하여 활동하는 것이다.

지역은 단체서클의 학습과 민주주의, 자치회와 지역 과제, 학교 교육과 아이들의 학습 · 육아와 환경, 지역과 고령자 등 다양한 과제를 안고 있다. 여기에는 행정의 각 분야, 학교, 복지시설, 지역집회장, NPO, 자원봉사단체 등에서 다양한 활동을 하고 있는 사람들이 있다. 공민관이 지역의 중심 시설로 상호 역할을 존중하고 연계하면서 지역공동체 네트워크의 중심이 되는 것으로 학습과 교류, 그리고 마을 만들기의 과제를 협동하여 추진해 나가는 것이다. 공민관 주사는 자치체 직원으로 그 기반 위에 교육기관의 전문직 역할을 가진다. 공민관 사무실에서 행정 전반을 보는 안목을 길러 지역 과제와 행정 과제를 통일적으로 파악하는 역량이 요구되고 있다.

둘째, 사회교육법의 부정과도 연결되는 보조집행, 안이한 위탁은 겹질 뿐인 교육의 중립성, 독자성, 교육위원회 제도를 초래한다고 보고 교육위원회의 주체성을 확보하는 일이다.

지금까지 시정촌 교육위원회는 국가, 현과의 연락조정, 또는 상위하달 기관으로서의 역할이 주된 업무로 마을 만들기 과제에서는 일반 행정의 테두리 밖에 놓여 있었던 것은 아닐까? 교육위원회를 폐지하고 수장 아래에 통합하자는 목소리가 자치체 장들로부터 들려온다. 따라서 지금이야말로 교육행정이 본래의 설치 목적에 맞추어 교육의 자립과 마을 만들기 과제에 본격적으로 대처할 시기라고 할 수 있다. 또 교육행정 내에서의 정책 만들기 역량형성 능력을 높이고 사회교육 주사 및 교육기관의 전문직을 배치하여 사회교육, 공민관의 존재 방식을 종합행정 속에서 분명하게 자리매김하는 일이다.

셋째, 지역의 미래, 시민의 미래를 개척해 나갈 주민자치를 이끌 역량을 기르는 일이다.

지방자치법은 의회의 의결을 거쳐 그 지역에서의 종합적 및 계획적인 행정 운영을 도모하기 위한 기본 구상을 정하고 이것에 맞추어 이루어져야 한다고 정하고 있다. 기본구상, 종합계획은 지역계획 또는 지구계획을 기초로 책정된다. 지금 필요한 것은 이 지역계획의 책정에 공민관이 주민과 함께 참가할 수 있는 행정 내의 규칙을 확립하는데 노력하는 것이다. 더불어 교육위원회는 독립된 행정위원회로 종합계획, 교육계획에 사회교육 주사를 비롯한 교육의 전문직 등, 교육행정의 인재 육성과 채용 인사정책을 정할 필요가 있다.

7 공민관의 미래는 주민들의 행동에 달려 있다

현대는 배우기가 대단히 힘든 세상이라고들 말한다. 정말 배우고 싶어 하는 사람도 생활에 쫓겨서 배움의 기회를 잃고 있다. 학교, 직장, 가정, 지역에서도 배움의 환경을 찾을 수 없다. 배움의 환경은 인간다운 생활과 사람과의 관계 속에서 길러진다. 학습권이란 무엇인가를 다시금 생각할 때, 경제적 사유에 구애받지 않고 배울 수 있는 조건 정비의 중심에 공민관이 있다. 지역재생도 공민관의 발전도 만병통치약이 있는 것은 아니다. 역사적 과정에서 후퇴한 것처럼 보일 때도 있다. 그러나 공민관의 미래는 행정이 결정짓는 것은 아니다. 공민관의 미래는 주민들의 손에 달려 있다. 이것이 다른 공공시설과 근본적인 차이와 우위성을 갖는 부분이다. 공민관과 주민의 행보 속에서야말로 지역사회의 재생과 내일의 마을 만들기의 미래가 있다.

마츠자키 요리유키(松崎 頼行)

제 2 절 국제적인 확산 속에서의 공민관

1 공민관 이해의 국제적 확대

공민관 설립(1946년) 이래 60년 이상이 경과하면서 드디어 공민관을 국제적인 시각에서 파악하려는 기운이 고조되고 있다.

공민관과 유사한 기능을 가지는 다양한 성인교육 · 청소년시설, 문화시설 등에 눈을 돌려 국제적 비교를 통해 공민관적 커뮤니티 학습시설의 보급 형태와 그 현대적 의의에 대하여 고찰하려는 최초의 시도는 2001년에 간행된 코바야시 분진(小林文人) · 사토우 카즈코(佐藤一子)의 편저인 "세계의 사회교육시설과 공민관"(에이델연구소)이다. 이 책에서는 세계 사회교육 시설을 5가지의 유형으로 나누어 12개국과 하나의 지역을 다루고 있다.

1. 영미의 커뮤니티교육의 전개와 시설에서는 북아일랜드의 Non-Education시설, 지역사회서비스를 사명으로 하는 미국의 커뮤니티 · 칼리지.
2. 유럽 민중대학의 사례로 독일 시민대학과 북유럽 민중대학과 학습서클
3. 사회문화(Social Culture) 창조와 지역문화의 시설로 독일 사회문화센터, 프랑스의 '청년과 문화의 집', 이탈리아의 인민의 집
4. 유스워크(Youth Work) 관점에서 스페인, 독일, 영국의 청소년시설
5. 아시아 · 아프리카지역의 사회교육시설로 중국, 대만, 케냐의 사례

2006년 간행한 일본 공민관학회 편, "공민관 · 커뮤니티시설 핸드북"(에이델 연구소)에서는 12개국과 4개 지역을 다루고 있다. 아시아에서는 한국, 중국, 대만과 동남아시아지역, 중동지역, 오세아니아에서는 호주, 유럽에서는 영국, 프랑스, 독일, 이탈리아, 핀란드, 러시아와 동유럽지역, 동북아프리카에서는 미국과 브라질, 아프리카 지역이다.

이와 같이 최근 들어 공민관 · 커뮤니티 학습시설을 국제적인 시각으로 이해하려는 연구동향이 보인다. 이러한 연구는 지금까지 보편성보다도 토착성이 강조되어온 경향이 강했던(주1) 공민관의 역사적 이미지를 바꾸려는 문제의식으로 일관된다.

공민관을 국제적으로 파악하려 한 위 두 저서의 공통점은 미국·유럽의 사회교육시설을 중심으로 파악하고 있는 것이다. 이것은 지금까지의 사회교육시설연구가 구미 중심이었다는 것을 말해주는 것이다.

이러한 연구 상황 속에서 도쿄·오키나와·동아시아 사회교육 연구회(TOAFAEC)에 의한 연구는 주목할 만하다. 동 연구회가 발행하고 있는 "동아시아 사회교육 연구"에는 동아시아 지역의 사회교육시설 동향이 소개되고 있다.

공민관의 국제비교연구 상황에서 구체적 실천 사례로는 유네스코의 '아시아·태평양 지역의 만인을 위한 교육계획'(Asia-Pacific Programme for Education for All : 이하 APPEAL)에서 실천하고 있는 논 포멀 교육(Non-formal Education : 이하 NFE)활동 프로그램 중에서 1998년 이후 유네스코가 설치·보급을 촉진하고 있는 커뮤니티 학습센터(Community Learning Center : CLC)가 주목된다. 아시아·태평양지역에서는 공민관의 시찰이나 공민관 관계자와의 교류를 통해 CLC의 설치를 촉진하고 있다.

2009년 12월에 브라질의 벨렘(Belém)시에서 개최한 제6회 국제 성인 교육회의에서 채택된 선언문 '벨렘 행동지침'의 참가, 포섭, 공평(Participation, Inclusion and Equity)을 다룬 부분에는 "커뮤니티의 다면적인 학습공간 및 센터를 만들고, 젠더(Gender) 특유의 라이프 코스를 배려하여 여성을 위한 각종 성인학습·교육프로그램에 대한 접근 및 참가를 개선한다."(15-d)는 표현이 들어 있다.

이 선언문이 들어간 배경에는 회의 이틀째에 일본정부가 개최한 워크숍에 약 100명이 참가하여 일본의 공민관을 중심으로 한 사회교육정책 외에 독일, 태국의 사례가 소개되는 등 활발한 토론이 이루어졌다. 이 회의에 참가한 문부과학성의 이와사 타카아키(岩佐敬昭)는 "회의 전체를 통해 일본의 공민관, 사회교육 관계직원 양성에 대하여 주목을 받았습니다."(주2)라고 보고하고 있다. 따라서 1990년대 후반부터 유네스코 방콕사무소를 중심으로 한 아시아·태평양지역에서의 CLC의 보급·건설 과정에서 일본의 공민관 관계자와의 교류가 활발하게 이루어져 왔던 성과가 이 선언문에 반영된 것이라고 할 수 있다.

사진① CLC 국제회의

공민관이 국제적으로 널리 주목을 받고 있는 현재, 공민관 관계자의 CLC에 대한 관심도 고조되고 있으며 CLC를 통해 공민관 기능을 되짚어 보려는 시도도 시작되고 있다. 여기서는 아시아・태평양지역으로 그 범위를 좁혀 이 지역의 국가들이 공민관을 어떻게 인식하고 있는가를 살펴보면서 공민관이 앞으로 해야 할 과제를 제시해 보고자 한다.

2 CLC란

1990년대 후반부터 아시아・태평양지역에서 CLC보급에 힘써온 유네스코 방콕사무소는 'CLC란 무엇인가? (What is a CLC?)'를 다음과 같이 설명하고 있다(주3).

> CLC란 정규 교육시스템의 외측에 존재하는 지역의 학습의 장을 말한다. CLC는 농촌부에도 도시부에도 설치할 수 있으며 지역 주민을 위해 지역 주민 자신들에 의해 설치, 운영되고 있다. CLC는 지역 주민의 요구에 대응하는 교육프로그램을 제공하기 위해 설치된 지역시설이다. 평생학습을 중심에 둔 CLC사업은 지역 주민을 지역개발의 주체로 형성한다. CLC는 다양한 학습의 기회를 제공한다. 그러나 CLC가 제공하는 학습은 공통 목표를 가지고 실시된다. 그것은 교육과 기술발전을 통해 주민 생활의 질을 향상시키는데 도움이 된다.

CLC는 지역 사람들이 주체가 되어 지역개발을 진행해 나가기 위해 지역 주민의 엠파워먼트(Empowerment *역주 : 권한 위임)를 의도하여 다양한 배움의 기회를 제공하고 주민 생활의 질의 향상을 목적으로 하는 NFE시설이다.

유네스코 방콕사무소의 식자 교육전문관(識字教育專門官)이었던 다이야스 키이치 씨(大安喜一, 현 유네스코 다카사무소)는 일본 공민관학회 연보 제4호(2007)의 논문 '커뮤니티 학습센터의 전개와 공민관과의 연계'에서

사진②③ 방글라데시 CLC (2009년 10월)

사진④ 베트남 CLC (2009년 2월)

사진⑤ 태국 CLC (2009년 3월)

1990년대 이후의 CLC보급의 전개를 1980년대 이후의 유네스코 · 방콕사무소에 의한 APPEAL이나 1990년의 '만인을 위한 교육(Education for All, 이하 EFA) 세계회의'등에서 NFE에 대한 관심이 고조되고 있는 가운데 자리매김 시키고 있다.

아시아 · 태평양지역에 보급되고 있는 CLC의 사업 · 활동은 식자교육(識字教育)이나 공중위생 지식의 보급, 여성의 권리나 인권 등 교육, 복지에 관한 사업 · 활동이나 농업기술의 개발이나 수입 향상을 위한 직업기술훈련, 지역 환경의 보전이나 지역문화의 전승 등 각지의 사회 · 경제 발전상황과 교육보급으로 규정하여 다양하게 전개하고 있다.

3 CLC의 보급과 공민관의 교류

1. CLC 보급

일본의 사회교육 · 공민관 관계자가 CLC라는 낱말을 접하게 된 것은 "월간공민관"지의 2003년 6월호인 '토비라(扉, *역주 : 문)'에 다이야스 키이치 씨가 기고하여 '아시아의 공민관'이라는 제목으로 게재한 기사가 최초였다고 생각한다. 다이야스는 다음과 같이 말하고 있다.

'내가 유네스코 방콕사무소에서 담당하고 있는 커뮤니티 학습 센터(CLC)는 아시아 · 태평양에서 마을의 집회장이나 공민관을 만드는 사업이다. 개발도상국의 특히 시골에서는 글을 읽거나 쓰지 못하는 사람들이 많다. 세계 8억 이상의 문맹자 중 3분의 2는 아시아에 살고 있다고 한다. CLC는 정부에 의한 교육의 보급을 기다릴 것이 아니라 주민이 주체적으로 배울 수 있는 환경을 만들고자 하는 시도이다. 일본의 평생학습과 비교하면 많은 CLC는 실생활에 도움이 되는 특히 경제활동을 중심으로 하고 있는 것이 특징이다. 마을 여성이 공동으로 '양초'를 만들거나 농가가 함께 버섯재배를 계획, 실시, 판매도 한다. 그 밖에도 위생이나 건강관리, 마을의 집회, 스포츠, 오락에도 이용되고 있다. 각 국의 CLC를 방문하면 따뜻하게 환영해 준다. (생략-인용자)일본 농촌생활이나 공민관에 대하여 말해 주면 흥미롭게 들어 준다'(주4).

CLC는 90년대부터 아시아·태평양지역에서 NFE시설로서 전개되어 최근에는 중동에도 확대되고 있다. 학교뿐 아니라 EFA달성에 한계가 있다는 것, 2003년에 시작한 '국제연맹 식자 10년(United Nations Literacy Decade(UNLD))'에 의한 NFE에 대한 관심이 고조되고 있는 것이 그 배경이라고 다이야스 키이치는 지적하고 있다(주5).

1990년에 태국의 좀티엔(Jomtien)에서 개최된 'EFA세계회의'에서 채택된 EFA선언에서는 그때까지 초등교육 중심으로 이해되어 왔던 기초교육 개념이 확대되어 성인교육이나 NFE교육 등을 포함한 보다 포괄적이고 유연한 기초교육 방식이 제안되었다(주6).

1990년대 후반에는 중퇴한 아동을 위한 프로그램이나 성인 기초교육 프로그램, 커뮤니티·스쿨의 개설 등에 대해 적극적인 지원이 이루어지게 되었다. 또한 2003년에 시작한 '국제연맹 식자 10년'의 이니셔티브인 '모든 사람이 식자능력을 갖추는 것(Literacy for All)'이 평생학습의 기반이 되어 생활의 질적 향상에 공헌하고 있다는 것을 재확인하였다.

2. 공민관과 CLC관계자의 상호교류 활동

앞에서 본 바와 같이 전국 공민관 연합회가 편집·발행하는 "월간공민관"지는 2003년 이후, 공민관을 국제적 동향 속에서 파악하려는 의도를 가지고 특집으로 엮었다. 2007년 3월호에서는 '세계가 주목하는 공민관!'이라는 특집 테마를 실었다. 이 특집 속에서 사사이 히로미(笹井宏益)는 CLC관계자들이 생각하는 공민관의 매력에 대해 논하고 있다. 사사이는 공민관의 본질적 성격으로 지적되고 있는 '민주성', '교육성', '과학성'이라는 이념은, 민주주의가 미숙하고 경제적으로도 발전도상에 있는 국가에서는 일종의 Civil Minimum (최소한도의 국민생활수준)을 제공하는 것으로 공감을 얻어 받아들여지고 있다고 지적하고 있다(주7).

2007년 10월 27일부터 11월 3일에 개최된 'Kominkan Summit in Okayama-지역 만들기와 ESD(주8) 추진'에서 채택된 '지속가능한 개발을 위한 교육(ESD)과 지역 만들기에 관한 공민관(Kominkan)과 커뮤니티 러닝센터(CLC)의 역할에 관한 오카야마 선언'(일본어판 : 가역)에서는 "공민관/CLC는 지역에 뿌리내린 기관으로서 지역사람들이 자신의 것으로 생각하여 활발하게 참가하고 현재 · 미래의 다양한 지역 만들기의 필요에 따라 모든 사람들이 참가할 수 있는 적절한 평생학습의 기회를 제공하는 기능이 있다."고 서술하고 있다.

또 사단법인 일본 유네스코협회 연맹 직원으로 베트남 북부 산악지역의 CLC설치 · 보급에 관여했던 츠쿠이 아츠시(津久井純)는 CLC 지원으로 주민을 지원하는 간사(Facilitator)적인 역할을 할 수 있는 인재육성이 필요하며 그러한 의미에서 일본 공민관 경험은 의의가 있다는 논점을 제고할 수 있다고 지적하고 있다(주9).

1980년대 이후, 아시아 · 태평양지역의 CLC관계자가 공민관과 교류를 가지게 되었는데 유네스코 방콕사무소, (재)유네스코 아시아문화센터(ACCU), (사단)일본유네스코협회연맹, (사단)전공연에 주목하여 정리한 것이 다음의 표이다. 이러한 사업을 통해서 일본 연구자나 전문가, 공민관 직원은 CLC 관계자들에게 일본의 공민관에 대한 정보 제공을 해주는 한편, 일본 측 참가자는 CLC의 이해를 얻고자 도모하였다.

4 CLC와의 교류로 본 공민관

이와 같이 CLC와 공민관의 교류활동을 통해 CLC관계자는 공민관의 활동을 어떠한 점에서 주목하고 평가하고 있는 것일까? 또 공민관 관계자는 CLC시찰을 통해 현재 공민관 활동에 무엇이 부족하다고 느끼고 있는가? 최근 간행된 조사보고서(2008년도 "공민관의 국제 발신에 관한 조사연구"로 문부과학성의 위탁사업으로 해왔던 "해외커뮤니티 학습센터의 동향에 관한 종합조사 연구"(2009년))를 토대로 고찰해보도록 한다.

1. CLC 관계자의 공민관 평가

① 공민관의 장점

공민관 활동에 대한 지역 주민의 참가와 주민의 주체적 의식(오너십)

지역의 적극적인 참가와 오너십(Ownership)에 의해 공민관은 모든 사람들을 위한 평생학습의 기회를 제공하고 있으므로 개발도상국의 CLC발전에도 크게 기여할 수 있다고 생각한다.(네팔 국립 NFE센터)

폭넓은 공민관 활동

일본의 공민관은 어린 아이들로부터 고령자에 이르기까지 모든 연령층의 사람들을 대상으로 교육기회를 제공하고 있다는 점에서 세계 어느 나라의 평생학습센터보다도 우수하다.(몽골교육 문화과학성)

② 공민관의 개선점

개선점으로는 공민관 활동 참가자가 고령자나 여성에 편중되어 있으며 젊은 사람들의 참가가 적다는 점이 지적되었다.

CLC · 공민관 교류연표

1989년	유네스코협회연맹 '세계 서당식 교육운동'개시
1997년	유네스코협회연맹 지원으로 베트남에서 첫 CLC가 하노이 시 근교에 건설
1998년 1999년	CLC사업기획 회의(태국 첸마이) CLC사업기획 회의(방글라데시 다카)
2001년09월	평생학습에 관한 아시아 · 태평양지역 포럼(태국 첸마이)
2001년11월	CLC리뷰 회합(베트남)
2003년12월	2003년 아시아 · 태평양지역의 NFE프로그램에 관한 ACCU-APPEAL공동계획회의(일본 도쿄)/우츠노미야 시 평생학습센터 시찰(일본)
2003년~2005년	유네스코협회연맹, 베트남북부 산악지역 커뮤니티 학습센터 보급 계획을 실시(JICA와 협력)
2004년	CLC국제세미나(태국 첸마이)
2005년06월 2005년09월 2005년10월 2005년11월	2005년 아시아 · 태평양지역의 NFE프로그램에 관한 ACCU-APPEAL공동계획 회의(일본 · 도쿄)/치바 현 키사라즈(木更津) 시 공민관 시찰 CLC 네트워크 및 연대강화에 관한 지역워크숍(인도네시아 반동) CLC 국제회의(중국 상해) 전공연 '해외사회교육연수'(제39회), 베트남, 태국에서 실시
2006년08월	CLC 네트워크 및 연대 강화를 통한 지역개발에 관한 아시아태평양지역워크숍(일본 마츠모토시)/마츠모토시내 공민관 시찰
2007년10월 2007년11월	평생학습에 초점을 둔 EFA촉진 교육정책에 관한 국제전문가회의(일본 도쿄)/군마(群馬) 현 타카사키(高崎) 시 공민관 시찰 공민관 서미트 in 오카야마(岡山)(일본)
2008년06월 2008년09월 2008년10월	CLC 국제세미나(인도네시아 반동) ESD 국제심포지움(일본 도쿄 · 오카야마) 제6회 국제성인교육회의 아시아 · 태평양지역 예비회의(한국 서울)

주 : 테우치 아키토시, '아시아 · 태평양지역의 커뮤니티학습센터 보급과 공민관'
(일본 공민관 학회연보 제6호)의 표2를 기초로 pp.60~70을 참고로 작성.

지역사람들이 참가하고 있는 모습은 잘 보이지 않았다. 눈에 띄는 것은 정부에서 고용한 것 같은 전문 관리인들로 그러한 사람들에 의해 많은 공민관이 잘 조직, 관리되고 있다. 그러나 지역 사람들은 서비스를 받는 입장만이 아니라 기획하는 입장이나 의사결정을 하는 입장에서 보다 많은 참가를 촉진시켜야 한다.(생략-인용자) 학업을 중단한 사람들을 위한 활동도 시급한 문제이고 공민관의 의무이다'(필리핀 노트르담 여성자립을 위한 개발재단).

2. 공민관 관계자의 성찰

다양한 의견 가운데 필자가 공감을 느낀 견해를 소개해본다.

최근의 일본 공민관 활동은 문화센터적인 개인의 흥미로 흐르기 쉽습니다. 공민관이 문화적 측면뿐 아니라 지역의 거점이 될 수 있도록 하기 위해서는 CLC와 같이 지역을 전제로 한 활동으로 방향을 수정할 필요가 있다고 생각합니다.(마츠모토 시 공민관 직원).

방콕 시내의 빈곤지역 이른바 슬럼지역에 있는 활동시설을 시찰했을 때의 일은 너무나도 인상 깊어서 아직도 잊을 수 없습니다. 오늘날 특히 내가 알고 있는 한 오사카 지역의 공립 시민공민관의 대부분(당연히 카이즈카(貝塚)의 공민관도 포함하여)이 일반적으로 말하는 "문화센터화"하고 있다고 해도 과언이 아닙니다. 이러한 모습은 지역 주민의 절실한 과제로부터 어딘가 멀리 떨어져 있는 듯합니다.(카이즈카 시 공민관 직원).

CLC와 공민관의 상호교류는 CLC지원에 머무르지 않고 풍요로운 국가의 공민관이 잃어버린(보기 힘들어진) 활동(사업)을 인식하는 것과 관련지어 생각할 수 있다. 이러한 의미에서 공민관 관계자가 여러 외국의 커뮤니티학습시설 관계자와 교류하면서 국제적인 관점에서 공민관을 다시 되찾는 작업을 통해 공민관 재생의 방향이 보인다고 생각한다.

테우치 아키토시(手打 明敏)

(※본 절에 게재한 사진은 필자가 촬영한 것입니다.)

1) 코바야시 분진 · 사토우 가즈코, "세계의 사회교육시설과 공민관", 에이델 연구소, 2001년, p.7.

2) 이와사 타카아키, '제6회 국제 성인교육회의', "월간 공민관", 2010년 2월, p.39.

3) "Community Learning Centers 'UNESCO Bangkok, 2007" p.3.

4) 다이야스 키이치, '아시아의 공민관', "월간 공민관"2003년 6월, p.1.

5) 테우치 아키토시 · 다이야스 키이치, '유네스코 주최 CLC국제 세미나 보고', "일본 공민관학회 연보 제5호", 2008년, p.75.

6) JICA(독립행정법인 국제협력기구) 국제협력종합연구소, “Non-formal 교육지원 확충을 향하여”2005년, p.6.

7) 사사이 히로미 ‘세계가 본 공민관의 매력’“월간 공민관”2007년 3월, p.8.

8) Education for Sustainable Development의 약자

9) 츠쿠이 아츠시, ‘베트남의 지역 공동학습센터의 역사와 과제’, 도쿄 · 오키나와 · 동아시아 사회교육 연구회, “동아시아 사회교육 연구”제11호, 2006년, p.173.

[Column]

공민관의 탈 갈라파고스화(*역주 : 脫Galapagos化 : '갈라파고스화'란 갈라파고스 제도의 생물 진화와 같이 주위와는 동떨어져서 독자적으로 진화하는 것)

일본의 기술이나 서비스가 세계의 필요나 표준과는 무관하게 또 세계와 교섭하는 일없이 일본 국내에서만 발달한 모습을 가리키는 비유로, 갈라파고스화라는 말을 듣는다. 이에 대한 예로 휴대전화, 컴퓨터 등 첨단기술을 들 수 있는데 사실은 공민관도 그 중의 좋은 예라고 생각한다. 최근 들어 공민관적인 교육기관의 필요성이 개발도상국을 중심으로 확대되어 가고 있으나 이 분야의 교육 사업에서 방대한 관계자와 경험을 가지고 있는 공민관은 지금까지 개도국에서의 확대와 깊은 관계를 맺어왔다고는 할 수 없다. 아시아 전역의 교육 사업을 바라보면 공민관은 동쪽 끝자락에서 그 문을 닫고 있는 것은 아닌가?

본고에서는 베트남의 성인 교육기관인 지역학습센터를 사례로 전후 일본의 사회교육 주사 등 전문직의 존재 · 기능이 센터의 보다 큰 발전에 지금도 필요하다고 말하고 싶다. 또한 이 필요에 대응하기 위한 공민관의 국제협력의 가능성에 대해서도 언급하고 싶다.

베트남의 지역학습센터

지역학습센터란 2000년쯤부터 베트남에 등장한 성인교육기관이다*. 농민들의 지식 · 기능향상을 목적으로 각종 강습회 등의 기획, 운영 및 커뮤니티 조직의 활성화를 이루고 있다.

90년대 도이모이 정책에 따라 경제 · 사회개발 사업에 기대를 걸면서도 지역 내부에서는 뭔가 자신들이 할 수 있는 것부터 시작하지 않으면 생활향상을 바랄 수 없는 상황이었다. 자신들이 할 수 있는 일, 알고 있는 것을 합력하여 생활을 향상시키는 일, 첨단기술의 도입은 현실적으로 무리이므로 사람들의 경험이나 낮은 기술 등 지금 그 지역에 있는 것을 사용하여 생활을 향상시킬 필요가 있었다. 농민을 격려하고 실용적인 지식이나 시스템을 알리고 또한 즐거운 환경도 제공하는 …성인교육이 베트남 농촌에 필요하다는 목소리가 높아졌다.

이러한 배경에서 베트남은 초등교육 보급의 필요성이 절실해진 90년대 후반부터 공적인 성인 교육제도의 충실을 모색하기 시작하였다. 교육 훈련성, 유네스코나 NGO 등의 원조 제공자, 베트남 민간교육 단체인 학습 진흥회 등이 협력하여 지역학습센터 구상이 나오고 2005년에 동 센터를 교육법에서 국민교육제도에 정식으로 포함하게 되었다.

2008년에는 센터 운영의 시행규칙이 규정되고 센터 장은 촌(村) 레벨의 행정(xã : 사(社)라고 해서 인구 3,000~10,000 정도의 베트남 최소행정단위)의 부촌장이 맡고, 다른 한 사람의 촌 행정간부가 센터 주사를 겸무하여 프로그램 기획 · 운영을 담당하였다. 예산에 대해서는 2009년에 재정성 지침에 따라 지방행정이 센터에 대한 예산분배에 노력하게 되었다. 현재 약 1만 개 있는 베트남 최소행정 촌(사)중 약 90%에 이 센터가 설치되었다.

* : 베트남어로 Trung tâm học tập cộng đồng이라고 표기되는데 퉁탐호크탭콩동이라고 읽는다. 한자로 표기하면 '中心學習共同'.

회의 중심의 접근 방법을 넘어서

교육법에 규정된 부분까지는 순조롭게 제도화된 지역학습센터이지만 현재 운영 면에서는 많은 과제를 안고 있다. 예산 면에서는 재무성의 지침이 나온 후에도 대부분의 지방행정이 CLC에 예산을 배분하고 있지 않다. 활동 면에서는 주로 부촌장이 활동을 지휘하고 있으나 행정이 지금까지 해 왔던 강습회를 센터의 활동으로 간주하고 있으며 센터만의 활동은 이루어지고 있지 않다. 주민 센터에 대한 인지도는 여전히 낮으며 특히 도시부에서는 대부분의 사람이 모르고 있다.

필자는 2009년 베트남 북부 산악 지역의 센터를 방문할 기회가 있었는데 베트남 교육행정 관계자는 센터의 과제를 한마디로 예산문제라고 말했다. 그러나 촌의 센터 과제는 예산만이 아니다. 정말 중요한 과제는 센터의 교육조직으로서의 Competence(*역주 : 기능)가 구상 · 확립되어 있지 않기 때문이다. 주민들에게 성인교육의 장은 필요하지만 그 필요를 채워 줄 수 있는 충분한 서비스 모델이 없다는 것이다.

그리고 센터의 활동이 충분히 확립되지 못하는 이유는 유네스코 및 베트남 교육 훈련성 등이 센터를 도입할 때 사용하고 있는 회의 중심 접근이라고 필자는 생각한다. 유네스코는 CLC 보급모델을 개발하기 위해 수개 국에 걸쳐 있는 시험지역에서 실천으로 옮겼다. 그리고 그 실천에서 모델을 추출하여 교재를 만들었다. 각국의 행정관계자 네트워크를 구축하고 회의를 열어 CLC를 소개하고 개발한 교재 종류를 대량으로 배포하였다. 확실히 그 교재는 CLC라는 새로운 교육시설을 인지하는 데에는 일정한 역할을 해냈다고 할 수 있다. 그러나 CLC가 실제로 어느 지역의 활동으로 뿌리를 내리기 위해서는 그것만으로는 충분하지 않았다. 베트남 지역고유의 상황과 유네스코가 일반화한 CLC운영시스템이 조화를 잘 이루지 못한 것이다. 회의만으로는 이러한 조화, 조정은 달성할 수 없을 것이다. 그러므로 CLC를 도입하는 측과 그것을 받아들이는 측인 베트남 지역이 서로 마주 앉아 베트남 스타일의 지역학습센터를 만들고, 경우에 따라서는 제도적 수정을 해가면서 임상적으로 실험할 필요가 있다. 베트남에서는 이 임상적인 실험이 실질적으로는 이루어지지 않은 채 제도만이 먼저 완성되어 버린 것이다.

이러한 점은 전후 일본의 공민관 주사 또는 사회교육 주사에 의한 공민관 활동의 계획과 운영이 베트남에게는 귀중한 경험으로 비추어질 것이다. 일본의 공민관 연구에는 다양한 실천 예와 이를 이끌어 나가는 사람들과 지역문화가 기록되어 있다. 그 실천을 맡았던 인재들도 많이 남아 있다. 유네스코가 CLC를 일반적 모델로 소개하는 것과는 다르게 공민관은 성인교육 실천에 대해 다양한 방법을 소개할 수 있다고 생각한다. 그렇다면 공민관의 가치는 예측할 수 없을 것이다. 베트남뿐만 아니라 CLC가 도입되어 있지 않은 아시아 여러 나라 전체에 대해서도 그 가치는 크다고 생각한다.

공민관의 국제협력

공민관 경험이 앞으로, 외국 여러 나라에 소개될 방법에 대하여 생각해 보고자 한다. 탈 갈라파고스화에는 외부자에게 갈라파고스에 오도록 하는 것과 갈라파고스 안에 있는 사람이 밖으로 나가는 두 가지 방법이 있다. 위에서 말한 것처럼 과제가 되는 것은 아시아에서 서로 마주 앉아 실천모델을 구축하는 것이다. 공민관이 해야 할 일은 공민관적 활동이 필요한 사람의 손이 닿을 수 있는 곳에 가서 그러한 해외의 실천과 스스로의 경험을 섞어 만들어 나가야 한다. 실제로 생각할 수 있는 방법으로는 단기적인 교류 이벤트가 아니라 중장기적인 국제협력 프로젝트일 것이다. 그리고 공적 기관인 공민관이 밖으로 나가는 방법은 휴대전화 회사가 해외영업을 하는 것과는 성격이 다르다. 공민관은 제도적으로 자력으로 해외에 나가는 조직이 아니다. 공민관 외부의 리소스가 있을 때 비로소 외국에 나갈 수 있다. 그 외부 리소스란 자금으로는 공적자금(ODA계), 기업자금(CSR), 인재로는 연구자, 국제협력 코디네이터라고 생각한다.

자금 면에서는 우선 일본정부의 개발원조 자금(ODA)과의 연계를 들 수 있다. 국제협력기구(JICA)의 교육안건이나 문부과학성의 국제협력 이니시어티브(Initiative)사업 등이다. 물론 국제교육 협력은 일본정부의 국제협력 사업만이 아니라 UN계의 사업도 있다. 일반적으로 영어정보에 대한 접근은 탈 갈라파고스화에는 필수이다.

다음으로 일본 ODA가 감소경향에 있어 안건에 대한 참가절차가 복잡한 가운데 향후 주목되는 것은 기업의 CSR활동이다. 예를 들어 베트남에서는 모 일본계 대형 유통회사와 상사가 개별적으로 지역학습센터 건설을 베트남 CRC추진 단체에 제시하였다. 일본계 기업 사이에서는 지역사회에 대한 공헌이 현지에서 성공하기 위한 필수조건이라는 인식이 널리 퍼지고 있다. 따라서 CSR자금과 공민관 활동의 연계는 가능성이 크다고 생각한다. 기업이 1-2년 정도 파일럿 프로젝트자금을 충당하고 공민관과 베트남 측 교육관계자가 협력하여 주민의 생활개선을 추진하는 모델을 만드는 것 등을 생각할 수 있다.

인재 면에 대해서 우선 말할 수 있는 것은 공민관의 탈 갈라파고스화에는 외국인과 밀접하게 교섭하고 공동으로 사업을 실시할 수 있는 인재가 필수이다. 그러나 갈라파고스 사회에서는 이러한 직업이나 직능은 필요 없었다. 연구자들은 외국에서는 그저 정보를 수집하고 실천에 대한 개입이나 교섭은 국내에서라는 전통적인 스타일에서 벗어나 외국에서도 실천에 관련하게 될 것이다. 그러므로 액션리서치를 하는 연구자가 그 대상을 국외로도 확대하여야 한다. 구체적으로 해야 할 일들이 많다. 그 예로는 현지 교육행정 관계자와의 네트워크 구축, 성인의 배움의 장을 만드는 전문적인 식견을 보급, 실천 만들기에서 현지 사람들과의 인터액션, 실천하면서 발견한 과제에 대한 대처법과 계획책정에 관한 조언 등이다.

이 역할은 국제협력 코디네이터와도 관계가 있다. 여기에서 국제협력 코디네이터라고 부르고 있으나 그와 같은 직업이 있는 것이 아니라 구체적으로 말한다면 일본에서는 국제협력관계의 GO직원(JICA 등), NGO직원, 개발컨설턴트이다. 이 직종의 사람들은 어학, 국제협력 안건의 형성과 관리, 해외에서의 실천모델 도입에 뛰어나 공민관의 힘을 보충해 줄 수 있다. 그러나 한편에서는 이 직종 사람들의 학문 영역은 개발학이어서 안건의 관리는 할 수 있지만 지역의 배움의 장을 만드는 전문성을 갖추고 있지 않은 경우가 많다. 예를 들어 베트남의 지역학습센터 안건에서 유네스코나 JICA라는 개발 도너(Donor)가 원조를 한 후에도 위와 같은 성인학습을 만드는 핵심부분이 과제로 남게 된다. 다시 말해서 공민관의 탈 갈라파고스화란 개발학과 교육학의 접점을 만드는 일이기도 하다.

이상 탈 갈라파고스화의 방책을 정리해 보았는데 공민관은 원래 해외에 공헌하기 위한 기관은 아니므로 이러한 방책은 현실적이지 못할 수도 있다. 그러나 아시아의 성인교육의 필요성은 남아 있으며 공민관의 경험은 필요할 것이다. 자신을 필요로 하는 곳에 가서 일하고 오는 공민관 여행이 어떠한 형태로든 실현되었으면 좋겠다. 그리고 이 여행이 가져다 줄 다양한 상호작용은 공민관이 일본에서는 얻을 수 없는 것을 찾는 기회가 될 수 있다.

츠쿠이 아츠시(津久井純)… 일반재단법인 국제개발센터. 도쿄 가쿠게이대학 졸업, 하노이국립대학 유학, 도쿄도립대학 인문과학 연구과 수료. 2004년부터 국제교육 협력안건에 종사하고 있다.

제 3 절 지역 재생을 지향하는 공민관 활동

1 지역 재생에 관하여

2005년 지역 재생이라는 문언이 붙은 '지역 재생법'이 제정되었다. 이 법의 목적은 '최근 급속한 저출산 · 고령화의 진행, 산업구조의 변화 등 사회경제 정세의 변화에 대응'하며 '지방 공공단체가 행하는 자주적 및 자립적인 활동에 의한 지역경제의 활성화, 지역에서의 고용기회의 창출 그 밖의 자연 활력의 재생(이하 '지역 재생'이라고 한다.)'을 종합적 및 효과적으로 추진하기 위한 다양한 조치를 강구하며 '개성이 풍부하고 활력이 넘치는 지역사회를 실현하고 국민경제의 건전한 발전 및 국민생활의 향상에 기여하는 것'이다.

또한 이 법의 제2조는 "지역 재생 추진은 지역에서 창의적인 생각을 살리면서 윤택한 생활환경을 창조하고 지역 주민이 자부심과 애착을 가질 수 있는 살기 좋은 지역사회의 실현을 도모하는 것을 기본으로 한다. 지역에서의 지리적 및 자연적 특성, 문화적 소산 및 다양한 인재의 창조력을 최대한으로 활용한 사업 활동의 활성화를 도모하여 매력 있는 취업의 기회를 창출함과 더불어 지역의 특성에 맞는 경제기반의 강화 및 쾌적하고 매력 있는 생활환경의 정비를 종합적 및 효과적으로 하는 것을 취지로 시행해나가야만 한다."고 지역 재생의 기본 이념을 제시하고 있다.

오늘날은 도시화나 핵가족화의 진전, 저출산 및 고령화, 인구감소 등 사회 환경의 변화, 나아가 가치관의 다양화에 따라 지역의 연대(이웃), 정감, 의지, 협력, 상호부조의식 등이 희박해지고 있다. 본래 일정한 경계를 가지며 사람들이 거기에 살고 생활하고 인관관계를 엮어나가는 곳이며, 사람들의 조정이나 통합을 위한 집단이 형성되어 가는 곳(주1)으로 기대되는 장소인 지역에서 복지 · 환경 · 교육 등 다양화되는 지역 과제를 지역 사람들이 자신의 문제로 파악하여 해결을 위해 적극적으로 나서 주기를 기대하고 있다.

커뮤니티(Community)는 사전적으로는 '일정한 지역에 거주하며 공동소속감정을 갖는 사람들의 집단. 지역사회. 공동체'(주2)로 설명되는데 지역 주민이 지역 과제 해결을 위해 자주적 · 자각적으로 다양한 형태로 자신들이 살고 생활을 영위하며 일하는 장소인 지역에 관심을 가지고 협력 · 협동하여 살기 좋고 생활하기 편한 지역사회를 만들어 나가기 위해 구성된 공동체, 단체이다. 그리고 이것을 지역커뮤니티라고 말할 수 있다. 이 지역커뮤니티에서 주민의 종합 의견과 협력으로 살기 좋은 지역사회의 구축을 공통 목적으로 진행되는 활동을 지역커뮤니티 만들기라고 한다.

여기에서는 지역 재생을 지역 주민이 '개인 생활의 충족을 추구할뿐만 아니라 지역과 사회전체의 발전을 목표로 자신들의 삶의 질을 향상시키려는 새로운 가치관을 만드는' 일이라고 파악해두고자 한다.

2 이토이가와 시(糸魚川市) 네치 지구(根知地區)의 지역 재생

이토이가와 시 네치 지구는 이토이가와 시의 남부에 위치하고 2010년 2월 말 현재, 489세대, 주민 1,221명의 지역이다. 이 지역은 1999년에 제정된 '식료 · 농업 · 농촌기본법' 제35조가 규정하는 '산간지 및 그 주변의 지역 그 밖의 지세 등의 지리적 조건이 나빠서 농촌의 생산조건이 불리한 지역'이라고 정의하고 있는 중산간지역이며 '전체적으로 고령화율이 높고 과소화가 진행되고 있으며 커뮤니티 기능이 저하한 지역에서는 경작 포기지 증가, 조수해 발생, 전통적 제사 쇠퇴, 경관 황폐 등 심각한 사태가 나타나고 있는'(주4) 지역이기도 하다.

네치 지구는 크게 상네치, 중네치, 하네치의 세 블록으로 구성되어 있으나 '예전에 있었던 22취락 중 2취락이 1970년대에, 1취락이 1985년에, 3취락이 10년 이내에 살지 못하게 되었고 또한 2취락에 대해서는 살지 못할 위기에 처해있는'(주5)지역으로 이른바 한계취락으로 '65세 이상의 고령자가 취락인구의 50%를 넘고 독거노인세대가 증가하여 취락의 공동생활 기능이 저하하고 사회적 공동생활 유지가 곤란한 상태에 있는 취락'(주6)이라는 문제를 안고 있는 지역이다.

이 지구의 공민관이 이토이가와 시 네치 지구 공민관이다. 네치 지구 공민관은 ① 네치 지구의 미래를 생각하여 꿈과 자부심을 가질 수 있는 활동 추진 ② 건전한 청소년 육성, 향토문화의 전승과 자연을 배우는 활동 추진 ③ 평생 자주적으로 학습하고 마음이 풍요롭고 삶의 보람을 느낄 수 있는 활동 추진 ④ 각 연령층이 스포츠로 친해지고 지역교류를 추진하는 것 등을 기본적인 공민관 활동지침으로 하고 있다.

네치 지구에서는 2003년에 '○스스로 생각하고 스스로 행동한다, ○밝고 즐겁게 활동한다, ○서로 존중하고 협동하여 일한다'를 운영의 기본 이념으로 내세운 '싱싱한 네치 지혜 모임'을 설립하여 4개의 그룹 활동을 추진하고 있다.

① 지역특산품인 농산물, 산채 그 밖의 가공품, 민속공예품 등을 개발 · 판매하는 프로젝트 '찬마이로(*역주 : 후키노 토오(ふきのとう(蕗の薹)'머윗대'의 네치 지구 방언)'

② 네치의 자연환경이나 농작물 등을 이용하여 도시에서는 맛볼 수 없는 감동을 체험하고 지역민의 교류인구를 늘려 활기찬 네치를 만들 것을 목표로 체험교류 프로젝트 '지로(*역주 : じろ(地爐), 땅 위나, 방바닥의 일부를 네모나게 잘라 내어서 마련한 화로. (동의어)囲爐裏いろり)회'

③ 한 아름 꽃 강습회나 지역의 도로주변 화단 만들기 등 지역을 꽃으로 가득 채우려는 꽃이 가득한 프로젝트 '사보텐(*역주 : さぼてん, 선인장)회'

④ 지역의 온천을 온천으로만이 아니라 건강 만들기, 농업이나 녹은 눈을 활용하는 등 온천 활용 프로젝트 '온천 활용을 추진하는 회'

이상의 그룹 활동의 거점이 네치 지구 공민관이다.

또한 2004년 고령화나 이농 · 이촌, 후계자 부족, 농업기계의 대형화 · 고액화 등에 의한 농업의 위기, 지역 중소업자의 경영난 등을 배경으로 새삼 지역의 미래 전망을 모두 함께 생각하고자 '네치 지구 진흥계획 작성위원회'를 만들었다. 이 위원회의 사무국을 맡은 것이 공민관 직원이다. 동 위원회는 지역에서의 다양한 활동이 특정한 주민에 의해서만 이루어지지 않도록 아이들을 포함한 지역 주민 전원을 대상으로 주민 앙케트를 실시하였다.

이 앙케트는 공민관 직원들이 원안을 작성한 것으로 다음의 내용을 담고 있다.

① 이후로도 네치에 계속 살고 싶은가?
② 네치의 좋은 점, 나쁜 점
③ 네치에서 소중한 것
④ 다음 세대에 남기고 싶은 것
⑤ 네치에 계속 살기 위해서 필요한 것
⑥ 농업에 관해 느끼는 점
⑦ 네치의 관광자원은 무엇인가, 또 그 활용책
⑧ 체험교류에서 당신이 할 수 있는 것

지구 주민 중 791명으로부터 온 회신에 의하면 84%의 주민이 계속 살고 싶다고 대답하였고, 자연의 풍요로움 속에서 여유 있고, 느긋하고, 조용하고, 복작거리지 않는 것 등이 네치의 좋은 점인데 반하여, 많은 강설, 가게가 멀어서 불편하고, 남의 일에 지나치게 말이 많고, 교통이 불편한 것 등을 싫은 점으로 꼽았다. 소중한 것은 자연, 인정, 인간관계, 농업, 문화 · 역사, 스키장이었으며 다음 세대에 남기고 싶은 것은 자연, 쌀, 물이고 더하여 오테테코 마이(おててこ舞

(춤)) 같은 전통문화나 학교시설, 논 경작 등을 들고 있다. 살아가기 위해 필요한 것으로는 일할 수 있는 직장의 확보, 안정된 수입, 새로운 산업진흥, 도로정비, 동계 교통 확보 등이며 또 체험교류 등에서 자신이 할 수 있는 것에 대해서는 사사즈시(*역주 : 대나무 잎으로 싼 초밥) 만들기, 메밀국수 만들기, 모심기, 산채 캐기, 짚공예, 지붕위에 있는 눈 내리기, 시골요리, 농가체험, 목초염색, 농기구조작, 옛날 놀이, 아웃도어(Outdoor), 쓰레기 줍기, 새총, 오자미 등등이다.

앙케트를 정리한 후의 코멘트로는 "이렇게 멋진 특기를 가지고 있는 사람들, 정말 다채롭고 재미있다. 이것이야말로 네치의 보물"이라고 평가하고 있다. 이러한 조사 결과 2005년 3월 '말하지 않으면 아무 것도 일어나지 않고, 움직이지 않으면 앞은 보이지 않고, 헌신하지 않으면 사랑은 싹트지 않고, 마음이 없으면 길은 열리지 않는다'는 캐치프레이즈를 내세운 네치 지구 진흥계획으로 프로젝트Z가 책정되었다. 네치 지구에서 더 이상 집락을 없애면 안 된다, 이것이 마지막이라는 마음을 담아 알파벳 Z(최후)를 사용하였고 2006년부터는 계획책정 위원회를 네치 프로젝트Z 행동위원회라고 명칭을 바꾸었다. 그리고 니이가타 현(新潟県)의 도움을 받아 체험학습 메뉴개발, 소금길 교류관 활용사업, 향토요리 · 특산물의 개발 등 지역 자원형 비즈니스 촉진사업, 관광 팸플릿 작성 등의 정보발신사업 등의 지역 활성화 모델사업을 시작하였다.

이러한 지역 주민에 의한 활동을 뒷받침하고 지역 주민에게 다양한 정보를 발신하는 등 주민이 모여서 배우며 행동하는 등 활동의 장이 된 것이 지구공민관이며 그 중심인물 중 한 사람이 공민관 주사인 Y씨였다. 그는 지역을 배움의 대상으로 하여 현상, 과제, 매력, 가능성 등을 지역 주민 사이에 공유하면서 지역의 활성화를 도모하는 활동에 힘쓰고 소프트사업뿐 아니라 하드웨어 면의 사업을 포함한 많은 성과를 이루어 내고 있다(주7).

3 노토 반도(能登半島) 지진 부흥 메모리얼 '키즈나노 코미치(絆の木道, 인연의 나뭇길' 만들기를 통해 본 지역 재생

1. 키즈나노 코미치(Indepedence Board Walk) 만들기의 계기

2007년 3월 25일 오전 9시 42분경 발생한 노토 반도 지진은 고령과소한 지역인 와지마 시(輪島市) 몬젠쵸(門前町)를 중심으로 많은 피해를 가져왔으나 피난소가 되었던 공민관이나 학교 등에서는 지역에 사는 주민들이 서로 돕고 자조 · 공조하는 모습을 보였다. 또 부흥 · 복구를 위해 전국에서 모여든 자원봉사자들은 1개월간 연 1만 명 이상이나 되는 등, 사람과 사람의 인연이라는 끈의 힘을 강하게 느끼게 하는 것이었다.

사진 키즈나노 코미치, 이시카와 현 와지마 시 몬젠쵸 길

지진 재해 당일 밤 300명이 함께 밤을 보낸 모로오카(諸岡) 공민관을 비롯하여 피난소가 되었던 공민관에서는 구장 · 정내회장, 관장들이 진두지휘하여 정보수집이나 부인회가 식사를 준비하는 등 재해대책 현지본부의 역할과 더불어 지역에서 지원을 필요로 하는 사람들의 니즈(Needs)를 집약하는 기능을 해내고 있었다.

그러한 지역 주민에 의한 자조 · 공조가 당연하다는 듯이 시작된 것은 구회 · 정내회와 같은 커뮤니티의 강한 유대로 서로 얼굴을 잘 알고 있는 관계로 이전부터 지역의 행사 등으로 협력해 왔었기 때문이다. 또 이러한 지구의 활동이 평소부터 지구 공민관을 거점으로 하고 있었기에 공민관에 피난한 많은 주민이 매우 자연스럽게 협력할 수 있었던 것은 아닐까?

이와 같이 재해 시에 큰 힘이 되었던 지역 유대의 중요성이나 자원봉사자에 대한 감사의 마음을 언제까지나 후세와 전국에 널리 알리고, 고령화 비율이 높은 이 지역에서 장애를 가지고 있는 사람들도 함께 몸을 움직이며 즐길 수 있는 동시에 재난 장소에 새로운 휴식처를 만들고자 '키즈나노 코미치'만들기를 시작하게 되었다. 사람과 사람 간 인연의 힘, 강한 연대를 상징하여 이곳을 방문한 사람들이 그것을 실감할 수 있는 정보를 수집하던 때에 자연체험 활동 관련 인스트럭터(Instructor) 직원으로부터 'Independence board walk'를 소개를 받은 것이 이 사업을 진행하는 계기가 되었다.

Independence board walk의 이념은 그야말로 사람과 사람이 서로 돕는 자조나 공조의 힘을 상징하는 것으로 지속가능한 지역사회를 창조하는 일로 이어진다고 할 수 있다. 이 나뭇길을 만드는 장소로 선택된 몬젠쵸 길 아래에 있는 몬젠 그라운드 골프장은 노토 반도 지진의 피해가 커 응급 가설주택 150동이 세워졌던 곳이기도 하고, 이곳은 원래 지역 이용자로부터 마을 둘레에 둘레 길을 조성해 달라는 요청이 있던 곳으로, 지진 재해로부터의 부흥과 지역 내외의 사람과 사람의 교류, 지역의 보다 나은 발전을 상징하는 것으로 많은 사람들의 찬성을 얻기에 알맞은 장소였다.

이리하여, '키즈나노 코미치'는 일본에서 8번째 '인디펜던스 보드 워크'로, 노토 반도 지진 발생으로부터 약 1년 후인 2008년 3월23일에 거행된 노토 반도 지진 자원봉사자들을 위한 감사의 모임 장소로 출발하였다.

2. 사회교육 측면에서 본 키즈나노 코미치 만들기

이 나뭇길은 길에 까는 나무판이 되는 보드를 기부 받아서 점진적으로 늘려나가는데 이 때 반드시 기부자가 나무판에 메시지를 적어야 한다는 규칙이 있다. 때문에 이 길은 기부자들의 마음을 연결한 것으로 볼 수 있다. 지역산 목재를 이용한 보드에 방문객들은 부흥을 위한 격려의 메시지를 전하고 지역 주민들은 그 메시지에 답하는 감사의 말이나 '열심히 하고 있어요'라고 부흥을 향한 결의를 기록하는 등, 서로 마음이 교류하는 것을 엿볼 수 있다.

2008년 8월에는 그때까지 모아진 보드를 약 80m의 보도로 연결하기 위한 토대 공사와 붙이기 공사를 시행하였다. 형태가 보이면서 더 많은 관심이 생겨 개인뿐 아니라 시내 각 지구나 학교, 현 내의 기업들로부터도 호응을 받아 보드 기부가 늘어났다. 또 보드의 토대 기초 재료로는 폐선이 된 구철도 노토 선(能登線)에서 사용했던 침목이 제공되었고 이것은 키즈나노 코미치의 일부 구간에서 보드를 지지하고 있다.

당초 3년 정도의 시간을 두고 길을 만들려고 상정하였던 제1기 계획 180m구간은 불과 1년 만에 1,000장의 보드 기부를 받아 응급 가설주택 기한이 만료되는 2009년 4월말에 완성되고, 와지마 시는 키즈나노 코미치 만들기가 진행되고 있는 몬젠 그라운드 골프장을 노토 반도 지진 부흥 메모리얼 파크로 자리매김하게 되었다.

당시 가설주택에 입주하여 나날이 조금씩 늘어가는 나뭇길을 매일 산책해왔다는 노부부는 나무판에 쓰여 있는 메시지 하나하나를 보면서 "오늘도 걸을 수 있어서 정말 다행이다. 나뭇길을 매일 걷다보니 지금 이렇게 건강할 수 있고 격려를 받고 있는 것 같아"라고 말한다. 또 지구의 구장(區長)은 "우리들의 마음이 형태로 만들어질 수 있어서 정말 다행이다. 지진재해시의 기억은 시간이 흐르면 잊혀버리거나 아련해지겠지만 마음의 유대가 형태로 남게 되어 모두 우리를 도와주었으니, 열심히 살아야겠다는 새로운 각오를 하게 된다."고 부흥에 대한 지원과 키즈나노 코미치 만들기 지원에 대한 감사의 말을 하고 있다.

오늘날 산업구조나 취업구조의 변화, 생활의식이나 가치관의 다양화 · 개인화 경향 등으로 지역에 대한 귀속의식이 흐려지고 자신과 관련이 있는 것이 아니면 남의 일로 여기며 지역 만들기나 지역 재생에 참가하려는 주민이 줄어들고 있다고 한다. 하지만 지역커뮤니티의 거점시설의 하나인 공민관에서 지역 주민이 모이고 배우며 유대를 만들고 서로 연결되어 있는 활동은 앞에서 말한 나뭇길 만들기, 한 장의 보드가 만들 수 있는 나뭇길은 겨우 20cm에 불과하지만 여러 사람들의 마음과 염원이 깃들어 있는 작은 힘이 모여 큰 길이 되었듯이 아주 느리지만 꾸준히 타인과의 관계성, 지역사회와의 관계성, 자연환경과의 관계성을 인식하고 지역사회를 형성하는 한 사람으로, 자신이 무엇을 해야 할지 지역커뮤니티가 자신이 어떠한 역할을 해 줄 것을 기대하고 있는 지를 생각하는 기회를 제공하는 계기가 된다고 생각한다(주9).

사람과 사람을 연결하고 사람과 지역을 연결하여 지진 재해 전 · 후 그리고 미래를 연결하는 측면을 갖고 있는 키즈나노 코미치는 문자 그대로 끈(키즈나, '絆'), 연결을 계승 · 발전시키는 의의가 상징적으로 나타나 있는 장소이므로 노토 반도 지진을 풍화시키지 않는, 단순히 머리에 기억할 뿐만 아니라 학습의 장으로도 그 이 · 활용이 바람직하다.

4 지역 재생과 공민관

2007년 2월에 내각부가 실시한 '저출산 대책과 가족 · 지역의 연결에 관한 의식조사'에 의하면 지역의 역할로 중요하다고 생각되는 것을 세 가지 들라는 질문에 대해 '인간관계를 만들어 간다'가 58.3%로 가장 높고, 이하 '아이들의 성장을 보호하거나 도와준다'(44.2%), '방재 · 방범 활동을 한다'(38.6%), '고령자 · 장애인의 생활을 돌보거나 지지해준다'(36.7%) '지역행사나 페스티벌 등의 이벤트에 참가한다'(주10)(34.5%) 등으로 되어있다.

또 한신 · 아와지(阪神 · 淡路) 대지진 재해 후의 부흥 10년 이후를 내다본 피해 지역에 관한 향후의 시책으로, 효고 현(兵庫県)이 작성한 생활부흥 조사보고서에 따르면 이제부터의 사회 만들기에서는 ① 가족의 끈이나 연결, 지역 · 커뮤니티에서의 사람과 사람의 연결을 긴밀하게 해줄 수 있는 시책 ② 지역 주민이 각 마을에 귀속의식을 높이고 지역 활동에 대해 적극적으로 참가할 수 있도록 하는 시책 ③ 시민이 공(公)의 영역에 적극적으로 참가하여 시민과 행정과의 협동을 추진해 나갈 수 있는 시책(주11)을 추진해 나가는 것이 가족이나 지역에서의 인간관계를 풍성히 하고 이른바 사회자본(Social Capital)의 양성과 지역 활동의 촉진 등으로 이어진다고 그 중요성을 지적하고 있다. 또한 그것이 공(公) · 공(共) · 사(私)형 사회의식(창조적 시민사회)의 형성으로 이어질 것이라 기대하고 있다.

다시금 공민관은 ① 교육사업 · 학습활동을 통해 지역사회의 형성자를 키우고 ② 자신들의 지역을 자신들의 힘으로 만든다는 의식형성에 도움을 주며 ③ 일상적으로 주민이 '교류'함으로 서로의 삶이나 생활에 도움을 준다는 의식형성 등에 기여하고 지역 주민의 교류가 지역에 여러 개의 공공을 창출하고 있다. 그리고 지역에 대한 애착을 가지고 이곳에 살기를 잘했다, 계속 살고 싶다는 생각이 들게 하는 지역커뮤니티는 해당 지역의 공민관 활동 모습과 크게 연관되어 있다.

공민관에서의 사회교육 사업이나 자주적인 학습활동이 지역 재생법이 정의하고 있는 지역경제의 활성화나 지역에서의 고용창출에 어느 정도 기여할 지는 미지수이나 지역 재생을 위한 인재 양성의 거점, 지역 재생을 위한 학습기회의 제공거점, 지역 재생을 위한 주민의 교류나 유대형성 거점, 지역 재생을 위한 네트워크 만들기의 거점인 것에는 변함이 없다.

지역의 활력은 결코 인구, 생산액, 관광객, 건물 수로 평가되는 것이 아니라 그 지역 주민들의 자각적이고 의식적인 활동으로 창출되는 것이며 이러한 의식형성에 학습활동은 필수불가결한 것이다. 물론 이러한 학습은 공민관 등의 학습시설에서 강의를 듣는 것처럼 앉아서 학습하는 것만이 아니라 실제로 지역을 관찰하고 조사하며 문제나 해결방책을 함께 풀어 나가는 활동이 중시되어야만 한다. 이러한 학습활동에 따르는 수고나 부담을 함께 나누며 배우는 즐거움, 지역의 매력을 발견하는 즐거움을 공유하는 것이 지역 주민의 연대감을 키우고 결국에는 '우리 마을, 우리 지역'의식을 기르는 일이다.

필자는 예전에 '공민관'은 ① 지역 주민에게 배움의 기회를 제공하는 '공민의 관(館, 건물)'이자 ② 행정이나 지역의 각종단체 · 기관과 지역 주민과의 '사이'에 위치하여 필요에 따라 지역 주민과 행정을 연결하는 공민 '간(間)' ③ 지역 주민에게 사람이나 체험 · 자연 등과의 만남의 장을 제공하고 그 '감성'을 풍성하게 하는 공민 '감(感)' ④ 사회의 구조나 지역 과제 등의 배움을 통해 인생관이나 직업관 등을 보는 시각이나 생각에 영향을 줄 가능성이 있는 공민 '관(觀)' ⑤ 지역 주민에게 지역에서 살고 생활하며 일하면서 서로 의지하고 함께 배우는 즐거움을 제공하는 공민 '환(歡)' ⑥ 지역 주민을 강한 끈으로 묶어 단단하게 고리를 형성하는데 기여하는 공민 '환(環)' ⑦ 매력적이고 활력 있는 지역 만들기의 핵심적인 '간(幹, *역주 : 줄기)'이 되는 장소 혹은 지역 만들기의 담당자, 리더(간(幹))를 키우는 공민 '간(幹)'이라고 말한 적이 있는데(주12), 지역 주민이 지역을 배우는 것으로 지역의 과제가 보이고 그 과제 해결을 위한 주민의 의식이 높아지면서 지역에 대해 자신이 무엇을 할 수 있을까를 이해하게 된다고 생각한다. 지역 재생은 주민의 학습활동을 전제로 한 삶의 보람, 사는 보람, 생활하는 보람, 배우는 보람이 있는 지역을 창출하는 일이라고 생각한다.

(*역주 : 공민관(公民館)을 일본어로 코우민칸이라고 한다. 여기서 코우민칸의 칸(館)은 kan(칸)이라고 읽는다. 관(館), 간(間), 감(感), 관(觀), 환(歡), 환(環), 간(幹)도 모두 일본어로 읽을 때에는 kan이라고 읽는다. 그러므로 公民(館/間/感/觀/歡/環/幹)은 모두 '코우민칸'으로 똑같이 발음할 수 있다.)

아사노 히데시게(淺野秀重)

1) 야마자키 타케오,"지역 커뮤니티론〈개정판〉", 자치체 연구소, 2006년, p.22.

2) 신무라 이즈루(新村出), "広辭苑〈제6판〉", 岩波書店, 2008년, p.1055.

3) 야마자키 타케오, 전게서, p.25.

4) 중산간 지역 포럼 web.page: http://www.chusankan-f.net/seturitusyusi.html

5) 하시구치 타쿠야(橋口卓也). "조건 불리지역의 농업과 정책", 재단법인 농림통계협회, 2008년, p.213.

6) 오오노 아키라(大野晃), "산촌환경 사회학 서설", 농산어촌문화협회, 2005년, pp.22-23.

7) 네치 지구 공민관의 사업에 대해서는 2010년 3월 12일, 네치 지구 프로젝트Z 사업에 관계된 진행과정 및 공민관 직원의 역할과 지역커뮤니티 만들기에 관한 조사 연구를 위한 정보수집 및 시찰을 목적으로 방문했던 네치 지구 공민관의 Y주사로부터 들은 것을 정리한 것이다.

8) Independence board walk에 대해서는 특정비영리활동법인 Independence Board walk org Japan 의 web page(http://www.ibojapan.org/index.html)를 참조 (org는 organization의 약자).

9) 카나자와 대학 노토 반도 지진 학술조사 부회보고서, 2010년, pp.174-175에 같은 취지의 내용을 게재.

10) 내각부 정책통괄관 (공생사회 정책담당), '저출산 대책과 가정 · 지역의 유대에 관한 의식조사'(개요), web.page: http://www8.cao.go.jp/shoushi/cyousa/cyousa18/kizuna/pdf/kizuna.pdf

11) 효고현, '생활부흥조사 조사결과 보고서 2003년도', 2004, p.148.

12) 아사노 히데시게, '시정촌의 공민관 동향', "일본 공민관학회 연보 제6호", 2009년, p.45.

제 4 절 마을 만들기 활동에서 공민관의 역할

1 마을 만들기 활동에서 공민관의 가능성

최근 들어 공민관에 마을 만들기 거점 기능을 부가하여 재편하려는 움직임이 현저하게 나타나고 있다. 여기에서는 마을 만들기 활동에서의 공민관의 가능성에 관하여 생각해 본다. 구체적으로는 츄우고쿠(中國) 지방 공민관의 마을 만들기 거점화의 움직임에 관해 파악한다. 마을 만들기 활동에서의 공민관의 역할을 고찰하고 마지막으로 마을 만들기 활동에 필요한 공민관 디자인에 관한 과제를 제시한다.

또한 여기에서는 사회교육법과 각 시정촌의 공민관 조례 등을 근거로 하여 평생학습활동 등을 실시하는 시설을 공민관이라고 한다. 또 마을 만들기 거점이란 적극적으로 마을 만들기 활동의 거점 기능을 가질 것을 조례 등에서 정해 놓은 시설을 말한다. 그리고 공민관에서 파생한 시설(예를 들어 원래 공민관이었으나 근거법, 소관, 사업내용 등에 변화가 있었던 시설) 등을 총칭하여 공민관 관계시설이라고 한다. 마을 만들기 활동은 각 시정촌이 조례나 지침 등에 있어서 명문화되어 있는 것을 대상으로 한다. 그 내용은 각 시정촌에 따라 다르므로 나중에 고찰하기로 한다.

2 츄우고쿠 지방의 공민관 마을 만들기 거점화의 움직임

우선 츄우고쿠 지방의 공민관 관계시설의 재편 상황을 알아본다(그림①). 2011년에는 시정촌에서 공민관 관계시설의 53.6%가 재편되었다. 그 내역을 보면 시정촌 레벨만의 재편(공민관 관계시설의 역할, 관할이나 배치의 재편)인 시정촌이 23.7%, 시정촌 레벨과 시설 레벨의 재편(단일 건물만의 변화)을 동시에 한 시정촌이 44.1%, 시설 레벨의 재편만을 한 시정촌이 23.7%였다. 다시 말해서 재편하는 시정촌 중 67.8%는 시정촌 레벨의 재편이고 그중 37.5%가 공민관 관계시설에 변화가 있었다.

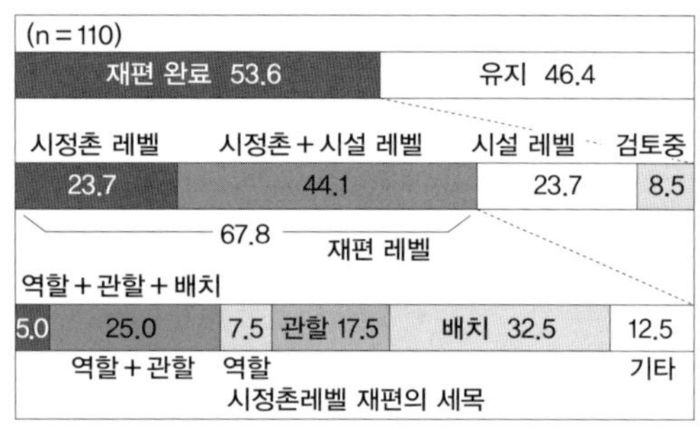

그림① 츄우고쿠 지방의 공민관 재편 상황(%) (2011년 계획)(주1)

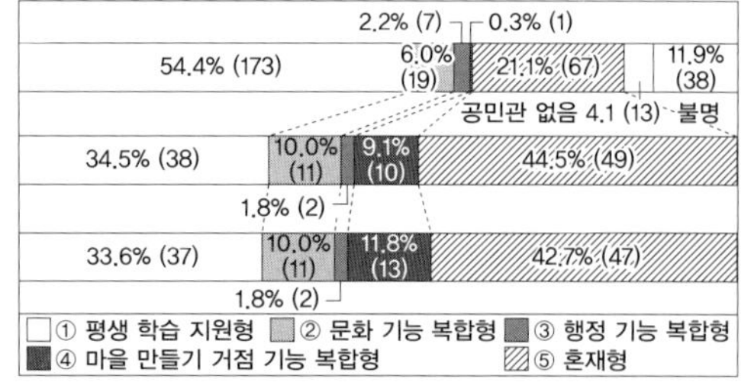

그림② 츄우고쿠 지방의 공민관 관계시설의 역할 변천

다음으로 시정촌 레벨의 공민관 관계시설의 역할(기능)을 다섯 개의 유형으로 분류하고(표①), 그들 구성비의 변화를 그림②에 나타냈다. 2002년도와 2011년을 비교해 보면 ① 평생학습지원형이 54.4%에서 33.6% ② 문화기능복합형이 6.0%에서 10.0% ③ 행정기능복합형이 2.2%에서 1.8% ④ 마을 만들기 거점기능복합형이 0.3%에서 11.8% ⑤ 혼재형이 21.1%에서 42.7%로 변화한 것을 알 수 있다. 다시 말해 평생학습지원형이 감소하고 혼재형과 마을 만들기 거점기능복합형이 증가하고 있다. 또 혼재형에는 헤이세이(*역주 : 연호,

표① 시정촌 레벨의 공민관 관계시설의 기능적 분류(역할)

① 평생학습지원형	강좌개최나 대관업무 등의 평생학습 지원을 한다
② 문화기능복합형	사회교육사업과 더불어 극장, 도서관, 교육관련 단체의 사무국 등의 문화기능도 담당한다
③ 행정기능복합형	사회교육사업과 더불어 행정창구기능도 갖는다. 또는 지소와의 복합·인접 설치
④ 마을 만들기 거점 기능복합형	사회교육사업과 더불어 마을 만들기 활동의 거점기능을 갖는다
⑤ 혼재형	합병 후 시에서의 공민관의 역할이 통일되지 못한 결과, 지역에 따라 공민관이 다양한 역할을 맡고 있다

헤이세이 원년은 1989년)의 시정촌 합병 이전에 합병한 시에서 합병 전의 구시정촌의 공민관 체계가 병존하고 있는 곳도 많고 상기의 경향이 이후로도 계속될 것인지 어떤지에 대해서는 당분간 지켜볼 필요가 있다.

3 마을 만들기 거점화로 재편된 사례와 특징

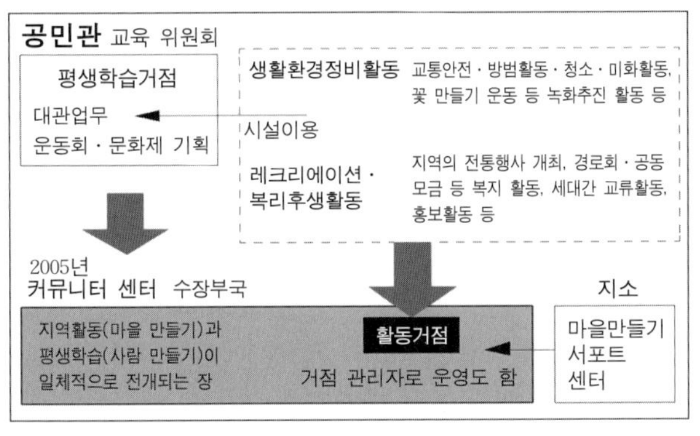

그림③ 미요시시의 공민관 관계시설의 역할 변천

다음으로 마을 만들기 거점화란 어떠한 것인가? 히로시마 현 미요시 시(広島県三次市)사례를 보자. 미요시 시에서는 합병을 계기로 공민관을 시내 19개의 주민자치조직의 활동거점으로 하고 합병 2년째인 2005년에는 커뮤니티 센터로 개칭, 수장부국의 관할이 되었다(그림③). 2006년에는 지정관리자제도가 도입되어 주민자치조직 등이 운영·관리하고 있다. 시관공서 본청과 지소에 마을 만들기 서포터센터를 설치하고 주민자치조직 활동을 지원하고 있다.

한편 미요시 시에서는 이전부터 공민관 활동과는 별도로 주민자치조직 활동이 이루어지고 있었다. 구체적으로 공민관은 대관업무나 운동회 등의 평생학습거점이고 주민자치조직은 생활환경정비, 레크리에이션, 복리후생활동 등을 하며 회의장으로 공민관을 이용하였다. 그리고 주민자치조직의 활동 진흥을 도모하기 위해 공민관 등의 사회교육 시설을 지역 활동(마을 만들기)과 평생학습(사람 만들기)을 일체적으로 전개할 수 있는 장소로 여겼다.

이 재편의 외적 요인으로 지방분권형 사회를 위한 지역 자치력 재생의 필요와 시정촌 합병에 의한 새로운 지역사회 만들기로의 전환, 미요시 시의 내적 요인으로 지역커뮤니티 기능의 저하를 들 수 있다. 따라서 미요시 시에서는 지방분권사회 아래에서 개성이 풍부하며 활력이 넘치는 마을 만들기의 전개와 지역의 자치력 재생이 요구되고 있다(주2).

4 마을 만들기 활동에서 공민관의 역할

다음으로 마을 만들기 활동에서 공민관이 할 수 있는 역할에 대하여 고찰하여 보기로 한다.

우선 마을 만들기 활동의 의미에 관해서 정리한다. 나카바야시(中林)(2007)(주3)는 마을 만들기의 개념을 공간 만들기, 환경 만들기, 규칙 만들기, 이벤트 만들기, 생업 만들기, 주민교육(사람 만들기)의 여섯 가지로 분류하고 있다(표②).

표② 마을 만들기의 분류(나카바야시(2007)에서 인용)

1)공간 만들기	도시공간의 안전·쾌적·건강·편리성 향상을 위한 시설건설·시외지 개발·거리정비·거리경관·규제나 유도에 의한 토지이용의 최적화 등 구체적인 도시계획사업 등을 통한 지역공간의 정비를 목표로 임한다
2)환경 만들기	지역녹화나 방재시설의 장비 등 시설 면에서의 환경 만들기와 더불어 마을 청소활동·꽃 가득 활동·쓰레기 문제에 대처·방범패트롤·방재훈련 등 지역활동으로 내용 면에서의 환경 만들기
3)규칙 만들기	건물의 높이나 경관(색채), 건물 주변의 나무심기나 울타리 등 협조하여 정비해 나가기 위한 규칙이나 쓰레기 배출 규칙이나 생활소음 문제 등 생활 속의 매너의 규칙화 등 지역에서의 개개의 행위(건축개발이나 생활·경영행위 등)를 규칙화하여 협조·협동하여 지역의 생활환경의 질을 향상하기 위한 규칙 만들기
4)이벤트만들기	지역사회의 활성화나 지역경제의 진흥을 목적으로 장기간의 준비활동을 통한 인간관계나 지역의식 만들기를 할 수 있는 페스티벌이나 스포츠대회 등 지역 주민이 운영, 참가하는 다양한 이벤트 개최로 소프트한 '마을부흥'을 이룬다
5)생업 만들기	직장과 주택이 분리되어 대도시 근교의 대부분은 전용주택 시가지가 되었으나 이러한 지역에서도 가까운 역전이나 지역 상점가의 활성화가 시급한 문제이다. 한편 대도시 내부 시가지에서는 관광마을 만들기나 지역산업의 활성화 등 다양한 지역경제의 활성화를 목표로 주로 소프트 면에서 지역부흥에 임하고 있다
6)사람 만들기	지역사회의 활성화를 목표로 문화적 사회적 다양한 평생학습, 서클활동이나 자원봉사 활동 등 시민의 힘을 활성화시키고 육성할 수 있는 소프트한 대처

예를 들어 마을 만들기 거점화를 하는 히로시마 현 쿠레 시(広島県呉市)의 합병마을에서는 산업진흥을 지칭하므로 생업 만들기를 의미한다. 시마네 현 오오다 시(島根県大田市)에서는 사람 만들기(주민교육)와 더 좋은 지역을 만들기 위한 실천 활동, 히로시마 현 하츠카이치 시(広島県廿日市市)에서는 지역 과제의 발견·해결을 지칭하므로 사람 만들기(주민교육)와 함께 환경 만들기, 규칙 만들기를 의미한다. 히로시마 현 미요시 시는 생활 만들기 전반, 히로시마 현 쿠레 시(広島県呉市) 도시부에서는 커뮤니티 만들기, 히로시마 현 오노미치 시(広島県尾道市)는 지역커뮤니티 만들기를 마을 만들기로 삼고 있다. 커뮤니티 만들기도 애매한 개념으로 때로는 마을 만들기 그 자체를 뜻하기도 하므로 이러한 시에서는 마을 만들기를 포괄적으로 파악하고 있다고 생각한다. 이렇게 생각하면 새삼 마을 만들기 활동이 다양한 뜻을 가지고 있음을 알 수 있다.

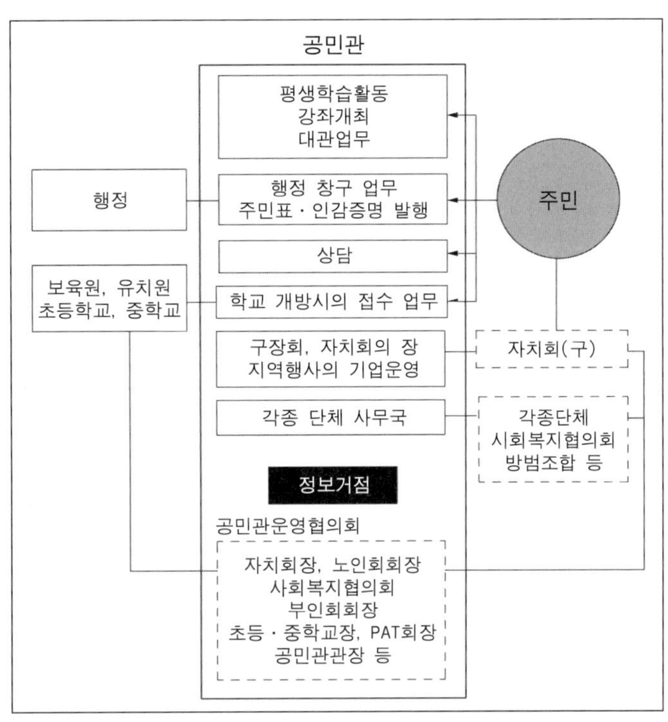

그림④ 어느 도서부의 공민관 업무내용과 연결 상황

그러나 공민관의 가능성을 고찰하는 입장에서 마을 만들기 활동의 기본형을 정리해본다면 주로 더 좋은 지역을 만들기 위한 실천 활동(환경 만들기, 규칙 만들기 등)과 이를 위한 인재나 집단의 육성 활동(사람 만들기)으로 집약할 수 있다. 또한 규칙 만들기란 '해당 집단의 공통의 가치나 목표에 따라 개인의 권리나 자유를"제한"하는 데에 합의해 가는 정치적 의미'(타케이(竹井), 2007)(주4)를 갖는 활동에 가깝다. 이러한 점에서 지역자치활동이라고도 할 수 있다.

사진① 마을 만들기 워크숍 개최(출전 : 쿠라시키 시(倉敷市) HP)

다음으로 마을 만들기 활동과 평생학습 활

동의 관계에 대하여 정리해 보자. 마을 만들기 거점기능 복합형을 보면 지금까지 평생학습 활동도 계속하고 있다. 예를 들어 히로시마 현 하츠카이치 시에서는 '평생학습활동을 지역 과제 해결을 위한 지역 활동으로 전개한다'(주5)고 양자의 적극적 관계를 기대하고 있고 또 시마네 현 오오다 시의 '마을 만들기 활동은 강좌 · 강연 등으로 사람 만들기와 지역을 보다 발전시킬 수 있는 실천 활동이다'(주6,7)라는 견해의 앞부분은 평생학습 활동이라고 간주할 만하다. 또 히로시마 현 미요시 시에서도 '지역활동(마을 만들기)과 평생학습(사람 만들기)'이라는 관계가 제시되고 있는 점으로 보아 양자는 긴밀한 관계를 가지는 것으로 파악하고 있는 것을 알 수 있다. 즉, 마을 만들기 거점에서의 평생학습 활동이란 지역 과제를 해결하는 사람 만들기도 아울러 그 목적으로 하는 것이다. 그리고 이것이야말로 마을 만들기 활동에서 오직 공민관만이 해낼 수 있는 역할이 아닐까. 교육학자인 코이케 겐고(小池源吾)에 의하면 공민관의 본래의 모습은 주민이 지역 과제를 해결하기 위해 자신들이 스스로 학습프로그램을 만들고 공민관 직원이 이것을 지원하는 것(주8)이라고 한다(주9). 그렇다면 마을 만들기라는 주민이 공유하는 하나의 목적이 추동력이 되어 사회교육으로서의 학습목적이 명확해져 상기 공민관 본래의 모습을 되찾아 잘 운영해갈 수 있는 절호의 기회라고 할 수 있다.

더 나아가 마을 만들기 활동거점 시설의 공간적 기능에 대해 고찰해 본다. 우선 어느 도서(島嶼)부의 공민관 업무와 연계 시스템을 보자(그림④). 그 업무는 평생학습 활동지원(강좌개최, 대관업무)과 더불어 지역조직의 회의 장소나 단체 사무국, 행정 창구업무를 한다. 또 월 1회의 구장회의 회의 장소로 되어 있는데, 구장회의에서는 마을 만들기에 대한 토의가 이루어지고 활기찬 마을을 만들기 위한 행사기획 등(지구대항 주민체육대회나 페스티벌 기획 · 운영)을 하고 있다. 또 지역 주민의 상담도 받고 있다. 정보 연계 업무로는 사회복지협의회, 방범조합 등의 각종단체 사무국을 겸하는 외에 보육원 초 · 중등학교, 행정과 긴밀한 연계를 취하고 있다. 공민관 운영심의회는 자치회장, 사회복지 협의회장, 여성모임 회장, 초 · 중등학교장, 공민관장 등으로 구성되어 있고, 연 2회의 회의와 강좌개최 시에는 상담도 한다. 예를 들어 수상한 사람을 발견하였을 경우 그 정보는 공민관에 모아지고 그리고 학교나 방범조합에 연락이 간다. 또 애완동물이 행방불명되었을 경우도 그 정보가 공민관에 모아져 지역에 설치되어 있는 스피커를 통하여 지역전체로 수색요청을 한다. 요컨대 공민관이 각종단체와 주민과의 연결 업무를 담당하는 것으로 각 조직과 연계하여 지역생활의 정보거점이 되고 있다.

이 예는 마을 만들기 거점이 가져야할 중요한 특성을 시사하고 있다. 다시 말해서 보다 좋은 지역을 만들기 위한 실천 활동을 협동하기 위해서는 우선 마을 만들기 거점이 지역의 여러 단체 · 주민의 정보네트워크 거점이 되는 것이 중요하다. 그리고 그 정보의 집약 및 정리를 통해 지역의 과제를 찾아내고 과제해결을 위한 실천 활동으로 이어지게 한다. 구체적인 실천 활동으로는 관외활동도 있으나 관내에서 주민들 간의 직접적인 대화나 워크숍 개최도 있으므로 그러한 장소도 필요할 것이다(사진①).

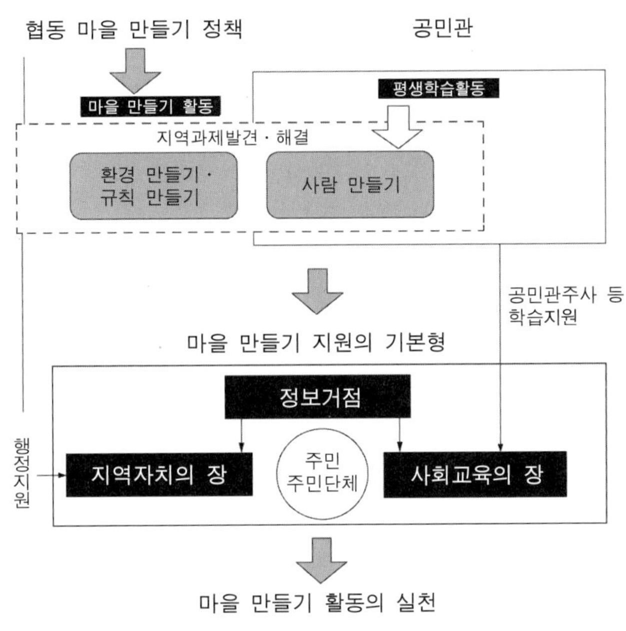

그림⑤ 마을 만들기 거점 정리

이상으로 마을 만들기 활동에서 공민관 시설의 기본적 역할은 지역의 정보거점과 지역자치의 장이 될 수 있어야 한다는 것이며 그러기 위해 사회교육의 장을 제공할 수 있어야 한다(그림⑤). 그리고 이러한 활동을 통해서 지역에서의 마을 만들기 활동의 실천이 가능해 진다. 실은 이러한 여러 공간적 요건은 현재의 공민관 시설이 이미 어떠한 형태로든 가지고 있는 것이다. 즉 마을 만들기 거점화에 당면하여 특별히 번거롭게 새로운 공간이 필요한 것은 아니다.

5 마을 만들기 활동에 도움이 되는 공민관 디자인상의 과제

마지막으로 마을 만들기 활동에 도움이 되는 공민관을 디자인할 때 필요한 과제를 정리한다.

1. 우선 시정촌 레벨의 지역성에 대한 배려를 들 수 있다. 이에 대한 구체적인 예로는 2011년 시설의 역할 분류에서 혼재형이 약 40% 존재하고 있는 것이 말해 준다. 지금까지 각 지역에서 공민관 관계시설이 담당해 왔던 역할이 다르기 때문에 그리고 지역에 따라서 과제의 종류나 대처 체제가 다르기 때문에 마을 만들기 활동도 지역 특유의 형태가 될 것으로 예측된다. 따라서 상기의 기본형을 염두에 두고 지역성을 살려서 마을 만들기 거점의 형태를 만들어 나가는 것이 과제가 된다. 또 시설 배치에 관해서도 마찬가지로 지역성을 배려하여 검토하는 것이 과제가 될 것이다.

사진② 공민관 앞에서 지역 주민과 대화를 나누는 관리요원

예를 들어 오노미치 시에서는 시정촌 합병에 따라 대관업무를 중심으로 한 평생학습 활동지원을 하는 공민관(도시부)과 지역의 중심시설로 기능하고 있는 공민관(산간부, 도서부)이 혼재하고 있다. 그래서 오노미치 시에서는 오히려 옛 시, 마을의 공민관 업무의 차이를 지역성에 뿌리내린 것으로 유지하여 새로운 시의 공민관 군 전체로 주민의 필요에 대응하는 시스템 만들기를 목표로 할 예정이다. 그 기본적 방향성으로는 평생학습의 거점시설과 지금까지 각 지역의 공민관이 해왔던 역할의 독자성을 배려하여 마을 만들기 거점시설을 목표로 하는 두 가지를 들고 있다(주10).

2. 다음으로 시설계획 레벨에서는 마을 만들기 거점기능을 겸하기 위한 건물정비가 과제가 된다. 실제 공민관에 마을 만들기 거점기능을 복합적으로 하자는 움직임 속에서 큰 규모의 건물 개축은 없고 개수 등의 방법으로 기존 시설을 유효하게 활용해나가는 경우가 대부분이다. 따라서 현실적으로는 공민관의 마을 만들기 거점기능 복합화에 대한 기존 시설의 이·활용방법이 과제가 되고 있다. 구체적으로는 정보거점이나 지역자치의 장으로서의 디자인이 과제이다.

사진③ 지역 주민에게 열린 공민관 사무실

사진④ 도로를 향해 개방된 끽연장소

정보거점의 참고 예를 들어본다. 지역의 아날로그 정보를 집적하기 위해서는 관리요원(Key Person)이 필요하다. 관리요원은 자치회장, 공민관 운영심의회장, 공민관장, 공민관 주사, 행정의 마을 만들기 담당자 등 다양한 경우가 있다(사진②). 이 관리요원이 공민관에 자리(거처)를 가지고 있어야 하고 그 자리를 외부에서 접촉(Access)하기 쉬운 장소에 마련하는 것은 필수 조건이다. 이것은 공민관

이 정보거점이 되어, 외부로부터 살아 있는 정보를 쉽게 얻을 수 있고 공민관 사무와 연결하기 쉽게 할 수 있도록(사진③) 공간화 한 것이다.

사진④ 의 끽연 공간은 건물 옆 도로 쪽으로 오픈되어 있어 외부에서도 이용하기 쉽고 마음 편히 들를 수 있다. 또 옆을 지나가던 사람을 끽연자가 불러서 공민관에 들어올 수도 있다. 정보를 모을 수 있는 기회가 될 수 있다. 이렇게 기존 건물을 잘 활용하는 것이 현대 시설에 필요하다.

니시노 타츠야(西野達也)

1) 西野達也 · 고우도 카나(神門香菜) · 히라노 요시노부(平野吉信), '츄우고쿠 지방의 시정촌 합병에 따른 공민관의 재편 상황과 마을 만들기 거점화에 관한 고찰', 일본건축학회 계획계 논문집 제75권 제657호, 2010년 11월 pp.2537-2545.
2) 미요시 시 : 신 시, '주민자치의 마을 만들기 활동 플랜'기본구상, 2003년 11월.
3) 나카바야시 이츠키(中林一樹), '대도시 교외 지역의 마을 만들기 활동과 마을 만들기 조례' 하가이 마사미(羽貝正美) 편. "자치와 참가 · 협동". 學藝出版社, 2007년, pp.220-258.
4) 타케이 타카히토(竹井隆人), "집합주택과 일본인-새로운 '공동성'을 찾아서", 平凡社, 2007년, pp.94-97.
5) 하츠카이치 시 : 2008년도 조직 · 기구 재편의 개요, 2008년 2월
6) 오오다 시 : 오오다 시 종합계획(개요판), 2007년-2016년.
7) 오오다 시 : 지역서포트 시설 및 공민관에 관한 의견 교환회 자료.
8) 小池源吾 외, '히로시마 현하 자치체의 공민관의 비공민관화', 일본 공민관학회 제7회 대회발표논문, 2008년 11월.
9) 필자가 요청한 인터뷰에서 주8)
10) 오노미치 시 교육위원회 : 오노미치 시 공민관의 바른 모습을 찾아서 〈중간보고〉, 2008년 3월.

제 5 절 공민관에 있어서 학습의 새로운 디자인

1 시설 간 네트워크로의 관점

1965년 고도경제성장에 따른 노동형태 · 가족구성의 변용이 현저하게 나타난 도쿄 3타마를

주요 무대로 해서 제기된 것 중에 오가와 토시오(小川利夫 *역주 : 나고야 대학 명예교수, 사회교육학)의 '도시사회 교육론의 구상'이 있다(주1). 공민관 3층 건물론으로 이어지는 이 구상은 도시형 공민관의 학습을 3층 건물로 간주하고 미조직청년이나 가정주부의 도입을 의도하였다. 레크리에이션이나 사교를 주로 하는 활동을 1층, 그룹이나 서클과 같은 집단적인 학습 · 문화 활동을 2층, 시민대학이라고 할 수 있는 사회과학이나 자연과학에 대한 기초 강좌나 현대사의 학습과 같은 교양강좌 형식의 학습활동을 3층으로 구조화하면서 내방자를 대상으로 한 공민관 기능을 설명하였다.

오늘날 주민에 의한 자치 · 사회참여와 같은 실질적인 구현화에 대한 기대가 고조되는 가운데 공민관은 학습의 장으로뿐 아니라 지역사회나 시설 그 자체의 운영을 담당해 가려는 주민의 실천적 학습의 거점이 되고 있다. 다시 말해서 현대의 공민관이란 지역 사회나 주민의 생활에서부터 직원에 의해 과제화된 학습활동의 장이기도 하다. 그야말로 지역사회 속에서 실천적으로 해 나가야할 학습과제 해결을 위한 하나의 도구로 존재의의를 찾을 수 있지 않을까?

주민들의 학습활동 측에서 보면 그 학습활동에서부터 서클이나 NPO등의 단체활동화, 학습내용의 전문화나 사업수탁에 의한 사회적 활동으로의 전개를 기대하게 된다. 그렇다면 주민들이 활동거점을 언제나 공민관으로 한다는 보장은 없고 학습활동의 전개, 심화 단계에 맞추어 다른 시설이 가지고 있는 자원이나 지식을 선택할 것이다. 따라서 공민관 학습의 새로운 디자인으로, 공민관은 주민의 학습활동의 조직화에 머무를 것이 아니라 전개 · 심화의 정도에 따라서는 공민관을 이탈한 주민 학습내용의 전문화나 사회적 활동으로의 진화를 전망한다. 이것을 구체화하기 위해서는 공민관을 기점으로 하면서도 다른 사회교육시설, 지역시설과의 정보공유 및 연대 · 협력관계에 의한 총체적인 지원이나 협력과 같은 시설 간 네트워크의 의의와 거기에서의 공민관의 역할을 그려볼 필요가 있다.

사회교육시설을 주로 하는 시설 간 네트워크에 관해서는 사회교육시설 조건정비론에 기초하여 공민관 주사의 전문직론이나 사회교육행정의 계획 책정에 관해 거론되어 왔다. 한편에서는 1990년 이후에 고바야시 분진(小林文人*역주 : 도쿄 가쿠게이 대학 명예교수) 등에 의해 그때까지 조건정비론에 치우쳐 왔던 것에서 탈피하고자 주민의 사회교육활동의 전개에 맞는 현대적인 공민관론의 문맥에서도 시설 간 네트워크 문제가 제기되어오고 있다(주2). 고바야시의 이론을 재구축하는 형태로 우치다 준이치(内田純一 *역주 : 홋카이도 대학 관광학 고등연구센터 교수)는 공립 공민관을 핵심으로 관련 시설을 설치주체별로 3층으로 나누어 지역시설 네트워크로 구조화를 도모하고 있어(주3), 이것이 본 절에서 구상하는 네트워크의 모델이 된다. 그 중에서도 공민관을 중심으로 하면서 시설간의 연계를 상정하고 있는데 동시에 그것은 각 시설에서 일하는 직원들 간의 네트워크이기도 하다는 우치다의 언급은 특히 주목할 만하다.

본 절에서는 주민의 학습활동이 공민관 뿐 아니라 지역시설의 네트워크에 의해 유지되고 전개 · 심화가 촉진될 것을 기대하며 공민관과 주민, 공민관과 타시설과의 연계를 구조화함으로 주민과 여러 시설을 연결하는 가장 가까운 링크로서의 공민관의 역할을 분명하게 해 두고 싶다. 이를 통하여 주민의 학습활동에 관해 보다 풍요로운 물적 · 인적 자원으로의 접근이 가능하도록 도서관, 박물관 같은 사회교육시설 외에 학교나 복지시설, 커뮤니티센터 등도 포함한 지역시설의 핵심이 되어 주민의 학습활동 확대나 학습내용의 탐구를 촉진하는 공민관의 구체화된 상을 그려나가기로 한다.

2 공민관은 학습활동의 입구

지금까지의 조건 정비론에서 본다면 직원의 채용이나 연수 등 기회의 보장을 주장하는 제도적 네트워크의 정비를 지향해 나갈 것이다. 그러나 여기에서는 주민의 학습활동 지원 · 촉진에 대해 실제로 기여 가능한 네트워크로 각 시설간의 자생적인 관계에 주목하여 확장하는 형태로 실체화시키는 것을 구상한다(주4). 그 구상을 보강하는 단서는 아래에서 말하는 립낵(J. Lipnack) · 스탬스(J. Stamps)에 의해 분석된 네트워킹 프로세스(계속과정)에서 볼 수 있는 다섯 가지의 특징으로 시사되는 것이다(주5).

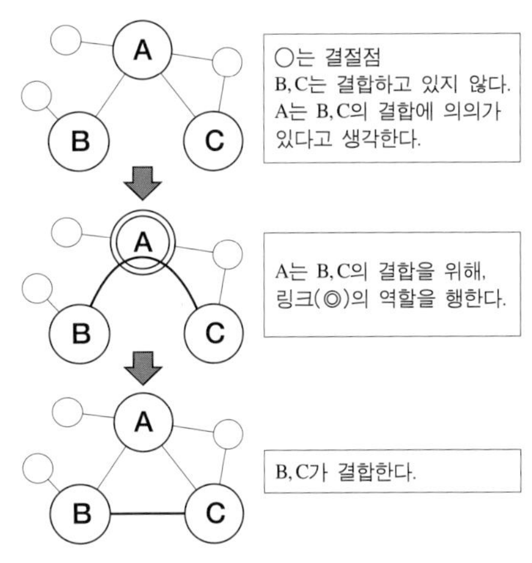

그림① 네트워킹의 프로세스

네트워크 구성요소란 '결절점(Focal Point)'과 '링크'이다. 단 이 링크란 고정적인 것이 아니라 상황에 따라 결절점이 링크의 역할을 한다. 예를 들어 결절점 A와B, A와 C는 결합하고 있다고 가정한다. 이 상태에서 결절점 A와 B와 C와의 결합에 의의가 있다고 하고 그것을 실행한 경우 A는 링크 역할을 다한 셈이 된다(결절점과 링크)(그림①). 결절점 간의 결합, 그리고 네트워크의 유대는 링크 외에 커뮤니케이션이나 친구관계, 신뢰와 같은 다양한 관계에 의해 구현되고 있으나(다양한 관계), 그것들은 모두 가치관이나 관심, 목표, 목적을 공유하고 있다(가치관의 공유). 따라서 네트워크의 내부와 외부를 구분하는 경계선은 불명료하고 그 상호작용이나 커뮤니케이션에 의해 파악되는 것이다(경계의 불명료성). 이렇게 구성되고, 특징지어지는 네트워크에서 각각의 결절점은 자율적이며 연결된 네트워크 전체의 이익을 추구한다(개인과 전체).

공민관을 비롯한 지역사회 교육시설, 또는 지역사회에 존재하는 지역복지센터나 커뮤니티센터 등은 결절점이 될 수 있는 것들이다. 여기에서 주민들의 학습활동 촉진과 같은 가치가 공유되고 시설 간에 네트워크가 실체화됨에 따라 이러한 활동전개의 길은 무한히 확산될 가능성이 있다고 생각된다. 그리고 공민관이야말로 주민이 학습활동을 전개해가는 데 있어서 입구의 역할을 하는 첫 번째 링크로 기능할 수 있지 않을까?

시험 삼아 사회교육시설의 설치 수에서 단일 시정촌(市町村) 내의 배치상황을 살펴보기로 한다. 2008년도 사회교육조사 및 같은 시기의 전국 시정촌수(1,787)에서 1개의 시정촌 당 각각의 시설수를 산출해 보면 공민관은 8.92관, 도서관은 1.72관, 박물관은 0.32관이다(주6). 이러한 시설이 모두 대상 지역을 갖는다고 한다면 수치가 작아짐에 따라 범역이 확대된다. 공민관은 도서관, 박물관과 같은 서적이나 자료와 같은 명확한 교재를 가지고 있지는 않지만 주민에게 물리적으로 가장 가까운 사회교육시설임에는 틀림없다.

공민관에서 복합성, 종합성 이야말로 테라나카 구상(寺中構想 *역주 : 공민관을 창안한 것은 1940년 당시 문부성 공민교육 과장이었던 寺中作雄이고, 공민관에 대한 기본적인 생각을 테라나카 구상이라고 한다. "공민교육의 획기적인 진흥이 필요하며 이를 위해서는 공민관이 의무교육기관인 초등학교에 필적하는 교육의 2대 지주가 되어 전국 각 정촌에 설치되어야 한다"고 민주정치의 실현을 위한 공민교육의 진흥을 제창한 것이다.)이래 그 특성이었다. 공민관이 설치되어 실제 대상이 되는 지역사회란 교육이나 복지, 노동, 환경 같은 지역 과제나 생활과제가 다양하게 얽히면서 존재하고 있다. 1960년대의 사회변화에 따라 교양강좌에 의한 계통적인 지식획득을 위해서 지역 주민 학교로 시민대학 방식을 채택한 오가와(小川)의 공민관 3층 건물론도 그 주장을 바탕으로 전통적인 지역공동성으로부터 해방된 자유로운 주민의 새로운 지역생활을 유지시키는 연대의식의 확립을 지향하는 것으로 지역시설로서의 공민관의 복합성이나 종합성에 대해 적극적인 관심을 기지고 있었다고 한다(주7).

1990년대 후반 이후 주민에 의한 자치활동을 실천적인 학습활동으로 파악하는 연구적 시각에서 자치공민관도 포함시키는 공민관 개념의 확대가 시도되고 있다. 자치 공민관 또는 그곳을 거점으로 하는 자치활동은 행정의 하청이나 말단조직으로 간주되어 왔다. 그러나 공공성의 의미 전환에서 일상생활권 레벨의 공동성, 나아가 시 행정과의 협동에 의한 지역적 공공성을 창조하는 주민의 주체형성의 장으로 재인식되고 있다. 테우치 아키토시(手打明敏 *역주 : 츠쿠바 대학 교육학과 교수)는 나가노 현 마츠모토 시(長野県 松本市)를 사례로 들면서, 지구 공민관(地區公民館)의 역할로서 생활과제 · 지역 과제를 주민 스스로가 생각하여 해결하고 지역 활성화 사업을 실시하는 자치회 · 자치 공민관 활동을 지지, 촉진함으로 주민의 자유로운 자치적 활동을 보증하고 자치회 내에서는 대응하기 힘든 문제에 대처해가고자 하는 체제정비가 기대된다고 언급하고 있다(주8).

이와 같이 주민의 공민관에 대한 접근 동기나 형태는 학습기회를 찾는 개인, 또는 계속적인 학습활동의 거점으로 하면서 활동하려는 목적 · 기능 집단인 그룹 · 서클 등, 또 지역자치의 주체로 학습활동을 하는 자치회 활동 등 다양하다. 이러한 것들은 직원의 지도 · 조언이나 상호 정보교환, 및 자료나 물품의 대여, 연계 사업을 통해 조직화 되고 추진력을 가질 수 있다. 그야말로 공민관이 주민의 학습활동의 입구로서 기능하고 있다는 것을 뚜렷하게 보여 주고 있는 것이다. 그리고 공민관에 모이는 다양한 학습단체 사이의 결합이 장소의 공유나 커뮤니케이션, 신뢰로 이루어지고 있다고 할 수 있다.

3 공민관에서 스텝 업

그러나 주민의 학습활동의 전개 · 심화를 바라보면 활동의 장을 공민관만으로 한정지을 수는 없다. 이 때문에 학습활동의 장으로 만이 아닌 링크로 공민관의 기능을 구상해야 한다. 그것은 곧 타 시설이나 공민관의 외부에 있는 인적 · 물적 자원에 관한 정보제공을 실시함으로 주민의 학습활동, 사회참가를 촉진시킬 수 있다는 것이다.

주민의 학습활동 촉진에서 '링크'로 기능한 사례를 보면 박물관인데 치바 현 키미츠 시(千葉県君津市) 쿠루리죠우시 자료관(久留裏城址資料館)(이하, 자료관이라고 함)의 실천은 공민관에도 바로 응용할 수 있다. 자료관에서는 2003년 이후 쿠루리의 거리풍경을 테마로 공민관과 공동개최로 사생대회나 쿠루리 상점가 및 시내 도서관을 회장(會場)으로 그 사업성과 작품전을 실시했다. 그 과정에서 자신들이 살고 있는 지역의 풍경이나 역사를 말해주는 건축물을 재평가하여, 자신들 스스로 마을 만들기에 활용하고자 하는 움직임이 주민들 중에서도 특히 젊은 남성들에 의해 NPO로 탄생되었다(주9).

NPO는 2004년 이후 자료관의 사업에 참가, NPO가 주최하는 사업에 강사를 파견 받거나 자료 · 정보 제공을 받으면서 상점가의 이벤트 개최나 지역자료의 보존 · 활용 등을 전개하면서 주민 자신에 의한 마을 만들기 실적을 쌓아오고 있다. NPO의 마을 만들기를 통한 학습활동을 육성하고 지원해 온 것은 자료관이라고 고찰되나, 자료관이 언제나 정보제공이나 조언의 주체

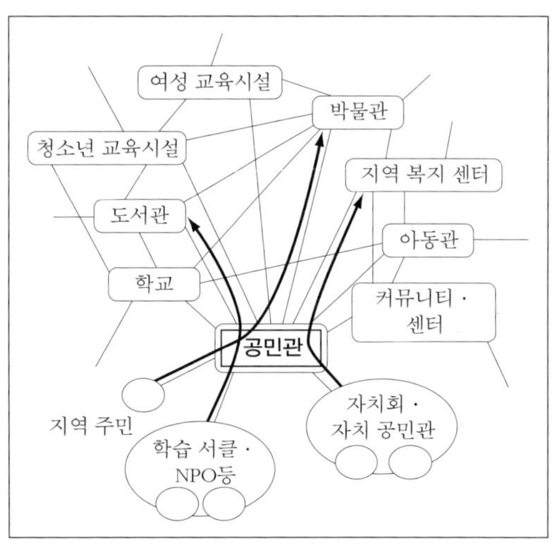

그림② 시설간 네트워크에 의한 학습활동 전개의 이미지 그림(여기에서 공민관은 단일체로 뿐만 아니라 공민관 군(群)으로서도 상정한다)

가 되었다고는 할 수 없다. 자료관은 NPO의 문제 의식이나 활동 상황, 전개의 전망에 관한 상담이나 예측 등을 고려하여 그들의 조언자나 파트너로 적합하다고 생각되는 시설이나 전문가에게 NPO를 연결하는 것으로 활동을 지원해 온 것이다. NPO는 자료관과의 관계를 유지하면서도 현립 박물관과 공동 작업(Collaboration)한 이벤트나 건축사와 함께하는 전문적인 조사활동, 나아가 거기서부터 확대되는 새로운 학습활동을 구현시키고 있다.

링크를 구체화한다면 주민에게 학습활동의 계기와 장소를 제공함과 동시에 그 학습활동에 따라 전개에 알맞은 다른 시설을 소개하거나 전문가와의 다리 역할을 하는 것으로 그 학습활동의 발전 · 심화 및 지역 주민의 역량 형성을 실천한다. 그리고 시설 간 네트워크의 핵심 기능을 함으로 주민이 활동을 넓혀갈 때 스텝 역할을 해줄 수 있다. 예를 들어 보육서클이라면 지역 아동관이나 학교 및 보건소로, 지역의 역사 학습이나 지역의 생활환경에 관한 과제를 하려고 할 때는 박물관으로, 주민들의 많은 학습활동에서 그 내용의 심화, 전문적인 직원 · 자원, 보다 적당한 장소를 찾으려 할 것이다. 이러한 주민의 니즈에 대해 공민관은 시설이나 사업의 충실화를 꾀하고 외부에 있는 자원을 끌어들일 뿐 아니라 오히려 주민의 학습활동 자체를 공민관에서 보다 전문적 · 광역적인 타 시설로 이끌어주는 것으로 그 전개나 확장에 조력할 수도 있다고 생각한다(그림②).

4 공민관과 연결되는 다양한 시설 · 직원

그러면 공민관이 다른 지역시설 등과의 연결을 구축하고 주민의 학습활동에 기여하기 위해서는 어떠한 방도가 있는지 생각해야 한다. 타 시설의 구체적인 상(像)으로 먼저 떠오르는 것은 특히 공립 도서관이나 박물관 같은 지역사회 교육시설일 것이다. 이러한 것들은 각각 독자적인 기능과 전문성을 가지고 있으며 설치 규모나 대상 범위, 전문 직원의 양성 · 주요 직무는 다르다. 그러나 지역사회 교육시설로 주민의 학습활동을 지지하는 학습지원의 실천을 공통의 사명으로 하고 있다는 점은 정책적으로도 실천적으로 뚜렷하게 나타나고 있다.

지역사회에 중복되어 배치되고 공존하는 이러한 시설들이 실천의 구체적 장면에서 연결되기 위해서는 시설 직원간의 커뮤니케이션은 물론 공민관, 도서관, 박물관 직원들이 한자리에 모여 연수를 실시하는 등 목적이나 가치의 공유가 조직적으로 이루어지게 하는 것도 그 방법이 될 수 있다. 오늘날의 실태로는 필자가 실시한 박물관에 대한 조사에서 동일 자치체 내의 공민관이나 도서관 직원과의 정보교환이나 공동연수의 기회의 유무에 대한 질문에 의하면 일상적인 커뮤니케이션이나 정보교환의 기회가 있다고 대답한 사람은 대략 절반밖에 없고 공동연수의 기회가 정기적으로 이루어지고 있다는 대답은 10%에도 못 미치는 매우 빈약한 상황이다(주10).

이와 같은 현실 속에서 위에서 서술한 자료관의 실천무대가 된 키미츠 시(君津市)에서는 사회교육 관련 직원 연수 및 도우미들의 회의를 실시·운영하면서 자치체 내의 사회교육체제의 충실화가 계속적으로 시도되고 있다. 그 중에서도 도우미 회의에서의 연수 계획·입안의 장면이나 자주학습 회의 장면 등은 자신이 근무하는 시설·기관의 업무에 대한 정보뿐만이 아니라 타관에 대한 이해와 사회교육에 대한 인식, 시시각각으로 변하는 사회정세나 지역상황에 관한 다양한 정보를 얼굴을 맞대고 교환할 수 있는 장이라고 한다(주11). 직원의 실천 주체로서의 연수기회·학습의 장으로 뿐만 아니라 현장 직원끼리의 공감이나 정보교환·상호보완을 확인함으로 네트워크가 유대를 확인하는 장이 되고 있다. 이것은 키미츠 시내의 각지에서 볼 수 있는 사회교육 실천에서도 알 수 있다.

또한 사회교육시설의 수장부국으로의 이관이나 지역자치·자치체 내의 분권이 진전되고 있는 오늘날 교육행정의 틀을 넘어선 네트워크도 또한 시야에 넣어둘 필요가 있다. 1970년 초부터 나가노 현 마츠카와 마치(長野県 松川町)에서 공민관 주사인 마츠시타 히로무(松下拡)에 의해 실시된 '건강교실'은 그 선행사례로 볼 수 있다(주12). 그것은 영양사나 보건사와의 공동적인 사업운영으로 주민을 주체로 한 학습의 조직화를 꾀한 것인데 전문 직원들 간의 네트워크에 의해 주민의 학습활동이 실제 생활에 도움이 되도록 심화되었다. 마츠시타의 실천은 또, 주민의 학습활동을 함께 지지했던 영양사나 보건사에 대해 학습자를 주체로 함으로 학습의 실제생활에서의 효과를 각성케 하여, 교육내용·편성방법의 변경을 가져온 것을 알 수 있다. 즉, 보건·복지 관계 전문 직원들은 공민관 주사인 마츠시타와의 교류를 통해 학습 성과가 정착하지 못하는 것은 학습에 대한 학습자의 주체성을 이끌어 내지 못한 것에 기인한다는 사실을 깨닫게 되었다. 주민의 학습요구 및 실제생활에 도움이 되는 학습을 전개시키기 위해서는 그 내용뿐 아니라 방법론에 있어서도 직원간의 연계를 가질 필요성을 드러내고 있다.

5 시설 간 네트워크에서의 공민관의 역할

본 절에서 구상해 온 네트워크란 학습활동 · 사회참가의 과정에서 주민의 주체형성을 촉진하기 위해 공민관의 교육기능의 확대를 전망하는 것이었다. 본 절에서 검토한 것을 통해 시설 간 네트워크에서의 공민관의 역할로 두 가지를 지적할 수 있다.

첫째는 주민에게 가장 가까운 종합적인 학습문화 시설이라는 점에서 학습활동 · 사회참여의 입구로서 그 조직화를 촉진할 수 있으며 학습활동의 전개 · 심화를 위한 추진력이 붙도록 지원하는 것이다. 주민의 조직화된 학습활동은 전개나 심화의 가능성이 크기 때문에 공민관은 그 진전에 맞추어서 전문성을 가지고 있는 관련 시설의 물적 · 인적 자원에 관한 정보제공을 적극적으로 하는 학습전개 링크가 될 수 있도록 기획하여야 한다. 그러기 위해서 공민관에서는 학습지원이라는 관점에서 시설 간 네트워크를 가능한 한 넓게 파악할 수 있도록 노력할 필요가 있다.

둘째는 링크에 의해 찾게 된 또 다른 결절점, 학습자에게는 학습활동의 내용이나 심화에 맞추어 옮기게 된 새로운 학습활동의 장에서 그 학습활동이 보다 발전적으로 전개해 나갈 수 있도록 하는 학습지원의 방법론 등을 조정해 보는 시도이다. 공민관에서의 실천에서 변함없이 주장되어 온 학습지원의 기본적 자세와 타 시설이 가지고 있는 전문지식의 통합으로 더욱 발전적인 주민 학습의 조직화를 촉진하는 것이다.

각각의 전문성을 가지고 시설설비나 자원을 활용하고 사업이나 정보를 토대로 운영되는 지역시설은 주민들 가까이에 중복적으로 배치되어 공존하면서 주민의 문화적 생활 · 복지증진을 지향하고 있다. 설치 · 운영의 형태가 매우 다양화되면서 각 시설이 어떠한 역할을 하며 서로 무엇을 기대하고 있는지 이해하면서 실질적인 네트워크가 구축되어 지역사회에 총체적인 지원, 나아가 주민참가에 의한 자치체 운영을 실현해 나갈 수 있다고 전망해 본다. 주민에 의한 학습활동은 주민에게 가장 가까운 곳에서 종합적인 성격을 가지고 있는 공민관 및 그 직원이 핵심이 되어 행정과 시민 및 시민단체, 지역사회, 그리고 상호 정보 · 자원이 유기적으로 연결되어 보다 더 확대될 것으로 기대하고 있다.

오지마 미와 (生島美和)

1) 小川利夫, '도시사회교육론의 구상', "3타마의 사회교육" 제1집, 도쿄 도 · 3타마 사회교육 간담회, 1965년.

2) 小林文人, '지역과 사회교육의 창조-다원적 · 다각도로 생각한다', 末本誠 · 고바야시 헤이조오(小林平造) · 上野景三 편저"지역과 사회교육의 창조", 에이델 연구소, 1995년, pp.340-341. 또 본 학회 편 "공민관 · 커뮤니티

시설 핸드북"(에이델 연구소, 2006년)에서는 이토오 오사카즈(伊藤長和)가 공민관과 사회교육시설 등과의 연계로 각각 고유의 전문적인 기능의 통합이 새로운 가치 창출을 가능케 한 것에 의의를 찾았다.

3) 內田純一, '지역사회 교육시설의 네트워크-공민관적 기능의 확대와 가능성', 小林文人 편저, "앞으로의 공민관" 國土社, 1999년, pp.172-189.

4) 이 구상은 또 확장적 학습을 촉진하는 'Knot working'개념에서 시사를 얻었다. 별고에서 상세한 검토를 하고 싶다. 야마즈미 카츠히로(山住勝広)・Y. Engeström 편저, "Knot working", 신요오샤(新曜社), 2008년.

5) J.Lipnack・J.Stamps(마사무라 키미히로(正村公宏)감수), "네트워킹", 프레지덴트 사, 1984년. 본서에서는 네트워크의 특성을 10으로 하여 구조와 프로세스로 나누어 설명하고 있다. 본고에서는 시설 간 네트워크에 있어서의 공민관의 역할을 검토할 때 관계구축에 관여하는 프로세스의 5항목에 주목하였다.

6) 수치는 시정촌립(공민관・도서관은 분관을 포함, 박물관은 등록박물관・박물관에 상당하는 시설)을 '사회교육조사 보고서 2008년도'에서 (http://www.e-stat.go.jp/SGI/estat/NewList.do?tid=000001017254), 동 시기의 시정촌 수(http://www.soumu.go.jp/gapei/pdf/090624_02.pdf)에서 산출하였다.(2010년4월30일)

7) 末本誠, '현대 공민관과 지역적 공동의 창조', 일본 사회교육학회 편, "현대 공민관의 창조", 東洋館출판사, 1999, pp.28-40.

8) 手打明敏, '지역적 공공성의 형성과 공민관-마츠모토 시의 관내 공민관에 주목하여-', "교육학논집"제3집, 츠쿠바대학대학원 인간종합과학연구과 교육학 전공, 2007년, pp.67-83.

9) 후세 케이꼬(布施慶子), '상점가에 살아 있는 문화와 그 가능성', 하타 준(畑潤)・쿠사노 시게유키(草野滋之) 편저,"표현・문화 활동의 사회교육학", 學文社, 2007년, pp.98-112, 오지마 미와(生島美和), '박물관 활동에 있어서 학예원의 교육 실천에 대한 재고', "교육학논집"제6집, 츠쿠바대학대학원 인간종합과학연구과 교육기초학 전공, 2010년, pp.57-82.

10) 2007년도에 시정촌립 박물관(등록박물관・박물관상당시설) 522관(회수율 75.3% 유효 대답 수 393표)을 대상으로 한 전체 조사에서 설문내용에 대한 회답.

11) 후세 토시유키(布施利之), '함께 만들고 깊이를 더해가는 직원 학습-키미츠 시 사회교육직원의 방식', "월간 사회교육", 2010년 4월호.

12) (松下拡)"주민의 학습과 공민관", 勁草(케이소오)書房, 1983년 참조.

*일본의 연호 :

- 메이지(明治 Meiji) : 1868년1월25일(M1년(원년)~1912년7월30일(M45년)
- 타이쇼오(大正 Taisho) : 1912년7월30일(T1년)~1926년12월25일(T15년)
- 쇼와(昭和 Showa) : 1926년12월25일(S1년)~1989년1월7일(S64년)
- 헤이세이(平成 Heisei) : 1989년1월8일(H1년)~현재(2011년은 H23년)

*일본의 행정구획 : 도도부현(都道府県), 시정촌(市町村)으로 되어 있고, 도도부현(1도(都), 1도(道), 2부(府), 43현(県))으로, 계 47개의 도도부현이 있고, 홋가이도 지방(北海道地方), 토오호쿠 지방(東北地方), 칸토오 지방(關東地方), 츄우부 지방(中部地方), 칸사이 지방(関西 地方), 추우고쿠 지방(中國地方), 시코쿠 지방(四國地方), 큐우슈우 지방(九州地方), 오키나와 지방(沖繩地方)의 9지방의 어딘가에 소속하고 있다. 그 아래 시정촌이 있다. 시정촌 중에서도 큰 시의 경우는 정령지정도시(政令指定都市 1956년 설치, 인구 50만 이상, 2009年 4月 현재, 大阪市, 名古屋

市, 京都市, 横浜市, 神戸市, 北九州市, 札幌市, 川崎市, 福岡市, 広島市, 仙台市, 千葉市, さいたま市, 静岡市, 堺市, 新潟市 浜松市, 岡山市의 18市가 지정되어 있다.), 중핵시(中核市 1994년 창설 인구 30만 이상, 2009년 4월 현재 41개), 특례시(特例市, 1999년 창설, 인구 20만 이상, 2009년 4월 현재 41개)로 되어 있다. 동경 23구는 특별구로 시정촌과 더불어 행정구획으로 되어 있고, 이 때문에 시정촌은 시구정촌(市區町村)으로도 불린다. 또한 정령지정도시의 구는 시정촌에 포함되지 않는다.

*지방자치체 : 지방공공단체(Local Government)

*수장부국(首長部局) : 위 단체의 장과 그 집행기관

*문부성(文部省) : S23년~, 문교부. 2001年(H13)1月부터 문부과학성(文部科學省) (중앙성청(中央省庁)재편시 과학기술청(科學技術庁)과 통합)

*高等女學校 : 구제(舊制)중등교육학교, 현 여자 중 · 고등학교에 해당

*集落(집락)=취락

에필로그 공민관 디자인의 미래

1 공민관 디자인의 시작

■ 공민관의 시설 공간론에 대한 착안

일본 공민관학회의 특징 중 하나는, 공민관 등의 지역집회시설에 관한 건축학 관계자를 영입하게 되었다는 것이다. 학문분야의 경계를 넘어 공동 작업을 함으로써, 새로운 연구의 지평을 연 것 중 하나가 일본 공민관학회 편 "공민관 · 커뮤니티시설 핸드북"(Eidell연구소, 2006년), 제9장 '시설 공간'이다. 공민관의 학문적 추구를 자각하여 간행된 이 책에서 공민관 시설 공간론은 명확한 위치를 얻고 이 간행물의 중요한 특징이 되었다.

이 시설 공간론을 더 심오하게 연구하려는 계획을 세우며 새로운 시설 공간론을 구상하려는 의지를 굳히고 점차 공민관 디자인이 준비되어 간다.

■ 공민관 디자인

공민관의 시설 공간론을 연구할 때 내세운 키워드는 '디자인'이다. 일상에서 사용되는 디자인의 이미지는 형태, 특히 도안이나 모양의 레이아웃을 의미하지만 그뿐 아니라 어떠한 의식(意識)도 내포하고 있다.

건물을 만들 때 무엇을 위해서 만드는지 반드시 따지게 된다. 무엇을 위해 건설하는가라는 물음이 있기 때문에 형태나 도안 · 모양을 고려할 수 있다. 그런 의미에서 당연히 단순한 도안이나 모양이 들어간 건물의 형태를 넘어선 넓은 의미를 포괄하는 개념으로 디자인을 구상하고 있다. 동시에 이 디자인의 개념은 그러한 주장이 관철된 시설을 만드는 것을 목표로 해야 한다는 의식이 담겨져 있다.

이렇게 하여 공민관의 디자인은 공민관의 시설 공간 배후에 있는 사업방향과 관리운영의 원칙 등을 비롯하여 제도, 시설 공간 전체를 포함하는 것으로 공민관학과 건축학의 상호 의지가 엮어낸 키워드가 되었다.

배움의 장을 만드는 시설 공간학과 상호학습을 위한 시설 공간

"월간 사회교육"잡지에서 공민관의 시설 공간론 특집으로 '배움의 장을 만드는 시설 공간학을 말하다'가 게재된 것은 2000년 4월호였다. 책의 머리말에 해당하는 카가리비(*역주 : 화톳불)는 1989년 설계경기(設計競技)에서 후지사와 시 쇼우난다이(藤沢市 湘南台) 공민관에 관여했던 하세가와 이쯔코(長谷川逸子)가 맡았다. 공민관의 공개 설계경기는 지금까지 없었던 일이고 또 건축계의 조류를 반영한 전위적인 건축을 공민관 세계에 도입한 것이다. 하세가와는 카가리비 속에서 다음과 같이 말하고 있다. "완성된 후 몇 년이 지난 건물을 견학하고 나서 사람들의 감상을 들어보면 대체로 건물보다는 운영 내용이나 거기서 일하는 사람들의 훌륭했던 모습을 소감으로 말한다. 건축가는 미완성된 장(場)을 인도할 뿐 건축은 그곳에서 활동하는 사람들에 의해 만들어지는 것이라고 생각할 수 있다".

그 후 2년 뒤인 "월간 사회교육" 2002년 4월호에서 또다시 시설 공간론 '공민관 · 상호학습을 위한 시설 공간'을 특집으로 아사노 헤이하치(淺野平八)의 '사회교육시설의 건축적 연구'와 고바야시 분진(小林文人)의 '공민관시설론의 계보를 파헤친다'의 두 논문을 게재하였는데 이 논문들이 논점을 심화시켰다. 아사노는 스스로 공민관 시설 연구사를 더듬어가며 공민관의 시설 공간론을 전개하고, 한편 고바야시는 시설론의 역사적 리뷰를 시도하면서 1990년 이후의 새로운 시설 계획론에 착안하였다.

"월간 사회교육"에 두개의 특집이 실린 이후 10년, 건축학 측면에서의 공민관에 대한 접근 방식에 큰 기대가 모아져, 여기에 '공민관의 디자인'이라는 새로운 공민관 연구의 지평을 열게 되었다.

2 시설 공간론의 태동 – 새로운 공민관상(像)과 그 주변

■ 시설 공간론으로서의 새로운 공민관상을 지향하며

1974년의 '새로운 공민관상을 지향하며'(이른바 '3타마 테제')는 공민관의 시설 공간의 구체적 예시를 나타내며 공민관 실(室) 구성의 모델을 제시하는 획기적인 작업이었다. 이 책의 많은 논객들이 이 리포트를 기점으로 논의를 전개하는 것은 많지 않은 시설 공간론 속에서 귀중한 재산이 되었기 때문이라고 할 수 있다.

'새로운 공민관상'에서 제기한 공민관 보육실이나 시민교류 로비의 형태는 그 후의 신축 공민관 건축에 큰 영향을 주었다. 공민관 건설에 있어서 보육실을 마련하는 것이 점차 정식화되고 공민관에 새로운 시설 공간을 창출하게 되었다. 한편 로비에 착안한 것은 학급 · 강좌의 참가에 그치지 않는 공민관의 폭넓은 교류기능을 높이게 되었으며 그것이 고령자나 장애인들을 위한 엘리베이터나 슬로프 설치를 촉구하는 설계로 이어지게 되었다.

■ 시설 공간에 대한 착안이 시설 만들기로

1980년, 치가사키 시(茅ヶ崎市)에 공민관 만들기 운동에 의해 공민관이 건설되었으나 그 발단은 보육실 요구에서 비롯되었다. 시민들이 요구하는 공민관의 시설 설계에 대한 기대에 부응하여, 관공서 건물에 이렇게 세부적인 주문이 많은 적은 처음이다('치가사키의 공민관의 역사, 여기에서 시작하다',"월간 사회교육" 1980년 9월호)라고 할 정도로 공민관 시설 건설에 큰 관심이 모아졌다.

이와 같이 시설 공간에 대한 관심이 시민의 시설 만들기 운동으로 이어져 시설 설계 단계에서 자발적 주민 참가를 요구하게 되었다. 주민 참가에 의한 '공민관 건설(재건축)위원회' 등이 조직되었는데 그 전형이 쿠니타치 시(國立市)와 마치다 시(町田市)이다.

쿠니타치 시 공민관의 재건축 계획에 당면하여 시민교류 로비에 대한 기대로 외부와 연결되는 1층에 충분히 자유로운 공간을 마련하게 되어, 일반적으로는 1층에 배치되었던 사무실을 2층으로 올리는 설계가 되었다. 이와 관련하여 1층에는 청년 학급의 커피 하우스가 시작되었고(1975년), 거기에 장애를 가진 청년들이 함께하여 음료 코너 '와이가야'(1980년)로 발전해 갔다.

마치다 시의 경우는 장애를 가진 사람들에 의한 음료 코너는 단순히 커피나 차를 마시는 장소가 아닌 장애인의 공민관 이용자와 시민과의 교류의 장 · 새로운 만남의 장소를 구상하여 장애인의 공민관 이용을 촉진하는데 이르게 되었다. ('이전 건설검토위원회'보고서, '시민참가에 의한 새로운 공민관', 1999년)

이와 같이 시설 공간에 대한 착안이 보다 폭넓은 이용을 촉진하는 시설 만들기로 전개되고 있는데 거기에는 단순히 이용자의 확충뿐만 아니라 교류의 촉진을 도모함으로 공민관의 교육기능이, 시설 공간을 통해 나타나게 된 것이라고 생각한다.

■ 사회교육 핸드북(사회교육 · 평생학습 핸드북)

사회교육추진 전국협의회가 엮은 "사회교육 핸드북"이 처음 간행된 1979년판 '공민관'항목에는 '공민관의 시설'이란 항목이 독립되어 있다. ① 공민관의 시설계획 ② 공민관 로비 ③ 공민관 홀 ④ 공민관 보육실 ⑤ 공민관 도서실 ⑥ 공민관 체육실에 관한 사례를 취급하고 있다.

그 후 개정된 1984년판에는 새로이 ⑦ 공민관 청년실 ⑧ 단체 활동실 및 인쇄실 등이 더해지고, 그 후의 개정판에는 ⑨ '공민관 음료 코너' 또는 어린이들의 로비활용이 게재되어 있다.

그리고 초판에는 오키나와(沖縄)의 나키진(今歸仁) 공민관이 '취락 공민관과 그 주위의 계획(오키나와)'로 소개되었다.

3 교육 시설 공간론으로서의 로비에 대한 기대

오키나와 공민관의 시설 공간론에 대한 관심

"사회교육 핸드북"(1979년판)에서 나키진 취락 공민관을 다루게 된 계기는 1970년대 후반 고바야시 분진 등에 의한 오키나와의 취락(아자) 공민관 연구이다. 오키나와는 3타마 지역에서 가꾸어온 '새로운 공민관상'의 윤곽을 움직일 만한 에너지를 갖고 있는 충분한 토양이었다. 또한 도시부의 공민관과는 다른 오키나와 공민관은 시설 공간론에 대한 관심이 있었다고 할 수 있다.

나키진의 단층 공민관은 1975년 마을 주민들에 의한 마을 만들기 위원회가 발족되면서 설계자인 '조우 설계집단(象設計集團 *역주 : 일본건축가집단)'이 마을 사람들과 생활을 함께 하면서 건축해 나가는 계획이었다. 마을의 생산과 생활 거점 공간의 일부로서 광장을 중심에 위치하게 했다. 공민관을 생활 관련시설의 전체 속에서 중심에 위치하도록 하는 공간 만들기는 시설의 중심에 위치한 광장에 의한 학습 세계를 연상시킨다.

이러한 나키진의 공민관상은 시설 공간을 역동적으로 받아들이면서 그러한 공간 전체가 학습의 세계를 펼칠 수 있게, 공민관을 학습의 장으로 다시 생각하는 계기가 되었다고 할 수 있다. 이 사실은 공민관에서 사람들이 모이는 기능 그 자체를 중시하면서 또 모임의 장소로서 광장에 대한 관심으로 이어지게 되었다.

상징적 공간으로서의 로비

공민관의 시설 공간에서 본다면 광장에 해당하는 곳이 로비이다. 아사노 헤이하치는 로비공간은 그 시설 자체의 성립을 말해주며 시설의 유형을 표명하는 그 시설의 상징적 공간이라고까지 지적하고 있다.("월간 사회교육", 2002년 4월호) 이것은 공민관이 어떻게 이용되고 있는지, 사업의 모습이나 직원의 자세나 의식들이 공민관 로비에 반영되어 있다고 할 수 있는 지적이다.

분명히 새로운 공민관론에 있어서 교류를 촉진시키는 로비 공간은, 말하자면 공민관론의 핵심을 이루는 것이었다.

'새로운 공민관 상을 지향하며'에서도 모임의 기능은 높이 평가되어 '시민교류 로비'는 가장 넓은 400㎡, 공민관 전체의 5분의 1을 차지하는 공간을 요구하였다. 또한 이른바 공민관 3층 건물론에서도 '1층에는 체육, 레크리에이션 또는 사교를 주로 한 제반 활동'을 규정하고 있다.

공민관에서 로비는 모든 내방자가 통과하는 공간이며 또 강좌에 온 사람들이 아니더라도 잠시 들를 수 있는 공간이다. 여기에서 편히 쉴 수 있다면 강좌를 넘어서 새로운 교류가 가능해질 것이다. 또 특정한 목적이 없더라도 공민관에 올 수도 있다. 또 직원이 이용자와의 관계를 넓힐 수 있는 공간이라고도 할 수 있다. 그러므로 로비는 다양한 가능성을 간직하고 있는 곳이다.

공민관 이용을 쉽고 편하게 만드는 로비 · 자유 공간

사람들의 교류를 활발하게 하는 로비의 한편에 음료 서비스 조건은 오히려 당연한 것이라고 할 수 있다. 그러한 배려가 없는 것에 대해 무심한 공민관이라면 당연히 지역 사람들이 방문하고 싶은 마음이 들지 않을 것이다. 훗사 시 마츠바야시 분관(福生市 松林分館)에서는 커뮤니티 다방이라고 이름을 지어서 인스턴트 커피나 홍차 등을 종이컵에 마음대로 마실 수 있도록 한 시스템(10엔 필요)을 만들어 놓고 있는데 이러한 작은 모습이 이용자를 배려한 시스템이라고 할 수 있다.

로비 이용을 크게 다룬 설계에서는 특정한 목적을 갖고 있지 않는 사람들의 이용촉진에 관심을 두고 있다. 오픈 스페이스를 크게 확충하여 편하게 들를 수 있도록 자유로운 이용이 가능하도록 하고 있다. 목적 이용을 중심으로 한 공민관의 실(*역주 : Room) 구성으로 본다면 오히려 신선한 구도로 비추어진다.

학급 · 강좌 이용은 이용 목적이 명확하고 공민관 이용이 계획적이며 조직적이다. 혼자 참가하였더라도 집단적으로 배울 수 있다. 이렇게 이용할 경우는 목적이 있는 실(室)로 향할 수 있다. 그러나 공민관을 폭넓게 이용하도록 하기 위해서는 공민관이 로비 등의 자유 공간을 어떻게 준비해야 할지가 과제로 남게 된다.

원래 공민관은 자유롭게 들를 수 있는 지역의 모임장소이기도 하다. 생활과 연결되어 지역에 없어서는 안 되는 시설이다. 그렇다면 특정한 목적을 가진 사람만을 수용하는 시설은 아닐 것이다. 새삼스럽게 자유로운 공간에 대한 기대에 부합한 공민관 만들기가 주목되고 있어 어떠한 로비를 갖추어야 할지 깊이 연구하지 않으면 안 될 것이다.

1984년 쿠니타치 시 공민관에서는 로비를 이용하는 사람은 공민관이 주최하는 학급 · 강좌, 또는 실을 이용하는 자주적 그룹 등의 이용자들과 반드시 겹치지는 않는다는 것을 공민관 로비 이용실태조사에서 밝히고 있다. 최근 들어 젊은이들이 거처할 만한 장소에 대한 논의가 이루어지고 있는 한편, 도시권에서는 노숙자들이 이용할 수 없도록 하고, 목적이 없이 오가는 청소년들을 배제하려는 공민관도 생기고 있다. 동시에 인터넷이나 미니 커뮤니케이션(*역주 : Mini Communication은 Mass Communication에 대응하는 말로 소잡지, 소신문, 전단지, 소출판물 나아가 자작한 AV기기까지를 일컫는 총칭)을 통한 정보수집과 발신을 위한 로비 만들기는 크게 뒤처지고 있다.

4 학습의 장을 만드는 공민관의 디자인에 대한 접근

■ 오카야마 시 쿄우야마(岡山市京山) 공민관의 자유공간

로비가 아닌 기존의 시설 공간을 활용한 자유공간사업의 전개도 주목되고 있다. 오카야마 시의 쿄우야마 공민관에서는 2002년에 '홋토 스페이스 쿄우야마(Hotto Space Kyooyama *역주 : 편한 혹은 따뜻한 공간 쿄우야마)'사업을 시작하였는데 이것은 로비가 아닌 공민관의 작은 홀이나 일본식 방을 활용하여 공민관 내에 '광장'을 만들어 낸 사례이다. 평소에는 공민관에 관심이 없는 아이들 · 젊은이들도 스트리트 댄스가 가능하다고 한다면 주목할 것이라고 생각하여 댄스를 계기로 공민관을 이용할 수 있도록 발전시켰다. 그 후 2005년부터는 아이들이 이용할 수 있는 장소 만들기 '홋토 스페이스 호카고(Hotto Space Hookago *역주 : 편한 공간 방과 후)'사업을 시작하여 지역 사람들과 아이들 · 젊은이들과의 접점을 공민관이 만들어 내고 있다. 이곳에는 고등학생이 자원봉사를 하는 등 서로를 알아가며 배울 수 있게 되었다.

이와 같이 학급 · 강좌와 같은 계획적 조직적인 공민관의 이용과는 별도로, 자유롭고 또한 적당한 목적을 가지고 이용하도록 그 범위를 넓혀서 새로운 시설활용에 의한 공민관의 학습기능을 넓혀 나가고 있다. 이러한 시스템은 원래 공민관의 자유로운 시설 공간 특성에 유래하는 시스템이라고 할 수 있다.

■ 공민관 시설 공간의 특성

공민관이 제창된 초기부터 공민관의 시설 공간은 집회기능을 충족시키는 강당과 학습 · 교류를 이끄는 회의실과 같은 방으로 그 전체가 구성되어 있었다고 할 수 있다. 원래 공민관의 시설 공간은 단순한 것으로, 이 단순한 실 구성에 기초를 두고 활동이 다면적으로 만들어져 가는 것이다. 따라서 기존의 시설 공간은 다양한 활동으로 확대되는, 이른바 어떤 활동에도 활용할 수 있는 응용성을 갖도록 전개되어 왔다. 이것은 특정한 활동을 설정하여 실 구성을 생각하지는 않았다고 할 수 있다. 그러나 동시에 다양한 사업 전개로 인하여 실 공간에 대한 연구가 꾸준히 이루어져 왔다.

이것이 커뮤니티센터나 공회당과의 차이를 선명하게 보여주는 부분이다. 결국 직원의 교육적인 역할에 따라 교육공간으로서의 성격을 뚜렷하게 보여줄 수 있다. 그것은 로비를 비롯하여 어떠한 방으로 꾸밀 것인지, 어떠한 전시를 할 것인지 다양한 시설 공간이 배움의 역할로 연결된다. 실천은 시설 공간이 맡아서 하는 것이지만 그 조건을 만들어 주는 것은 직원의 역할이 그 속에 배어 있을 때 가능한 것이다.

■ 시설 이용을 통한 배움

공민관은 다른 사회교육시설과 마찬가지로 장소 제공과 관련하여 교육적 배려가 있는 존재이다. 교육기본법이나 사회교육법에서 시설의 설치 및 운영이 사회교육의 장려에 필요한 시책으로 거론되는 것은 물적인 영조물로 사회교육시설을 이용한다는 방법론적인 의미가 있다. 그러나 그보다는 시설을 통해서 배우는 양식으로, 국민의 자기개발을 위한 사회교육으로 표명되고 있다. 그렇기 때문에 시설 공간은 그 자체로 교육공간으로서 유기체로서의 사회교육시설이어야만 한다.

그렇게 생각한다면 공민관이라는 건물이 수용적인 분위기를 가지는 공간인 것은 당연하다. 자발성을 가지고 있는 시민이 새로운 교류를 창조하는 장소로서 광장의 이미지를 제시하는 역할, 또 주민이 서로의 관심을 가지고 모이는 장소로서의 역할을 연출할 수 있는 연구가 시설 공간에 준비되어 있어야만 한다.

이러한 역할이나 장소 제공에 대한 배려는 이용자(학습자)에게 간접적으로 작용하게 되는데 거기에는 명확한 교육적 의도가 존재하는지 생각해 볼 필요가 있다. 시설을 통한 활동이 전개하는 사회교육의 양식은 확실히 시설 공간의 의의를 기본에 둔 것이라고 할 수 있다. 그런 의미에서 시설 공간의 위치는 오히려 중요한 역할의 한 측면을 지니고 있다고 할 수 있다.

그렇지만 공민관이 제창되었던 당초부터 설계의 내실은 부족하였고 많은 경우 기존 시설의 전용(轉用) · 병설(倂設)이었고, 할당된 시설의 특성을 대폭 도입하지 않은 채로 공민관의 모습을 가지게 되었다. 전용의 경우는 구 청년학교, 공회당이 많았고 병설의 경우는 관공서와 학교가 주류를 이루고 있었다. 병설된 공민관은 관공서의 회의실이나 학교의 특별교실 등이 할당되고 있다. 공민관은 회의를 할 수 있는 방을 갖추고 있는 시설이라는 정도가 그 실정이었다. 거기에 당시 청년 활동으로 활발하였던 댄스를 할 수 있는 장소로 강당과 같은 넓은 공간을 만들어서 공민관의 시설 공간의 기준으로 형성되어갔다.

이러한 경위로 결국 시설을 통해 배우는 공민관의 양식은 제2차 세계대전 이후 실천과정 속에서 점차 형성되어 갔으며 그것이 전후 60년을 거쳐, 시설 공간의 묘미를 탐구하는 문 앞에 서게 된 것이다.

5 공민관의 학습에 대한 설계

공민관 디자인을 해오면서 남겨 놓은 과제가 있다. 우선 이 분야에 대한 연구를 진행하기 위해서 착수하고 싶은 사항을 열거해 보겠다.

■ 공민관의 외관

공민관의 디자인은 공민관의 학습 디자인이기도 하다. 다시 말해서 공민관의 디자인은 학습 설계라는 면을 내포하고 있다. 공민관의 학습에 대한 기본설계는 무엇보다도 '모임'에 있다. 사람들이 모이기에 부족하지 않는 시설 공간을 확보해야만 한다. 경우에 따라서는 공민관이라는 시설 내 공간에 머무르지 않는 큰 모임도 있을 수 있다. 아무튼 공간전체 속에 사람이 모여드는 장소로서의 설계가 불가결한 요소이다.

현재 전국의 공민관에 사람이 모이기에 부족하지 않은 조건을 갖추고 있는 곳이 어느 정도인지 다시 한 번 물어 보고 싶다. 사람이 모이는 공민관의 조건을 만들기 위해서 얼마만큼 심혈을 기울이고 있는가? 가장 기본적인 요건인 사람이 모이는 점을 최우선 순위로 확보해야만 한다.

그럼에도 불구하고 사람들이 모여들 수 있는 조건이 빈곤한 공민관이 있다는 것에 놀란다. 지역에서 가장 잘 알려진 초등학교와 같이 잘 알려진 시설이어야만 하고 이것은 디자인의 근간에 있다. 알려질 만한 방법을 고안해야 하는데 이것이 디자인의 하나이다. 공민관 홍보활동의 전체를 재검토하는 일과 연계된다.

후지사와의 쇼우난다이 공민관은 역에서 가까워서 지역 사람들에게는 친근한 공민관이다. 외관적으로도 매우 눈에 띄는 설계이며 평범한 공민관 건축에 익숙한 사람이라면 놀랄 것이다.

공민관은 내실이 승부라고 생각하여 외관의 화려함으로 승부하는 자세에는 소극적이며 외관에 신경을 쓰지 않는 경향이 있다. 오히려 지역 사람들이 모여드는 기반을 확실하게 하기 위해서라도 외관이나 문 등 홍보활동의 디자인은 검토할 만한 좋은 테마이다.

■ 공민관 전체 분위기의 디자인 가능성

공민관 외관을 디자인한 후 공민관 안을 고려하게 되는데 이 때 전체 분위기의 디자인에 대해서 제기하고 싶다. 왜냐하면 많은 공민관을 방문하여 보았는데 들어가는 순간 '웰컴'하는 분위기와는 거리가 먼, '도대체 누구냐, 무슨 용건으로 왔느냐' 하는 썰렁한 분위기, 또는 직원은 있는데 PC만 들여다보고 움직이지도 않는 그런 공민관도 적지 않았기 때문이다.

이 점에 관하여 성인 학습자의 학습을 원활하게 하기 위해 계획을 세워야 하는 의의를 설명한 놀즈(M · Knowles)의 성인교육학(Andragogy)은 많은 참고가 될 것이라고 생각한다. 성인 학습자의 행동양식을 염두에 둔 성인교육학은 공민관 전체의 분위기 디자인을 구상하는데 있어서 그 토대에 위치해 둘 만한 것이다. 그렇게 함으로써 성인의 학습행동을 원활하게 이끌어 나가는 공민관 분위기 디자인을 구체화 시켜 나갈 수 있다.

지역 사람들이 가벼운 마음으로 들르고 따뜻한 환영을 받는 분위기를 목표로 로비나 자유공간의 활용 방법을 공부할 필요가 있다. 그런 의미에서 이제부터는 로비 · 자유공간론이 보다 더 철저하고 심도 있게 연구될 것이라고 기대해 본다.

최근 새로 만들어진 공민관에서는 로비로 연결되는 공간에 공민관 도서실을 만들어 놓고 있다. 밝고 안락한 분위기가 그 공민관의 상징적 공간이라는 것을 실감한 적이 있다. 그런 분위기에서 지역 사람들은 문턱이 낮은 공민관이라는 느낌을 받고 있었다.

■ 시설 공간의 실태조사 방법

문과성(文科省 *역주 : 文部科學省 Ministry of Education, Culture, Sports, Science and Technology)의 지정통계 사회교육조사에 의한 '공민관의 시설 · 설비의 소유관수'조사는 다음과 같은 내용이다. ① 회의실 · 강의실 ② 담화실 ③ 도서실 ④ 아동실 ⑤ 전시실 ⑥ 실험 실습실 ⑦ 시청각실 ⑧ 체육 · 레크리에이션 실 ⑨ 체육관 · 강당 홀 ⑩ 탁아실 ⑪ 상담실 ⑫ 외국인을 위한 안내 항목과 배리어프리(Barrier Free) 관계설비로 [1]슬로프 [2]장애인용 화장실 [3]엘리베이터 [4]간이 승강기 [5]점자에 의한 안내 [6]장애인용 주차장 등이다.

이상과 같은 논점에서 보았을 때 로비의 존재는 공민관에 있어서 매우 크지만 이 점에 관해

검토되고 있지 않다. 또한 오늘날의 공민관에서 '담화실'은 어디까지나 독립된 방이라고 생각되고 있는데 이 규정 방법이 애매하여 로비의 위상과 함께 재검토가 필요하다. 동시에 로비의 구체적 운용에 따라서는 그 의미가 크게 달라지므로 상세하게 조사하지 않으면 안 된다.

또 '새로운 공민관 상을 지향하며'가 제안한 실 구성 중 집회실, 일본식 방, 단체 활동실, 인쇄실이 눈에 띄지 않는다. 또한 청년실과 같은 독자적 활동을 보증하는 방들은 지역에 따라서는 적극적으로 도입하고 있는 공민관도 있으나 여기에서는 다루고 있지 않다.

이렇게 생각해 본다면 공민관의 디자인 기초에서 논의가 되는 시설 설비에 대한 조사를 재구성할 필요가 있다. 시설의 유무를 따지는 이상, 공민관이라면 필요한 시설 공간이라는 전제가 있을 것이다. 존재의 유무를 따지는 것이지 필요 없는 시설 공간을 언급하는 것이 아니다. 그러한 점에서 전국의 공민관에 필요한 시설 공간을 제시하는 중요한 조사로 이 지정통계의 실 구성에 적어도 ①로비 ②단체 활동실 ③청년실의 유무에 대해서는 중요한 포인트로 조사항목에 넣을 필요가 있다고 제기하고 싶다.

■ 학습시설과 기능 – 시설이용을 통한 학습

공민관은 모임을 기본으로 하지만 단순한 집회시설에 머무르지 않고 집회기능과 함께 학습기능을 갖추게 된다. 공민관에 있어서 집회기능과 학습기능은 일체적인 것이며 두 가지 기능이 따로 존재하는 것이 아니다. 주최 사업은 한편은 집회기능을, 한편은 학습기능을 발휘하고 있다.

사회교육시설로서의 공민관은 학습조직의 조직화에 관심을 쏟으므로 시설의 교육기능성을 강조해 온 면이 있다. 특히 시설이 빈곤했던 시대의 공민관 활동은 학습조직성을 강조해 왔었다. 그러나 오늘날 정비된 공민관의 환경으로 본다면 공민관은 활동과 시설의 역동적 관계를 만들어 나가는 것에 대하여 새삼 자세히 따져 보면서 실천을 풍요롭게 해 나갈 수 있는 조건을 확실하게 해 두었으면 한다.

공민관은 단순히 영조물 그 자체를 의미하지 않고 그와 동시에 교육 · 학습활동의 시설(기관)이라는 성격을 아울러 가지고 있다. 공민관은 교육 사업을 목적으로 한 시설이며 단순한 집회 장소와는 다르다. 이러한 공민관은 시설과 기능이 일체가 된 시설이라는 독자성을 가지고 있다. 이러한 특성을 염두에 두고 공민관의 시설 공간을 다이내믹하게 파악해 나간다면 공민관과 지역의 관련 시설과의 파트너십이나 지역 만들기에서 여러 단체 · 조직의 코디네이터로서의 역할이 요구될 것이다. 그럴 경우 공민관의 디자인을 깊이 있게 함으로써 공민관의 고유성을 찾아갈 수 있다고 생각한다.

■ 직원 디자인에 대한 과제

이 책에서는 직원에 관해서는 거의 언급하지 않고 끝을 맺었다. 그렇지만 직원들의 존재, 시설 공간 활용의 논리나 기법에 대한 연구과제는 남아있다. 완성된 시설 공간을 어떻게 활용할 것인가 또는 계획단계에서 어떠한 공민관을 만들어 나갈 것인가 하는 생각이나 계획의 내실은 결국 직원의 전문적인 역량에 달려 있다. 전후의 사회교육실천에 맞추어 묘사한 제1장은 당연히 그 실천을 만들어 낸 직원의 존재를 배제하고서는 말할 수 없다.

이것은 또 공민관을 심도 있게 디자인하려고 할 때, 시설활용에 관여한 직원의 역할이 시설 공간의 존재방식과 더불어 연구되어야할 과제로 남아 있음을 의미한다.

우에다 유키오(上田幸夫 *역주 : 일본체육대학 체육학부 교수)

후기

공민관에는 60년의 역사가 새겨져 있다. 가장 많았던 시기에는 35,000관이 넘게 존재하였던 사실만 보아도 공민관에 관련된 경험을 가지고 있는 사람의 수는 상당하다고 할 수 있다.

2010년, 어느 시에서 공민관 건설 시민검토위원회가 열렸다. 응모한 시민 가운데서 추첨하여 뽑힌 몇 명이 포함된 위원회에서는 다양한 공민관에 대한 기대가 모아졌다. 거기에는 각자가 체험해 온 시설에 대한 상이 전제되어 있다. 그것은 그 사람 자신의 역사이자 그 사람이 살고 있는 지역의 문화이다. 공민관을 구축해온 사람들의 지혜의 축적, 시설을 이용해온 사람들의 경험의 기억은 확실히 남아 있는 것이다.

1954년에 발행된 공민관 도설(公民館圖說)에 '공민관이 만들어지기까지'라는 플로 차트(Flow Chart)가 있다. [일부 유지에 의한 공민관 인식계몽—설치요망(전 주민의 여론일치)—공민관 설치 준비 위원회—의회—건축실시—교육위원회 인도]로 되어 있으며 여기에서도 건설 준비 위원회 설치가 언급되어 있다.

공민관이 나라의 시책이나 시정촌의 행정서비스로 상의하달식으로 주어지는 것이 아니라는 것은 지금이나 그때나 변함이 없다. 공민관 계몽이 이루어졌던 시기에 문부성(文部省 *역주 : Ministry of Education, Science and Culture, 2001년 과학기술청과 통합하여 문부과학성이 되었다.)에서 공민관의 제도 창출에 관여하였던 스즈키 켄지로우(鈴木健次郎)는 건물을 짓기 전에 공민관을 협력하여 만들고자 노력하는 농촌민들의 열의를 키워야 하며, 스스로 배우고 스스로 즐기는 체제가 공민관의 시설에 갖추어져 있어야 한다(1948년, 생활과 주거)고 언급하고 있다.

공민관의 계몽에서 제도화가 이루어지고 제도 보급을 위한 운동이 일어나고 설치 사례들이 늘어난다. 그리고 표준적인 시설상이 형성된다. 마침내 제도피로(制度疲勞 *역주 : 사회상황이 변화하면서 제도의 목적과 실정이 무너져서 제도가 제대로 운용되지 않는 상황)가 나타나 다양화되면서 확산된다. 다시 근원을 찾아서 재구축이 시작된다. 공민관은 다양한 양상을 보인다. 각각의 지역에서 공민관상이 다양하게 그려지고 있다.

이러한 사실들을 염두에 두고 내일의 공민관을 디자인해본다는 것이 이 책의 첫 번째 편집방침이었다.

'공민관의 디자인'으로 시야에 넣은 것은 일정한 대상지역을 갖는 다시 말해서 지역에 입각한 공민관이다. 또한 조례 등 법적 근거를 갖고 설치된 공민관이다. 또 여기에 초점으로 삼은 것은 시설 공간이다. 공간론으로서는 도시, 지역 공간, 건축 공간, 건축물을 구성하는 실 공간까지 있으나 여기에서는 공민관 시설을 구성하는 공간을 다루었다. 그리고 본서에서 논한 것은 공민관론이라기보다는 공민관 시설론이라는 틀 속에 있는 공간의 역할과 기능이 주제가 되었다.

본서의 구성은 지금까지의 축적을 묻는 제1장과, 공민관의 발자취가 남기고 온 시설 공간에 대한 생각, 사용 방법을 나타낸 제2장, 시설을 검증하기 위한 지표를 정리한 제3장, 그리고 지금부터의 공민관을 전망하는 제4장으로 편집하였다. 그 배경은 프롤로그와 에필로그에 집약되어 있다. 구성을 단순하게 말하면 이상과 같으나 각장 각항을 읽어 내려가다 보면 다양한 각도, 시점에서의 사항들이 겹치거나 연동되어 있어 공민관의 다양함을 늘어놓은 결과가 되었다.

본서에는 30명의 집필자가 있다. 연구자에서 실천자까지, 그리고 원고를 의뢰한 것도 있고 공모한 원고도 있다. 공통된 방침은 사실대로 말해 달라는 것이었다. 공민관의 디자인이란 무엇인가에 대한 답을 제시하는 것이 아니고 구체적인 사실에 입각하여 공민관의 디자인이란 무엇인가를 물어본 것이다.

따라서 공민관 디자인의 방법론으로, 공민관 건축의 리뷰 집은 아니다. 디자인이라고 하면 자칫 물리적 존재로서의 건축물의 모습, 건축공간의 묘미에 흥미가 가지만 그것은 공민관의 본질이 아니기 때문이다. 창조적 공민관은 지역문화의 반영이며 건설 프로세스, 운용제도를 배제하고는 말할 수 없기 때문이다. 건축설계자의 기량을 보는 것이 아니라 공민관의 건설공간이 어떠한 역할을 가지고 기능하는지, 공민관 활동을 풍요롭게 하는 시설 공간의 사용법이란, 공민관 건설에 주민이 관여한다는 의미란, 이러한 질문이 본서의 취지이다.

본서를 편집하는 과정에서 몇 번이나 공민관의 원점으로 돌아가 논의가 있었다. 공민관의 수만큼 공민관의 디자인이 있겠지만 그 확산은 원점의 확산을 나타내는 것은 아니다. 공민관을 디자인할 때 전제가 되는 조건은 일정 범위 안에 있다. 다시 말해서 설치의 근거가 되는 사회교육법, 지방자치체의 조례가 있다. 이 해석이 다양한 건축물을 만들어 낸다. 디자인이란 전략이기 때문이다. 목적 달성을 위하여 어떠한 방법을 취할 것인가, 무엇을 받아들이고 무엇을 버릴 것인가, 한정된 예산과 시설 규모의 배분을 생각하는 것이 디자인의 첫걸음이다. 그 첫걸음을 떼기 위해서는 원점이라고 할 수 있는 '공민관의 올바른 존재 모습'을 인식해 둘 필요가 있었다. 그래서 편집위원회가 내세운 것은 '배움을 열어 지역을 결속한다'는 표어였다. 지금 공민관을 표방하는 것은 '공민관-커뮤니티시설-주민 참가형 마을 만들기'라는 발전 축에서의 격세유전이다. 공민관 연구는 낡은 것에 대한 연구라는 인식이 어떤 방면에 있다. 그러나 앞에서 말한 표어는 낡은 것이 아니다. 지역 시설이 난립하고 수직 행정 속에서 이용자가 혼란을 겪고 있는 현상을 재편성하기 위해서는 주민들에게 배움을 개척해주고 지역의 연대를 길러 줄 수 있는 공민관의 존재는 중요하고 불가결한 것이다.

이러한 시점에서 본서에서는 지금도 지역에서 활용되고 있는 공민관의 사례에서 공민관의 원풍경을 인식하고 공민관의 존재가치나 가능성을 나타내는 사례를 통해 앞으로의 공민관을 전망해 보았다.

공민관의 디자인은 한 사람의 디자이너가 손을 대어 끝내는 것이 아니다. 시설 만들기를 발주한 측이 제시하는 전제조건, 디자인하는 측이 제공하는 조건 책정이 있다. 이 조건은 발주자로서 요구하는 수준의 설정이기도 하다. 이 조건 설정 작업에서 공민관의 디자인은 시작한다. 시설 설치의 목적을 정하고 목표 수준을 설정한다. 주민참가도 이 단계에서 시작한다.

공민관을 설치하고 경영해가는 것은 각 사람이 거주하는 지역의 문제이다. 이러한 전제에 서서 생각한다면 공민관은 개인의 문제로 와 닿을 것이다. 각 사람이 저마다의 공민관을 디자인하여 실생활에 도움이 되도록 생각하여야 한다. 그리하여 공민관의 존재가치를 재발견하고 앞으로의 가능성을 스스로의 지역생활의 가능성과 동조시킨, 한 사람 한 사람의 공민관이 디자인되어 간다. 이를 위해 본서가 조금이나마 도움이 되었으면 좋겠다.

또 본서는 공민관학 정립을 위한 첫걸음으로 기간된 일본 공민관학회 편, "공민관 · 커뮤니티 시설 핸드북"(2006년 에이델 연구소)을 승계하는 것이다. 아울러서 참조해 주기 바란다.

마지막으로 곤란한 테마임에도 불구하고 집필해 주신 분들의 노력에 경의를 표하며 자료 제공에 협력해 주신 분들, 출판하는데 많은 힘을 보태주신 에이델 연구소 야마조에 미치코(山添路子) 씨를 비롯한 관계자 여러분에게 깊은 감사의 말씀을 드립니다.

2010년 11월
일본 공민관학회 부회장
'공민관의 디자인' 편집위원회 위원장
아사노 헤이하치(淺野平八)

주민복합지원시설 디자인

편저자 일본공민관학회
옮긴이 연세대학교 이연숙교수연구실
펴낸곳 연세대학교 출판문화원

주소 서울시 서대문구 연세로 50
전화 2123-3380~2
팩스 2123-8673
e-mail : ysup@yonsei.ac.kr
http://www.yonsei.ac.kr/press
등록 1955년 10월 13일 제9-60호
인쇄 (주)동국문화

2012년 3월 1일 1판 1쇄
ISBN 978-89-7141-956-4 (93610)

값 35,000원